교원 임용고사를 대비하기 위한
수학이론과 문제풀이 시리즈 6

복소해석학 1

김광회 지음

KM 경문사

머리말

이 책은 실변수와 복소변수 사이의 상호의존성 관점에서 서술하였다. 어떤 경우에는 실변수 개념을 논의한 후에 복소변수 개념으로 일반화하고, 다른 경우에는 복소변수 문제를 논의한 후에 실변수 문제로 축소한다. 이러한 두 방법들은 모두 유의할 가치가 있다. 또한, 이론내용과 관련된 문제에 대한 해답을 제시하였다. 이렇게 서술한 것은 수학을 전공하는 학생 또는 임용고사를 준비하는 학생들이 짧은 기간 동안에 문제해결력을 통하여 자기 주도적으로 이론내용을 쉽게 터득할 수 있도록 하기 위한 것이다.

이론내용을 살펴보면 다음과 같다. 해석학에서 Dedekind의 절단이론으로 유리수체 $\mathbb{Q}$ 를 포함하는 최소상계의 성질을 만족하는 순서체 $\mathbb{R}$ 이 존재한다는 것을 배웠다. 전순서체 $\mathbb{R}$ 은 벡터공간이고 거리공간이다. 또한 $\mathbb{R}$ 은 위상공간이다. 이것으로부터 벡터공간 $\mathbb{R}^2$를 만든다. $\mathbb{R}^2$도 거리공간이고 위상공간이다. 여기에 새로운 복소수의 덧셈과 곱셈연산을 정의하여 복소수체 $\mathbb{C}$ 를 만든다(1장). $\mathbb{C}$ 위에 거리함수를 주어 $\mathbb{C}$ 를 위상공간으로 만든다(2장). 각 복소수를 극좌표에 대응시킬 수 있다. 이때 중요한 것은 복소수의 편각이다(1장). 3장에서는 1차분수변환에 대하여 논의하였다.

이 책의 핵심은 복소로그함수와 복소지수함수(4장), 해석함수(5장), 로랑급수와 유수정리(9장) 등이다.

미적분학에서 로그함수와 지수함수는 서로 역함수관계임을 이미 배웠다. 이것을 일반화하여 복소로그함수와 복소지수함수를 정의한다. 이때 이 함수들은 다가함수이다. 편각을 제한하면, 이 함수들은 서로 역함수관계이다. 복소수의 편각 때문에 복소이론이 어렵다고 생각한다.

해석함수는 거듭제곱급수(6장)로 나타낼 수 있는 함수를 말한다. 거듭제곱급수는 수렴반경 내에서 미분과 적분할 수 있는 특성이 있다. 그러므로 해석함수는 C^{∞}-급함수이다. 이 책에서는 해석함수를 미분가능성으로 정의하고 나중에 거듭제곱급수로 나타낼 수 있다는 것을 보인다. 복소변수함수의 미분가능성은 코시-리만 방정식(5장)과 밀접한 관계가 있다. 이것은 미적분학에서 배운 2변수함수의 극한으로부터 나온다.

실변수함수와는 달리, 영역(열린연결집합)에서 정의된 해석함수는 영역의 점으로 수렴하는 복소수열에서 영점을 가지면, 그 해석함수는 영역 전체에서 0이라는 특성을 갖는다(정리 8.22). 또한 유계인 닫힌영역에서 상수가 아닌 해석함수의 절댓값은 그 영역의 경계에서 최댓값을 갖는다(정리 8.26).

로랑급수와 유수정리는 복소변수함수의 복소적분(7장)과 관련이 있다. 복소적분은 미적분학에 배운 선적분으로 정의한다. 이때 복소적분은 정의에 의하여 직접 계산하기 어려운 경우가 있다. 그러나 피적분함수가 어떤 성질을 갖느냐에 따라 복소적분의 값을 쉽게 구할 수 있다. 만일 단일폐등심선의 내부와 그 위에서 함수가 해석적이면, 그 단일폐등심선에서의 복소적분은 항상 0이다(코시정리). 만일 단일폐등심선 내부에서 복소변수함수가 특이점을 가지면, 그 폐등심선에서의 복소적분은 유수정리를 이용하여 구할 수 있다. 복소해석학에서는 유수정리(정리 9.9)가 매우 중요하다. 이러한 복소적분을 이용하여 미적분학에서 구할 수 없는 정적분의 값을 구할 수 있는 경우가 있다(9장).

해석함수의 실부는 항상 조화함수이다(5장). 10장에서는 단일연결영역에서는 모든 조화함수가 어떤 해석함수의 실부가 됨을 보인다. 또 이 결과를 이용하여 해석함수에 대한 정리와 유사한 조화함수에 대한 여러 가지 정리를 증명한다. 특히, 코시의 적분공식(8장)과 유사한 Poisson 적분공식은 원판 내부에서의 조화함숫값이 그 경계에서의 함숫값의 움직임으로부터 결정되는 방법을 제시해 준다는 것을 보일 것이다.

11장에서는 도함수는 두 곡선의 사잇각을 함수에 의한 그들의 상(image)의 사잇각에 관련시킨다는 것을 보게 될 것이다. 더욱이, 도함수가 곡선의 '뒤틀림(distorsion)'을 측정한다는 것을 알게 될 것이다. 이 장의 주요한 결과는 리만사상 정리인데, 이것은 주어진 단일연결영역을 또 다른 주어진 단일연결영역 위에로 전사하는 해석함수가 거의 항상 존재한다는 것이다.

12장에서는 단엽함수에 대하여 논의하였다. 13장에서는 무한곱의 수렴성질은 무한급수의 수렴성질과 유사하다는 것을 보인다.

끝으로, 14장에서는 해석적 연장과 감마함수와 리만-제타함수에 대하여 다루었다.

수학을 전공하는 데에는 습득해야 할 이론내용들이 방대하다. 그러므로 기본적인 수학내용은 짧은 기간 동안에 이해하고, 이를 기반으로 하여 고등수학의 문제해결력을 향상시킬 필요성이 있다. 그런데 학생들이 이론내용을 완전히 이해하기란 어려운 실정이다. 따라서 이러한 어려움을 돕기 위하여 이 책을 출판하게 되었다. 이 책이 나오기까지 많은 도움을 준 경문사에 깊은 감사를 드린다.

2014년 10월

김광회

차례

1장

복소수

1. 복소수

2 복소수의 극형식

1. 복소수

실수 전체의 집합 $\mathbb{R}$ 은 덧셈과 곱셈 연산에 관하여 **체(field)의 성질**을 만족한다는 것은 이미 잘 알려져 있다. 즉, $\mathbb{R}$ 위에서는 덧셈과 곱셈 연산이 정의되어 있고, $(\mathbb{R},+)$와 $(\mathbb{R}^*,\cdot)$는 가환군이면, 좌분배법칙이 성립한다. 여기서 $\mathbb{R}^* = \mathbb{R} - \{0\}$ 이다. $\mathbb{R}$ 위에는 순서관계 $\leqq$를 정의할 수 있다. 즉,

(i) **(반사율)** 모든 $x \in \mathbb{R}$ 에 대하여 $x \leqq x$ 이다.
(ii) **(비대칭율)** 만일 $x \leqq y$ 이고 $y \leqq x$ 이면, $x = y$ 이다.
(iii) **(추이율)** 만일 $x \leqq y$ 이고 $y \leqq z$ 이면, $x \leqq z$ 이다.

또한, $\mathbb{R}$ 위의 순서관계는 다음과 같은 삼일률을 만족한다.

(iv) **(삼일률)** 임의의 실수 $x, y \in \mathbb{R}$ 에 대하여 다음 중 꼭 하나가 성립한다.

$$x < y,\, x = y,\, x > y$$

더 나아가, $\mathbb{R}$ 은 다음과 같은 성질을 갖는다.

(v) 만일 $x, y > 0$ 이면, $x + y > 0, xy > 0$ 이다.

(iv), (v)를 만족하는 순서관계 $\leqq$가 정의되어 있는 체 $\mathbb{R}$ 는 **순서체(ordered field)**라고 한다.

실수의 순서쌍 전체의 집합 $\mathbb{R}^2 = \{(a,b) \mid a,b \in \mathbb{R}\}$ 에서 순서쌍의 상등과 벡터덧셈과 스칼라곱 연산, 즉

(순서쌍의 상등) $(x_1,y_1) = (x_2,y_2)$ 이기 위한 필요충분조건은 $x_1 = x_2, y_1 = y_2$ 이다.
(벡터덧셈) $(x_1,y_1) + (x_2,y_2) := (x_1 + x_2, y_1 + y_2)$
(스칼라곱) $a(x,y) := (ax, ay), a \in \mathbb{R}$

을 정의하면, $\mathbb{R}^2$는 스칼라체 $\mathbb{R}$ 위에서 **실벡터공간(real vector space)**임을 알 수 있다.

실벡터공간 $\mathbb{R}^2$ 위에 다음과 같은 곱셈 연산을 정의하자.

$$(x_1,y_1) \cdot (x_2,y_2) := (x_1x_2 - y_1y_2, x_1y_2 + x_2y_1)$$

이와 같은 곱셈 연산이 정의되어 있는 실벡터공간 $\mathbb{R}^2$는 $\mathbb{C}$로 나타내자. 이때 $\mathbb{C}$의 원소는 **복소수(complex number)**라고 한다. $\mathbb{C}$는 실벡터공간이므로, $(x,y)\in\mathbb{C}$는 $\mathbb{C}$의 표준기저 $\{(1,0),(0,1)\}$에 관하여 다음과 같이 유일하게 나타낼 수 있다.

$$(x,y)=x(1,0)+y(0,1)$$

$\mathbb{C}$ 위에서 정의되어 있는 벡터덧셈과 곱셈에 관하여 $(\mathbb{C},+,\cdot)$는 체의 성질을 만족함을 알 수 있다.

$R=\{(x,0)\in\mathbb{C} \mid x\in\mathbb{R}\}\subset\mathbb{C}$라 하자. 그러면

$$(x_1,0)+(x_2,0)=(x_1+x_2,0+0)=(x_1+x_2,0)$$
$$(x_1,0)\cdot(x_2,0)=(x_1x_2-0\cdot 0,x_1\cdot 0+x_2\cdot 0)=(x_1x_2,0)$$

이므로, 집합 R은 $\mathbb{C}$ 위의 벡터덧셈과 곱셈 연산에 관하여 닫혀있다. 이때 $(R,+,\cdot)$은 체임을 알 수 있다. 그러므로 R은 $\mathbb{C}$의 **부분체(subfield)**이다. 분명히 함수

$$f:\mathbb{R}\to R:x\mapsto(x,0)$$

는 전단사이다. 그러므로 $f:\mathbb{R}\to R$은 **체동형사상(field isomorphism)**이다. 따라서 R은 $\mathbb{R}$과 동일시할 수 있다. 다시 말해, $(x,0)$는 x로 간주할 수 있다. 그러므로 $\mathbb{R}$은 $\mathbb{C}$의 부분체이다.

$$(0,1)\cdot(0,1)=(0\cdot 0-1\cdot 1,0\cdot 1+0\cdot 1)=(-1,0)\in R$$

이때 $(0,1)$은 i로 나타내자. 그러면 $i^2=(-1,0)=-1$이다.
$(x,y)\in\mathbb{C}$는 $(x,y)=x(1,0)+y(0,1)$이므로, $(x,y)=x\cdot 1+y\cdot i$로 쓸 수 있다. 이때 $(x,y)\in\mathbb{C}$는 z로 나타내면, $z=x+yi$으로 나타낼 수 있다. 그러므로

(복소수의 상등) $x_1+y_1i=x_2+y_2i$이기 위한 필요충분조건은 $x_1=x_2, y_1=y_2$이다.
(복소수의 덧셈) $(x_1+y_ii)+(x_2+y_2i):=(x_1+x_2)+(y_1+y_2)i$
(복소수의 곱셈) $(x_1+y_1i)(x_2+y_2i):=(x_1x_2+y_1y_2)+(x_1y_2+x_2y_1)i$

이다. $yi=iy$이다. 왜냐하면

$$\begin{aligned}yi&=(y,0)(0,1)=(y\cdot 0-0\cdot 1,y\cdot 1+0\cdot 0)\\&=(0,1\cdot y)=(0\cdot y-1\cdot 0,0\cdot 0+y\cdot 1)=(0,1)(y,0)=iy\end{aligned}$$

이기 때문이다.

$z=x+yi\in\mathbb{C}$ 에 대하여 x는 복소수 z의 **실부**(real part), y는 z의 **허부**(imaginary part)라 하고, 각각 $Re z, Im z$로 나타낸다.

$\mathbb{C}$ 는 벡터덧셈과 스칼라곱 연산에 관하여 실벡터공간이고, 동시에 벡터덧셈과 곱셈 연산에 관하여 체이다.

다시, 스칼라체 $\mathbb{R}$ 위에서가 아니라, 스칼라체 $\mathbb{C}$ 위에서 벡터공간 $\mathbb{C}$ 를 정의할 수 있다. $\mathbb{C}$ 위의 벡터덧셈은 위에서 정의한 복소수의 덧셈 그리고 $\mathbb{C}$ 위의 스칼라곱은 복소수의 곱셈으로 정의하면, $\mathbb{C}$ 는 스칼라체 $\mathbb{C}$ 위에서 벡터공간임을 알 수 있다. 이러한 벡터공간 $\mathbb{C}$ 는 **복소벡터공간**(complex vector space)이라 한다. 실벡터공간 $\mathbb{C}$ 의 차원은 2이지만, 복소벡터공간 $\mathbb{C}$ 의 차원은 1이다. $\{1,i\}$는 실벡터공간 $\mathbb{C}$ 의 표준기저이고, 0이 아닌 임의의 복소수 z에 대하여 $\{z\}$는 복소벡터공간 $\mathbb{C}$ 의 기저이다.

그러므로 $\mathbb{C}$ 는 체이고, 동시에 실벡터공간, 복소벡터공간임을 유의하자. $\mathbb{C}$ 는 $\mathbb{R}$ 과 같은 순서체가 아니다. 왜냐하면 $\mathbb{C}$ 는 순서체라고 가정하자. 그러면 i 또는 $-i$는 양수이다. 만일 i가 양수이라면, $i^2=-1$은 양수이고, 만일 $-i$가 양수이라면, $(-i)^2=-1$은 양수이다. 이때 -1은 양수이므로, 1은 음수이다. 그러나 -1은 양수이므로, $(-1)^2=1$은 양수이다. 이것은 모순이다. 그러므로 $\mathbb{C}$ 는 $\mathbb{R}$ 과 같은 순서체가 아니다.

복소수체 $\mathbb{C}$ 위에는 사전식 순서가 정의되어 있는 것으로 간주한다.

$z=x+yi\in\mathbb{C}$ 에 대하여 $\bar{z}$는 다음과 같이 정의하자.

$$\bar{z}:=x-yi$$

이때 $\bar{z}$는 z의 **공액복소수**(conjugate complex number)라고 한다. 그러면 다음을 알 수 있다.

(1) $z+\bar{z}=2Re z$

(2) $z-\bar{z}=2i Im z$

(3) $z\cdot\bar{z}=x^2+y^2$

또한, 공액복소수는 다음과 같은 성질을 갖는다는 것을 알 수 있다.

(i) $\bar{\bar{z}}=z$

(ii) $\overline{z_1+z_2}=\overline{z_1}+\overline{z_2}$

(iii) $\overline{z_1 z_2}=\overline{z_1}\cdot\overline{z_2}$

(iv) $\overline{\left(\frac{1}{z}\right)}=\frac{1}{\overline{z}}, z\neq 0$

(v) $\overline{\left(\frac{z_1}{z_2}\right)}=\frac{\overline{z_1}}{\overline{z_2}}, z_2\neq 0$

복소벡터공간 $\mathbb{C}$ 위에 다음과 같은 **복소내적**(complex inner product)을 정의하면, $\mathbb{C}$ 는 **복소내적공간**(complex inner product space)이 된다.

$$< z,w > := z \cdot \overline{w}$$

복소내적에 관한 성질은 다음과 같다.

(i) 임의의 $z\in\mathbb{C}$ 에 대하여 $< z,z > = z\cdot\overline{z}\geq 0$ 이고, $< z,z > = 0$ 이기 위한 필요충분조건은 $z=0$ 이다.

(ii) $< z_1+z_2,w > = < z_1,w > + < z_2,w >$

(iii) $< \alpha z,w > = \alpha < z,w >, \alpha\in\mathbb{C}$

(iv) $< z,w > = \overline{< w,z >}$

복소내적의 성질 (i) 때문에

$$|z| := < z,z >^{1/2}$$

이라 정의하고, 이를 복소수 z 의 **길이**(length), **절댓값**(absolute value) 또는 **노름**(norm)이라 한다.

$$|z|^2 = < z,z > = z\cdot\overline{z} = x^2+y^2$$

이므로, $|z| = \sqrt{x^2+y^2}$ 이다. 이때, 분명히 $|\overline{z}| = |z|$ 이다.

실수 x는 직선 위의 한 점에 일대일 대응시킬 수 있듯이, 복소수 $z=(x,y)=x+yi$도 평면 위의 한 점에 일대일 대응시킬 수 있다. 그러므로 복소수를 평면 위의 한 점이라는 용어로 바꾸어 사용해도 좋다. x-축, y-축을 각각 **실축, 허축**이라 하고 xy-평면을 **복소평면** 또는 z-**평면**이라 한다.

복소수 $z=(x,y)=x+yi$는 2차원 벡터이므로, 기하학적으로 이를 시점이 $(0,0)$이고 종점이 (x,y)인 유향선분(화살표)으로 나타낸다. 이때, **절댓값** $|z|$는 원점에서 점 (x,y)까지의 **거리**(distance)를 말한다.

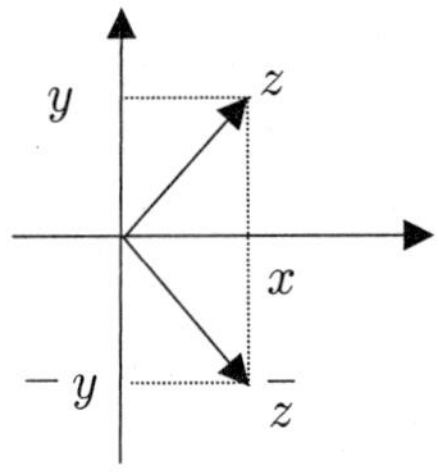

그러면 복소수 $z=(x,y)=x+yi$ 에 대하여 다음이 성립함을 쉽게 알 수 있다.

(1) $|x| = |Re\,z| \leqq |z|$

(2) $|y| = |Im\,z| \leqq |z|$

복소수의 절댓값은 다음을 만족함을 알 수 있다. 이것은 노름의 성질이다.

(i) $|z| \geqq 0$이고, $|z|=0$이기 위한 필요충분조건은 $z=0$이다.

(ii) $|z_1+z_2| \leqq |z_1|+|z_2|$

(iii) $|\alpha z| = |\alpha||z|, \alpha \in \mathbb{C}$

(ii)를 증명해 보자.

$$\begin{aligned}
|z_1+z_2|^2 = (z_1+z_2)\cdot\overline{z_1+z_2} &= (z_1+z_2)(\overline{z_1}+\overline{z_2}) \\
&= z_1\cdot\overline{z_1}+z_1\cdot\overline{z_2}+z_2\cdot\overline{z_1}+z_2\cdot\overline{z_2} \\
&= |z_1|^2+z_1\cdot\overline{z_2}+\overline{z_1\cdot\overline{z_2}}+|z_2|^2 \\
&= |z_1|^2+2Re(z_1\cdot\overline{z_2})+|z_2|^2 \\
&\leqq |z_1|^2+2|Re(z_1\cdot\overline{z_2})|+|z_2|^2 \\
&\leqq |z_1|^2+2|z_1\cdot\overline{z_2}|+|z_2|^2 \\
&= |z_1|^2+2|z_1||\overline{z_2}|+|z_2|^2 \\
&= |z_1|^2+2|z_1||z_2|+|z_2|^2 \\
&= (|z_1|+|z_2|)^2
\end{aligned}$$

이므로, (ii)가 성립한다.

(ii)로부터 다음 알 수 있다.

$$||z_1|-|z_2|| \leqq |z_1-z_2|$$

더 나아가, 복소수의 절댓값은 다음 성질을 갖는다.

(iv) $\left| \dfrac{z_1}{z_2} \right| = \dfrac{|z_1|}{|z_2|}$, $z_2 \neq 0$

임의의 두 복소수 $z_1 = x_1 + y_1 i$, $z_2 = x_2 + y_2 i$ 사이의 거리 $|z_2 - z_1|$는

$$|z_2 - z_1| = \sqrt{(x_2 - x_1)^2 + (y_2 - y_1)^2}$$

임을 알 수 있다.

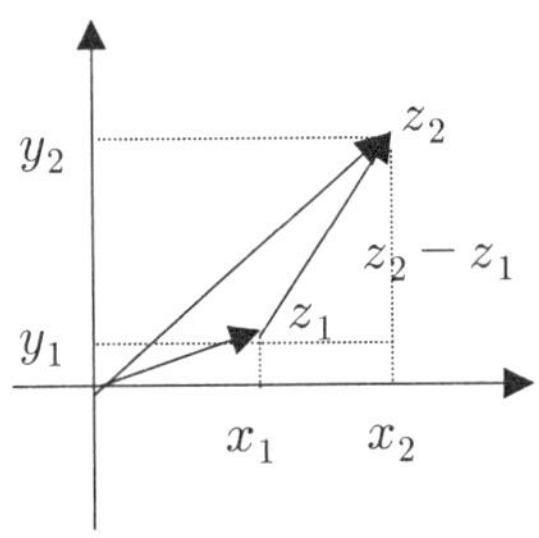

실(복소)벡터공간 $\mathbb{C}$ 위에서 함수 $d : \mathbb{C} \times \mathbb{C} \to \mathbb{R}$ 은 다음과 같이 정의하자. $z_1, z_2 \in \mathbb{C}$ 에 대하여

$$d(z_1, z_2) := |z_1 - z_2| .$$

그러면 d는 다음과 같은 성질을 갖는다.

(i) $d(z_1, z_2) \geq 0$이고 $d(z_1, z_2) = 0$이기 위한 필요충분조건은 $z_1 = z_2$이다.

(ii) $d(z_1, z_2) = d(z_2, z_1)$

(iii) $d(z_1, z_2) \leq d(z_1, z_3) + d(z_3, z_2)$, $\forall z_3 \in \mathbb{C}$

이때 d는 **거리함수(metric)**라 한다. 거리함수 d가 정의된 벡터공간 $\mathbb{C}$ 는 **거리공간(metric space)**이라 한다.

고정된 복소수 $z_0 \in \mathbb{C}$ 에 대하여 $d(z, z_0) = r > 0$을 만족하는 모든 복소수 $z \in \mathbb{C}$ 들의 복소평면 위의 점들은 중심이 z_0이고 반지름이 r인 원(circle)을 이룬다.

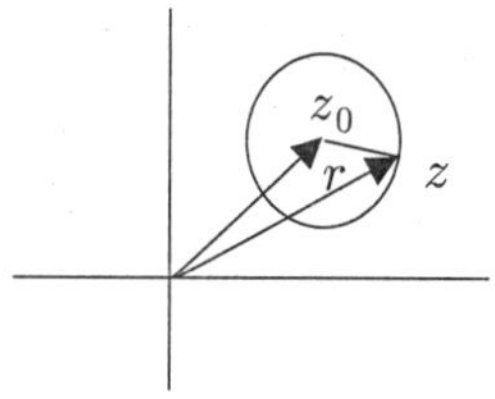

고정된 복소수 $\alpha, \beta \in \mathbb{C}, \alpha \neq \beta$에 대하여 $\left|\frac{z-\alpha}{z-\beta}\right| = M > 0$, $M \neq 1$을 만족하는 모든 복소수 $z \in \mathbb{C}$ 들을 복소평면 위에 나타내보자.

$|z-\alpha| : |z-\beta| = M : 1$이므로, z는 점 $A(\alpha)$와 점 $B(\beta)$를 양 끝점으로 하는 선분 AB를 $r:1$로 내분하는 점 P와 $M:1$로 외분하는 점 Q를 양 끝점으로 하는 선분 PQ를 지름으로 하는 원 위에 있는 점들의 집합이다.

$P(\frac{M\beta+\alpha}{M+1}), Q(\frac{M\beta-\alpha}{M-1})$이므로,

$$\frac{1}{2}\left[\frac{M\beta+\alpha}{M+1}+\frac{M\beta-\alpha}{M-1}\right] = \frac{1}{2}\frac{(M-1)(M\beta+\alpha)+(M+1)(M\beta-\alpha)}{M^2-1}$$
$$= \frac{M^2\beta-\alpha}{M^2-1},$$

$$2r = \left|\frac{M\beta-\alpha}{M-1} - \frac{M\beta+\alpha}{M+1}\right|$$
$$= \left|\frac{(M+1)(M\beta-\alpha)-(M-1)(M\beta+\alpha)}{M^2-1}\right|$$
$$= \left|\frac{-2M\alpha+2M\beta}{M^2-1}\right|$$
$$= \frac{2M}{|M^2-1|}|\beta-\alpha|$$

이므로, 구하는 도형은 중심이 $\frac{M^2\beta-\alpha}{M^2-1}$이고, 반지름이 $\frac{M}{|M^2-1|}|\beta-\alpha|$ 인 원이다.

즉,

$$\left|z-\frac{M^2\beta-\alpha}{M^2-1}\right| = \frac{M}{|M^2-1|}|\beta-\alpha|.$$

특히, 만일 $M \to \infty$이면, $\left|\frac{z-\alpha}{z-\beta}\right| = M > 0$, $M \neq 1$을 만족하는 복소수 z는 β이고, 만일 $M \to 0$이면, z는 α이다. 만일 $M=1$이면, 선분 AB의 수직이등분선이다.

문제 1.1 다음 각 관계를 만족하는 점들을 복소평면 위에 도시하여라.

(a) $1 < |z| \leq 3$　　(b) $\left|\dfrac{z-3}{z+3}\right| < 2$

(c) $|z-1| + |z+1| = 2$　　(d) $Re\,(z-5) = |z| + 5$

(e) $Re\, z^2 > 0$　　(f) $Im\, z^2 > 0$

문제 1.2 $|z_1| < 1$, $|z_2| < 1$일 때 다음을 보여라.

$$\left|\frac{(z_1 - z_2)}{(1-\overline{z_1}z_2)}\right| < 1$$

또한, $|z_1| = 1$일 때, 임의의 복소수 z_2에 대하여 $\left|\dfrac{(z_1 - z_2)}{(1-\overline{z_1}z_2)}\right| = 1$임을 보여라.

문제 1.3 $|z| < 1$일 때, 다음 부등식이 성립함을 보여라.

(a) $Re\dfrac{1}{1-z} > \dfrac{1}{2}$　　(b) $Re\dfrac{z}{1-z} > -\dfrac{1}{2}$

문제 1.4 실계수를 갖는 n차 다항식 $P(z)$에 대하여 $\alpha \in \mathbb{C}$가 방정식 $P(z)=0$의 근이기 위한 필요충분조건은 $\overline{\alpha}$도 $P(z)=0$의 근임을 보여라. 또한, 만일 $P(z)$의 차수가 홀수이면, 방정식 $P(z)=0$은 적어도 하나의 실근을 가짐을 보여라.

문제 1.5 $z_1, z_2, \ldots, z_n$과 $w_1, w_2, \ldots, w_n$이 복소수일 때 다음 **Schwarz의 부등식**을 증명하여라.

$$\left|\sum_{k=1}^{n} z_k \overline{w_k}\right| \leq \left(\sum_{k=1}^{n} |z_k|^2\right)^{1/2} \left(\sum_{k=1}^{n} |w_k|^2\right)^{1/2}$$

2. 복소수의 극형식

0이 아닌 복소수 $z=(x,y)=x+yi$가 양의 실축과 만드는 각의 크기를 θ라고 하면, 이를 z의 **편각**(argument)이라고 한다. z의 길이는 $|z|=\sqrt{x^2+y^2}$이므로, 이를 r이라고 하면 다음과 같은 관계가 성립함을 알 수 있다.

(i) $r=|z|=\sqrt{x^2+y^2}$

(ii) $\tan\theta=\dfrac{y}{x}$

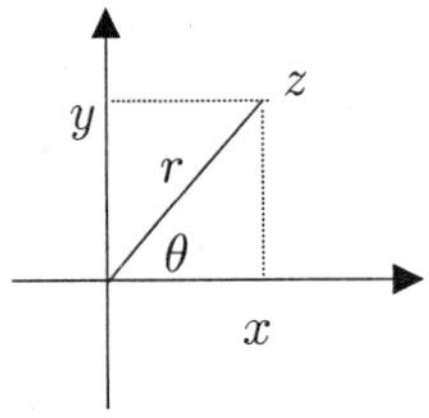

이때, $x=r\cos\theta,\ \ y=r\sin\theta$이므로, r, θ가 주어지면 복소수 $z=(x,y)=x+yi$는 유일하게 결정된다. 그러나 복소수에 대한 서로 다른 편각은 무수히 많이 존재하므로 역은 성립하지 않는다.

그러므로 한 복소수 z에 대한 서로 다른 무수히 많은 편각들 중 어느 하나를 나타내는 기호로 $\arg z$를 사용한다. 특히, $-\pi<\arg z\leq\pi$인 편각을 **주치**(principal value)라고 하며, 이를 $Arg\,z$로 나타낸다.

예제 2.1 $\arg(2+2i)=\dfrac{\pi}{2}+2k\pi,\ \ k\in\mathbb{Z},\ Arg(2+2i)=\dfrac{\pi}{2}$

$\arg(-5i)=-\dfrac{\pi}{2}+2k\pi,\ k\in\mathbb{Z},\ Arg(-5i)=-\dfrac{\pi}{2}$

$\arg(-1+\sqrt{3}i)=\dfrac{2\pi}{3}+2k\pi,\ k\in\mathbb{Z},\ Arg(-1+\sqrt{3}i)=\dfrac{2\pi}{3}$

(참고) $\{z\in\mathbb{C}\mid Re\,z>0\}=\{z\in\mathbb{C}\mid |Argz|<\dfrac{\pi}{2}\}$

$x=y=0$일 때, 즉 $z=0$일 때, $\tan\theta=\dfrac{y}{x}$는 어떤 의미도 갖지 않기 때문에 $z=0$의 편각

$\arg z$는 정의되지 않음을 유의하여라.

복소수 z_1, z_2에 대하여 $|z_1| = r_1$, $\arg z_1 = \theta_1$, $|z_2| = r_2$, $\arg z_2 = \theta_2$일 때

$$z_1 = r_1(\cos\theta_1 + i\sin\theta_1),\quad z_2 = r_2(\cos\theta_2 + i\sin\theta_2)$$

이므로

$$z_1 z_2 = r_1 r_2[\cos(\theta_1 + \theta_2) + i\sin(\theta_1 + \theta_2)]$$

을 얻는다. 따라서

$$\arg(z_1 z_2) = \theta_1 + \theta_2 + 2k\pi = \arg z_1 + \arg z_2 + 2k\pi,\ k \in \mathbb{Z}$$

이다.

예제 2.2 $Arg(\frac{-1+\sqrt{3}i}{2}) = \frac{2\pi}{3}$이므로, $Arg[(\frac{-1+\sqrt{3}i}{2})(\frac{-1+\sqrt{3}i}{2})] = -\frac{2\pi}{3}$

이다. 따라서

$$Arg[(\frac{-1+\sqrt{3}i}{2})(\frac{-1+\sqrt{3}i}{2})] = Arg(\frac{-1+\sqrt{3}i}{2}) + Arg(\frac{-1+\sqrt{3}i}{2}) - 2\pi$$

이다.

$|z_i| = r_i$, $\arg z_i = \theta_i (i = 1, 2 \ldots, n)$일 때, 귀납적 논의에 의하여 다음이 성립함을 알 수 있다.

$$z_1 z_2 \cdots z_n = r_1 r_2 \cdots r_n[\cos(\theta_1 + \theta_2 + \cdots + \theta_n) + i\sin(\theta_1 + \theta_2 + \cdots + \theta_n)]$$

이때, $z_1 = z_2 = \cdots = z_n = z = r(\cos\theta + i\sin\theta)$라고 하면

$$z^n = r^n(\cos n\theta + i\sin n\theta)$$

를 얻는다. 특히, $|z| = r = 1$인 경우에

$$(\cos\theta + i\sin\theta)^n = \cos n\theta + i\sin n\theta$$

가 성립한다.

0이 아닌 복소수 $z_0 = r_0(\cos\theta_0 + i\sin\theta_0)$가 주어질 때, n차 방정식

$$z^n = z_0$$

를 만족하는 해 $z = r(\cos\theta + i\sin\theta)$를 구해보자. 이 해를 $z_0^{1/n}$로 쓴다.

$$r^n(\cos n\theta + i\sin n\theta) = r_0(\cos\theta_0 + i\sin\theta_0)$$

모든 실수 α에 대하여 $|\cos\alpha + i\sin\alpha| = 1$이므로

$$r^n = r_0, \quad \cos n\theta + i\sin n\theta = \cos\theta_0 + i\sin\theta_0$$

임을 알 수 있다. 첫 번째 식으로부터

$$r = r_0^{1/n}$$

을 얻는다. 두 번째 식으로부터

$$\cos n\theta = \cos\theta_0, \quad \sin n\theta = \sin\theta_0$$

가 성립함을 알 수 있다. 따라서

$$n\theta = \theta_0 + 2k\pi, \quad k \in \mathbb{Z}$$

를 얻는다. 이것으로부터 n차 방정식 $z^n = z_0$의 n개의 서로 다른 해는

$$z_0^{1/n} = z_k = r_0^{1/n}\{\cos(\frac{\theta_0 + 2k\pi}{n}) + i\sin(\frac{\theta_0 + 2k\pi}{n})\}, \ k = 0, 1, 2, \ldots, n-1$$

임을 알 수 있다. 특히, 만일 $z_0 = 1$이라면, $r_0 = 1, \ \theta_0 = 0$이므로

$$1^{1/n} = z_k = \cos(\frac{2k\pi}{n}) + i\sin(\frac{2k\pi}{n}), \quad k = 0, 1, 2, \ldots, n-1$$

이다.

기하학적으로 이 해들은 원점이 중심이고 반지름이 1인 원에 내접하는 정n각형의 n개의 꼭짓점들을 나타낸다.

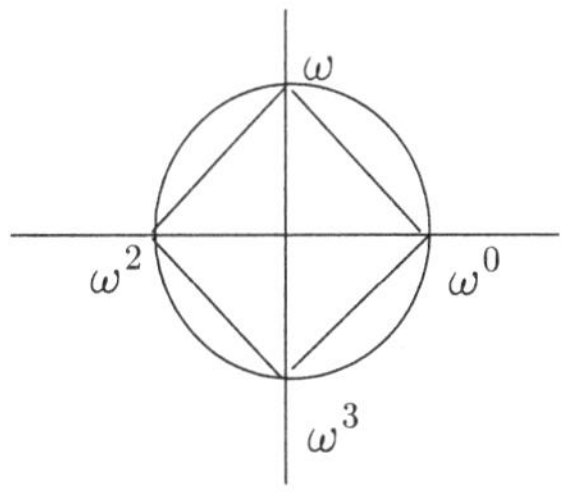

$z^4 = 1$

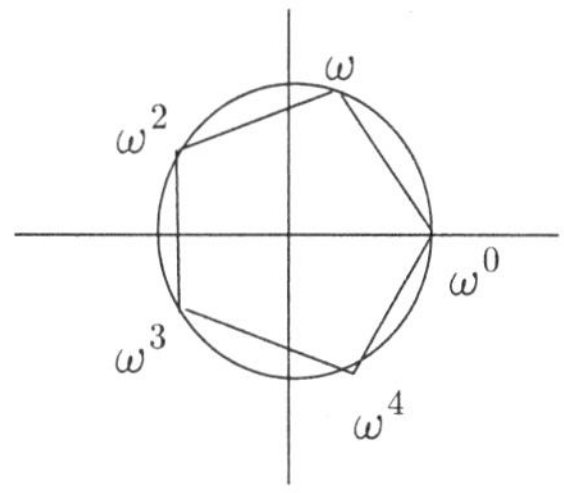

$z^5 = 1$

만일

$$\omega = \cos\frac{2\pi}{n} + i\sin\frac{2\pi}{n}$$

이라 놓으면, 방정식 $z^n = 1$의 해는 다음과 같음을 알 수 있다.

$$\omega,\ \omega^2,\ \ldots,\ \omega^{n-1},\ \omega^n = \omega^0 = 1$$

이것으로부터 다음과 같은 사실을 알 수 있다.

(i) $i, j = 0, 1, 2 \ldots, n-1$에 대하여 $\omega^i \omega^j = \omega^{i+j}$는 $z^n = 1$의 근이다.

(ii) $1 + \omega + \omega^2 + \cdots + \omega^{n-1} = 0$

문제 2.1 다음 각 영역을 복소평면에 도시하여라.

(a) $Argz = \frac{\pi}{6},\ |z| > 1$ (b) $\frac{\pi}{4} < Argz < \frac{\pi}{2}$

(c) $-\pi < Argz < 0,\ |z+i| > 2$

문제 2.2 $|1-z| < 1$일 때, $|Argz| < \frac{\pi}{2}$ 임을 보여라.

문제 2.3 $|z| < 1$일 때, $\left|Arg\frac{1+z}{1-z}\right| > \frac{\pi}{2}$ 임을 보여라.

문제 2.4 $Rez > 0$일 때, $Re\frac{1}{z} > 0$임을 보여라. 또한, $Rez > a > 0$일 때, $Re\frac{1}{z}$의 범위는?

문제 2.5 단위원 $|z|=1, z\neq-1$은 $z=\dfrac{1+it}{1-it}$, $t\in\mathbb{R}$ 으로 나타낼 수 있음을 보여라.

문제 2.6 다음 각 근의 모든 값을 구하여라.

(a) $i^{1/2}$ (b) $i^{1/4}$ (c) $(-i)^{1/3}$ (d) $(1+i)^{1/2}$

(e) $8^{1/6}$ (f) $(4+3i)^{1/2}$ (g) $(\dfrac{1-i}{1+i})^{1/2}$

문제 2.7 $\cos 3\theta = \cos^3\theta - 3\cos\theta\sin^2\theta$, $1\sin 3\theta = 3\cos^2\theta\sin\theta - \sin^3\theta$가 성립함을 보여라.

문제 2.8 $\omega\neq1$ 가 방정식 $z^n=1$ 의 한 허근일 때 다음을 보여라.

$$1+2\omega+3\omega^2+\cdots+n\omega^{n-1}=-\frac{n}{1-\omega}$$

문제 2.9 $z_k=\cos\dfrac{2k\pi}{n}+i\sin\dfrac{2k\pi}{n}$이라 놓으면, 모든 자연수 n에 대하여

$$\sum_{k=1}^{n}|z_k-z_{k-1}|<2\pi$$

임을 보여라. 또한, $\lim\limits_{n\to\infty}\sum\limits_{k=1}^{n}|z_k-z_{k-1}|$ 의 값을 구하여라.

2장

위상수학과 해석학에 관한 예비지식

1. 위상공간
2. 복소수열
3. 긴밀집합
4. 입체사영
5. 함수의 연속성

1. 위상공간

임의의 집합 X에서 정의된 함수의 특성을 알기 위해서는 열린집합의 개념이 필요하다. 집합 X에서의 점열 $\{x_n\}$은 양의 정수의 집합 $\mathbb{N}$ 에서 X로의 함수이다. 만일 $X=\mathbb{R}$ 이면, 이 점열은 실수열이고, 만일 $X=\mathbb{C}$ 이면, 이 점열을 복소수열이다. 점열은 정의역과 공역의 위상(topology)의 관계를 통해서 그 특성을 알 수 있다.

X는 임의의 집합이라 하자. X 위의 **위상(topology)** $\Im$ 는 다음을 성질을 갖는 X의 어떤 부분집합족을 말한다.

(i) $X, \varnothing \in \Im$

(ii) 만일 $U, V \in \Im$ 이면, $U \cap V \in \Im$ 이다.

(iii) 만일 $\{U_\alpha\}_{\alpha \in I}$는 $\Im$ 의 임의의 부분집합족이면, $\bigcup_{\alpha \in I} U_\alpha \in \Im$ 이다.

이러한 위상 $\Im$ 를 갖는 집합 X는 **위상공간(topological space)** $(X, \Im)$라 하고, $\Im$ 의 모든 원소는 X에서 **열린집합(open set)**이라 한다. 집합 X 위에 위상을 주는(열린집합을 정의하는) 방법은 필요에 따라 여러 가지가 있다. 특히, 만일 $\Im=\{X, \varnothing\}$ 이면, $(X, \Im)$는 **비이산위상공간(indiscrete topological space)**이라 하고, 만일 $\Im$ 가 X의 모든 부분집합족이면, $(X, \Im)$는 **이산위상공간(discrete topological space)**이라 한다.

위상공간 $(X, \Im)$에서는 정의에 의하여 전체집합 X와 공집합 $\varnothing$ 는 반드시 열린집합이고, 임의의 두 열린집합의 교집합과 임의의 열린집합들의 합집합은 열린집합이다.

$F \subset X$가 **닫힌집합(closed set)**이라는 것은 $F^c \in \Im$, 즉 F^c가 열린집합일 때를 말한다. 그러므로 다음을 알 수 있다.

(i) $X, \varnothing$ 는 닫힌집합이다.

(ii) 만일 F_1, F_2가 X의 닫힌집합이면, $F_1 \cup F_2$는 X의 닫힌집합이다.

(iii) 만일 $\{F_\alpha\}_{\alpha \in I}$는 임의의 X의 닫힌집합족이면, $\bigcap_{\alpha \in I} F_\alpha$는 X의 닫힌집합이다.

위상공간 $(X, \Im)$에서 $X, \varnothing$ 는 열린집합인 동시에 닫힌집합임을 알 수 있다. 그러므로 일반적으로 위상공간 $(X, \Im)$는 열린집합인 동시에 닫힌집합을 적어도 2개 갖는다. 특히, 만일 위상공간 $(X, \Im)$가 열린집합인 동시에 닫힌집합으로 $X, \varnothing$ 이외의 다른 집합을 갖지 않으면, $(X, \Im)$는 **연결공간(connected space)**이라 한다. 비이산위산공간은 연결공간이지만, 이산위상공간은 연결공간이 아니다.

$(X, \mathfrak{T})$는 위상공간이라 하고, A는 X의 부분집합이라 하자. 이때, 집합 A 위에는 X 위의 위상으로부터 유도된 위상 $\mathfrak{T}_A$을 다음과 같이 줄 수 있다.

$$\mathfrak{T}_A := \{A \cap U \mid U \in \mathfrak{T}\}$$

이러한 A 위의 위상 $\mathfrak{T}_A$는 **상대위상(relative topology)**이라 하고, $(A, \mathfrak{T}_A)$는 위상공간 $(X, \mathfrak{T})$의 **부분공간(subspace)**이라 한다. $\mathfrak{T}_A$의 원소는 A에서 열린집합이라 한다. 그러므로 A에서 열린집합은 A와 X에서의 어떤 열린집합 U와의 교집합꼴이다. 만일 $A \subset X$는 열린집합이 아니면, A에서의 열린집합은 X에서의 열린집합이 아니다. 그러나 만일 $A \subset X$는 열린집합이면, A에서의 열린집합은 X에서의 열린집합이다.

자연수들의 집합 $\mathbb{N}$은 $\mathbb{R}, \mathbb{C}$의 부분집합이다. $\mathbb{N}$ 위의 위상은 $\mathbb{R}$ 또는 $\mathbb{C}$ 위의 위상으로부터 유도된 상대위상이 주어진 것으로 간주하자. 그러면 $\mathbb{N}$은 이산위상공간이다. 그러므로 $\mathbb{N}$의 모든 부분집합은 열린집합이다.

위상공간 $(X, \mathfrak{T})$에 대하여 집합 $A \subset X$가 **연결집합(connected set)**이라는 것은 부분공간 $(A, \mathfrak{T}_A)$가 연결공간일 때를 말한다.

실직선 $\mathbb{R}$ 또는 유클리드평면 $\mathbb{R}^2$ 또는 복소평면 $\mathbb{C}$에서의 열린집합은 **열린근방(open neighborhood)**을 사용하여 정의한다.

실직선 $\mathbb{R}$에서의 열린근방은 열린구간 (a,b)를 말한다. 이때 $\frac{a+b}{2} = x_0$은 그 근방의 중심이고, $\frac{b-a}{2} = r$은 그 근방의 반지름이다. 이러한 $\mathbb{R}$에서의 근방 (a,b)는 $N_r(x_0)$로 나타내고, **x_0의 r-근방**이라 한다. 그러면 $N_r(x_0) = \{x \in \mathbb{R} \mid |x - x_0| < r\}$이다.

유클리드평면 $\mathbb{R}^2$에서 중심이 $\mathrm{x} = (x_1, x_2) \in \mathbb{R}^2$이고 반지름이 r인 근방 $N_r(\mathrm{x})$는 열린원판을 말한다. 이를 x의 r-근방이라 한다. 즉,

$$\begin{aligned} N_r(\mathrm{x}) &= \{\mathrm{y} = (y_1, y_2) \in \mathbb{R}^2 \mid \|\mathrm{y} - \mathrm{x}\| < r\} \\ &= \{\mathrm{y} = (y_1, y_2) \in \mathbb{R}^2 \mid (y_1 - x_1)^2 + (y_2 - x_2)^2 < r^2\}. \end{aligned}$$

복소평면 $\mathbb{C}$에서 중심이 $z_0 = x_0 + y_0 i$이고 반지름이 r인 열린근방 $N_r(z_0)$는 열린원판을 말한다. 이를 z_0의 r-근방이라 한다. 즉,

$$\begin{aligned} N_r(z_0) &= \{z = x + yi \in \mathbb{C} \mid |z - z_0| < r\} \\ &= \{z = x + yi \in \mathbb{C} \mid (x - x_0)^2 + (y - y_0)^2 < r^2\}. \end{aligned}$$

X는 $\mathbb{R}, \mathbb{R}^2$ 또는 $\mathbb{C}$ 라고 하자. 그러면 X에서의 근방들은 다음과 같은 성질을 갖는다.

(i) X의 모든 근방들의 합집합은 X이다.

(ii) 만일 N_1, N_2는 X의 임의의 근방이고, $N_1 \cap N_2 \neq \varnothing$ 이면, 각 $x \in N_1 \cap N_2$에 대하여 x의 근방 N_3가 존재하여 $N_3 \subset N_1 \cap N_2$이다.

이때 (ii)는 $N_1 \cap N_2$가 $N_1 \cap N_2$에 포함되는 근방들의 합집합으로 나타낼 수 있다는 것을 의미한다.

어떤 집합 $B \subset \mathbb{C}$ 가 **유계(bounded)**라는 것은 B가 어떤 점 z_0의 ϵ-근방에 포함될 때를 말한다. 즉,

$$B \subset N_\epsilon(z_0).$$

이것은 임의의 점 $z \in B$는

$$|z - z_0| < \epsilon$$

를 만족하다는 것을 의미한다.

$U \subset X$가 **열린집합(open set)**이라는 것은 U가 U에 포함되는 열린근방들의 합집합일 때를 말한다. 즉, 각 $x \in U$에 대하여 x의 근방 $N(x)$가 존재하여 $N(x) \subset U$일 때를 말한다. 그러므로 모든 열린근방은 열린집합이다. 공집합은 열린집합이라 정의한다.

집합 $A \subset \mathbb{C}$ 에 대하여 점 $z_0 \in A$가 A의 **내점(interior point)**이라는 것은 A에 포함되는 z_0의 ϵ-근방 $N_\epsilon(z_0)$이 존재할 때를 말한다. 즉,

$$N_\epsilon(z_0) \subset A.$$

A의 내점들의 집합은 A^o로 나타낸다. 이때, $A^o \subset A$임을 알 수 있다.

집합 $A \subset \mathbb{C}$ 가 열린집합이기 위한 필요충분조건은 $A = A^o$이다.

예제 1.1 다음과 같은 집합은 열린집합이다.

(i) 공집합

(ii) 모든 복소수의 집합 $\mathbb{C}$

(iii) 유한개의 열린집합들의 교집합

(iv) 유한개의 열린집합들의 합집합

(v) 가산개의 열린집합들의 합집합

(vi) 비가산개의 열린집합들의 합집합

(vii) $\{z \in \mathbb{C} \mid |z| > r\}$, $r \geq 0$

(viii) $\{z \in \mathbb{C} \mid r_1 < |z| < r_2\}$, $0 \leq r_1 < r_2$

$\mathbb{C}$ 에서 z_0가 **제거된 ϵ-근방**이란 $0 < |z - z_0| < \epsilon$인 점 z의 집합을 말하며, 이를 기호로 $N_\epsilon'(z_0)$으로 나타낸다. 즉,

$$N_\epsilon'(z_0) = \{z \in \mathbb{C} \mid 0 < |z - z_0| < \epsilon\}.$$

z_0가 집합 $A \subset \mathbb{C}$ 의 **극한점(limit point)**이라는 것은 z_0가 제거된 임의의 ϵ-근방 $N_\epsilon'(z_0)$이 A의 점을 포함할 때를 말한다. 즉,

$$\forall N_\epsilon'(z_0),\ A \cap N_\epsilon'(z_0) \neq \varnothing .$$

이때, z_0는 A에 속하는 점일 수도 있고 아닐 수도 있음을 유의하자. A의 극한점들의 집합을 A'로 나타낸다. 이때 A'는 A의 **도집합(derived set)**이라 한다.

예제 1.2 집합 $A = \{z \in \mathbb{C} \mid |z| < 1\}$의 극한점들의 집합은

$$A' = \{z \in \mathbb{C} \mid |z| \leq 1\}$$

이다.

예제 1.3 집합 $A = \{1, \frac{1}{2}, \frac{1}{3}, \ldots, \frac{1}{n}, \ldots\} \subset \mathbb{C}$ 의 극한점들의 집합 $A' = \{0\}$이다. 이때, $0 \notin A$이다.

예제 1.4 집합 $A = \{p + qi \mid p, q \in \mathbb{Q}\}$의 극한점들의 집합 $A' = \mathbb{C}$ 이다.

집합 $A \subset \mathbb{C}$ 가 **닫힌집합(closed set)**이기 위한 필요충분조건은 $A' \subset A$이다.

집합 $A \subset \mathbb{C}$ 의 **폐포(closure)** $\overline{A}$는 A를 포함하는 가장 작은 닫힌집합을 말한다. 즉, A를 포함하는 모든 닫힌집합들의 교집합을 말한다. $\overline{A}$가 A의 폐포이기 위한 필요충분조건은

$$\overline{A} = A \bigcup A'$$

이다.

예제 1.5 닫힌집합들의 예는 다음과 같다.

(i) 공집합
(ii) 모든 복소수의 집합 $\mathbb{C}$
(iii) 유한개의 닫힌집합들의 합집합
(iv) 유한개의 닫힌집합들의 교집합
(v) 가산개의 닫힌집합들의 교집합
(vi) 비가산개의 닫힌집합들의 교집합
(vii) $\{z \in \mathbb{C} \mid |z| \geq r\}$, $r \geq 0$
(viii) $\{z \in \mathbb{C} \mid r_1 \leq |z| \leq r_2\}$, $0 \leq r_1 < r_2$

정리 1.6 만일 점 z_0가 집합 $A \subset \mathbb{C}$ 의 극한점이면, z_0의 모든 근방은 A의 무수히 많은 점들을 포함한다.

증명 z_0가 제거된 어떤 근방이 A의 서로 다른 유한개의 점 $z_1, z_2, \ldots, z_n$만을 포함한다고 가정하자. 이때 $\epsilon = \min_{i=1,2,\ldots,n} |z_0 - z_i| > 0$에 대하여 $A \bigcap N_\epsilon'(z_0) = \varnothing$ 이므로 z_0가 A의 극한점이라는 가정에 모순이다.

따름정리 1.7 모든 유한집합 $A = \{z_1, z_2, \ldots, z_n\}$은 닫힌집합이다.

증명 $A' = \varnothing \subset A$이므로 A는 닫힌집합이다.

점 z_0가 집합 $A \subset \mathbb{C}$ 의 **외점(exterior point)**이라는 것은 z_0가 A^c의 내점일 때를 말한다. A의 외점들의 집합을 $extA$로 나타낸다. 이때 $extA = (A^c)^o$임을 알 수 있다.

점 z_0가 집합 $A \subset \mathbb{C}$ 의 **경계점(bounary point)**이라는 것은 z_0는 A의 내점도 아니고, 외점도 아닐 때를 말한다. A의 경계점들의 집합은 $b(A)$로 나타낸다.

집합 $S \subset \mathbb{C}$ 가 **연결집합(connected set)**이라는 것은 다음 두 조건을 만족하는 열린집합 $U, V \subset \mathbb{C}$ 가 존재하지 않을 때를 말한다.

(i) $S=(S\cap U)\cup(S\cap V)$, $(S\cap U)\cap(S\cap V)=\varnothing$

(ii) $S\cap U\neq\varnothing, S\cap V\neq\varnothing$

특히, 만일 $S\subset\mathbb{C}$ 는 열린연결집합이고, 어떤 서로소인 열린집합 $U, V\subset\mathbb{C}$ 에 대하여

$$S=U\cup V$$

이면, $U=\varnothing$ 또는 $V=\varnothing$ 이다. 왜냐하면 $U\neq\varnothing, V\neq\varnothing$ 라고 가정하자. 그러면

$$S=(S\cap U)\cup(S\cap V), (S\cap U)\cap(S\cap V)=\varnothing$$

이다. $S\cap U\neq\varnothing, S\cap V\neq\varnothing$ 임을 보이자. 만일 $S\cap U=\varnothing$ 또는 $S\cap V=\varnothing$ 이라면, $S\cap U=\varnothing$ 라고 가정하자. 그러면 $S=S\cap V$이므로, $S\subset V$이다. $U\neq\varnothing, V\neq\varnothing$ 이고, $S=U\cup V$, $U\cap V=\varnothing$ 이므로, $U=\varnothing$ 이다. 이것은 모순이다. 그러므로 $S\cap U\neq\varnothing$, $S\cap V\neq\varnothing$ 이다. S는 연결집합이므로, 이것은 연결집합의 정의에 모순이다. 따라서 $U=\varnothing$ 또는 $V=\varnothing$ 이다.

$\mathbb{C}$ 에서의 연결열린집합 D는 **영역(domain)**이라 하고, 영역의 경계의 일부 또는 전부를 포함한 집합 R은 **면분(region)**이라고 한다.

▸정리 1.8 한 영역 $D\subset\mathbb{C}$ 에 있는 임의의 두 점은 그 영역에 포함되는 다각선에 의해서 연결될 수 있다.

증명 점 $z_0\in D$에 대하여

$A=\{z\in D\mid z$는 z_0로 D에 포함되는 다각선에 의해서 연결될 수 있는 점$\}$,
$B=\{z\in D\mid z$는 z_0로 D에 포함되는 다각선에 의해서 연결될 수 없는 점$\}$

이라 하자. 이때 $D=A\cup B$, $A\cap B=\varnothing$ 임을 알 수 있다.

이제 A, B는 열린집합이고 $B=\varnothing$ 임을 보이면, $D=A$ 이므로 정리가 증명된다. 만일 $z_1\in A$ 이면, $z_1\in D$이고 D는 열린집합이므로, z_1의 ϵ_1−근방 $N_{\epsilon_1}(z_1)$이

존재하여 $N_{\epsilon_1}(z_1) \subset D$이다. 그러나 $N_{\epsilon_1}(z_1)$의 모든 점들은 다각선에 의해서 z_1과 연결할 수 있으므로 $N_{\epsilon_1}(z_1) \subset A$ 임을 알 수 있다. 그러므로 A는 열린집합이다.

마찬가지로, 만일 $z_2 \in B$이면, $z_2 \in D$이고 D는 열린집합이므로, z_2의 ϵ_2-근방 $N_{\epsilon_2}(z_2)$이 존재하여 $N_{\epsilon_2}(z_2) \subset D$이다. 이때 $N_{\epsilon_2}(z_2)$는 근방이므로, 각 점 $z_3 \in N_{\epsilon_2}(z_2)$는 점 z_2까지 다각선으로 연결할 수 있지만, $z_2 \in B$이므로, 점 z_0에서 점 z_2까지는 D에 포함되는 다각선으로 연결될 수 없다. 따라서 점 z_0에서 점 z_3까지 D에 포함되는 다각선으로 연결할 수 없다. 그러므로 $z_3 \in B$이다. 따라서 $N_{\epsilon_2}(z_2) \subset B$이다. 즉, B는 열린집합이다. D가 연결집합이므로 A, B 중에서 하나는 공집합이어야 한다. 그러나 $z_0 \in A$이므로, $A \neq \varnothing$ 이다. 그러므로 $B = \varnothing$ 이다.

(참고) 정리 1.8의 역도 성립한다. 즉, 만일 열린집합의 임의의 두 점이 다각선에 의해 연결되면, 그 집합은 연결집합이다.

예제 1.9 집합 $A = \{z \in \mathbb{C} \mid |z| \leq 1\} - \{1, \frac{1}{2}, \frac{1}{3}, \frac{1}{4}, \ldots\}$는 단위원 위의 점들을 포함하고 있기 때문에 열린집합이 아니다. 또한, A는 극한점 $z_n = \frac{1}{n}\,(n = 1, 2, 3, \ldots)$을 포함하고 있지 않으므로, A는 닫힌집합도 아니다. 그러나 이 집합은 유계이고 연결집합이다. 이 집합의 경계는

$$b(A) = \{z \in \mathbb{C} \mid |z| = 1\} \bigcup \{0, 1, \frac{1}{2}, \frac{1}{3}, \ldots\}$$

이다.

예제 1.10 집합 $A = \{z \in \mathbb{C} \mid Re\, z > 0 \text{ 또는 } Re\, z < -2\}$는 열린집합이지만 닫힌집합은 아니다. 또한 유계도 아니고 연결집합도 아니다. 이 집합의 경계는

$$b(A) = \{z \in \mathbb{C} \mid Re\, z = 0 \quad \text{또는} \quad Re\, z = -2\}$$

이다.

예제 1.11 집합 $A=\{z\in\mathbb{C} \mid -\frac{\pi}{4}\leqq Argz\leqq\frac{\pi}{4}\}$는 닫힌집합이고 연결집합이다. 그러나 열린집합은 아니다. 또한 유계도 아니다. 이 집합의 경계는

$$b(A)=\{z\in\mathbb{C} \mid Argz=-\frac{\pi}{4} \text{ 또는 } \frac{\pi}{4}\}$$

이다.

문제 1.1 다음을 증명하여라.

(a) 만일 $U, V\subset\mathbb{C}$는 열린집합이면, $U\bigcap V$는 열린집합이다.

(b) 만일 $U_\alpha\subset\mathbb{C}, \alpha\in I$는 열린집합이면, $\bigcup_{\alpha\in I} U_\alpha$는 열린집합이다.

문제 1.2 다음 집합은 열린집합, 닫힌집합, 연결집합, 유계집합인지 판정하여라.

(a) $\{z\in\mathbb{C} \mid 1<|z|<2, z\notin\mathbb{R}\}$

(b) $\{z=x+yi\in\mathbb{C} \mid x, y\in\mathbb{Q}\}$

(c) $\bigcap_{n=1}^{\infty}\{z\in\mathbb{C} \mid |z|<\frac{1}{n}\}$

문제 1.3 $F\subset\mathbb{C}$가 닫힌집합이기 위한 필요충분조건은 $F'\subset F$임을 보여라.

문제 1.4 집합 $A\subset\mathbb{C}$의 도집합 A'는 닫힌집합임을 보여라.

문제 1.5 집합 $A\subset\mathbb{C}$에 대하여 $\overline{A}=A\bigcup A'$임을 보여라.

문제 1.6 만일 집합 $A\subset\mathbb{C}$의 임의의 두 점은 A에 포함되는 다각선에 의하여 연결될 수 있으면, A는 연결집합임을 보여라.

문제 1.7 $A\subset\mathbb{C}$는 연결집합이라 하자. 만일 $A\subset B\subset\overline{A}$이면, B도 연결집합임을 보여라. 그러므로 $\overline{A}$는 연결집합이다.

문제 1.8 집합 $A=\{(x,y)\in\mathbb{R}^2 \mid y=\sin\frac{1}{x},\ \ x\neq 0\}, B=\{(0,y)\in\mathbb{R}^2 \mid -1\leqq y\leqq 1\}$ 에 대하여 집합 $A\bigcup B$는 연결집합이지만, A의 어떠한 점도 B의 점과 $A\bigcup B$ 에 포함되는 다각선에 의하여 연결될 수 없음을 보여라.

문제 1.9 $D_1, D_2\subset\mathbb{C}$ 는 영역이라 하자. $D_1\bigcup D_2$가 영역이기 위한 필요충분조건은 $D_1\bigcap D_2\neq\varnothing$ 임을 보여라.

2. 복소수열

복소수열 $\{z_n\}$은 양의 정수 n에 복소수를 대응시킴으로써 만들어진다. 즉,

$$f : \mathrm{N} \to \mathbb{C} : n \to z_n.$$

점 z_n을 이 수열의 **제n항**이라고 한다. 수열의 항들과 그의 항들을 원소로 하는 집합을 조심스럽게 구별하여야 한다. 예를 들어, 수열 $\{2,2,2,\ldots\}$는 무한개의 항을 가지고 있고, 집합 $\{2,2,2,\ldots\}$는 단지 한 원소로 이루어져 있다.

수열 $\{z_n\}$이 z_0로 **수렴한다(converge)(극한(limit) z_0를 갖는다)**는 것은 임의의 $\epsilon > 0$에 대하여 자연수 N이 존재하여 $n > N$일 때 $|z_n - z_0| < \epsilon$이 성립할 때를 말한다. 이를

$$\lim_{n\to\infty} z_n = z_0$$

로 쓴다. '$n > N$'은 '$n \geq N$'으로 대체해도 무방하다. 이 극한의 정의를 근방을 사용하여 나타내면, 다음과 같다.

z_0의 임의의 근방 $N_\epsilon(z_0)$에 대하여 자연수 N이 존재하여 $n > N$일 때 $z_n \in N_\epsilon(z_0)$이다.

이것이 의미하는 것은 z_0의 근방을 임의로 하나 잡으면, $\{z_n\}$의 유한개 항을 제외한 모든 항들이 그 근방에 포함된다는 것이다.

복소수열의 수렴성은 그의 실부열과 허부열의 수렴성과 좋은 관계가 있다.

정리 2.1 복소수 $z_n = x_n + y_n i$에 대하여 복소수열 $\{z_n\}$이 복소수 $z_0 = x_0 + y_0 i$로 수렴하기 위한 필요충분조건은 $\{x_n\}$이 x_0로 수렴하고 $\{y_n\}$이 y_0로 수렴하는 것이다.

증명 ($\Rightarrow$) $\lim_{n\to\infty} z_n = z_0$라고 하자. 그러면 임의의 $\epsilon > 0$에 대하여 자연수 N이 존재하여 $n > N$일 때

$$|z_n - z_0| < \epsilon$$

이다.

$$\begin{aligned}|z_n - z_0| &= |x_n + y_n i - (x_0 + y_0 i)| = |(x_n - x_0) + (y_n - y_0)i| \\ &= \sqrt{(x_n - x_0)^2 + (y_n - y_0)^2}\end{aligned}$$

2장 위상수학과 해석학에 관한 예비지식

이므로,

$$|x_n - x_0| \leqq |z_n - z_0|$$
$$|y_n - y_0| \leqq |z_n - z_0|$$

이다. 그러므로 임의의 $\epsilon > 0$에 대하여 자연수 N이 존재하여 $n > N$일 때

$$|x_n - x_0| < \epsilon$$
$$|y_n - y_0| < \epsilon$$

이다. 그러므로 극한의 정의에 의하여 $\lim_{n\to\infty} x_n = x_0$, $\lim_{n\to\infty} y_n = y_0$이다.

($\Leftarrow$) $\lim_{n\to\infty} x_n = x_0$, $\lim_{n\to\infty} y_n = y_0$이라 하자. 그러면 임의의 $\epsilon > 0$에 대하여 자연수 N이 존재하여 $n > N$일 때 $|z_n - z_0| < \epsilon$이 성립함을 보이자. 삼각부등식에 의하여

$$\begin{aligned} |z_n - z_0| &= |(x_n - x_0) + (y_n - y_0)i| \\ &\leqq |x_n - x_0| + |(y_n - y_0)i| \\ &= |x_n - x_0| + |y_n - y_0| \end{aligned}$$

이다. $\epsilon > 0$은 주어졌다고 하자. 이때 $|x_n - x_0| + |y_n - y_0| < \epsilon$이 되기 위해서는

$$|x_n - x_0| < \frac{\epsilon}{2},\ |y_n - y_0| < \frac{\epsilon}{2}$$

가 되도록 하면 된다. $|x_n - x_0| < \frac{\epsilon}{3}$, $|y_n - y_0| < \frac{2\epsilon}{3}$가 되도록 해도 무방하다. $\lim_{n\to\infty} x_n = x_0$이므로, 자연수 N_1이 존재하여 $n > N_1$일 때 $|x_n - x_0| < \frac{\epsilon}{2}$가 성립한다. 또한, $\lim_{n\to\infty} y_n = y_0$이므로, 자연수 N_2이 존재하여 $n > N_2$일 때 $|y_n - y_0| < \frac{\epsilon}{2}$가 성립한다. 이때 $N = \max\{N_1, N_2\}$로 놓자. 그러면 $n > N$일 때

$$\begin{aligned} |z_n - z_0| &\leqq |x_n - x_0| + |y_n - y_0| \\ &< \frac{\epsilon}{2} + \frac{\epsilon}{2} = \epsilon \end{aligned}$$

이 성립한다. 그러므로 $\lim_{n\to\infty} z_n = z_0$이다.

(참고) 정리 2.1은 복소수열의 많은 성질들이 대응하는 실수열의 성질로부터 유도될 수 있다는 것을 말해준다. 예를 들어, 복소수열의 극한의 유일성은 실수열의 극한의 유일성으로부터 유도된다.

복소수열 $\{z_n\}$이 **유계(bounded)**라는 것은 양의 실수 $M>0$이 존재하여 모든 n에 대하여 $|z_n| \leq M$일 때를 말한다.

수렴하는 복소수열은 그 극한에 밀집되어 있으므로, 다음 정리를 얻는다.

정리 2.2 수렴하는 복소수열은 유계이다.

(증명) $\lim_{n\to\infty} z_n = z_0$라고 하자. 그러면 임의의 $\epsilon>0$에 대하여 자연수 $N=N(\epsilon)$이 존재하여 $n>N$일 때 $|z_n - z_0| < \epsilon$이 성립한다. 특히, 이것은 $\epsilon = 1$에 대해서 성립한다. 그러므로 삼각부등식에 의하여 $n>N$일 때

$$||z_n| - |z_0|| \leq |z_n - z_0| < 1$$

이다. 그러므로 모든 $n>N$에 대하여 $|z_n| < |z_0| + 1$이다.

$$M = \max\{|z_1|, \ldots, |z_N|, |z_0|+1\}$$

로 놓자. 그러면 모든 n에 대하여 $|z_n| \leq M$이다. 그러므로 $\{z_n\}$은 유계이다.

(참고) 정리 2.2의 역은 성립하지 않는다. 예를 들어, 복소수열 $\{(-1)^n\}$은 유계이지만, 수렴하지 않는다.

복소수열 $\{z_n\}$의 **부분복소수열(subsequence)** $\{z_{n_k}\}$은 $\{z_n\}$의 나열순서를 유지하면서 항들을 선택한 복소수열을 말한다. 즉,

$$n_1 < n_2 < \cdots < n_k < \cdots.$$

$\{z_n\}$의 k번째 항 z_k와 $\{z_{n_k}\}$의 k번째 항 z_{n_k}에서 $k \leq n_k$임을 유의하자.

$z_n = (-1)^n$을 생각하자.

$$-1, 1, -1, 1, \ldots$$

$z_{n_k} = z_{2k}, k = 1, 2, \ldots$로 놓으면, $n_k = 2k > k$이고, $z_{n_l} = z_{2l-1}, l = 1, 2, \ldots$로 놓으면, $n_l = 2l - 1 \geq l$이다. 이때 $\{z_n\}$의 부분복소수열 $\{z_{n_k}\}$은 항등수열 $\{1, 1, \ldots\}$이고, 부분복소수열 $\{z_{n_l}\}$은 항등수열 $\{-1, -1, \ldots\}$이다. 그리고 $\lim_{k\to\infty} z_{n_k} = 1, \lim_{l\to\infty} z_{n_l} = -1$이다. 그러나 $\{z_n\}$은 수렴하지 않는다.

정리 2.3 만일 복소수열 $\{z_n\}$이 z_0로 수렴하면, $\{z_n\}$의 모든 부분복소수열 $\{z_{n_k}\}$도 z_0로 수렴한다.

증명 $\lim_{n\to\infty} z_n = z_0$이므로, 임의의 z_0의 근방 $N_\epsilon(z_0)$에 대하여 자연수 N이 존재하여 $k > N$일 때 $z_k \in N_\epsilon(z_0)$이다. $n_k \geq k$이므로, $n_k > k > N$일 때 $z_{n_k} \in N_\epsilon(z_0)$이다. 그러므로 $\lim_{k\to\infty} z_{n_k} = z_0$이다.

공집합이 아닌 집합 $A \subset \mathbb{R}$은 **위로 유계(upper bounded)**라는 것은 실수 M이 존재하여 모든 $x \in A$에 대하여 $x \leq M$일 때를 말한다. 이때 M은 A의 **상계(upper bound)**라고 한다. A의 상계 중에서 가장 작은 상계는 A의 **최소상계(least upper bound)** 또는 **상한(supremum)**이라 하고, $\text{lub}(A)$ 또는 $\sup(A)$로 나타낸다.

$\mathbb{R}$은 **최소상계의 성질**을 갖고 있다는 것은 이미 잘 알려져 있다. 즉, 만일 $A \subset \mathbb{R}$은 공집합이 아닌 위로 유계집합이면, $\text{lub}(A)$는 $\mathbb{R}$에서 존재한다. $\text{lub}(A) = \alpha \in \mathbb{R}$로 놓으면, 다음이 성립한다.

(i) 모든 $x \in A$에 대하여 $x \leq \alpha$이다.
(ii) 임의의 $\epsilon > 0$에 대하여 $y_\epsilon = y \in A$가 존재하여

$$\alpha - \epsilon < y \leq \alpha$$

이다.

마찬가지로, 공집합이 아닌 집합 $A \subset \mathbb{R}$ 은 **아래로 유계**(lower bounded)라는 것은 실수 m이 존재하여 모든 $x \in A$에 대하여 $m \leqq x$일 때를 말한다. 이때 m은 A의 **하계**(upper bound)라고 한다. A의 하계 중에서 가장 큰 하계는 A의 **최대하계**(greatest lower bound) 또는 **하한**(infimum)이라 하고, $\mathrm{glb}(A)$ 또는 $\inf(A)$로 나타낸다.

$\mathrm{glb}(A) = \beta \in \mathbb{R}$ 로 놓으면, 다음이 성립한다.

(i) 모든 $x \in A$에 대하여 $\beta \leqq x$이다.

(ii) 임의의 $\epsilon > 0$에 대하여 $y_\epsilon = y \in A$가 존재하여

$$\beta \leqq y < \beta + \epsilon$$

이다. 이러한 성질은 $\mathbb{R}$ 의 **최대하계의 성질**이라 한다.

공집합이 아닌 집합 $A \subset \mathbb{R}$ 이 **유계**(bounded)라는 것은 A가 아래로 유계인 동시에 위로 유계일 때를 말한다. A가 유계이기 위한 필요충부조건은 양의 실수 M이 존재하여 모든 $x \in A$에 대하여 $|x| \leqq M$이다.

실수열 $\{x_n\}$이 **단조증가**(motonically increasing)(**단조감소**(monotonically decreasing)) 라는 것은 모든 n에 대하여 $x_n \leqq x_{n+1}$($x_n \geqq x_{n+1}$)일 때를 말한다. 실수열 $\{x_n\}$이 **단조수열**(momotonic sequence)이라는 것은 $\{x_n\}$이 단조증가수열 또는 단조감소수열일 때를 말한다.

▶정리 2.4 **(단조수렴정리)** 모든 유계인 단조수열은 수렴한다.

증명 유계인 실수열 $\{x_n\}$은 단조증가수열이라 하자. 그러면 집합 $A = \{x_1, x_2, \ldots\} \subset \mathbb{R}$ 는 위로 유계이므로, $\mathbb{R}$ 의 최소상계의 성질에 의하여 $\mathrm{lub}(A) = \alpha \in \mathbb{R}$ 이 존재한다. 그러므로 임의의 $\epsilon > 0$에 대하여 자연수 N이 존재하여 $\alpha - \epsilon < x_N \leqq \alpha < \alpha + \epsilon$이다. 모든 n에 대하여 $x_n \leqq \alpha$이고, $x_n \leqq x_{n+1}$이므로, $n > N$일 때 $\alpha - \epsilon < x_n \leqq \alpha < \alpha + \epsilon$이다. 즉,

$$|x_n - \alpha| < \epsilon.$$

그러므로 유계인 단조증가수열 $\{x_n\}$은 A의 최소상계 α로 수렴한다.

유계인 실수열 유계인 실수열 $\{x_n\}$은 단조감소수열이라 하자. 그러면 집합

$$A = \{x_1, x_2, \ldots\} \subset \mathbb{R}$$

는 아래로 유계이므로, $\mathbb{R}$ 의 최대하계의 성질에 의하여 $\mathrm{glb}(A) = \beta \in \mathbb{R}$ 이 존재한다. 그러므로 임의의 $\epsilon > 0$에 대하여 자연수 N이 존재하여 $\beta - \epsilon < \beta \leq x_N < \beta + \epsilon$이다. 모든 n에 대하여 $\beta \leq x_n$이고, $x_n \geq x_{n+1}$이므로, $n > N$일 때 $\beta - \epsilon < \beta \leq x_n < \beta + \epsilon$이다. 즉,

$$|x_n - \beta| < \epsilon.$$

그러므로 유계인 단조감소수열 $\{x_n\}$은 A의 최대하계 β로 수렴한다. 따라서 모든 유계인 단조수열은 수렴한다.

예비정리 2.5 모든 실수열은 단조부분수열을 갖는다.

증명 $\{x_n\}$은 실수열이라 하자. 만일 $\{n \in \mathbb{N} \mid x_k \geq x_n, \forall k \geq n\}$은 무한집합이면, 우선 먼저 n_1은 모든 $k \geq n_1$에 대하여 $x_k \geq x_{n_1}$을 만족하도록 선택하자. 그 다음에 $n_2(n_1 < n_2)$는 모든 $k \geq n_2$에 대하여 $x_k \geq x_{n_2}$를 만족하도록 선택하자. 그러면 $x_{n_1} \geq x_{n_2}$이다. $n_3(n_2 < n_3)$는 모든 $k \geq n_3$에 대하여 $x_k \geq x_{n_3}$를 만족하도록 선택하자. 그러면 $x_{n_1} \geq x_{n_2} \geq x_{n_3}$이다. 이와 같은 방법을 계속하면, $\{x_n\}$의 부분수열 $\{x_{n_k}\}$는 단조감소 부분수열이다.

한편, 만일 $\{n \in \mathbb{N} \mid x_k \leq x_n, \forall k \geq n\}$은 무한집합이면, 우선 먼저 n_1은 모든 $k \geq n_1$에 대하여 $x_k \leq x_{n_1}$을 만족하도록 선택하자. 그 다음에 $n_2(n_1 < n_2)$는 모든 $k \geq n_2$에 대하여 $x_k \leq x_{n_2}$를 만족하도록 선택하자. 그러면 $x_{n_1} \leq x_{n_2}$이다. $n_3(n_2 < n_3)$는 모든 $k \geq n_3$에 대하여 $x_k \leq x_{n_3}$를 만족하도록 선택하자. 그러면 $x_{n_1} \leq x_{n_2} \leq x_{n_3}$이다. 이와 같은 방법을 계속하면, $\{x_n\}$의 부분수열 $\{x_{n_k}\}$는 단조증가 부분수열이다.

▸정리 2.6 모든 유계인 복소수열은 수렴하는 부분복소수열을 갖는다.

증명 $z_n = x_n + y_n i$로 놓고, $\{z_n\}$은 유계인 복소수열이라 하자. 그러면 양의 실수 $M > 0$이 존재하여 모든 n에 대하여 $|z_n| \leq M$이다. $|z_n| = \sqrt{x_n^2 + y_n^2}$

이므로,

$$|x_n| \leq |z_n| \leq M$$
$$|y_n| \leq |z_n| \leq M$$

이다. 그러므로 실수열 $\{x_n\}$은 유계인 수열이다. 따라서 예비정리 2.5에 의하여 $\{x_n\}$은 단조부분수열 $\{x_{n_k}\}$를 갖는다. 그러므로 정리 2.4에 의하여 $\{x_{n_k}\}$는 수렴한다. $z_{n_k} = x_{n_k} + y_{n_k} i$이다. 이때 $\{y_n\}$의 부분수열 $\{y_{n_k}\}$는 수렴한다는 보장은 없다. 그러나 예비정리 2.5에 의하여 $\{y_{n_k}\}$는 단조부분수열 $\{y_{(n_k)_l}\}$을 갖는다. 정리 2.4에 의하여 $\{y_{(n_k)_l}\}$은 수렴한다.

$\{x_{(n_k)_l}\}$은 $\{x_{n_k}\}$의 부분수열이고, $\{x_{n_k}\}$는 수렴하므로, 정리 2.3에 의하여 $\{x_{(n_k)_l}\}$은 수렴한다. 이때 $z_{(n_k)_l} = x_{(n_k)_l} + y_{(n_k)_l} i$이다. 그러므로 $\{z_{(n_k)_l}\}$은 $\{z_n\}$의 부분복소수열이고, 정리 2.1에 의하여 수렴한다. 그러므로 유계인 복소수열은 수렴하는 부분복소수열을 갖는다.

실수열의 극한과 집합으로서 실수열의 극한점, 그리고 집합으로서 실수열의 상한과 하한의 관계는 무엇일까? 복소수계에서는 상한과 하한의 개념은 의미가 없다. 단지 이 개념은 복소수와 관련된 정리들을 증명하기 위하여 사용된다. 실수열 $\{\frac{n}{n+1}\}$은 집합으로서 이 수열의 상한 1은 이 수열의 극한이고, 이것은 집합으로서 유일한 극한점이다. 만일 수렴하는 복소수열은 단지 유한개의 다른 항들로 이루어져 있으면, 집합으로서 이 수열의 극한점은 존재하지 않는다.

정리 2.7 점 z_0가 집합 $A \subset \mathbb{C}$의 극한점이기 위한 필요충분조건은 z_0로 수렴하는 A의 서로 다른 점들로 이루어진 복소수열이 존재하는 것이다.

증명 ($\Leftarrow$) $\{z_n\}$은 z_0로 수렴하는 A의 서로 다른 점들로 이루어진 복소수열이라 하자. 그러면 z_0의 임의의 근방 $N_\epsilon(z_0)$에 대하여 $N_\epsilon(z_0)$는 유한개를 제외한 모든 z_n을 포함한다. 그러므로 $A \cap N_\epsilon{}'(z_0) \neq \varnothing$이다. 따라서 z_0는 A의 극한점이다.
($\Rightarrow$) z_0는 A의 극한점이라 하자. 그러면 임의의 자연수 n에 대하여 $A \cap N_{1/n}{}'(z_0) \neq \varnothing$이다. 그러므로 각 n에 대하여 $z_n \in A \cap N_{1/n}{}'(z_0)$가 존재

한다. $A \bigcap N_{1/n}{}'(z_0)$는 무한히 많은 서로 다른 점들을 포함하고 있으므로, $\{z_n\}$은 A의 서로 다른 점들로 이루진 복소수열이라 가정해도 무방하다. 그러면 $z_n \in N_{1/n}{}'(z_0)$이므로, $0 < |z_n - z_0| < \dfrac{1}{n}$이다. 이때 $n \to \infty$을 취하면, 짜내기 정리에 의하여 $\lim_{n\to\infty} z_n = z_0$이다. 그러므로 z_0로 수렴하는 A의 서로 다른 점들로 이루어진 복소수열 $\{z_n\}$이 존재한다.

▸정리 2.8 (Bolzano–Weierstrass) 복소평면에서 유계인 모든 무한집합은 극한점을 갖는다.

증명 $A \subset \mathbb{C}$는 유계인 무한집합이라 하자. 그러면 A는 서로 다른 점들로 이루어진 복소수열 $\{z_n\}$을 갖는다. 이 복소수열은 유계이므로, 정리 2.6에 의하여 $\{z_n\}$은 수렴하는 부분복소수열 $\{z_{n_k}\}$을 갖는다. $\lim_{k\to\infty} z_{n_k} = z_0$라고 하자. 그러면 정리 2.7에 의하여 z_0는 A의 극한점이다. 그러므로 복소평면에서 유계인 모든 무한집합은 극한점을 갖는다.

복소수열 $\{z_n\}$이 **코시수열(Cauchy sequence)**이라는 것은 임의의 $\epsilon > 0$에 대하여 자연수 N이 존재해서 $m,n > N$인 모든 z_m과 z_n이 $|z_m - z_n| < \epsilon$을 만족할 때를 말한다.

코시수열과 수렴하는 복소수열의 차이점은 무엇인가? z_0로 수렴하는 복소수열 $\{z_n\}$은 유한개의 항을 제외한 모든 항들이 z_0에 밀집되어 있다는 것을 말하고, 코시수열 $\{z_n\}$은 유한개의 항을 제외한 모든 항들이 서로 밀집되어 있다는 것을 말한다.

▸정리 2.9 **(코시판정법)** 복소수열 $\{z_n\}$이 수렴하기 위한 필요충분조건은 $\{z_n\}$이 코시수열인 것이다.

증명 ($\Rightarrow$) 복소수열 $\{z_n\}$은 z_0로 수렴한다고 하자. 임의의 $\epsilon > 0$에 대하여 자연수 N이 존재하여 $n,m > N$일 때 $|z_n - z_m| < \epsilon$이 성립한다는 것을 보이면 된다. 삼각부등식에 의하여

$$\begin{aligned} |z_n - z_m| &= |(z_n - z_0) + (z_0 - z_m)| \\ &\leqq |z_n - z_0| + |z_m - z_0| \end{aligned}$$

이다. $|z_n - z_0| + |z_m - z_0| < \epsilon$이기 위해서는

$$|z_n - z_0| < \frac{\epsilon}{2},\quad |z_m - z_0| < \frac{\epsilon}{2}$$

가 되도록 하면 된다. 이때 $|z_n - z_0| < \frac{\epsilon}{3}$, $|z_m - z_0| < \frac{2\epsilon}{3}$이 되도록 해도 무방하다.

$\epsilon > 0$이 주어졌다고 하자. 그러면 $\lim_{n\to\infty} z_n = z_0$이므로, 자연수 N_1이 존재하여 $n > N_1$일 때 $|z_n - z_0| < \frac{\epsilon}{2}$가 성립한다. 또한 자연수 N_2가 존재하여 $m > N_2$일 때 $|z_m - z_0| < \frac{\epsilon}{2}$가 성립한다. 이때 $N = \max\{N_1, N_2\}$로 놓자. 그러면 $n, m > N$일 때

$$\begin{aligned}|z_n - z_m| &\leqq |z_n - z_0| + |z_m - z_0| \\ &< \frac{\epsilon}{2} + \frac{\epsilon}{2} = \epsilon\end{aligned}$$

이 성립한다. 그러므로 수렴하는 복소수열은 코시수열이다.

($\Leftarrow$) $\{z_n\}$은 코시수열이라 하자. 그러면 임의의 $\epsilon > 0$에 대하여 자연수 N이 존재하여 $n, m > N$일 때 $|z_n - z_m| < \epsilon$이다. 특히, $\epsilon = 1$에 대해서 성립한다. 이때 $m_0 > N$을 만족하는 m_0를 선택하자. 그러면 $n > N$일 때 $|z_n - z_{m_0}| < 1$이 성립한다. 그러므로 삼각부등식에 의하여 $n > N$일 때

$$||z_n| - |z_{m_0}|| \leqq |z_n - z_{m_0}| < 1$$

이므로, $n > N$일 때 $|z_n| < |z_{m_0}| + 1$이다. 그러므로 $\{z_n\}$은 유계인 복소수열이다. 따라서 정리 2.6에 의하여 $\{z_n\}$은 수렴하는 부분복소수열 $\{z_{n_k}\}$를 갖는다. $\lim_{k\to\infty} z_{n_k} = z_0$라고 하자. 삼각부등식에 의하여

$$\begin{aligned}|z_n - z_0| &= |(z_n - z_{n_k}) + (z_{n_k} - z_0)| \\ &\leqq |z_n - z_{n_k}| + |z_{n_k} - z_0|\end{aligned}$$

이다. $|z_n - z_{n_k}| + |z_{n_k} - z_0| < \epsilon$이기 위해서는

$$|z_n - z_{n_k}| < \frac{\epsilon}{2},\quad |z_{n_k} - z_0| < \frac{\epsilon}{2}$$

가 되도록 하면 된다.

$\{z_n\}$은 코시수열이므로, 자연수 N_1이 존재하여 $n, n_k > N_1$일 때 $|z_n - z_{n_k}| < \frac{\epsilon}{2}$가 성립한다. $\{z_{n_k}\}$는 z_0로 수렴하므로, 자연수 N_2가 존재하여 $n_k > N_2$일 때 $|z_{n_k} - z_0| < \frac{\epsilon}{2}$가 성립한다. 이때 $N = \max\{N_1, N_2\}$로 놓으면, $n > N$일 때

$$\begin{aligned}|z_n - z_0| &\le |z_n - z_{n_k}| + |z_{n_k} - z_0| \\ &< \frac{\epsilon}{2} + \frac{\epsilon}{2} = \epsilon\end{aligned}$$

이 성립한다. 그러므로 코시수열은 수렴하는 복소수열이다.

(참고) 정리 2.9는 복소수열의 수렴성을 판정하는 일반적인 방법을 제공한다. 그러므로 정리 2.9는 **코시판정법**(Caychy criterion)이라 한다. 실수체 $\mathbb{R}$ 또는 복소수체 $\mathbb{C}$ 에서 코시수열은 거기에서 수렴한다. 그러나 유리수체 $\mathbb{Q}$ 에서의 코시수열은 일반적으로 거기에서 수렴한다는 보장은 없다. 예를 들어, $\mathbb{Q}$ 에서의 코시수열

$$1, 1.4, 1.41, 1.414, 1.4.142, \ldots$$

는 $\mathbb{Q}$ 에서 수렴하지 않지만, $\mathbb{R}$ 에서 $\sqrt{2}$로 수렴한다. 이와 같이, 모든 코시수열이 수렴하는 수체계는 **완비계**(complete system)라고 한다. 그러므로 $\mathbb{R}, \mathbb{C}$는 완비계이다.

문제 2.1 $\lim_{n\to\infty} z_n = z_0, \lim_{n\to\infty} w_n = w_0$라고 하자. 그러면 다음을 증명하여라.

(a) $\alpha \in \mathbb{C}$ 에 대하여 $\lim_{n\to\infty} \alpha = \alpha$ (b) $\lim_{n\to\infty} (z_n + w_n) = z_0 + w_0$

(c) $\alpha \in \mathbb{C}$ 에 대하여 $\lim_{n\to\infty} (\alpha z_n) = \alpha z_0$

(d) $\lim_{n\to\infty} z_n w_n = z_0 w_0$ (e) $\lim_{n\to\infty} \frac{z_n}{w_n} = \frac{z_0}{w_0}, w_0 \neq 0$

문제 2.2 만일 복소수열 $\{z_n\}$이 수렴하면, 실수열 $\{|z_n|\}$은 수렴함을 보여라. 이 역은 성립하는가?

문제 2.3 (a) 만일 복소수열 $\{z_n\}$이 0으로 수렴하면, $\{\frac{z_1+\cdots+z_n}{n}\}$도 0으로 수렴함을 증명하여라.

(b) 만일 복소수열 $\{z_n\}$이 z_0으로 수렴하면 $\{\frac{z_1+\cdots+z_n}{n}\}$도 z_0으로 수렴함을 증명하여라.

문제 2.4 다음 각 경우의 복소수열을 하나 구하여라.

(a) 꼭 하나의 극한점을 갖지만, 수렴하지 않는 수열
(b) 임의의 자연수 n에 대하여 n개의 극한점을 갖는 수열
(c) 무수히 많은 극한점을 갖는 수열

문제 2.5 복소수열 $\{z_n\}$에 대하여 A는 $\{z_n\}$의 부분복소수열의 극한들의 집합이라 하자. 이때, A는 닫힌집합임을 보여라.

문제 2.6 복소수열 $\{z_n\}$은 임의의 $\epsilon > 0$에 대하여 자연수 N이 존재하여 $n > N$일 때 $|z_{n+1} - z_n| < \epsilon$이 성립하지만, $\{z_n\}$은 코시수열이 아닌 예를 하나 들어라.

문제 2.7 $S_n = \sum_{k=0}^{n} \frac{1}{k!}$이라 하자. 이때, 코시판정법을 사용하여 $\{S_n\}$은 수렴함을 보여라.

3. 긴밀집합

자연수의 집합 $\mathbb{N}$ 에 대하여 $\mathbb{N} \subset \bigcup_{n=1}^{\infty}(n-\frac{1}{2},n+\frac{1}{2})$이지만,

$$\mathbb{N} \not\subset [\bigcup_{n=1}^{n_0-1}(n-\frac{1}{2},n+\frac{1}{2})] \cup [\bigcup_{n=n_0+1}^{\infty}(n-\frac{1}{2},n+\frac{1}{2})]$$

이다.

유계집합 $S=(0,1) \subset \mathbb{R}$ 에 대하여 $S \subset \bigcup_{n=1}^{\infty}(\frac{1}{n},1)$이지만,

$$S \not\subset [\bigcup_{n=1}^{n_0-1}(\frac{1}{n_0},1)] \cup [\bigcup_{n=n_0+1}^{\infty}(\frac{1}{n_0},1)]$$

이다. 또한, $\mathbb{R}$ 의 열린집합족 $\{(\frac{1}{n},1)\}$ 에서 어떠한 유한개의 열린집합들의 합집합도 S를 포함하지 않는다.

집합 A가 **가산(countable)**이라는 것은 A가 자연수의 집합 $\mathbb{N}$ 과 일대일 대응할 때를 말한다.

$\mathbb{C}$ 의 열린부분집합족 $\{O_\alpha\}_{\alpha \in I}$이 집합 $K \subset \mathbb{C}$ 의 **열린덮개(open cover)**라는 것은 $K \subset \bigcup_{\alpha \in I} O_\alpha$일 때를 말한다. 이때, 첨자집합 I는 유한, 가산 또는 비가산일 수 있음을 유의하자.

집합 $K \subset \mathbb{C}$ 가 **긴밀집합(compact set)**이라는 것은 임의의 열린덮개가 유한열린덮개를 포함할 때를 말한다. 다시 말해, 만일 $\{O_\alpha\}_{\alpha \in I}$는 K의 열린덮개이면, $\alpha_1,\dots,\alpha_n \in I$가 존재하여 $K \subset \bigcup_{i=1}^{n} O_{\alpha_i}$일 때를 말한다.

$\mathbb{N}$ 과 열린구간 $(0,1)$은 긴밀집합이 아니다. 그러나 유한집합은 긴밀집합이다.

예비정리 3.1 $I_n=[a_n,b_n] \subset \mathbb{R}$ 은 유계인 닫힌구간이라 하고, $I_{n+1} \subset I_n$이라 하자. 만일 $\lim_{n \to \infty}(b_n-a_n)=0$이면, $\bigcap_{n=1}^{\infty} I_n$은 정확히 한 점으로 이루어진 집합이다.

증명 $a_n \leqq a_{n+1} \leqq b_{n+1} \leqq b_n$이므로, $\{a_n\}$은 위로 유계인 증가수열이고, $\{b_n\}$은 아래로 유계인 감소수열이다. 그러므로 단조수렴정리 2.4에 의하여 $\{a_n\}$은 집합 $A = \{a_1, a_2, \ldots\}$의 상한 $a \in \mathbb{R}$로 수렴한다. 이때 모든 n에 대하여 $a_n \leqq a$이다. $\{b_n\}$은 집합 $B = \{b_1, b_2, \ldots\}$의 하한 $b \in \mathbb{R}$로 수렴한다. 이때 모든 n에 대하여 $b \leqq b_n$이다. 그러면 $\lim_{n\to\infty}(b_n - a_n) = b - a$이다. $\lim_{n\to\infty}(b_n - a_n) = 0$이므로 $a = b$이다. 그러므로 모든 n에 대하여 $a_n \leqq a = b \leqq b_n$이다. 즉, $a \in \bigcap_{n=1}^{\infty} I_n$. $\bigcap_{n=1}^{\infty} I_n - \{a\} \neq \varnothing$라고 가정하자. 그러면 $x_1 \in \bigcap_{n=1}^{\infty} I_n - \{a\}$가 존재한다. 이때 모든 n에 대하여 $a_n \leqq x_1 \leqq b_n$이고, $x_1 \neq a = b$이다.

$x_1 < a = b$ 또는 $x_1 > a = b$이다. 만일 $x_1 < a = b$이면, x_1은 A의 상한이 아니다. 만일 $x_1 > a = b$이면, x_1은 B의 하한이 아니다. 이것은 모순이다. 그러므로 $\bigcap_{n=1}^{\infty} I_n - \{a\} = \varnothing$이다. 즉, $\lim_{n=1} I_n = \{a\}$이다.

참고 예비정리 3.1에서 만일 I_n은 유계인 열린집합이면, 예비정리가 성립하지 않는다. 예를 들어, 만일 $I_n = (0, \frac{1}{n})$이면, $\bigcap_{n=1}^{\infty}(0, \frac{1}{n}) = \varnothing$이다.

예비정리 3.2 $S_n = [a_n, b_n] \times [c_n, d_n] \subset \mathbb{R}^2$는 유계인 닫힌집합이고, $S_{n+1} \subset S_n$이라 하자. 만일 $\lim_{n\to\infty}(b_n - a_n) = 0, \lim_{n\to\infty}(d_n - c_n) = 0$이면, $\bigcap_{n\to\infty} S_n$은 정확히 한 점으로 이루어진 집합이다.

증명 예비정리 3.1에 의하여 $\bigcap_{n=1}^{\infty}[a_n, b_n] = \{x_0\}, \bigcap_{n=1}^{\infty}[c_n, d_n] = \{y_0\}$이다. 그러므로 $\bigcap_{n=1}^{\infty} S_n = \{(x_0, y_0)\}$이다.

▶정리 3.3 집합 $K \subset \mathbb{C}$에 다음은 동치이다.

(i) K는 닫힌집합이고 유계이다.

(ii) K는 긴밀집합이다.

(iii) K의 모든 무한부분집합은 K에서 극한점을 갖는다.

(iv) K의 모든 복소수열은 K의 점으로 수렴하는 부분수열을 갖는다.

위의 정리에서 (i)과 (ii)의 동치를 흔히 **Heine-Borel의 정리**라고 한다.

증명 (i) $\Rightarrow$ (ii) K는 유계인 닫힌집합이라 하자. K는 긴밀집합이 아니라고 가정하자. 그러면 K의 열린덮개 $\{O_\alpha\}_{\alpha \in I}$가 존재하여 그의 어떠한 유한부분열린덮개도 K를 덮지 못한다. K는 유한집합이므로, K는 꼭짓점이 $z=\pm a \pm ai, a>0$인 어떤 정사각형 K_0에 포함된다. 좌표축을 이등분하여 이 정사각형 K_0를 균등하게 4개의 닫힌정사각형으로 분할하자. 그러면 분할된 정사각형 중에서 적어도 하나 K_1에 대하여 $K \cap K_1$은 가정에 의하여 $\{O_\alpha\}_{\alpha \in I}$의 유한부분열린덮개에 의하여 덮히지 못한다. 다시, 좌표축을 이등분하여 K_1을 균등하게 4개의 닫힌정사각형으로 분할하자. 그러면 분할된 정사각형 중에서 적어도 하나 K_2에 대하여 $K \cap K_2$는 가정에 의하여 $\{O_\alpha\}_{\alpha \in I}$의 유한부분열린덮개에 의하여 덮히지 못한다. 이를 무한번 계속하면, 닫힌정사각형열 $\{K_n\}$이 존재하여 $K \cap K_n$는 $\{O_\alpha\}_{\alpha \in I}$의 유한부분열린덮개에 의하여 덮히지 못한다. 닫힌정사각형 K_n의 각 변의 길이는 $\dfrac{a}{2^{n-1}}$임을 유의하자. 이때 $\lim_{n \to \infty} \dfrac{a}{2^{n-1}} = 0$이므로, 예비정리 3.2에 의하여 $\bigcap_{n=0}^{\infty} K_n = \{z_0\}$는 정확히 한 점으로 이루어진 집합이다. 이 점 z_0는 분명히 K의 극한점이다. K는 닫힌집합이므로, $z_0 \in K' \subset K$이다. $z_0 \in O_{\alpha_0} \in \{O_\alpha\}_{\alpha \in I}$라고 하자. O_{α_0}는 열린집합이므로, z_0의 근방 $N_\epsilon(z_0)$가 존재하여 $N_\epsilon(z_0) \subset O_{\alpha_0}$이다. 그러나 충분히 큰 n에 대하여 $K_n \subset N_\epsilon(z_0)$이다. 따라서 $K_n \cap K \subset K_n$는 $\{O_\alpha\}_{\alpha \in I}$의 유한부분열린덮개를 갖는다. 즉, $\{O_{\alpha_0}\}$. 이것은 모순이다. 그러므로 K는 긴밀집합이다.

(ii) $\Rightarrow$ (iii) K는 긴밀집합이라 하자. K의 어떤 무한부분집합 A는 K에서 극한점을 갖지 않는다고 가정하자. 그러면 모든 $z \in K - A$는 A의 극한점이 아니다. 그러므로 z의 근방 $N(z)$가 존재하여 $A \cap N'(z) = \varnothing$이다. $z \notin A$이므로, $A \cap N(z) = \varnothing$이다. 더 나아가, 모든 $w \in A$에 대하여 w의 근방

$N(w)$가 존재하여 $A \cap N'(w) = \varnothing$ 이다. 즉, $A \cap N(w) = \{w\}$ 이다. 왜냐하면 만일 w의 모든 근방 $N(w)$에 대하여 $A \cap N'(w) \neq \varnothing$ 이라면, $w \in A \subset K$는 A의 극한점이고 $w \in K$이므로, 이것은 가정에 모순이다.

열린집합족 $\{N(z)\}_{z \in K-A} \bigcup \{N(w)\}_{w \in A}$을 생각하자. 그러면

$$K \subset [\bigcup_{z \in K-A} N(z)] \bigcup [\bigcup_{w \in A} N(w)]$$

이지만, A는 무한집합이고 $A \cap N(w) = \{w\}$ 이므로, $\{N(z)\}_{z \in K-A} \bigcup \{N(w)\}_{w \in A}$는 K의 유한부분열린덮개를 갖지 않는다. K는 긴밀집합이므로, 이것은 모순이다. 따라서 K의 모든 무한부분집합은 K에서 극한점을 갖는다.

(iii) $\Rightarrow$ (iv) K의 모든 무한부분집합은 K에서 극한점을 갖는다고 하자. $\{z_n\}$은 K에서 서로 다른 복소수열이라 하자. 그러면 집합 $A = \{z_1, z_2, \ldots\}$은 K의 무한부분집합이므로, 가정에 의하여 A는 K에서 극한점 z_0를 갖는다. 정리 2.7에 의하여 z_0로 수렴하는 $\{z_n\}$의 부분복소수열이 존재한다.

(iv) $\Rightarrow$ (i) K의 모든 복소수열은 K의 점으로 수렴하는 부분수열을 갖는다고 하자. K는 유계가 아니거나 닫힌집합이 아니라고 가정하자. 만일 K는 유계집합이 아니라면, 각 n에 대하여 $|z_n| > n$을 만족하는 $z_n \in K$가 존재한다. $\{z_{n_k}\}$는 $\{z_n\}$의 임의의 부분복소수열이라 하자. 그러면 가정에 의하여 $\{z_{n_k}\}$은 $z_0 \in K$로 수렴한다. 그러나 $|z_{n_k}| > n_k$이다. $n_k > |z_0| + 1$일 때, $|z_{n_k}| > |z_0| + 1$이므로

$$1 < \left| |z_{n_k}| - |z_0| \right| \leq |z_{n_k} - z_0|$$

이다. 따라서 $\{z_{n_k}\}$은 z_0으로 수렴하지 않는다. 이것은 모순이다. 만일 K는 닫힌집합이 아니라면, z_0는 K의 극한점이라 하자. 그러면 정리 2.7에 의하여 z_0으로 수렴하는 K의 서로 다른 복소수열 $\{z_n\}$이 존재한다. 정리 2.3에 의하여 $\{z_n\}$의 모든 부분복소수열은 z_0으로 수렴한다. 가정에 의하여 $z_0 \in K$이다. 그러므로 K는 닫힌집합이다. 이것은 모순이다. 그러므로 K는 유계인 닫힌집합이다.

참고 (1) 집합의 긴밀성은 매우 좋은 성질이다. 왜냐하면 임의의 열린덮개는 유한부분 열린덮개를 갖기 때문이다. 그러므로 긴밀집합이 어떤 성질을 갖는다는 것을 증명하기 위하여 단지 유한개의 점들만 필요하다. 이러한 이유로, 긴밀집합의 국소적인 성질로부터 그 집합의 대역적인 성질을 보여줄 수 있다. 예를 들어, 긴밀집합의 각 점들이 유계인 근방들로 덮힌다는 사실로부터 긴밀집합은 유계라는 사실을 알 수 있다. 또한, 만일 긴밀집합의 각 점은 고정된 점으로부터 양의 거리(distance)를 가지면, 그 긴밀집합은 고정된 점으로부터 양의 거리를 갖는다. 일반적으로, 이것은 참이 아니다. 열린구간 $(0,1)$의 각 점은 0으로부터 양의 거리를 갖지만, 0과 열린구간 $(0,1)$ 사이의 양의 거리를 구할 수 없다.

(2) 유한부분열린덮개를 갖지 않는 어떤 집합에 한 점 또는 두 점을 추가함으로써 유한부분열린덮개를 얻을 수 있다. $\{(\frac{1}{n},1)\}_{n=2}^{\infty}$는 열린구간 $(0,1)$의 열린덮개이지만, 이 열린덮개는 유한부분열린덮개를 갖지 않는다. 그러므로 열린구간 $(0,1)$은 긴밀집합이 아니다. 이 열린덮개는 0과 1을 포함하지 않는다. 열린구간 $(0,1)$에 두 점 $0,1$을 추가한 닫힌구간 $[0,1]$을 생각해보자. 충분히 작은 $\epsilon>0$에 대하여 열린구간 $(-\epsilon,\epsilon)$과 $(1-\epsilon,1+\epsilon)$을 열린구간 $(0,1)$의 열린덮개 $\{(\frac{1}{n},1)\}_{n=2}^{\infty}$에 추가하자. 그러면 $N>\frac{1}{\epsilon}$에 대하여

$$[0,1]\subset(-\epsilon,\epsilon)\bigcup[\bigcup_{n=2}^{N}(\frac{1}{n},1)]\bigcup(1-\epsilon,1+\epsilon)$$

이다. 그러므로 $\{(-\epsilon,\epsilon),(1-\epsilon,1+\epsilon)\}\bigcup\{(\frac{1}{n},1)\}_{n=2}^{\infty}$는 유한부분열린덮개를 갖는다.

문제 3.1 유계집합 $S\subset\mathbb{C}$에 대하여 폐포 $\overline{S}$는 긴밀집합임을 보여라.

문제 3.2 긴밀집합 $K\subset\mathbb{R}$은 $\sup K$와 $\inf K$를 포함함을 보여라.

문제 3.3 만일 $K\subset\mathbb{C}$는 긴밀집합이고, $z_0\notin K$이면,

$$\inf\{|z-z_0|\mid z\in K\}>0$$

임을 보여라.

문제 3.4 만일 $K_n \subset \mathbb{C}$ 는 긴밀집합이고 $K_{n+1} \subset K_n$ 이면,

$$\bigcap_{n=1}^{\infty} K_n \neq \varnothing$$

임을 보여라.

4. 입체사영

지금까지 무한극한은 다루지 않았다. 다음 세 실수열을 생각하자.

$$a_n = n,\ b_n = \begin{cases} n, & n : \text{짝수} \\ 1, & n : \text{홀수} \end{cases}, c_n = (-1)^n n$$

위의 세 실수열은 모두 임의로 커지긴 하지만, 그 실수열들이 무한대로 접근한다고 말하지 않을 것이다. 유한극한의 관점에서 보면, $\{a_n\}$은 무한대로 접근한다고 볼 수 있으나, $\{b_n\}$의 경우에는 그의 부분수열 $\{b_{2n}\}$이 1로 수렴하므로 $\{b_n\}$은 무한대로 접근한다고 볼 수 없다. $\{c_n\}$은 그의 부분수열 $\{c_{2n}\}$이 무한대로 접근하고, $\{|c_{2n-1}|\}$이 무한대로 접근한다. 이러한 접근을 나타내기 위하여 기호 $\pm\infty$를 도입하여 이를 실수계 $\mathbb{R}$에 추가하는 것이다. 이때 $\mathbb{R}^* = \mathbb{R} \bigcup \{+\infty, -\infty\}$은 **확장된 실수계(extended real number system)**라 한다. $\mathbb{R}^*$에서는 $\mathbb{R}$에서의 보통순서를 유지하고, 모든 $x \in \mathbb{R}$에 대하여

$$-\infty < x < +\infty$$

이라 정의한다. $\mathbb{R}^*$는 체(field)가 아니지만, 관례적으로 다음과 같이 정의한다.

(a) 만일 $x \in \mathbb{R}$이면,

$$x + \infty = +\infty, x - \infty = -\infty, \frac{x}{+\infty} = \frac{x}{-\infty} = 0.$$

(b) 만일 $x > 0$이면,

$$x \cdot (+\infty) = +\infty, x \cdot (-\infty) = -\infty.$$

(c) 만일 $x < 0$이면,

$$x \cdot (+\infty) = -\infty, x \cdot (-\infty) = +\infty.$$

확장된 실수계에서 $\{c_n\}$은 수렴하지 않지만, 그의 부분수열 $\{c_{2n}\}$은 $+\infty$로 접근(수렴)하고, $\{c_{2n+1}\}$은 $-\infty$로 접근(수렴)한다.

다소 통상적인 것은 아니지만, 논리적인 접근을 나타내기 위하여 $\mathbb{R}$에 한 점 ∞를 추가하는 것이다. 이때 만일 임의의 양의 실수 $M > 0$에 대하여 자연수 N이 존재하여 $n > N$일 때

$|a_n| > M$이 성립하면, $\{a_n\}$은 ∞로 접근한다고 말하고, $\lim_{n\to\infty} a_n = \infty$로 쓴다. 이 정의에 따라 $\lim_{n\to\infty} c_n = \infty$이다. $\{c_n\}$은 확장된 실수계 $\mathbb{R}^*$에서는 수렴하지 않지만, $\mathbb{R}\bigcup\{\infty\}$에서는 수렴한다. 이 후자의 접근방법은 전자의 접근방법에서 $-\infty$와 $+\infty$를 동일시함으로써 얻어진 것으로 생각할 수 있다. 그러면 실직선은 원으로 변환된다. 이것을 기하학적으로 정확하게 알아보자. 단위원 $S^1: x^2+y^2=1$을 생각하자. 임의의 실수 a에 대하여 두 점 $(a,0)$와 $(0,1)$을 지나는 직선을 그리자. 이 직선은 $(0,1)$과 다른 점 (x_1,y_1)에서 원과 만난다. 이때 이 점 (x_1,y_1)은 실수 a와 동일시하자. 그러면 하반원의 점들은 열린구간 $(-1,1)$의 점들과 동일시되고, 상반원의 점들은 닫힌구간 $[-1,1]$의 바깥의 점들과 동일시되며, 원의 점 $(-1,0),(1,0)$는 각각 $-1,1$과 동일시된다.

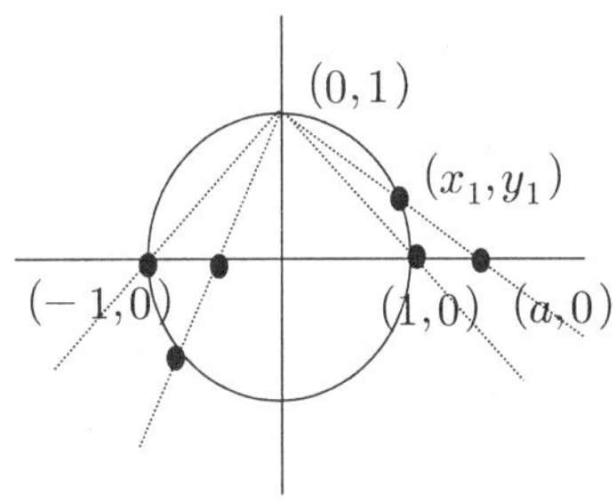

실직선(x-축) 위에서 서로 가까운 점들은 항상 원 위에서 서로 가까운 점으로 동일시된다. 그러나 그 역은 참이 아니다. 실직선 위에서 양의 방향과 음의 방향으로 멀리 떨어져 있는 점들은 원 위에서 서로 가까운 점들과 동일시된다. 사실, 실수의 절댓값이 커질수록 이 실수는 원 위의 점 $(0,1)$에 점점 더 가까운 점과 동일시된다.

이때 원 위의 점 $(0,1)$은 실수와 동일시되지 않는 유일한 점이다. 이러한 이유로, 점 $(0,1)$은 ∞와 동일시한다. 그러면 $\mathbb{R}\bigcup\{\infty\}$는 원 S^1과 일대일 대응한다. $\mathbb{R}$은 긴밀집합은 아니지만, 원 S^1은 긴밀집합이다. 이때 $\mathbb{R}\bigcup\{\infty\}$은 $\mathbb{R}$의 **한 점 긴밀화집합(one-point compactification)**이라 한다.

이제 이를 복소수계 $\mathbb{C}$에 적용해보자. $z_n = n(\cos\theta + i\sin\theta), 0 \le \theta < 2\pi$를 생각하자. 각 $\theta \in [0,2\pi)$에 대하여 복소수열 $\{z_n\}$은 반직선을 따라 ∞로 접근한다. 복소수는 $\mathbb{R}$에서와 같은 전순서를 갖지 않으므로, 기호 $-\infty$는 기호 $i\infty$보다 더 의미가 없다.

양수 $M>0$에 대하여 집합 $N_M(\infty) = \{z \in \mathbb{C} \mid |z| > M\}$은 **$\infty$의 M-근방**이라 한다.

복소수열 $\{z_n\}$이 **∞로 접근한다**는 것은 임의의 실수 $M>0$에 대하여 자연수 N이 존재하여 $n > N$일 때, $z_n \in N_M(\infty)$가 성립할 때를 말한다. 이때 $\lim_{n\to\infty} z_n = \infty$로 쓴다.

$\mathbb{C}$에 ∞를 추가하여 얻어진 집합 $\mathbb{C}\bigcup\{\infty\}$은 $\mathbb{C}$의 한 점 긴밀화집합이다. 이것은 $\mathbb{R}$의 한 점 긴밀화집합과 유사한 기하학적 모형을 갖는다. 평면 위의 단위원 S^1은 공간 위의 단위구 $S^2 : x^2+y^2+z^2=1$로 대치된다.

복소평면 위의 임의의 점 (a,b)에 대하여 두 점 $(a,b,0)$와 $(0,0,1)$을 지나는 $\mathbb{R}^3$의 직선을 그리자. 이 직선은 단위구 위의 북극점 $(0,0,1)$과 다른 점 (x_1,y_1,z_1)에서 단위구 S^2와 만난다. 이때 점 (x_1,y_1,z_1)을 $(a,b,0)$로의 사영을 **입체사영(stereographic projection)**이라 한다.

점 (x_1,y_1,z_1)은 복소평면 위의 점 (a,b)와 동일시하자. 그러면 상반구 위의 점들은 복소평면 위의 단위원 바깥의 점들과 동일시되고, 하반구 위의 점들은 복소평면 위의 단위원 내부의 점들과 동일시되며, 단위구 적도 위의 점들은 복소평면 위의 단위원의 점들과 동일시된다. 그러나 북극점 $(0,0,1)$은 복소평면 위의 점과 동일시되지 않는 유일한 점이다. 이러한 이유로, 북극점 $(0,0,1)$은 ∞와 동일시한다. 그러므로 $\mathbb{C}\bigcup\{\infty\}$는 단위구 S^2와 일대일 대응한다. $\mathbb{C}$는 긴밀집합이 아니지만, S^2는 긴밀집합이다. 이때 $\mathbb{C}\bigcup\{\infty\}$는 $\mathbb{C}$의 한 점 긴밀화집합이라 한다.

$(a,b,0)$와 동일시되는 (x_1,y_1,z_1)를 구해보자. $(0,0,1)$과 $(a,b,0)$를 지나는 직선의 방정식은

$$\begin{cases} x = at \\ y = bt \\ z = 1-t \end{cases}$$

이다. 이 직선은 점 (x_1,y_1,z_1)에서 단위구 S^2와 만나므로,

$$1 = x_1^2 + y_1^2 + z_1^2 = (at)^2 + (bt)^2 + (1-t)^2$$

이다. 그러므로 $t = \dfrac{2}{a^2+b^2+1}$이다. 따라서

$$(x_1,y_1,z_1) = \left(\frac{2a}{a^2+b^2+1}, \frac{2b}{a^2+b^2+1}, \frac{a^2+b^2-1}{a^2+b^2+1}\right)$$

이다. 복소평면 위의 점 (a,b)를 $z = x+yi$로 나타내면,

$$(x_1, y_1, z_1) = \left(\frac{2Re z}{|z|^2+1}, \frac{2Im z}{|z|^2+1}, \frac{|z|^2-1}{|z|^2+1}\right)$$

이다.

문제 4.1 만일 $\lim_{n\to\infty} z_n = \infty$ 이고, $\{w_n\}$는 유계인 복소수열이면, $\lim_{n\to\infty}(z_n + w_n) = \infty$ 임을 보여라.

문제 4.2 $\lim_{n\to\infty} z_n = \infty$ 이기 위한 필요충분조건은 $\lim_{n\to\infty} |z_n| = \infty$ 임을 보여라.

5. 함수의 연속성

면분 $R\subset\mathbb{C}$ 에서 정의된 함수 $f(z)$가 $z_0\in R$에서 **연속(continuous)**이라는 것은 임의의 $\epsilon>0$에 대하여 z_0의 δ-근방 $N_\delta(z_0)$이 존재하여 $N_\delta(z_0)$의 모든 점 $z\in R$의 함숫값 $f(z)$가 $f(z)\in N_\epsilon(f(z_0))$일 때, 즉 $f(R\cap N_\delta(z_0))\subset N_\epsilon(f(z_0))$일 때를 말한다. 이때,

$$\lim_{z\to z_0}f(z)=f(z_0)$$

로 쓴다.

면분 $R\subset\mathbb{C}$ 에서 정의된 함수 $f(z)$가 R에서 **(점별)연속(pointwise continuous)**이라는 것은 각 점 $z_0\in R$과 임의의 $\epsilon>0$에 대하여 $\delta=\delta(z_0,\epsilon)>0$이 존재하여 $|z-z_0|<\delta$인 모든 $z\in R$이 $|f(z)-f(z_0)|<\epsilon$일 때를 말한다.

정리 5.1 면분 $R\subset\mathbb{C}$ 에서 정의된 함수 $f(z)$가 점 $z_0\in R$에서 연속이기 위한 필요충분조건은 z_0로 수렴하는 모든 복소수열 $\{z_n\}\subset R$에 대하여 복소수열 $\{f(z_n)\}$은 $f(z_0)$로 수렴하는 것이다.

증명 ($\Rightarrow$) $f(z)$는 $z_0\in R$에서 연속이라 하자. 그러면 임의의 $\epsilon>0$에 대하여 $\delta>0$가 존재하여 $|z-z_0|<\delta, z\in R$일 때 $|f(z)-f(z_0)|<\epsilon$이 성립한다. $\{z_n\}\subset R$은 z_0로 수렴하는 임의의 복소수열이라 하자. 그러면 자연수 N의 존재하여 $n>N$일 때 $|z_n-z_0|<\delta$이다. 그러므로 임의의 $\epsilon>0$에 대하여 자연수 N이 존재하여 $n>N$일 때 $|f(z_n)-f(z_0)|<\epsilon$이 성립한다. 따라서 z_0로 수렴하는 모든 복소수열 $\{z_n\}\subset R$에 대하여 복소수열 $\{f(z_n)\}$은 $f(z_0)$로 수렴한다.

($\Leftarrow$) z_0로 수렴하는 모든 복소수열 $\{z_n\}\subset R$에 대하여 복소수열 $\{f(z_n)\}$은 $f(z_0)$로 수렴한다고 하자. $f(z)$는 z_0에서 연속이 아니라고 가정하자. 그러면 어떤 $\epsilon>0$에 대하여 $N_\epsilon(f(z_0))$은 z_0의 임의의 근방 $N_{1/n}(z_0)$에 대하여 $R\cap N_{1/n}(z_0)$을 포함하지 않는다. 그러므로 $z_n\in R\cap N_{1/n}(z_0)$가 존재하여 $f(z_n)\notin N_\epsilon(f(z_0))$이다. $z_n\in N_{1/n}(z_0)$이므로 $z_n\to z_0$이다. 가정에 의하여 $f(z_n)\to f(z_0)$이다. 이것은 모순이다. 그러므로 $f(z)$는 z_0에서 연속이다.

(참고) 정리 5.1은 실변수의 실가함수에 대해서도 성립한다.

f는 면분 $R \subset \mathbb{C}$ 에서 정의된 연속함수라고 하자. R의 어떤 성질들이 그의 상(image) $f(R)$에서도 성립하는가? 정리 5.1은 R에서 수렴하는 복소수열은 $f(R)$에서 수렴하는 복소수열을 야기한다는 것을 보여준다. 그러나 실변수의 실가함수에서조차도 연속함수의 정의역의 많은 성질들은 그의 상에서 보존되지 않는다.

예제 5.2 연속함수 $f(z) = |z|$ 는 $\mathbb{C}$ 에서 $[0, \infty) \subset \mathbb{R}$ 위로 전단사이다. 이때 $\mathbb{C}$ 는 열린집합이지만, $[0, \infty)$는 $\mathbb{R}$ 에서 열린집합이 아니다. 그러므로 열린집합의 연속함수에 관한 상은 열린집합일 필요는 없다.

예제 5.3 연속함수 $f(x) = \tan^{-1}x$는 $\mathbb{R}$ 에서 $(-\frac{\pi}{2}, \frac{\pi}{2}) \subset \mathbb{R}$ 위로 전단사이다. $\mathbb{R}$ 은 닫힌집합이지만, $(-\frac{\pi}{2}, \frac{\pi}{2})$는 $\mathbb{R}$ 에서 열린집합이다. 그러므로 닫힌집합의 연속함수에 관한 상은 닫힌집합일 필요는 없다.

예제 5.4 연속함수 $f(z) = \frac{1}{z}$는 유계인 열린집합 $0 < |z| < 1$을 유계가 아닌 열린집합 $|z| > 1$ 위로 전단사 사상한다. 그러므로 유계집합의 연속함수에 관한 상은 유계집합일 필요는 없다.

그러나 만일 연속함수의 정의역이 유계인 닫힌집합이면, 그의 상도 유계인 닫힌집합이다. 다시 말해, 긴밀집합의 연속함수에 관한 상도 긴밀집합이다.

정리 5.5 $K \subset \mathbb{C}$ 는 긴밀집합이고, $f : K \to \mathbb{C}$ 는 연속함수라고 하자. 그러면 $f(K)$는 긴밀집합이다.

증명 **(방법 1)** $\{w_n\}$은 $f(K)$에서의 임의의 복소수열이라 하자. 그러면 K에서의 복소수열 $\{z_n\}$이 존재하여 $f(z_n) = w_n$이다. 정리 3.3에 의하여 어떤 $z_0 \in K$로 수렴하는 부분복소수열 $\{z_{n_k}\}$가 존재한다. 정리 5.1에 의하여 $f(z_{n_k}) = w_{n_k}$는 $f(z_0) \in f(K)$로 수렴한다. $\{w_n\}$은 임의이므로,

$f(K)$의 모든 복소수열은 $f(K)$에서 수렴하는 부분복소수열을 갖는다. 그러므로 정리 3.3에 의하여 $f(K)$는 긴밀집합이다.

(방법 2) $\{O_\alpha\}_{\alpha\in I}$는 $f(K)$의 임의의 열린덮개라고 하자. 즉, $f(K)\subset \bigcup_{\alpha\in I} O_\alpha$.

그러면

$$K\subset f^{-1}(f(K))\subset f^{-1}(\bigcup_{\alpha\in I} O_\alpha)=\bigcup_{\alpha\in I} f^{-1}(O_\alpha)$$

이다. f는 연속이므로, 각 $f^{-1}(O_\alpha)\subset \mathbb{C}$ 는 열린집합이다. K는 긴밀집합이므로, $\alpha_1,\ldots,\alpha_n\in I$가 존재하여 $K\subset \bigcup_{i=1}^{n} f^{-1}(O_{\alpha_i})$이다. 그러므로

$$f(K)\subset f(\bigcup_{i=1}^{n} f^{-1}(O_{\alpha_i}))=\bigcup_{i=1}^{n} f(f^{-1}(O_{\alpha_i}))\subset \bigcup_{i=1}^{n} O_{\alpha_i}$$

이다. 따라서 $f(K)$는 긴밀집합이다.

▶정리 5.6 **(최댓값 · 최솟값 정리)** $K\subset \mathbb{C}$ 는 긴밀집합이고 $f: K\to \mathbb{C}$ 는 연속함수라고 하자. 그러면 $|f(z)|$ 는 K에서 최댓값과 최솟값을 갖는다.

증명 $g(z)=|f(z)|$ 라고 하자. 그러면 $g: K\to \mathbb{R}$ 은 연속함수이다. 정리 5.5에 의하여 $g(K)$는 $\mathbb{R}$ 의 긴밀부분집합이다. 그러므로 $g(K)$는 $\mathbb{R}$ 에서 유계인 닫힌집합이다. $\mathbb{R}$ 의 최소상계(최대상계)의 성질에 의하여 $\sup g(K)=\alpha, \inf g(K)=\beta$은 $\mathbb{R}$ 에서 존재한다. 이때 모든 $z\in K$에 대하여 $g(z)\leqq \alpha, \beta\leqq g(z)$이고, 임의의 $\epsilon>0$에 대하여 $z_1, z_2\in K$가 존재하여

$$\alpha-\epsilon<g(z_1)\leqq \alpha<\alpha+\epsilon$$
$$\beta-\epsilon<\beta\leqq g(z_2)<\beta+\epsilon$$

이다. 따라서 $\alpha,\beta\in g(K)'$이다. $g(K)$는 닫힌집합이므로, $g(K)'\subset g(K)$이다. 그러므로 $\alpha,\beta\in g(K)$이다. 따라서 $|f(z)|$ 는 K에서 최댓값과 최솟값을 갖는다.

함수 $f(z)$가 면분 $R\subset \mathbb{C}$ 에서 **평등연속(uniformly continuous)**이라는 것은 임의의 $\epsilon>0$

에 대하여 $\delta=\delta(\epsilon)>0$가 존재하여 $|z_1-z_2|<\delta, z_1, z_2\in R$일 때 $|f(z_1)-f(z_2)|<\epsilon$가 성립할 때를 말한다.

예제 5.7 함수 $f(z)=z$는 $\mathbb{C}$ 에서 평등연속이다.

증명 임의의 $\epsilon>0$에 대하여 $\delta=\delta(\epsilon)>0$이 존재하여 $|z_1-z_2|<\delta$일 때

$$|f(z_1)-f(z_2)| = |z_1-z_1| < \epsilon$$

이 성립함을 보이면 된다. 이것은 주어진 $\epsilon>0$에 대하여 $\delta=\epsilon$으로 잡으면 충분하다.

예제 5.8 함수 $f(z)=\dfrac{1}{z}$은 영역 $D: 0<|z|<1$에서 연속이지만 평등연속은 아니다.

증명 $0<|z_0|<1$인 임의의 점 z_0에 대하여 함수 $f(z)=\dfrac{1}{z}$가 z_0에서 연속임을 보이려면 임의의 $\epsilon>0$에 대하여 $\delta>0$이 존재하여 $|z-z_0|<\delta, z\in D$일 때 $\left|\dfrac{1}{z}-\dfrac{1}{z_0}\right|<\epsilon$이 성립함을 보이면 된다.

우선 $|z-z_0|<\dfrac{|z_0|}{2}$에서는 $|z|>\dfrac{|z_0|}{2}$임을 쉽게 알 수 있다. 그러므로 $|z-z_0|<\dfrac{|z_0|}{2}$에서

$$\left|\frac{1}{z}-\frac{1}{z_0}\right| = \frac{|z-z_0|}{|z|\,|z_0|} < \frac{2}{|z_0|^2}|z-z_0|$$

이다. 따라서 $\delta=\min\{\dfrac{|z_0|}{2}, \dfrac{|z_0|^2}{2}\epsilon\}$을 취하면 된다. 이때 $\delta=\delta(z_0,\epsilon)$이므로 주어진 함수는 연속이지만 평등연속이 아니다.

예제 5.9 함수 $f(z)=z^2$은 $\mathbb{C}$ 에서 평등연속이 아니다.

증명 $f(z)=z^2$은 $\mathbb{C}$ 에서 평등연속이라 가정하자. 그러면 $\epsilon=1$에 대하여 $0<\delta<1$

가 존재하여 $|z_1 - z_2| < \delta$일 때 $|z_1^2 - z_2^2| < \epsilon = 1$이 성립한다. 이때 $z_1 = \frac{1}{\delta}, z_2 = \frac{1}{\delta} + \frac{\delta}{2}$를 취하자. 그러면 $|z_1 - z_2| = \frac{\delta}{2} < \delta$이므로,

$$|z_1^2 - z_2^2| = \left|\frac{1}{\delta^2} - \left(\frac{1}{\delta} + \frac{\delta}{2}\right)^2\right| < \epsilon = 1$$

이어야 한다. 그러나 $|z_1^2 - z_2^2| = \left|\frac{1}{\delta^2} - \left(\frac{1}{\delta} + \frac{\delta}{2}\right)^2\right| = 1 + \frac{\delta^2}{4} > 1$이다. 이것은 모순이다. 그러므로 함수 $f(z) = z^2$은 $\mathbb{C}$에서 평등연속이 아니다.

(참고) 만일 f, g는 $R \subset \mathbb{C}$에서 연속이면, $f+g, fg, \frac{f}{g}(g \neq 0)$는 R에서 연속이다. 그러나 만일 f, g가 $\mathbb{R}$에서 평등연속이면, 일반적으로 $fg, \frac{f}{g}$는 R에서 평등연속이 아니다. 예를 들어, 만일 $f(z) = g(z) = z$이면, f, g는 $\mathbb{C}$에서 평등연속이지만, $f(z)g(z) = z^2$은 $\mathbb{C}$에서 평등연속이 아니다. $f(z) = 1, g(z) = z$는 $0 < |z| < 1$에서 평등연속이지만, $\frac{f(z)}{g(z)} = \frac{1}{z}$는 $0 < |z| < 1$에서 평등연속이 아니다.

▶정리 5.10 $K \subset \mathbb{C}$는 긴밀집합이고, $f: K \to \mathbb{C}$는 연속이라 하자. 그러면 함수 $f(z)$는 긴밀집합 K에서 평등연속이다.

(증명) $\epsilon > 0$은 주어졌다고 하자. 그러면 각 $z_\alpha \in K$에 대하여 $\delta_\alpha = \delta_\alpha(\epsilon) > 0$가 존재하여 $|z - z_\alpha| < \delta_\alpha, z \in K$일 때 $|f(z) - f(z_\alpha)| < \frac{\epsilon}{2}$이 성립한다. 이때 $\{N_{\delta_\alpha/2}(z_\alpha)\}$는 K의 열린덮개이다. K는 긴밀집합이므로, $\alpha_1, \ldots, \alpha_n$이 존재하여

$$K \subset \bigcup_{k=1}^{n} N_{\delta_{\alpha_k}/2}(z_{\alpha_k})$$

이다. $\delta = \min\{\frac{\delta_{\alpha_1}}{2}, \ldots \frac{\delta_{\alpha_n}}{2}\}$로 놓자. 그러면 $|w_1 - w_2| < \delta, w_1, w_2 \in K$일 때, 어떤 k에 대하여 $w_1 \in N_{\delta_k/2}(z_{\alpha_k})$이므로, $|f(w_1) - f(z_{\alpha_k})| < \frac{\epsilon}{2}$이다. 삼각부등식에 의하여

$$
\begin{aligned}
|w_2 - z_{\alpha_k}| &= |(w_2 - w_1) + (w_1 - z_{\alpha_k})| \\
&\leqq |w_2 - w_1| + |w_1 - z_{\alpha_k}| \\
&< \delta + \frac{\delta_{\alpha_k}}{2} \leqq \frac{\delta_{\alpha_k}}{2} + \frac{\delta_{\alpha_k}}{2} = \delta_{\alpha_k}
\end{aligned}
$$

이다. 그러므로 $w_2 \in K \bigcap N_{\delta_{\alpha_k}}(z_{\alpha_k})$이다. 따라서

$$
|f(w_2) - f(z_{\alpha_k})| < \frac{\epsilon}{2}
$$

이다. 그러므로

$$
\begin{aligned}
|f(w_1) - f(w_2)| &= |(f(w_1) - f(z_{\alpha_k})) + (f(z_{\alpha_k}) - f(w_2)| \\
&\leqq |f(w_1) - f(z_{\alpha_k})| + |f(z_{\alpha_k}) - f(w_2)| \\
&< \frac{\epsilon}{2} + \frac{\epsilon}{2} = \epsilon
\end{aligned}
$$

이다. 따라서 함수 $f(z)$는 긴밀집합 K에서 평등연속이다.

문제 5.1 다음 극한을 구하여라.

(a) $\lim_{z \to 3i} \frac{z^2 + 9}{z - 3i}$

(b) $\lim_{z \to 2i} \frac{\bar{z} + z^2}{1 - \bar{z}}$

(c) $\lim_{z \to \infty} \frac{z + 1}{z^2}$

(d) $\lim_{z \to \infty} \frac{z^2 + 10z + 2}{2z^2 - 11z - 6}$

문제 5.2 다음 함수의 연속성과 평등연속성을 판정하여라.

(a) $f(z) = z^2,\ |z| < 5$

(b) $f(z) = \frac{1}{z},\ |z| \geqq 1$

(c) $f(z) = \dfrac{1}{1-z}, \ |z| < 1$

(d) $f(z) = \begin{cases} \dfrac{Re\, z}{z}, & z \neq 0, \ |z| < 1 \\ 1, & z = 0 \end{cases}$

(e) $f(z) = \begin{cases} \dfrac{|z|}{z}, & z \neq 0, \ |z| \leq 1 \\ 0, & z = 0 \end{cases}$

문제 5.3 만일 $\lim_{z \to \infty} f(z) = a$이고, $f(z)$는 모든 양의 정수 n에 대하여 정의되면, $\lim_{n \to \infty} f(n) = a$임을 보여라. 그 역이 거짓인 예를 하나 들어라.

문제 5.4 $A \subset \mathbb{C}$ 는 연결집합이고 $f: A \to \mathbb{C}$ 는 연속함수라고 하자. 그러면 $f(A)$는 연결집합임을 보여라.

문제 5.5 $K \subset \mathbb{C}$ 는 긴밀집합이고 $f: K \to f(K)$는 전단사인 연속함수라고 하자. 그러면 역함수 $f^{-1}: f(K) \to K$에 대하여 $f(K)$는 긴밀집합이고, f^{-1}는 전단사인 연속함수임을 보여라.

문제 5.6 $R \subset \mathbb{C}$ 는 면분이라 하자. 그러면 $f: R \to \mathbb{C}$ 이 연속이기 위한 필요충분조건은 Ref, Imf가 R에서 연속임을 보여라.

문제 5.7 $(X, \Im)$는 위상공간이고, $A \subset X$라고 하자. $(A, \Im_A)$는 부분공간이라 하자. F는 A에서 닫힌집합이기 위한 필요충분조건은 어떤 닫힌집합 $C \subset X$에 대하여 $F = A \cap C$임을 보여라.

문제 5.8 $(X, \Im_X), (Y, \Im_Y)$는 위상공간이라 하자. 그러면 $f: X \to Y$가 연속이기 위한 필요충분조건은 Y에서 임의의 닫힌집합 F에 대하여 $f^{-1}(F)$는 X에서 닫힌집합임을 보여라.

문제 5.9 $f: \mathbb{C} \to \mathbb{C}$ 는 연속함수라고 하자. $A = \{z \in \mathbb{C} \mid f(z) = 0\}$ 이라 하자. 그러면 A는 닫힌집합임을 보여라.

3장

1차분수변환과 사상

1. 기본사상

❖ 평행이동

함수 $w=f(z)=z+b,\ b\in\mathbb{C}$ 는 z-평면의 집합을 w-평면에서 벡터 b만큼 평행이동한 집합으로 사상한다. 이러한 사상은 **평행이동**(translation)이라 한다.

여기서 w-평면으로 옮겨진 집합은 본래 z-평면의 집합과 동일한 모양과 크기를 갖는다는 것을 유의하자.

예제 1.1 함수 $w=z+(1+2i)$는 꼭짓점이 $\pm 1\pm i$인 정사각형을 꼭짓점이

$$i,\ 2+i,\ 3i,\ 2+3i$$

인 정사각형 위로 전사한다.

❖ 회전

함수 $w=az,\ a=\cos\alpha+i\sin\alpha$는 z-평면의 점을 w-평면에서 원점으로부터 거리는 같고 그의 편각이 a의 편각인 α만큼 증가된 점으로 사상한다. 이러한 사상은 **회전**(rotation)이라고 한다.

예제 1.2 함수 $w=iz$는 우반평면($Re\ z>0$)을 상반평면($Im\ z>0$) 위로 전사한다.

❖ 확대와 축소

함수 $w=az$는 $a>1$일 때 **확대**(magnification)라고 하고, $0<a<1$일 때 **축소**(contraction)라고 한다.

예제 1.3 $w=5z$는 원판 $|z|\le 1$을 원판 $|w|\le 5$ 위로 전사한다.

일반적으로 함수 $w=az,\ a\in\mathbb{C},\ a\neq 0$는 회전과 확대, 또는 회전과 축소를 나타낸다. 여기서 $\arg a$는 회전부분이고 $|a|$는 확대 또는 축소부분이다.

❖ 1차함수

1차함수 $w=az+b, a,b\in\mathbb{C}, a\neq 0$에 대하여 $w=az+b=a(z+\frac{b}{a})$는 합성함수

$$z\to z+\frac{b}{a}\to a(z+\frac{b}{a})$$

이므로, 1차함수는 평행이동, 회전, 확대 또는 축소를 나타낸다.

예제 1.4 함수 $w=(1-i)z+(2+i)$는 아래의 그림과 같이 z-평면의 직사각형을 w-평면에서 각 변의 길이를 $\sqrt{2}$배 확대시킨 직사각형 위로 전사한다.

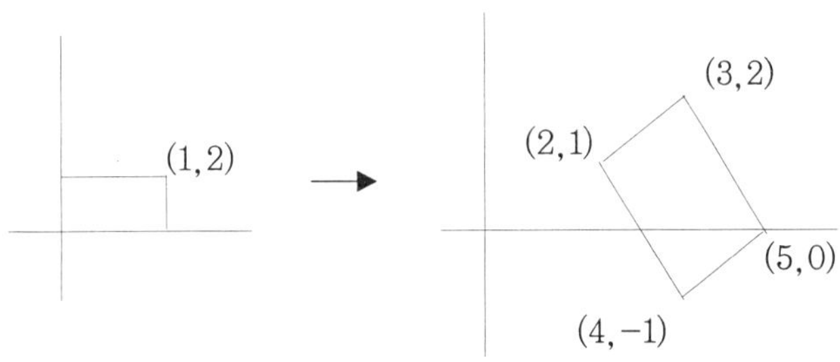

❖ 반전

함수 $w=f(z)=\frac{1}{z}$에 의해서 z-평면의 점을 w-평면의 점으로 옮기는 사상을 **반전** (inversion)이라 한다.

$$w=u+vi=\frac{1}{z}=\frac{1}{x+yi}$$

라 놓으면, 다음과 같은 관계가 성립함을 알 수 있다.

$$\begin{cases} u=\dfrac{x}{x^2+y^2} \\ v=-\dfrac{y}{x^2+y^2} \end{cases},\quad \begin{cases} x=\dfrac{u}{u^2+v^2} \\ y=-\dfrac{v}{u^2+v^2} \end{cases},\quad x^2+y^2=\frac{1}{u^2+v^2}$$

이때, z-평면에서 다음 방정식

$$a(x^2+y^2)+bx+cy+d=0,\ \ a,b,c,d\in\mathbb{R}$$

은 반전 $w = \frac{1}{z}$에 의해서 w-평면에서 다음 방정식으로 사상함을 알 수 있다.

$$d(u^2 + v^2) + bu - cv + a = 0$$

즉, 함수 $w = \frac{1}{z}$은 원과 직선을 원과 직선으로 사상한다. 다시 말해,

(i) 원점을 지나지 않는 원($a \neq 0, d \neq 0$)은 원점을 지나지 않는 원으로 사상된다.
(ii) 원점을 지나는 원($a \neq 0, d = 0$)은 원점을 지나지 않는 직선으로 사상된다.
(iii) 원점을 지나지 않는 직선($a = 0, d \neq 0$)은 원점을 지나는 원으로 사상된다.
(iv) 원점을 지나는 직선($a = 0, d = 0$)은 원점을 지나는 직선으로 사상된다.

문제 1.1 사상 $w = (1+i)z + 2$에 대하여 다음의 상들을 구하여라.

(a) 직선 $y = 2x$ (b) 직선 $y = 3x + 2$
(c) 원 $|z| = 3$ (d) 원 $|z - 1| = 2$

문제 1.2 다음 변환에 대한 반평면 $Re\ z > 0$의 상을 구하여라.

(a) $w = 2iz - i$ (b) $w = \frac{i}{z} - 1$

문제 1.3 변환 $w = (1-i)z + (2-i)$에 대하여 반무한띠 $0 < Re\ z < 2$, $Im\ z > 1$의 상을 구하여라.

문제 1.4 다음 변환들에 대하여 꼭짓점이 $3+4i$, $-3+4i$, $-5i$인 삼각형의 상을 구하여라.

(a) $w = z + 5i$ (b) $w = iz + (2-i)$ (c) $w = (2+i)z - 3$

문제 1.5 다음 변환들에 대하여 직선 $y = 2x + 1$의 상을 구하여라.

(a) $w = \frac{1}{z}$ (b) $w = \frac{i}{z}$ (c) $w = \frac{1}{z - 2i}$

문제 1.6 변환 $w=\frac{1}{z}$에 대하여 다음의 상을 구하여라.

(a) 원 $|z-2|=1$ (b) 원 $|z-1|=2$ (c) 원 $|z-1|=1$

(d) 영역 $Re\ z>1$ (e) 무한띠 $\frac{1}{4}<Im\ z<\frac{1}{2}$

문제 1.7 점 $3+2i$와 $1-i$를 각각 점 $5i$와 $2+4i$로 사상시키는 일차변환을 구하여라.

문제 1.8 일차변환 $w=az+b$는 원 $|z-z_0|=r$을 원 $|w-(az_0+b)|=|a|r$ 위로 전사함을 보여라.

문제 1.9 반전 $w=\frac{1}{z}$는 원 $|z-z_0|=r$, $|z_0|\neq r$을 중심이 $\frac{\overline{z_0}}{|z_0|^2-r^2}$이고 반지름이 $\frac{r}{||z_0|^2-r^2|}$인 원 위로 전사함을 보여라.

문제 1.10 변환 $w=\frac{1}{z}$에 대하여 쌍곡선 $x^2-y^2=1$의 상은 $w=(R,\theta)$일 때, $R^2=\cos 2\theta$임을 보여라.

문제 1.11 반전 $w=\frac{1}{z}$에 대하여 띠 $0\leqq Rez\leqq 2, 0\leqq Imz\leqq 2$의 상을 구하여라.

2. 1차분수변환

두 1차변환의 몫

$$w=\frac{az+b}{cz+d},\ ad\neq bc$$

은 **1차분수변환**(linear fractional transformation)이라고 한다. 이때, 만일 $c=0$이라면, 이 변환은 1차변환이다.

만일 $a=d=0,\ b=c\neq 0$이라면, 이 변환은 반전이다.

만일 $c\neq 0$이라면, 이 변환은 다음과 같이 다시 쓸 수 있다.

$$w=\frac{a}{c}+\frac{b-\dfrac{ad}{c}}{cz+d}$$

따라서 이 변환은 다음 변환의 합성임을 알 수 있다.

$$z\to z+\frac{d}{c}\to cz+d\to\frac{1}{cz+d}\to\frac{b-\dfrac{ad}{d}}{cz+d}\to w=\frac{a}{c}+\frac{b-\dfrac{ad}{c}}{cz+d}$$

(평행이동 → 회전과 확대(또는 축소) →반전 → 회전과 확대(또는 축소) →평행이동)

그러므로 다음의 정리를 얻는다.

▸정리 2.1 1차분수변환은 원과 직선을 원과 직선으로 사상한다.

▸정리 2.2 확장된 z-평면 $\mathbb{C}_z^*=\mathbb{C}\bigcup\{\infty\}$의 서로 다른 세 점 z_1,z_2,z_3와 확장된 w-평면 $\mathbb{C}_w^*=\mathbb{C}\bigcup\{\infty\}$의 서로 다른 세 점 w_1,w_2,w_3가 주어지면,

$$f(z_1)=w_1,\ f(z_2)=w_2,\ f(z_3)=w_3$$

을 만족하는 1차분수변환 $w=f(z)$가 유일하게 존재한다.

증명 우선 여섯 개의 점 중에서 어떤 점도 ∞가 아니라고 가정하고 다음과 같이 놓자.

$$w=\frac{az+b}{cz+d}$$

이제 a,b,c,d를 z_1,z_2,z_3,w_1,w_2,w_3에 관하여 풀어야 한다.

$k=1,2,3$에 대하여 다음이 성립한다.

$$w-w_k=\frac{az+b}{cz+d}-\frac{az_k+b}{cz_k+d}=\frac{(ad-bc)(z-z_k)}{(cz+d)(cz_k+d)}$$

이 식으로부터 다음을 얻는다.

$$\frac{w-w_1}{w-w_3}=(\frac{cz_3+d}{cz_1+d})(\frac{z-z_1}{z-z_3})$$

이 식에서 z를 z_2로, w를 w_2로 대치하면 다음을 얻는다.

$$\frac{w_2-w_1}{w_2-w_3}=(\frac{cz_3+d}{cz_1+d})(\frac{z_2-z_1}{z_2-z_3})$$

위의 두 식에서 첫 번째 식을 두 번째 식으로 나누면 다음을 얻는다.

$$\frac{(w-w_1)(w_2-w_3)}{(w-w_3)(w_2-w_1)}=\frac{(z-z_1)(z_2-z_3)}{(z-z_3)(z_2-z_1)}$$

이 식에서 w를 z에 관하여 풀면, 유일한 1차분수변환을 얻는다.

만일 주어진 점들 중에서 ∞가 있는 점이 있다면, 예를 들어 $z_3=\infty$이면, 즉 $z_3\to\infty$이면 위의 식은 다음과 같이 된다.

$$\frac{(w-w_1)(w_2-w_3)}{(w-w_3)(w_2-w_1)}=\frac{z-z_1}{z_2-z_1}$$

이 식에서 w를 z에 관하여 풀면, 유일한 1차분수변환을 얻는다.

참고 $\dfrac{(z-z_1)(z_2-z_3)}{(z-z_3)(z_2-z_1)}$은 네 점 z_1,z_2,z_3,z의 **복비(cross ratio)**라 부르고, $[z_1,z_2,z_3,z]$로 쓴다. 결국

$$[w_1,w_2,w_3,w]=[z_1,z_2,z_3,z]$$

이므로, 1차분수변환은 복비를 보존함을 말해준다. 즉, 확장된 z-평면의 서로 다른 네 점 z_1, z_2, z_3, z_4 과 확장된 w-평면의 서로 다른 네 점 w_1, w_2, w_3, w_4이 주어지면

$$f(z_i) = w_i (i = 1, 2, 3, 4)$$

을 만족하는 1차분수변환에서

$$[w_1, w_2, w_3, w_4] = [z_1, z_2, z_3, z_4]$$

가 성립한다는 것을 말해준다.

예제 2.3 $z = i,\ 2,\ -2$를 각각 $w = i,\ 1,\ -1$로 사상하는 1차분수변환을 구하여라.

풀이 $\dfrac{(w-i)(1+1)}{(w+1)(1-i)} = \dfrac{(z-i)(2+2)}{(z+2)(2-i)}$에서 w를 z에 관하여 풀면,

$$w = \frac{3z+2i}{iz+6}$$

을 얻는다.

예제 2.4 $z = 1-i,\ 1+i, -1+i$를 각각 $w = 0,\ 1,\ \infty$로 사상하는 1차분수변환을 구하여라.

풀이 $\dfrac{w}{(1-0)} = \dfrac{(z-1+i)(1+i+1-i)}{(z+1-i)(1+i-1+i)}$에서 $w = \dfrac{z-(1-i)}{iz+(1+i)}$를 얻는다.

예제 2.5 **(위 반평면을 단위원 내부로 보내는 사상)** 직선 위의 세 점 $z = 1,\ 0, \infty$를 각각 원 위의 세 점 $w = 1,\ -1,\ i$로 사상하는 1차분수변환을 구하여라. 이때, 이 1차분수변환은 실직선을 단위원으로, 위 반평면을 단위원 내부로, 아래 반평면을 단위원 외부로 전사하는 변환이다.

풀이 $\dfrac{(w-1)(-1-i)}{(w-i)(-1-1)} = \dfrac{z-1}{0-1}$에서 w를 z에 관해 풀면,

$$w = i\left(\frac{z-[(1+i)/2]}{z-[(1-i)/2]}\right)$$

를 얻는다.

이 함수는 z-평면의 실선을 w-평면의 단위원으로 보내는데, 이 함수는 z-평면의 위 반평면을 w-평면의 단위원 내부로 사상하고, z-평면의 아래 반평면을 w-평면의 단위원 외부로 사상한다. z-평면의 위 반평면에 있는 점 $z=\frac{1+i}{2}$는 원점 $w=0$으로, z-평면의 아래 반평면에 있는 점 $z=\frac{1-i}{2}$는 $w=\infty$로 사상한다. $|i|=1$, $Im\frac{1+i}{2}>0$임을 유의하자.

예제 2.6 **(아래 반평면을 단위원 내부로 보내는 사상)** 직선 위의 세 점 $z=0,\ 1,\infty$를 각각 원 위의 세 점 $w=1,\ -1,\ i$로 사상하는 1차분수변환을 구하여라. 이때, 이 1차분수변환은 실직선을 원으로 사상하는 변환이다.

풀이 $\frac{(w-1)(-1-i)}{(w-i)(-1-1)}=\frac{z-0}{1-0}$에서 w를 z에 관해 풀면,

$$w = i\left(\frac{z-[(1-i)/2]}{z-[(1+i)/2]}\right)$$

를 얻는다.

이 함수는 z-평면의 실직선을 w-평면의 단위원으로 보내는데, 이 함수는 z-평면의 아래 반평면을 w-평면의 단위원 내부로 사상하고, z-평면의 위 반평면을 w-평면의 단위원 외부로 사상한다. z-평면의 아래 반평면에 있는 점 $z=\frac{1-i}{2}$는 원점 $w=0$으로, z-평면의 위 반평면에 있는 점 $z=\frac{1+i}{2}$는 $w=\infty$로 사상한다. $|i|=1$, $Im\frac{1-i}{2}<0$임을 유의하자.

예제 2.7 **(위 반평면을 위 반평면으로 보내는 사상)** 예제 2.5에서의 함수

$$w_1(z) = i\left(\frac{z-[(1+i)/2]}{z-[(1-i)/2]}\right)$$

는 위 반평면을 단위원 내부로 보내는 사상이다. 예제 2.6에서의 함수 $w=\dfrac{1+i}{2}\dfrac{z-1}{z-i}$는 단위원의 내부를 아래 반평면으로 보내는 사상이므로, 함수

$$w_2(z)=-\frac{1+i}{2}\frac{z-1}{z-i}$$

는 단위원의 내부를 위 반평면으로 보내는 사상이다. 따라서 함수 $w=w_2(w_1(z))$는 위 반평면을 위 반평면으로 보내는 사상이다.

예제 2.8 **(단위원의 내부를 단위원의 내부로 보내는 사상)** 예제 2.7에서 함수

$$w_2(z)=-\frac{1+i}{2}\frac{z-1}{z-i}$$

는 단위원의 내부를 위 반평면으로 보내는 사상이다. 예제 2.7에서 함수

$$w_1(z)=i\left(\frac{z-[(1+i)/2]}{z-[(1-i)/2]}\right)$$

는 위 반평면에서 단위원의 내부로 보내는 사상이다. 그러므로 함수

$$w=w_1(w_2(z))=i\frac{z-\dfrac{1+i}{2}}{\dfrac{1-i}{2}z-1}$$

는 단위원의 내부를 단위원의 내부로 보내는 사상이다. 이때,

$$|i|=1,\ \left|\frac{1+i}{2}\right|=\frac{\sqrt{2}}{2}<1$$

임을 유의하자.

예제 2.9 위 반평면을 단위원 내부로 전사하는 1차분수변환을 구하여라.

풀이 $w=\dfrac{az+b}{cz+d}$는 실직선은 단위원으로 전사해야 한다. $z=0, z=\infty$ 일 때 $|w|$

$=1$이므로, $\left|\dfrac{b}{d}\right|=1$, $\left|\dfrac{a}{c}\right|=1$이다. 그러므로

$$w=\frac{a}{c}\cdot\frac{z+b/a}{z+d/c}=A\frac{z-z_0}{z-z_1}$$

꼴이다. 여기서 $|A|=1$, $|z_0|=|z_1|$ 이다. 이때 $z=1$을 대입하면,

$$1=|w|=|A|\left|\frac{1-z_0}{1-z_1}\right|=\left|\frac{1-z_0}{1-z_1}\right|$$

이므로, $|1-z_0|=|1-z_1|$ 이다. 이때 $Rez_0=Rez_1$임을 알 수 있다. $|z_0|=|z_1|$ 이므로, $z_1=z_0$ 또는 $z_1=\overline{z_0}$이다. 만일 $z_1=z_0$이면, $w=A=$(상수)이다. 그러므로 $z_1=\overline{z_0}$이다. 따라서 위 반평면을 단위원 내부로 전사하는 1차분수변환은

$$w=A\frac{z-z_0}{z-\overline{z_0}},\ |A|=1$$

꼴이다. 이 변환은 z_0를 원점 $w=0$으로, $\overline{z_0}$를 $w=\infty$로 사상하므로, 만일 $Imz_0>0$이면, 위 반평면을 단위원의 내부로 전사하고, 만일 $Imz_0<0$이면, 단위원의 외부로 전사한다.

1차분수변환 $w=A\dfrac{z-z_0}{z-\overline{z_0}}$, $|A|=1$에 대한 기하학적 의미를 알아보자. z_0는 위 반평면의 점이라 하자. 그러면 z와 z_0는 z_0와 $\overline{z_0}$을 잇는 선분을 수직이등분하는 실직선 위에 놓여있다. 그러므로 $|z-z_0|<|z-\overline{z_0}|$ 이다. 따라서 만일 $Imz>0$이면,

$$|w|=|A|\left|\frac{z-z_0}{z-\overline{z_0}}\right|<1$$

이다.

예제 2.10 위 반평면을 위 반평면으로 전사하는 1차분수변환을 구하여라.

풀이 $z_1, z_2, z_3 \in \mathbb{R}$ 이고 $z = z_1, z_2, z_3 \to w = 0, 1, \infty$ 로 사상하는 1차분수변환을 구하자. $[0,1,\infty,w] = [z_1, z_2, z_3, z]$ 이므로, $w = \dfrac{(z-z_1)(z_2-z_3)}{(z-z_3)(z_2-z_1)}$ 이다. $z_1, z_2, z_3 \in \mathbb{R}$ 이므로, $w = \dfrac{az+b}{cz+d}$ 의 모든 계수는 실수이다. $z = x+yi, y>0$ 이라 하자. 그러면

$$w = \frac{a(x+yi)+b}{c(x+yi)+d} = \frac{(ax+b)(cx+d)+acy^2}{(cx+d)^2+(cy)^2} + i\frac{y(ad-bc)}{(cx+d)^2+(cy)^2}$$

이다. 따라서 $Imw = v = \dfrac{y(ad-bc)}{(cx+d)^2+(cy)^2} > 0$ 이기 위한 필요충분조건은 $ad-bc>0$ 이다. 그러므로 위 반평면을 위 반평면 위로 전사하는 1차분수변환은

$$w = \frac{az+b}{cz+d}, a,b,c,d \in \mathbb{R}, ad-bc>0$$

꼴이다.

예제 2.11 단위원판을 단위원판으로 전사하는 1차분수변환을 구하여라.

풀이 예제 2.9에서 위 반평면을 단위원 내부로 전사하는 1차분수변환은

$$w = A\frac{z-z_0}{z-\overline{z_0}}, \mid A \mid = 1, Imz_0 > 0$$

꼴임을 알 수 있다. 그러므로 단위원판 내부를 위 반평면으로 전사하는 1차분수변환은

$$w = \frac{\overline{z_0}z - Az_0}{z-A}, \mid A \mid = 1, Imz_0 > 0$$

꼴이다. w_1은 단위원판 내부를 위 반평면으로 전사하는 1차분수변환이고, w_2는 위 반평면을 단위원 내부로 전사하는 1차분수변환이라 하자. 그러면 $w_2(w_1(z))$는 단위원판 내부를 단위원판 내부로 전사하는 1차분수변환이다.

$w=\dfrac{\overline{z_0}z-Az_0}{z-A}$, $|A|=1, Imz_0>0$에서 $z_0=i, A=-1$로 놓자. 그러면

$w=-i\dfrac{z-1}{z+1}$은 단위원판 내부를 위 반평면으로 전사하는 1차분수변환이다.

$w=A\dfrac{z-z_0}{z-\overline{z_0}}$, $|A|=1, Imz_0>0$는 위 반평면을 단위원판으로 전사하는 1차분수변환이므로,

$$w^*(z)=A\frac{-i\dfrac{z-1}{z+1}-z_0}{-i\dfrac{z-1}{z+1}-\overline{z_0}}=A\frac{(z_0+i)z+(z_0-i)}{(\overline{z_0}+i)z+(\overline{z_0}-i)}$$

$$=A\frac{\alpha z+\beta}{\overline{\beta}z+\overline{\alpha}},\quad |A|=1,\ |\beta|<|\alpha|$$

는 단위원판을 단위원판으로 전사하는 1차분수변환이다. 이때 $\gamma=-\dfrac{\beta}{\alpha}$로 놓으면,

$$w^*(z)=A\frac{z-\gamma}{-\overline{\gamma}(\overline{\alpha}/\alpha)z+(\overline{\alpha}/\alpha)}=-A\frac{\alpha}{\overline{\alpha}}\frac{z-\gamma}{\overline{\gamma}z-1}$$

을 얻는다. 그러므로 $w^*(z)=K\dfrac{z-\gamma}{\overline{\gamma}z-1}$, $|K|=1$, $|\gamma|<1$꼴이다.

만일 $|\gamma|>1$이면, 이 1차분수변환은 단위원판 내부를 단위원판 외부로 전사한다.

문제 2.1 다음과 같이 점들을 사상하는 1차분수변환을 구하여라.

(a) $z=0,\ i,\ -i$를 각각 $w=i,\ -i,\ 0$으로
(b) $z=1,\ i,\ \infty$를 각각 $w=i,\ -1,\ 0$ 으로
(c) $z=2,\ -1,\ -i$를 각각 $w=\infty,\ -1,\ -i$로
(d) $z=2,\ \infty,\ i$를 각각 $w=\infty,\ -1,\ 1$로

문제 2.2 변환 $w=\dfrac{iz}{z-1}$에 의한 다음의 상을 구하여라.

(a) 단위원판 $|z|\leq 1$

(b) 우반평면 $Re\ z \geqq 0$

(c) 위 반평면 $Im\ z \geqq 0$

(d) 무한부채꼴 $\frac{\pi}{4} < Arg z < \frac{\pi}{2}$

문제 2.3 변환 $w = \frac{z-1}{z+1}$에 의한 다음의 상들을 구하여라.

(a) $|z| \leqq r\ (r<1)$ (b) $|z| \leqq r\ \ (r>1)$

(c) $Im\ z > 1$ (d) $Im\ z > Re\ z$

문제 2.4 w는 실수축을 단위원으로 전사하는 일차분수변환이라 하자. 이때, 만일 z_1이 w_1으로 사상한다면, $\overline{z_1}$은 $\frac{1}{\overline{w_1}}$으로 사상됨을 보여라.

문제 2.5 w는 단위원을 단위원으로 전사하는 일차분수변환이라고 하자. 이때, 만일 z_1이 w_1으로 사상되면, $\frac{1}{\overline{z_1}}$은 $\frac{1}{\overline{w_1}}$으로 사상됨을 보여라.

문제 2.6 서로 다른 네 점 z_1, z_2, z_3, z_4에 대하여 $[z_1, z_2, z_3, z_4] = \frac{(z_4-z_1)(z_2-z_3)}{(z_4-z_3)(z_2-z_1)}$이 실수이기 위한 필요충분조건은 그 네 점이 원 위에 있거나 직선 위에 있음을 보여라.

문제 2.7 1차분수변환 $w = w(z) = \frac{az+b}{cz+d}$에 대하여 $w(z_0) = z_0$일 때, z_0는 이 변환에 대한 **부동점(a fixed point)**이라 한다. 만일 z_1, z_2가 서로 다른 부동점이라면, 이 일차분수변환은

$$\frac{w-z_1}{w-z_2} = K \cdot \frac{z-z_1}{z-z_2}$$

으로 나타낼 수 있음을 보여라.

문제 2.8 일차분수변환 $w=\dfrac{az+b}{cz+d}$이 1개, 2개, 또는 무한히 많은 부동점을 갖기 위한 조건을 각각 구하여라.

문제 2.9 $z_1 \neq z_2$일 때, 일차분수변환 $w=w(z)=\dfrac{(z_1+z_2)z-2z_1z_2}{2z-(z_1+z_2)}$는 부동점 z_1, z_2를 가짐을 보이고, $w(w(z))=z$임을 보여라.

문제 2.10 모든 일차분수변환들의 집합은 G라고 하자. 이때, G는 합성연산 $\circ$에 관하여 군(group)임을 보여라. 그러나 이 군은 가환군(commutative group)이 아님을 보여라.

문제 2.11 허수축을 단위원으로 전사하는 모든 일차분수변환을 구하여라.

문제 2.12 원판 $|z| \leqq r_1$을 원판 $|w| \leqq r_2$으로 전사하는 일차분수변환은 다음과 같음을 보여라.

$$w=\frac{Ar_1r_2(z-z_0)}{r_1^2-\overline{z_0}z}, \quad |A|=1, \ |z_0|<r_1$$

3. 기타 사상

예제 3.1 함수 $w=z^2$을 생각하자. 이때 $z=x+yi, w=u+vi$로 놓으면,

$$w=u+vi=(x+yi)^2=x^2-y^2+i(2xy)$$

이다. 이 함수는 z-평면의 점 (a,a)를 w-평면의 점 $(0,a^2)$으로 사상한다. 즉, z-평면의 반직선 $y=x, x>0$은 w-평면의 반직선 $(0,v), v>0$으로 전사하고, z-평면의 반직선 $y=x$, $x<0$은 w-평면의 반직선 $(0,v), v>0$으로 전사한다. 다시 말해, z-평면의 직선 $y=x$는 w-평면의 반직선 $(0,v), v\geqq 0$으로 두 번 사상한다. 그러므로 1차분수변환과는 달리, 함수 $w=z^2$은 단사함수가 아니다.

일반적으로, z-평면의 점 (x,mx)를 w-평면의 점 $(u,v)=((1-m^2)x^2, 2mx^2)$으로 사상한다. $\frac{v}{u}=\frac{2m}{1-m^2}, m\neq 1$이므로, z-평면의 직선 $y=mx$는 w-평면의 반직선 $v=\frac{2m}{1-m^2}u$로 두 번 사상한다. 여기서 $|m|<1$일 때 u는 음이 아닌 실수이고, $|m|>1$일 때 u는 양이 아닌 실수이다.

$w=z^2$은 $0<Argz<\frac{\pi}{4}$를 제1사분면으로 전사한다.

원 $|w|=r$에 대한 $w=z^2$의 역상를 구해보자.

$$r^2=u^2+v^2=(x^2-y^2)^2+(2xy)^2=(x^2+y^2)^2$$

이므로, 역상은 $|z|=\sqrt{r}$이다. 그러므로 $w=z^2$은 z-평면의 원 $|z|=r$을 w-평면의 원 $|w|=r^2$으로 전사한다.

$z=r(\cos\theta+i\sin\theta)$로 놓자. 그러면

$$w=z^2=[r(\cos\theta+i\sin\theta)]^2=r^2(\cos 2\theta+i\sin 2\theta)$$

이다. 따라서 $w=z^2$은 z-평면의 극좌표 (r,θ)를 w-평면의 극좌표 $(r^2,2\theta)$로 사상한다. 이때 $w=z^2$은 $|z|=r, \arg z$를 각각 $|w|=r^2, \arg w=2\arg z$로 사상한다.

함수 $w=z$와 $w=z^2$은 모두 단위원을 단위원으로 전사한다. 그러나 이 함수

들은 실가함수 $y=x, y=x^2$과는 달리 일치하지 않는다. $y=x$와 $y=x^2$은 닫힌구간 $[0,1]$를 $[0,1]$로 전사한다. 그러나 $w=z^2$은 단위원을 두 번 감는다. 다시 말해, $w=z^2$은 단위원의 임의의 반원을 단위원으로 사상한다.

$w=z^2$은 포물선 $y=x^2$과 비교해 보자. $w=z^2$은 z-평면에서의 직선 $y=c$을

$$u=x^2-c^2, v=2xc$$

로 사상한다. 이때

$$u=(\frac{v}{2c})^2-c^2=\frac{v^2}{4c^2}-c^2$$

이다. 그러므로 $w=z^2$은 z-평면에서의 직선 $y=\pm c\neq 0$을 w-평면의 포물선 $u=\frac{v^2}{4c^2}-c^2$으로 전사한다. 만일 $c=0$이면, $w=z^2$은 z-평면에서의 직선 $y=0$을 w-평면의 반직선 $(u,0), u\geq 0$으로 전사한다.

마찬가지로, $w=z^2$은 z-평면에서의 직선 $x=\pm a\neq 0$을 w-평면의 포물선 $u=-(\frac{v^2}{4a^2}-a^2)$으로 전사한다. 만일 $a=0$이면, $w=z^2$은 z-평면에서의 직선 $x=0$을 w-평면의 반직선 $(u,0), u\leq 0$으로 전사한다.

예제 3.2 함수 $w=z^n=r^n(\cos n\theta+i\sin n\theta)$는 $|z|=r, \arg z$를

$$|w|=r^n, \arg w=n\arg z$$

로 사상한다. 이 함수는 z-평면의 호(arc) $(r,\theta), \theta_0\leq\theta<\theta_0+\frac{2\pi}{n}$을 w-평면에서 중심이 원점이고 반지름이 r^n인 원으로 전사한다.

예제 3.3 함수 $w=\bar{z}=x-yi$는 단위원을 단위원으로 전사하는 또 다른 함수이다. 이 함수는 z-평면에서 시계반대방향의 단위원을 w-평면에서 시계방향의 단위원으로 전사한다. 또한 이 함수는 위 반평면을 아래 반평면으로 전사한다.

예제 3.4 1차분수변환들의 합성은 1차분수변환이지만, 1차분수변환들의 합은 1차분수변환

이 되지 않는다. 함수 $w=\frac{1}{2}(z+\frac{1}{z})$를 생각하자.

$$\begin{aligned} w=u+vi&=\frac{1}{2}(z+\frac{1}{z}) \\ &=\frac{1}{2}[(r(\cos\theta+i\sin\theta)+\frac{1}{r(\cos\theta+i\sin\theta)}] \\ &=\frac{1}{2}(r+\frac{1}{r})\cos\theta+i\frac{1}{2}(r-\frac{1}{r})\sin\theta \end{aligned}$$

이다. 이 함수는 z-평면의 단위원 $r=1$을 w-평면의 $w=u=\cos\theta$로 전사한다. $\theta\in[0,\pi]$일 때 u는 1에서 -1로 연속적으로 감소한다. $\theta\in[\pi,2\pi]$일 때 u는 -1에서 1로 연속적으로 증가한다. 그러므로 이 함수는 z-평면의 위 반원과 아래 반원을 모두 닫힌구간 $[-1,1]$로 전사한다. z와 $\frac{1}{z}$은 단위원 위의 점들을 단위원 위의 점들로 사상한다. $\frac{1}{z}$가 단위원의 외부에 있기 위한 필요충분조건은 z가 단위원의 내부에 있다. 그러므로 이 함수의 성질에 대해서는 $|z|=r>1$인 경우에 생각하면 충분하다.

$$u=\frac{1}{2}(r+\frac{1}{r})\cos\theta, v=\frac{1}{2}(r-\frac{1}{r})\sin\theta$$

이므로, $r>1$에 대하여

$$\left(\frac{u}{\frac{1}{2}(r+\frac{1}{r})}\right)^2+\left(\frac{v}{\frac{1}{2}(r-\frac{1}{r})}\right)^2=\cos^2\theta+\sin^2\theta=1$$

이다. 그러므로 이 함수는 z-평면에서의 원 $|z|=r>1$을 w-평면에서의 타원으로 전사한다. 이때 타원의 장축은 u-축이고 단축은 v-축이다. r이 증가함에 따라 타원은 점점 더 원에 가깝고, r이 1로 감소함에 따라 타원은 닫힌구간 $[-1,1]$로 퇴화된다.

z-평면의 반직선 $Argz=\theta$에 대한 이 함수의 상을 알아보자.

$r\geq 1$에 대하여 $w=\frac{1}{2}(z+\frac{1}{z})$는 z-평면의 반직선 $Argz=0, Argz=\pi$를 각각 w-평면의 반직선 $Argw=0, Argw=\pi$로 전사한다. 마찬가지로, $Argz=\frac{\pi}{2}, r>1$은 $Argw=\frac{\pi}{2}, r>0$으로 전사되고, $Argz=-\frac{\pi}{2}, r>1$은

$Argw = -\frac{\pi}{2}, r > 0$으로 전사된다. $\theta \neq 0, \pi, \pm\frac{\pi}{2}$일 때

$$\left(\frac{u}{\cos\theta}\right)^2 - \left(\frac{v}{\sin\theta}\right)^2 = \frac{1}{4}\left[\left(r+\frac{1}{r}\right)^2 - \left(r-\frac{1}{r}\right)^2\right] = 1$$

이다. 이것은 쌍곡선에 대한 방정식이다. $r > 1$에 대하여 이 쌍곡선의 각 호(arc)는 반직선 $Argz = \theta$와 같은 사분면에 놓여있다.

이를 요약하면, 다음과 같다. 함수 $w = \frac{1}{2}\left(z + \frac{1}{z}\right)$는 단위원을 닫힌구간 $[-1,1]$로 두 번 전사하고, 모든 다른 원들은 타원으로 전사한다. 이 함수는 단위원의 내부와 외부를 닫힌구간 $[-1,1]$을 제외한 확장된 복소평면으로 전사한다. 끝으로, 이 함수는 일정한 편각을 갖는 반직선을 쌍곡선의 호로 전사한다.

문제 3.1 함수 $w = z^2$은 쌍곡선 $x^2 - y^2 = C$와 $xy = K$를 직선들로 전사함을 보여라.

문제 3.2 함수 $w = \left(\frac{1+z}{1-z}\right)^2$은 단위원판 $|z| < 1$을 반직선 $(u,0), u \leq 0$을 제외한 평면으로 전사함을 보여라.

문제 3.3 함수 $w = \frac{z}{(1-z)^2}$은 원판 $|z| < 1$을 반직선 $(u,0), u \leq -\frac{1}{4}$를 제외한 평면으로 전사함을 보여라.

문제 3.4 함수 $w = z^2$은 원판 $|z-1| \leq 1$을 $R = 2(1+\cos\theta)$로 전사함을 보여라.

문제 3.5 다음 함수에 대하여 부채꼴 $|z| < 1, 0 < Argz < \frac{\pi}{n}$의 상을 구하여라.

(a) $w = \frac{z^n+1}{z^n-1}$ (b) $w = \left(\frac{z^n+1}{z^n-1}\right)^2$

문제 3.6 다음 함수에 대하여 단위원판 $|z| \leq 1$의 상을 구하여라.

$$w=\prod_{k=1}^{n}\frac{|z_k|}{z_k}\left(\frac{z_k-z}{1-\overline{z_k}z}\right),\ |z_k|<1$$

4장

초등함수

1. 지수함수
2. 복소지수함수의 사상의 성질
3. 복소로그함수
4. 복소지수

1. 지수함수

다음 함수들의 매클로린 급수에 대해서는 이미 미적분학에서 배웠다. 모든 실수 x에 대하여

$$e^x = 1 + \frac{1}{1!}x + \frac{1}{2!}x^2 + \frac{1}{3!}x^3 + \cdots$$

$$\cos x = 1 - \frac{1}{2!}x^2 + \frac{1}{4!}x^4 - \frac{1}{6!}x^6 + \cdots$$

$$\sin x = x - \frac{1}{3!}x^3 + \frac{1}{5!}x^5 - \frac{1}{7!}x^7 + \cdots.$$

실변수의 실가함수 $f(x) = e^x$는 $\mathbb{R}$에서 열린구간 $(0, \infty)$ 위로 전단사한다. 이 함수는 지수법칙을 만족한다. 즉, $e^{x_1}e^{x_2} = e^{x_1 + x_2}$. 이 함수의 도함수는 자기 자신이다.

복소변수의 복소가함수 $w = f(z) = e^z = e^{x+yi}$를 정의할 때, 대응하는 실변수의 실가함수가 갖는 중요한 성질을 보존하도록 하고 싶다. 만일 $f(z) = e^z$가 지수법칙을 만족한다면, $e^z = e^{x+yi} = e^x e^{yi}$이어야 한다. 그러면 e^{yi}에 대하여 정의해야 한다. 만일 e^{yi}의 거듭제곱급수가 e^x와 유사하게 전개된다면,

$$e^{yi} = 1 + \frac{(yi)}{1!} + \frac{(yi)^2}{2!} + \frac{(yi)^3}{3!} + \cdots$$

이다. 이 식을 실부와 허부로 분리하면

$$\begin{aligned} e^{yi} &= \left(1 - \frac{y^2}{2!} + \frac{y^4}{4!} - \cdots\right) + i\left(y - \frac{y^3}{3!} + \frac{y^5}{5!} - \cdots\right) \\ &= \cos y + i \sin y \end{aligned}$$

를 얻는다. 따라서 e^{yi}는 다음과 같이 정의한다.

$$e^{yi} := \cos y + i \sin y$$

8장에서 복소거듭제곱급수 전개가 타당하다는 것을 증명할 것이다.

복소수 e^{yi}는 단위원 위에 있는 점, 즉 $|e^{yi}| = 1$임을 쉽게 알 수 있다. 또한 드무아브르의 법칙에 의해서

$$(e^{yi})^n = e^{nyi}$$

가 성립함을 알 수 있다.

복소수 $z = x + yi$에 대하여 e^z는 다음과 같이 정의한다.

$$e^z = e^{x+yi} := e^x e^{yi} = e^x(\cos y + i\sin y)$$

이때 $y = 0$로 놓으면, $e^z = e^x$이다. 만일 $x = 0$이면, 임의의 실수 y_1, y_2에 대하여

$$\begin{aligned} e^{y_1 i}e^{y_2 i} &= (\cos y_1 + i\sin y_1)(\cos y_2 + i\sin y_2) \\ &= (\cos y_1 \cos y_2 - \sin y_1 \sin y_2) + i(\cos y_1 \sin y_2 + \sin y_1 \cos y_2) \\ &= \cos(y_1 + y_2) + i\sin(y_1 + y_2) \\ &= e^{(y_1 + y_2)i} \end{aligned}$$

이다. 그러므로 임의의 복소수 $z_1 = x_1 + y_1 i, z_2 = x_2 + y_2 i$에 대하여

$$\begin{aligned} e^{z_1}e^{z_2} = e^{x_1 + y_1 i}e^{x_2 + y_2 i} &= e^{x_1}e^{y_1 i}e^{x_2}e^{y_2 i} \\ &= (e^{x_1}e^{x_2})(e^{y_1 i}e^{y_2 i}) \\ &= e^{x_1 + x_2}e^{(y_1 + y_2)i} = e^{z_1 + z_2} \end{aligned}$$

이다. 따라서 복소지수함수는 지수법칙을 만족한다.

$|e^z| = |e^x e^{yi}| = e^x |e^{yi}| = e^x$이므로, 임의의 복소수 z에 대하여 $e^z \neq 0$임을 알 수 있다. 이와 같이, e^x의 중요한 성질은 대부분 e^z에 대해서도 성립한다. 그러나 예외가 있다. 함수 e^z는 단사가 아니다. 왜냐하면

$$e^{z+2\pi i} = e^z e^{2\pi i} = e^z(\cos 2\pi + i\sin 2\pi) = e^z$$

이기 때문이다.

다음에, $e^z = e^{x+yi} = 1$이라 하자. 그러면 $e^x \cos y = 1$, $e^x \sin y = 0$이다. $e^x \neq 0$이므로, $\sin y = 0$이다. 그러므로 $y = n\pi, n \in \mathbb{Z}$ 이다. 만일 $e^x \cos n\pi = 1$이면, $e^x = |e^x \cos n\pi| = 1$이므로, $x = 0$이다. 그러므로 $\cos n\pi = 1$이다. 따라서 n은 짝수이다. 그러므로 $z = 2k\pi i$, $k \in \mathbb{Z}$ 이다. $e^{z_1} = e^{z_2}$라고 하자. 그러면 $e^{z_1 - z_2} = 1$이므로, $z_1 - z_2 = 2k\pi i, k \in \mathbb{Z}$ 이다. 이것으로부터 $f(z) = e^z$은 주기가 $2\pi i$인 주기함수임을 알 수 있다.

만일 $e^{z_0} = \alpha \in \mathbb{C}$ 이면, 임의의 정수 n에 대하여 $e^{z_0 + 2n\pi i} = \alpha$이다. 그러므로 지수함수가

어떤 $z=z_0$에서 함숫값 α를 취하면, 지수함수의 주기성에 의하여 무수히 많은 복소수 $z_n=z_0+2n\pi i$에서 함숫값 α를 취한다. 이제 e^z가 0이 아닌 모든 유한복소수를 무한번 취한다는 것을 보이자. 만일 $e^z=a+bi\neq 0$이면,

$$e^x\cos y=a, e^x\sin y=b$$

이다. 그러면

$$e^{2x}(\cos^2 y+\sin^2 y)=e^{2x}=a^2+b^2$$

을 얻는다. 그러므로 $x=\frac{1}{2}\ln(a^2+b^2)$이다. 만일 $a\neq 0$이면, $\frac{b}{a}=\tan y$이므로, $y=\tan^{-1}\frac{b}{a}$ 이다. 그러므로

$$z=\frac{1}{2}\ln(a^2+b^2)+i\tan^{-1}\frac{b}{a}$$

이다. 이것은 $e^z=a+bi$의 해이다. 만일 $\tan^{-1}\frac{b}{a}$의 값 중에서 하나가 y_0이면, $y_0+2k\pi, k\in\mathbb{Z}$도 $\tan^{-1}\frac{b}{a}$의 값이다. 만일 $a=0$이면, $x=\ln|b|$이다. $e^x\neq 0$이므로, $\cos y=0$이다. 그러므로 $y=\frac{\pi}{2}+n\pi, n\in\mathbb{Z}$이다. $e^x\sin(\frac{\pi}{2}+n\pi)=b$, $b\neq 0$이므로, $b>0$ 일 때 $e^x=b$이므로, $\sin(\frac{\pi}{2}+n\pi)=1$이다. 그러므로 n은 짝수이다. 따라서 $b>0$일 때, $y=\frac{\pi}{2}+2k\pi, k\in\mathbb{Z}$이다. $b<0$일 때, $e^x=-b$이므로, $\sin(\frac{\pi}{2}+n\pi)=-1$이다. 그러므로 $y=-\frac{\pi}{2}+2k\pi, k\in\mathbb{Z}$이다. 따라서 만일 $a=0$이면,

$$z=\begin{cases}\ln|b|+i(\frac{\pi}{2}+2k\pi), & b>0\\ \ln|b|+i(-\frac{\pi}{2}+2k\pi), & b<0\end{cases},\quad k\in\mathbb{Z}$$

이다.

예제 1.1 $e^z=5-5i$를 만족하는 모든 복소수 z를 구하여라.

풀이 $$z = \frac{1}{2}\ln(a^2+b^2) + i\tan^{-1}\frac{b}{a}, a=5, b=-5$$

$\tan^{-1}\frac{-5}{5} = \theta$로 놓자. 그러면 $\tan\theta = \frac{-5}{5}$를 만족하는 θ는 $-\frac{\pi}{4} + 2k\pi, k \in \mathbb{Z}$

이다. 그러므로 $z = \frac{1}{2}\ln 50 + i(-\frac{\pi}{4} + 2k\pi), k \in \mathbb{Z}$ 이다.

예제 1.2 $e^z = -5+5i$를 만족하는 모든 복소수 z를 구하여라.

풀이 $$z = \frac{1}{2}\ln(a^2+b^2) + i\tan^{-1}\frac{b}{a}, a=-5, b=5$$

$\tan^{-1}\frac{5}{-5} = \theta$로 놓자. 그러면 $\tan\theta = \frac{5}{-5}$를 만족하는 θ는 $\frac{3\pi}{4} + 2k\pi, k \in \mathbb{Z}$

이다. 그러므로 $z = \frac{1}{2}\ln 50 + i(\frac{3\pi}{4} + 2k\pi), k \in \mathbb{Z}$ 이다.

참고 $\tan^{-1}\frac{-b}{a} \neq \tan\frac{b}{-a}$ 임을 유의하자.

복소지수함수는 삼각함수로 정의하였다. 이것은 역으로 복소삼각함수가 복소지수함수로 정의할 수도 있다는 것을 암시한다.

$$\begin{cases} e^{ix} = \cos x + i\sin x \\ e^{-ix} = \cos x - i\sin x \end{cases}$$

이므로

$$\begin{cases} \cos x = \dfrac{e^{ix} + e^{-ix}}{2} \\ \sin x = \dfrac{e^{ix} - e^{-ix}}{2i} \end{cases}$$

를 얻는다. 그러므로 복소삼각함수는 다음과 같이 정의한다.

$$\begin{cases} \cos z = \dfrac{e^{iz} + e^{-iz}}{2} \\ \sin z = \dfrac{e^{iz} - e^{-iz}}{2i} \end{cases}$$

나머지 복소삼각함수도 통상적인 관계로 정의한다.

$$\tan z = \frac{\sin z}{\cos z}, \ \cot z = \frac{\cos z}{\sin z}$$

$$\sec z = \frac{1}{\cos z}, \ \operatorname{cosec} z = \frac{1}{\sin z}$$

이러한 복소삼각함수들의 정의로, 실변수의 실가삼각함수들의 많은 성질들이 복소평면으로 확장될 수 있다.

예제 1.3 $\sin(z + \frac{\pi}{2}) = \cos z$ 임을 보여라.

증명 $$\sin(z + \frac{\pi}{2}) = \frac{e^{i(z+\frac{\pi}{2})} - e^{-i(z+\frac{\pi}{2})}}{2i} = \frac{e^{iz}e^{\frac{\pi}{2}i} - e^{-iz}e^{-\frac{\pi}{2}i}}{2i}$$
$$= \frac{ie^{iz} - (-i)e^{-iz}}{2i} = \frac{e^{iz} + e^{-iz}}{2} = \cos z$$

예제 1.4 $\sin 2z = 2\sin z \cos z$ 임을 보여라.

증명 $$\sin 2z = \frac{e^{i2z} - e^{-i2z}}{2i} = 2\frac{e^{iz} + e^{-iz}}{2}\frac{e^{iz} - e^{-iz}}{2i} = 2\sin z \cos z$$

주의 실수 x에 대하여 $|\sin x| \le 1$, $|\cos x| \le 1$이므로 $\sin x$와 $\cos x$는 유계이지만, 복소수 z에 대하여 $\sin z$와 $\cos z$는 유계가 아니다. 왜냐하면, 만일 $z = x + yi$에 대하여 $y \to \infty$일 때

$$|\sin z| = \left|\frac{e^{iz} - e^{-iz}}{2i}\right| \ge \frac{|e^{-iz}| - |e^{iz}|}{2} = \frac{e^{y} - e^{-y}}{2} \to \infty,$$

$$|\cos z| = \left|\frac{e^{iz}+e^{-iz}}{2}\right| \geq \frac{|e^{-iz}|-|e^{iz}|}{2} = \frac{e^{y}-e^{-y}}{2} \to \infty$$

이기 때문이다.

예제 1.5 $\cos z = 2$를 만족하는 모든 복소수 z를 구하여라.

풀이 $2 = \cos z = \frac{1}{2}(e^{iz}+e^{-iz})$이므로, $(e^{iz})^2 - 4e^{iz} + 1 = 0$이다. 이차방정식의 근의 공식에 의하여

$$e^{iz} = \frac{4 \pm \sqrt{16-4}}{2} = 2 \pm \sqrt{3}$$

을 얻는다. $e^{iz} = e^{-y}(\cos x + i\sin x) = 2 \pm \sqrt{3}$ 이므로,

$$e^{-y}\cos x = 2 \pm \sqrt{3}, e^{-y}\sin x = 0$$

이다. $e^{-y} \neq 0$이므로, $\sin x = 0$이다. 그러므로 $x = n\pi, n \in \mathbb{Z}$ 이다.
$e^{-y}\cos(n\pi) = 2 \pm \sqrt{3} > 0$이므로, n은 짝수이어야 한다. 이때 $e^{-y} = 2 \pm \sqrt{3}$ 이므로, $y = -\ln(2 \pm \sqrt{3})$이다. 그러므로

$$\begin{aligned} z &= 2k\pi - i\ln(2 \pm \sqrt{3}) \\ &= 2k\pi \pm i\ln(2+\sqrt{3}), \quad k \in \mathbb{Z} \end{aligned}$$

이다.

마지막으로, **복소쌍곡선함수(complex hyperbolic function)**는 다음과 같이 정의한다.

$$\sinh z = \frac{e^{z}-e^{-z}}{2}, \quad \cosh z = \frac{e^{z}+e^{-z}}{2}$$

$$\tanh z = \frac{\sinh z}{\cosh z}, \quad \coth z = \frac{1}{\tanh z}$$

$$\operatorname{sech} z = \frac{1}{\cosh z}, \quad \operatorname{cosech} z = \frac{1}{\sinh z}$$

4장 초등함수

이것으로부터 다음 관계식을 얻는다.

$$\sinh z = -i\sin iz,\ \cosh z = \cos iz$$

특히, $\sinh z$와 $\cosh z$는 모두 주기가 $2\pi i$인 주기함수이다.

문제 1.1 다음을 만족하는 z의 값을 각각 구하여라.

(a) $e^{3z}=1$ (b) $e^{z^2}=1$ (c) $e^{e^z}=1$

문제 1.2 $\sin z$와 $\cos z$의 영점은 모두 실수임을 보여라.

문제 1.3 (a) $\sin z$와 $\cos z$는 반직선 $Arg z=\theta, 0<|\theta|<\pi$에서 유계가 아님을 보여라.
(b) $\sin z$는 수평띠 $y_0<Im z<y_1$에 포함되는 집합 A에서 유계임을 보여라.

문제 1.4 $|z|=r$에 대하여 다음을 증명하여라.

(a) $e^{-r}\leqq|e^z|\leqq e^r$

(b) $e^{-r^n}\leqq|e^{z^n}|\leqq e^{r^n}, n\in\mathbb{N}$

문제 1.5 다음 등식이 성립함을 보여라.

(a) $\sin^2 z+\cos^2 z=1$

(b) $\sin(z_1+z_2)=\sin z_1\cos z_1+\cos z_1\sin z_2$

(c) $\cos(z_1+z_2)=\cos z_1\cos z_2-\sin z_1\sin z_2$

문제 1.6 (a) 복소수 $z\neq 0$에 대하여 $e^{1/z}$의 실수부와 허수부를 구하여라.
(b) $|Re z|\geqq\epsilon>0$에서 $|e^{1/z}|$는 유계임을 보여라.

문제 1.7 (a) e^{iz}는 주기가 2π인 주기함수임을 보여라.
(b) 임의의 0이 아닌 복소수 a에 대하여 e^{az}는 주기함수임을 보이고, 그 주기를 구하여라.

문제 1.8 다음 부등식을 증명하여라.

(a) $|e^{z}+e^{z^2}| \leqq e^{x}+e^{x^2-y^2}$

(b) $|e^{iz}+e^{iz^2}| \leqq e^{-y}+e^{-2xy}$

(c) $|\sin z|^2+|\cos z|^2 \geqq 1$

문제 1.9 다음 등식이 성립함을 보여라.

(a) $\cosh^2 z-\sinh^2 z=1$

(b) $\sinh(z_1+z_2)=\sinh z_1\cosh z_2+\cosh z_1\sinh z_2$

(c) $\cosh(z_1+z_2)=\cosh z_1\cosh z_2+\sinh z_1\sinh z_2$

(d) $\sinh(x+yi)=\sinh x\cos y+i\cosh x\sin y$

(e) $\cosh(x+yi)=\cosh x\cos y+i\sinh x\sin y$

(f) $|\sinh(x+yi)|^2=\sinh^2 x+\sin^2 y$

(g) $|\cosh(x+yi)|^2=\sinh^2 x+\cos^2 y$

문제 1.10 다음을 증명하여라.

(a) $|\sin(x+yi)|^2=\sin^2 x+\sinh^2 y$

(b) $|\cos(x+yi)|^2=\cos^2 x+\sinh^2 y$

문제 1.11 $\tanh z=\dfrac{\sinh z}{\cosh z}$는 주기가 πi인 주기함수임을 보여라.

2. 복소지수함수의 사상의 성질

0이 아닌 복소수 $z = x + yi$의 실부와 허부는 복소평면에서 그의 위치를 결정하는 데 중요한 역할을 한다.

$$|z| = \sqrt{x^2+y^2}, \tan(\arg z) = \frac{y}{x}$$

이다. 그러나 w-복소평면에서 점 e^z의 위치를 결정할 때, z의 실부와 허부는 독립적인 역할을 한다. 함수 $w = e^z$를 실부와 허부로 분리하면,

$$w = e^z = u + vi = e^x \cos y + ie^x \sin y$$

이다. 그러므로

$$|e^z| = e^x, \tan(\arg e^z) = \frac{v}{u} = \tan y$$

이다. 이때 e^z의 크기는 z의 실부에만 의존하고, e^z의 편각은 z의 허부에만 의존한다는 것을 알 수 있다. 실제로, $\arg e^z = y + 2k\pi, k \in \mathbb{Z}$ 이다. 그러므로 z-평면의 좌표축에 평행한 직선들의 상을 결정하는 것이 흥미롭다. 우선 지수함수의 주기성을 이용하자. 모든 z에 대하여 $e^{z+2\pi i} = e^z$이므로, 모든 정수 k에 대하여 점 $x_0 + (y_0 + 2k\pi)i$는 동일한 상(image)을 갖는다. 즉, $e^{x_0 + (y_0 + 2k\pi)i} = e^{x_0 + y_0 i}$. 그러므로 z의 허부를 면분 $-\pi < Imz \leq \pi$에 제한하는 것이 좋다. 이 무한띠에서 일어나는 것은 모두 $-\pi + 2k\pi < Imz \leq \pi + 2k\pi$에서 똑같이 발생한다. 이러한 제한에 의해서 $Arge^z = y, -\pi < y \leq \pi$이다.

e^z는 직선 $x = x_0$ 위의 모든 점에서 일정한 크기 e^{x_0}를 가지므로, 그 직선 위의 점들은 w-평면에서 중심이 원점이고 반지름이 e^{x_0}인 원 위의 점으로 사상된다. 특히, z-평면에서의 선분 $x = x_0, -\pi < y \leq \pi$은 w-평면에서 중심이 원점이고 반지름이 e^{x_0}인 원 위의 점으로 전단사된다. 이때 y는 $-\pi$에서 π로 증가함에 따라 이 원은 시계반대방향으로 나타난다.

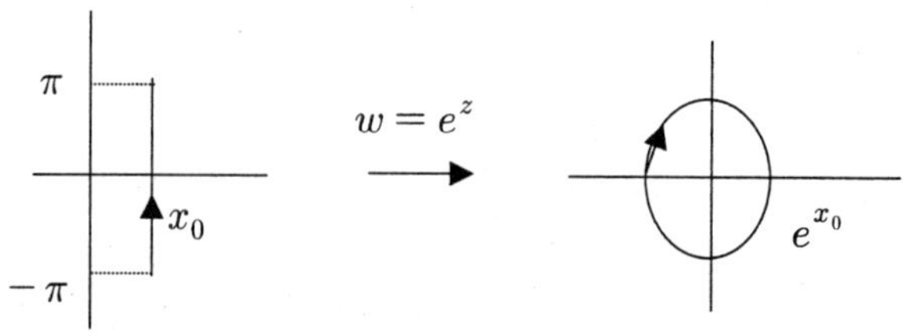

$|e^z| = e^x > 1$이기 위한 필요충분조건은 $x > 0$이므로, 오른쪽 반무한띠

$$Re z > 0, -\pi < Im z \leqq \pi$$

는 단위원의 외부로 전단사되지만, 왼쪽 반무한띠

$$Re z < 0, -\pi < Im z \leqq \pi$$

는 원점을 제외한 단위원의 내부로 전단사된다.

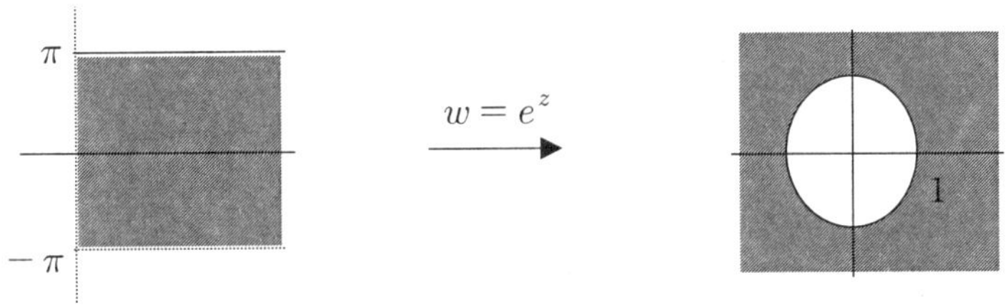

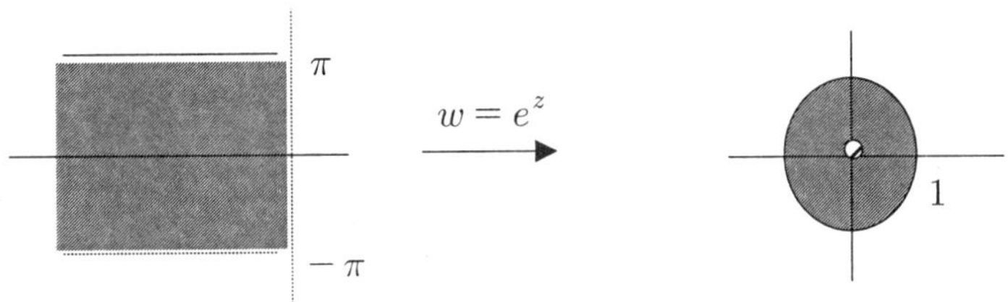

앞에서 언급했듯이, $Re z$는 e^z의 편각을 결정하는 데 어떤 역할도 하지 못한다. 그러므로 허부가 같은 점들은 모두 동일한 편각을 갖는 점들로 사상된다. 직선 $y = y_0, -\pi < y_0 \leqq \pi$에 대하여 $w = e^{x+y_0 i} = e^x(\cos y_0 + i \sin y_0)$이다.

$e^x > 0$이므로, 직선 $y = y_0$는 반직선 $Arg w = y_0$로 전단사된다. 그러므로 무한띠 $0 < y < \pi$는 위 반평면으로 전단사되고, 무한띠 $-\pi < y < 0$는 아래 반평면으로 전단사된다.

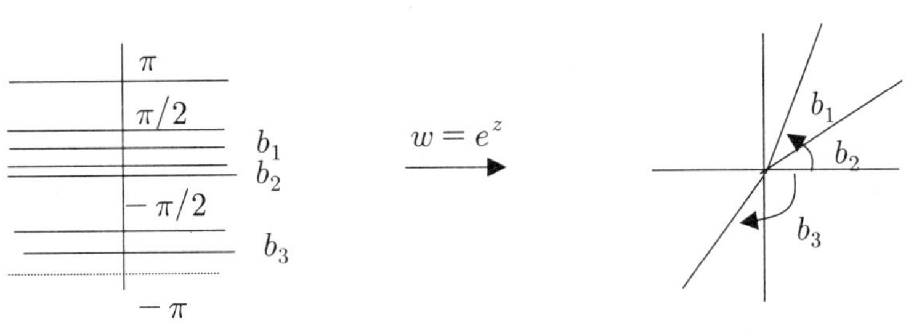

특히, z평면의 x−축($y = 0$)은 w−평면의 양의 실수축($u > 0, v = 0$)으로 사상되고, 직선

$z-$평면의 직선 $y=\pi$는 $w-$평면의 음의 실수축$(u<0, v=0)$으로 사상된다. 그러므로 z평면의 무한띠 $-\pi < Imz \leqq \pi$는 원점을 제외한 $w-$평면으로 전단사된다.

이제 위에서 논의한 두 사상을 합성하면, 함수 $w=e^z$에 대한 직사각형의 상을 결정할 수 있다. $w=e^z$의 상(image)을 극형식으로 나타내면, $z-$평면의 직사각형

$$A \leqq x \leqq B, -\pi < C \leqq y \leqq D \leqq \pi$$

는 $Re^{i\theta}, e^A \leqq R \leqq e^B, C \leqq \theta \leqq D$로 사상된다.

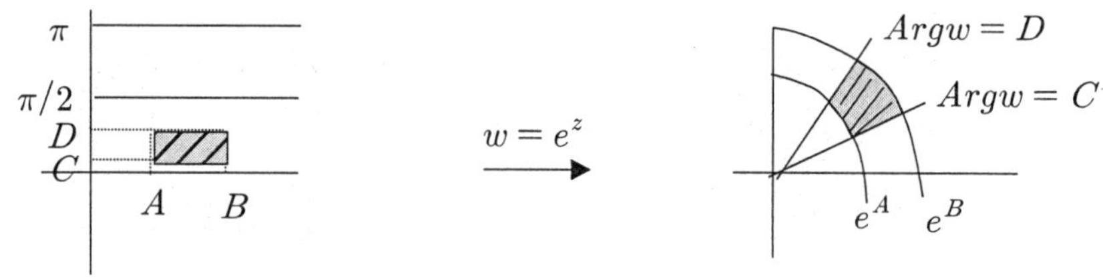

다음에, 어느 좌표축에도 평행하지 않는 직선에 대하여 알아보자. 이 직선에 대한 상은 일정한 크기를 갖지도 않고 일정한 편각도 갖지 않는다. 이 경우에 x가 임의로 커지면, 그 상의 크기는 임의로 커지고, y가 2π만큼씩 증가할 때마다 그 상은 완전히 한 바퀴 회전하게 된다. 따라서 이것은 소용돌이(나선형) 현상을 일으킨다. 만일 $y=mx+b, m\neq 0$이면,

$$w=e^z=e^{x+i(mx+b)}$$

이다. 따라서 $|e^z|=e^x, \arg e^z = mx+b+2k\pi$, $k\in\mathbb{Z}$이다. 이것을 극형식으로 쓰면, $w=Re^{i\theta}$이므로,

$$R=|e^z|=e^x$$
$$\theta = Arg e^z = mx+b+2k\pi$$

이다. 단, $k=k(x)$는 θ가 항상 $-\pi<\theta\leqq\pi$를 만족하도록 취해진 정수이다. 이때 x를 소거하면,

$$R=e^{\frac{\theta-b-2\pi\pi}{m}}=e^{\frac{-b}{m}}e^{\frac{\theta-2k\pi}{m}}$$

을 얻는다. $K=e^{\frac{-b}{m}}, \alpha=\theta-2k\pi$로 놓으면, $R=Ke^{\alpha/m}$이다. 이 방정식은 **로그나선 (logarithmic spiral)**을 나타낸다.

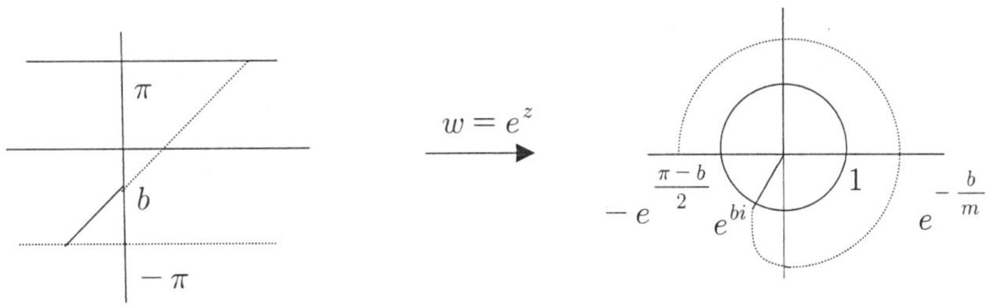

iz와 z의 편각의 차는 $\dfrac{\pi}{2}$이므로, $w=e^z$가 z-평면의 x-축(y-축)에 평행한 직선을 w-평면으로 사상한 것과 같이, 함수 $w=e^{iz}$는 z평면의 y-축(x-축)에 평행한 직선을 w-평면으로 사상함을 알 수 있다.

이제

$$w=e^{iz}=e^{i(x+yi)}=e^{-y+xi}$$

로 놓으면,

$$|e^{iz}|=e^{-y}, \arg e^{iz}=x+2k\pi$$

를 얻는다. 따라서 $w=e^{iz}$는 z-평면의 선분 $-\pi<x\leqq\pi, y=y_0$를 w-평면에서 중심이 원점이고 반지름이 e^{-y_0}인 원으로 사상한다.

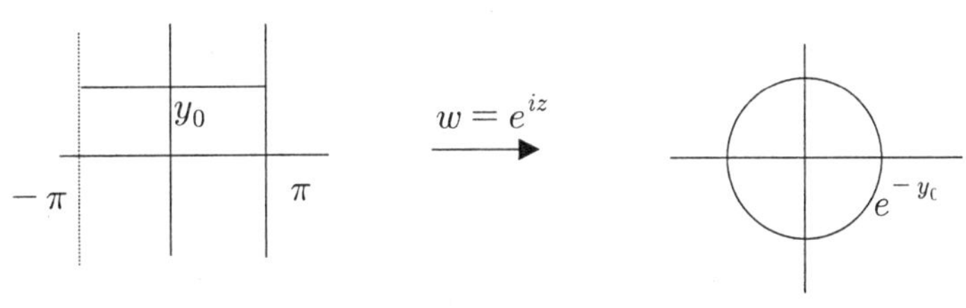

$w=e^{iz}$는 z-평면의 위 반무한띠 $-\pi<x\leqq\pi, y>0$를 w-평면에서 중심을 제외한 단위원의 내부로 사상하고, $w=e^{iz}$는 z-평면의 아래 반무한띠 $-\pi<x\leqq\pi, y<0$를 w-평면의 단위원의 외부로 사상한다.

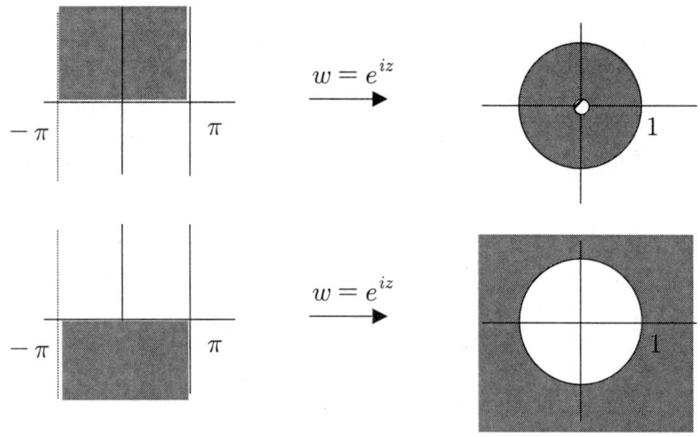

또한 $w = e^{iz}$는 z-평면의 직선 $x = x_0, -\pi < x_0 \leqq \pi$을 w-평면의 반직선 $Arg w = x_0$로 사상한다.

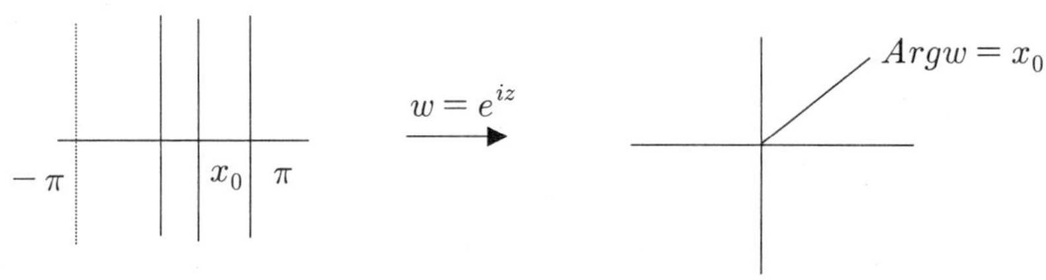

이제 복소지수함수의 사상의 성질을 이용하여 복소삼각함수의 사상의 성질을 결정하기로 하자. 복소지수함수의 경우에서와 같이, $\cos z$가 단사가 되도록 그의 면분을 제한하고 싶다. $w = \cos z$는 주기가 2π인 주기함수이므로, 그의 면분은 $-\pi < Re z \leqq \pi$로 제한하자. 더욱이, $w = \cos z$는 우함수, 즉 $\cos(-z) = \cos z$이므로, 제1사분면과 제3사분면(제2사분면과 제4사분면)의 점들은 동일한 상을 갖는다. 그러므로 위 반무한띠 $-\pi < Re z \leqq \pi, Im z > 0$에 포함되는 임의의 집합의 상은 $(k-1)\pi < Re z \leqq (k+1)\pi, \pm Im z > 0$꼴의 임의의 반무한띠에서 되풀이된다. 만일 z가 실수, 즉 $-\pi < x \leqq \pi, y = 0$이면, 분명히 $\cos z \in [-1, 1]$는 실수이다. $\cos(-z) = \cos z$이므로, $w = \cos z$는 면분

$$\{-\pi < Re z \leqq \pi, Im z > 0\} \bigcup \{0 \leqq Re z \leqq \pi, Im z = 0\}$$

에서 생각하면 충분이다. 이 면분에서 $w = \cos z$는 단사이다.

함수 $w = z + \dfrac{1}{z}$는 원들을 타원들로 전사하고, 반직선들을 쌍곡선들의 호들로 전사함을 유의하자. $z' = e^{iz}$로 놓자. 그러면 $w = \cos z = \dfrac{1}{2}(e^{iz} + e^{-iz}) = \dfrac{1}{2}(z' + \dfrac{1}{z'})$이다. 그러므로

$w=\cos z$는 z-평면에서 z'-평면으로, 그 다음에 z'-평면에서 w-평면으로 보내는 사상으로 간주할 수 있다. $z'=e^{iz}$는 $y_0>0$에 대하여 z-평면에서의 선분 $-\pi<x\leqq\pi, y=y_0$를 z'-평면에서의 원 $|z'|=e^{-y_0}$로 전사하고 그 다음에 $w=\frac{1}{2}(z'+\frac{1}{z'})$은 z'-평면에서 원 $|z'|=e^{-y_0}$을 w-평면에서의 타원

$$(\frac{u}{\frac{1}{2}(e^{-y_0}+e^{y_0})})^2+(\frac{v}{\frac{1}{2}(e^{-y_0}-e^{y_0})})^2=1$$

로 전사한다. 그러므로 $w=\cos z$는 선분 $-\pi<x\leqq\pi, y=y_0>0$을 타원으로 전사한다.

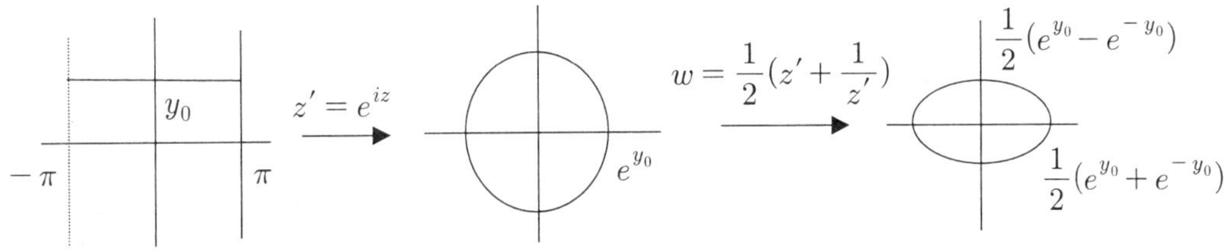

마찬가지로, $y>0$에 대하여 $z'=e^{iz}$는 반직선 $x=x_0, -\pi<x_0<\pi$는 선분 $Argz'=x_0$, $0<|z'|<1$로 전사하고 그 다음에 $w=\frac{1}{2}(z'+\frac{1}{z'})$은 쌍곡선

$$(\frac{u}{\cos x_0})^2-(\frac{v}{\sin x_0})^2=1$$

의 호로 전사한다.

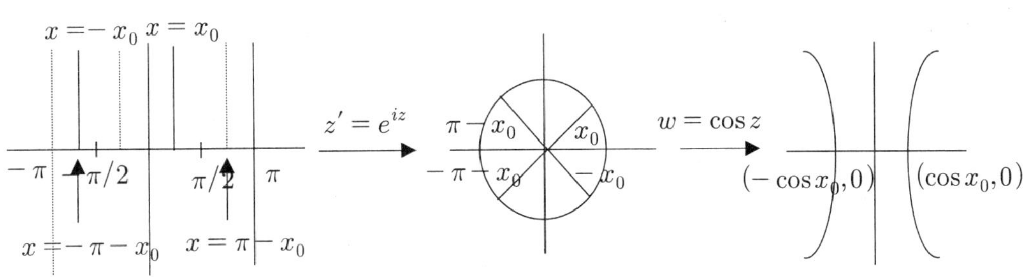

참고 $y>0$에 대하여 위의 사상들은 반직선 $x=0, x=\pi$, 또는 $x=\pm\frac{\pi}{2}$에 대해서는

성립하지 않는다. 만일 $x=0$이면, $\cos z=\frac{1}{2}(e^{-y}+e^{y})$는 열린구간 $u>1$로 전사된다. 한편 반직선 $x=\pi, y>0$는 열린구간 $u<-1$로 전사된다. 반직선 $x=\frac{\pi}{2}, y>0$는 음의 허수축으로 전사되고, 반직선 $x=-\frac{\pi}{2}, y>0$은 양의 허수축으로 전사된다. 끝으로, 구간 $0\leqq x\leqq \pi, y=0$은 닫힌구간 $-1\leqq u\leqq 1$로 전사된다.

등식 $\sin z=\cos(z-\frac{\pi}{2})$는 사상 $\cos z$으로부터 사상 $\sin z$의 성질을 유도할 수 있게 해준다. $z'=z-\frac{\pi}{2}$로 놓으면, 사상 $w=\sin z$는 z-평면을 z'-평면으로 평행이동한 다음에 z'평면에서 w-평면으로 보내는 사상으로 간주할 수 있다. 따라서 함수 $w=\sin z$는 $w=\cos z$가 면분 $-\pi<Re z\leqq \pi$의 점들을 사상하는 것과 같은 방법으로 면분 $-\frac{\pi}{2}<Re z\leqq\frac{3\pi}{2}$의 점들을 사상한다.

예제 2.1 함수 $w=\cos z$는 선분 $-\pi<x\leqq\pi, y=1$을 타원

$$\frac{u^2}{\frac{1}{4}(e+\frac{1}{e})^2}+\frac{v^2}{\frac{1}{4}(e-\frac{1}{e})^2}=1$$

로 전사한다.

함수 $w=\sin z$는 선분 $-\frac{\pi}{2}<x<\frac{3\pi}{2}, y=1$을 같은 타원으로 전사한다.

문제 2.1 함수 $w=e^z$에 대하여 다음 집합의 각 상(image)을 구하여라.

(a) $-5\leqq x\leqq 5, y=\frac{\pi}{4}$　　(b) $x=3, -\frac{\pi}{2}<y<\frac{\pi}{2}$

(c) $-2<x<1, 0<y<\pi$　　(d) $x<1, -\frac{\pi}{3}<y<\frac{2\pi}{3}$

문제 2.2 다음 각 함수에 대하여 면분 $0\leqq x\leqq\pi, y\geqq 0$의 상을 구하여라.

(a) $w=e^{iz}$　　(b) $w=ie^{iz}$　　(c) $w=ie^{-iz}$

문제 2.3 함수 $w=e^z$에 대한 원판 $|z| \leqq 1$의 상은 고리 $\frac{1}{e} \leqq |w| \leqq e$에 포함됨을 보여라.

문제 2.4 함수 $w=\cos z$와 $w=\sin z$에 관한 원판 $|z| \leqq 1$의 상은 $|w| \leqq \frac{e^2+1}{2e}$에 포함됨을 보여라.

문제 2.5 함수 $w=\cos z$에 관하여 다음 집합의 상을 구하여라.

(a) $x=\frac{\pi}{2}, y \geqq 0$

(b) $-\frac{\pi}{4} < x < \frac{\pi}{4}, y=-5$

(c) $0 \leqq x < \pi, -2 < y < 2$

(d) $-\frac{\pi}{2} < x < \frac{\pi}{4}, y > 0$

3. 복소로그함수

모든 양의 실수 $x>0$에 대하여 유일한 실수 y가 존재하여 $e^y = x$이다. 이때 $y=\ln x$로 쓴다. $x_1, x_2 > 0$에 대하여 $\ln(x_1x_2) = \ln x_1 + \ln x_2$가 성립한다. 자연로그함수 $y=\ln x$는 열린구간 $(0,\infty)$에서 $\mathbb{R}$로 사상하는 전단사함수이다. 이 함수는 지수함수 $y=e^x$의 역함수이다. 지수함수 $y=e^x$는 $\mathbb{R}$에서 열린구간 $(0,\infty)$로 사상하는 전단사함수이다.

자연로그함수를 정의하는 방법과 같이, 모든 복소수 z에 대하여 $e^w = z$를 만족하는 w를 z의 복소로그로 정의할 때 문제가 있다. 왜냐하면 임의의 정수 k에 대하여 $z=e^w=e^{w+2k\pi i}$이므로, $e^w = z$를 만족하는 복소수 w는 유일하지 않기 때문이다.

그러므로 0이 아닌 복소수 z에 대하여 $e^w = z$를 만족하는 모든 복소수 w를 z의 **복소로그(complex logarithm)**라고 정의하고 $w=\log z$로 쓴다. 모든 복소수 w에 대하여 $e^w \neq 0$이므로, $\log 0$는 정의되지 않는다. 0이 아닌 복소수에 z에 대하여 $e^w = z$를 만족하는 복소수 w는 무수히 많이 존재하므로, 0이 아닌 복소수 z의 복소로그 $\log z$의 값은 무수히 많이 존재한다. 복소로그함수 $w=\log z$는 처음 만나는 다가함수(multiple valued function)이다. 복소로그함수 $w=\log z$의 다가성은 z의 많은 편각의 값들과 관련이 있다. 왜냐하면

$$w = u + vi = \log z,\, z = re^{i(\theta+2k\pi)},\, k\in\mathbb{Z}$$

로 놓으면, $e^w = z$이므로, $e^{u+vi} = re^{i(\theta+2k\pi)}$이다. 그러므로 $e^u = r, v = \theta + 2k\pi$이다. 따라서

$$\begin{aligned} w = u + vi = \log z &= \ln r + i(\theta + 2k\pi),\, k\in\mathbb{Z} \\ &= \ln|z| + i\arg z \end{aligned}$$

이다.

일가함수에 대한 연속성과 다른 성질들을 조사하는 방법들은 다가함수에 대하여 사용할 수 없다. 그러나 다행히 다가함수는 매우 자연스럽게 많은 다른 일가함수(single-valued function)들로 대체할 수 있다. 이때 다가함수의 특징은 일가성 영역들에서 조사할 수 있다.

복소로그함수 $w=\log z$ $(z\neq 0)$의 **분지(branch)**는 $e^{\log^* z} = z$를 만족하는 일가함수 $\log^* z$로 정의한다. 다가함수 $w=\log z$의 분지는 무수히 많다. $\log z$의 각 분지 $\log^* z$는 복소지수함수 $w=e^z$의 역함수이다.

복소로그함수 $w=\log z$가 분지 $\log^* z$들 중에는 그의 허부$(\arg z)$가 구간 $(-\pi,\pi]$에서 정의되는 것이 꼭 하나 존재한다. 이러한 분지를 $w=\log z$의 **주분지(principal branch)**라 하고,

$w = Logz$로 쓴다. 즉,

$$Logz = \ln|z| + iArgz \ (-\pi < Argz \leq \pi).$$

이때 z의 편각을 $-\pi < Argz \leq \pi$에 제한하는 것은 기하학적으로 z-평면을 음의 실수축을 따라 절단한 것으로 생각할 수 있다. 이 반직선 $Argz = -\pi$는 $Logz$에 대한 **분지절단 (branch cut)**이라 한다.

$\log z$와 그의 주분지 사이에는 $2\pi i$의 배수만큼 차이가 있다. 즉, 만일 $\log^* z$가 $\log z$의 고정된 분지이면,

$$\log^* z = Logz + 2k\pi i$$

이다. $\log z$의 다른 분지들은 z의 편각 $\arg z$를

$$(2k-1)\pi < \arg z \leq (2k+1)\pi, k \in \mathbb{Z}$$

에 제한함으로써 정의될 수 있다.

> **주의** $\log z$의 한 분지에서 z의 편각은 '절단선'을 넘어갈 수 없다. 만일 z의 편각이 절단선을 넘어가면, z의 편각은 한 분지에서 또 다른 분지로 연속적으로 변하게 되므로, 그 분지의 일가성이 상실하게 된다.

참고 $\log z$의 주분지 $Logz$에서와 같이 z의 편각을 제한하는 것을 너무 중요하게 생각할 필요는 없다. 고정된 실수 θ에 대하여 함수

$$\log_\theta z = \ln|z| + i\arg z, \theta < \arg z \leq \theta + 2\pi$$

도 $\log z$의 한 분지이다. 이것은 분지절단 $\arg z = \theta + 2\pi$를 갖는다. 사실, 분지절단은 반직선이 될 필요는 없다. 만일 원점에서 ∞로 나아가는 연속곡선이 교차하지 않으면, 이러한 연속곡선은 모두 절단선이 될 수 있다.

이제 항등식

$$\log z_1 z_2 = \log z_1 + \log z_2, z_1, z_2 \neq 0$$

가 복소평면에서 성립하는 한계를 살펴보자. $\log z$의 고정된 분지에서

$$\log z_1z_2 = \ln|z_1z_2| + i\arg(z_1z_2)$$

이고

$$\log z_1 + \log z_2 = \ln|z_1| + \ln|z_2| + i(\arg z_1 + \arg z_2)$$

이다. 1.3절에서 보았듯이 $\arg z_1z_2$와 $\arg z_1 + \arg z_2$는 2π의 배수만큼 차이가 있다. 그러므로

$$\log z_1z_2 = \log z_1 + \log z_2 + 2k\pi i, k\in \mathbb{Z}$$

이다.

분지절단이 음의 실수축일 때, 복소로그함수의 분지는 그 함수의 특정한 값에 의하여 완전히 결정된다. 예를 들어, $\log z$의 주분지 $Log z$는 $\log 1 = 0$을 만족하는 유일한 것이다. $\log 1 = 10\pi i$를 만족하는 분지는 $\log z = Log z + 10\pi i$이다. 각 함수 $w = Log z + 2k\pi i$는 $\mathbb{C} - \{0\}$를 무한띠 $(2k-1)\pi < Im w \leq (2k+1)\pi$로 전사한다. 복소지수함수 $w = e^z$는 각 무한띠 $(2k-1)\pi < Im z \leq (2k+1)\pi$를 $\mathbb{C} - \{0\}$로 전사함을 유의하자.

함수 $w = Log z$는 음의 실수축 위의 임의의 점에서 연속이 아니다. 왜냐하면 $z_0 = r_0e^{\pi i}$, $r_0 > 0$이라 하자. 그러면 $Log z_0 = \ln r_0 + \pi i$이다. 이때 $\lim\limits_{z\to z_0, Im z<0} Arg z = -\pi$이다. 그러므로 $\lim\limits_{z\to z_0, Im z<0} Log z = \ln r_0 - \pi i \neq Log z_0$이다. 그러므로 함수 $w = Log z$는 음의 실수축 위의 임의의 점에서 연속이 아니다.

> (참고) 복소로그함수는 항상 음의 실수축에서 연속이 아니라고 말할 수 없다. 물론, $\log z$의 주분지 $Log z$는 음의 실수축에서 연속이 아니다. 그러나 절단선이 음의 실수축이 아닌 다른 반직선이면, 그 분지는 음의 실수축에서 연속이 될 수 있다. 예를 들어, 일가함수 $w = \log z, -\dfrac{\pi}{2} < \arg z \leq \dfrac{3\pi}{2}$는 음의 실수축에서 연속이다. 그러나 이 함수는 반직선 $\arg = \dfrac{3\pi}{2}$에서는 연속이 아니다.

$Log z = \ln|z| + iArg z, -\pi < Arg \leq \pi$로부터 복소로그함수의 어떤 사상의 성질들을 쉽게 결정할 수 있다. $w = u + vi = Log z$에 대하여 원 $|z| = r$의 상은 선분 $u = \ln r, -\pi < v \leq \pi$이다. 또한 $w = Log z$는 반직선 $Arg z = \theta$는 직선 $v = \theta$로 전사한다.

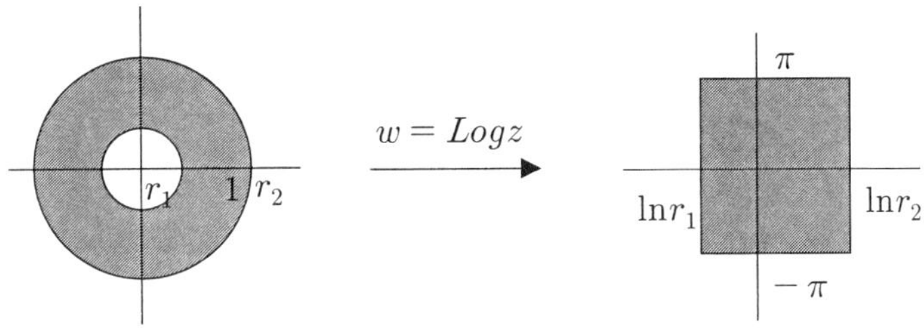

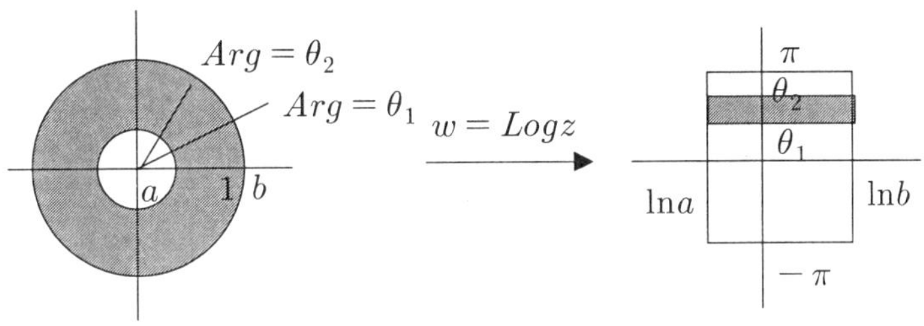

문제 3.1 다음 복소로그의 값을 구하여라.

(a) $\log(1-i)$ (b) $\log(3-2i)$ (c) $\log(x+yi)$

문제 3.2 0이 아닌 복소수 z_1, z_2에 대하여

$$Logz_1z_2 = Logz_1 + Logz_2 + 2k\pi i, k = 0, 1, -1$$

임을 보여라.

문제 3.3 0이 아닌 복소수 z에 대하여

$$\ln|z| \leqq |Logz| \leqq |\ln|z|| + |Argz|$$

임을 보여라.

문제 3.4 $f(z)$는 영역 $D \subset \mathbb{C}$ 에서 정의된 0이 아닌 복소함수라고 하자. 모든 $z \in D$에 대하여

$$Argf(z) = ImLogf(z)$$

임을 보여라.

문제 3.5 다음 각 함수에 대하여 좌표축에 평행한 직선들의 상을 구하여라.

(a) $w = Logiz$ (b) $w = Log(-iz)+1$ (c) $w = Logz^2$

4. 복소지수

1.3절에서 보았듯이, 0이 아닌 복소수 z에 대하여 $w^n = z$를 만족하는 복소수 w는 서로 다른 n개의 복소수가 존재한다. 이를 $z^{1/n}$으로 나타내었다. 즉, $w = z^{1/n}$. 만일 $z = re^{i\theta}$로 쓰면, $z_k = r^{1/n}e^{i(\frac{\theta + 2k\pi}{n})}, k = 0,1,2,\ldots,n-1$은 z의 서로 다른 n-제곱근이다. $z^{1/n}$의 값은 z의 편각이 $\theta, \theta+2\pi, \theta+4\pi, \ldots, \theta+2(n-1)\pi$를 취함에 따라 변한다. $z^{1/n}$에 대한 유일한 값은 $\arg z$를 특별한 분지에 제한함으로써 얻어진다. 이것은 0이 아닌 복소수의 n-제곱근과 복소로그 사이에 어떤 관계가 있음을 말해준다. 실제로, 함수 $w = z^{1/n}$ $(z \neq 0)$는 다음과 같이 정의할 수 있다.

$$w = z^{1/n} = e^{\frac{1}{n}\log z} = e^{\frac{1}{n}(\ln|z| + i\arg z)}$$

이 함수도 복소로그함수처럼 다가함수이다. $\arg z = Arg z + 2k\pi, k \in \mathbb{Z}$로 놓으면, $w = z^{1/n}$은 $k = 0,1,2,\ldots,n-1$에 대하여 서로 다른 값을 취함을 알 수 있다.

더 일반적으로, 서로소인 자연수 m,n과 0이 아닌 복소수 z에 대하여 $(z^{1/n})^m$은 다음과 같이 정의한다.

$$(z^{1/n})^m := e^{\frac{m}{n}\log z}$$

이것도 역시 n개의 서로 다른 값을 취한다. 그러므로 복소상수 α에 대하여 z^α는 다음과 같이 정의하는 것이 매우 자연스럽다.

$$z^\alpha = e^{\alpha \log z}$$

만일 α가 유리수가 아니라면, z^α는 무수히 많은 다른 값을 취한다. 이것을 알기 위하여 우선 α는 무리수라고 하자. 그러면 $z = re^{i\theta} \neq 0$에 대하여

$$z^\alpha = e^{\alpha \log z} = e^{\alpha[\ln r + i(\theta + 2k\pi)]} = r^\alpha e^{i\alpha\theta} e^{i(2k\pi\alpha)}$$

이다. $e^{i(2k_1\pi\alpha)} = e^{i(2k_2\pi\alpha)}$이기 위한 필요충분조건은 $k_1 = k_2$이므로, z^α는 무수히 많은 다른 값을 취한다. 이때 z^α가 취하는 모든 값은 같은 크기 r^α를 갖는다.

다음에, $\alpha = a + bi, b \neq 0$라고 하자. 그러면

$$\begin{aligned} z^{\alpha} = z^{a+bi} &= e^{(a+bi)\log z} = e^{(a+bi)(\ln r + i(\theta+2k\pi))} \\ &= e^{a\ln r - b(\theta+2k\pi) + i(b\ln r + a(\theta+2k\pi))} \\ &= e^{a\ln r - b(\theta+2k\pi)} e^{i(b\ln r + a\theta + 2k\pi a)} \end{aligned}$$

이다. $|z^{a+bi}| = r^a e^{-b(\theta+2k\pi)}$이므로, z^{a+bi}는 각 분지에 대하여 다른 크기를 갖는다. 이때 그들 중 어떤 두 개도 $e^{-2n\pi}, n\in\mathbb{Z}$의 인자만큼 다르다. 즉,

$$\frac{r^a e^{-b(\theta+2k_1\pi)}}{r^a e^{-b(\theta+2k_2\pi)}} = e^{-2b(k_1-k_2)\pi} = (e^{-2n\pi})^b, n = k_1 - k_2$$

예제 4.1 (i) $5^{1/2} = e^{\frac{1}{2}\log 5} = e^{\frac{1}{2}(\ln|5| + 2k\pi i)} = e^{\frac{1}{2}\ln 5} e^{k\pi i} = \pm\sqrt{5},\ k = 0,1$

(ii) $i^{1/2} = e^{\frac{1}{2}\log i} = e^{\frac{1}{2}i(\frac{\pi}{2}+2k\pi)} = \pm e^{\frac{\pi}{4}i} = \pm\frac{\sqrt{2}}{2}(1+i),\ k = 0,1$

(iii) $i^i = e^{i\log i} = e^{i[i(\frac{\pi}{2}+2k\pi)]} = e^{-(\frac{\pi}{2}+2k\pi)},\ k\in\mathbb{Z}$

> **주의** 어떤 책에서는 $x^{1/2}$과 $\sqrt{x}$는 같은 것으로 사용한다. 그러나 이 책에서는 $x^{1/2}, x>0$을 양의 실수 $+\sqrt{x}$와 음의 실수 $-\sqrt{x}$의 의미로 사용한다.

실수 α,β에 대하여 $z = re^{i\theta}$ $(r\neq 0)$일 때 $z^{\alpha}z^{\beta}$와 $z^{\alpha+\beta}$를 비교해 보자.

$$\begin{aligned} z^{\alpha}z^{\beta} &= e^{\alpha\log z}e^{\beta\log z} = e^{\alpha(\ln r + i(\theta+2k\pi))}e^{\beta(\ln r + i(\theta+2n\pi))} \\ &= e^{(\alpha+\beta)\ln r}e^{i(\alpha+\beta)\theta}e^{2\pi i(k\alpha+n\beta)}, k,n\in\mathbb{Z}, \\ z^{\alpha+\beta} &= e^{(\alpha+\beta)\log z} = e^{(\alpha+\beta)(\ln r + i(\theta+2m\pi))} \\ &= e^{(\alpha+\beta)\ln r}e^{i(\alpha+\beta)\theta}e^{2\pi i m(\alpha+\beta)}, m\in\mathbb{Z} \end{aligned}$$

으로부터 다음을 알 수 있다. 만일 α,β가 정수이면 지수법칙 $z^{\alpha}z^{\beta} = z^{\alpha+\beta}$가 성립하지만, 만일 α,β 중에서 어느 하나가 정수이면, 등식이 꼭 성립하는 것은 아니지만 $z^{\alpha}z^{\beta}$와 $z^{\alpha+\beta}$의 각 값들의 집합은 같다.

일반적으로 $z^{\alpha}z^{\beta}$는 $z^{\alpha+\beta}$의 모든 값을 취하지만, 그 역은 성립하지 않는다. 예를 들어 $5^{1/2}5^{1/2} = \pm 5$이지만 $5^{1/2+1/2} = 5$이다.

복소로그함수의 경우와 마찬가지로, 분수지수를 갖는 다가함수도 그의 분지들

을 생각할 수 있다. 예를 들어, $z = re^{i\theta}, r \neq 0, -\pi < \theta \leqq \pi$에 대하여 $z^{1/2}$의 주분지는

$$w_0 = z^{1/2} = e^{\frac{1}{2}(\ln r + i\theta)} = \sqrt{r}\, e^{i\frac{\theta}{2}}, -\pi < \theta \leqq \pi$$

이고, 또 다른 분지는

$$w_1 = z^{1/2} = e^{\frac{1}{2}(\ln r + i(\theta + 2\pi))} = -\sqrt{r}\, e^{i\frac{\theta}{2}}, \pi < \theta + 2\pi \leqq 3\pi$$

이다. 특히, w_0, w_1은 음의 실수축을 제외한 곳에서 연속이다. 이 반직선(음의 실수축)을 w_0, w_1에 대한 **분지절단(branch cut)**이라 한다. 이러한 일가함수 w_0, w_1은 다가함수 $w = z^{1/2}$의 **분지(branch)**라고 한다. 이제 w_0, w_1에 대한 사상의 성질을 알아보자. w_0는 $\mathbb{C} - \{0\}$을 양의 허축을 포함하는 우반평면으로 전사하고, w_1은 $\mathbb{C} - \{0\}$을 음의 허축을 포함하는 좌반평면으로 전사한다.

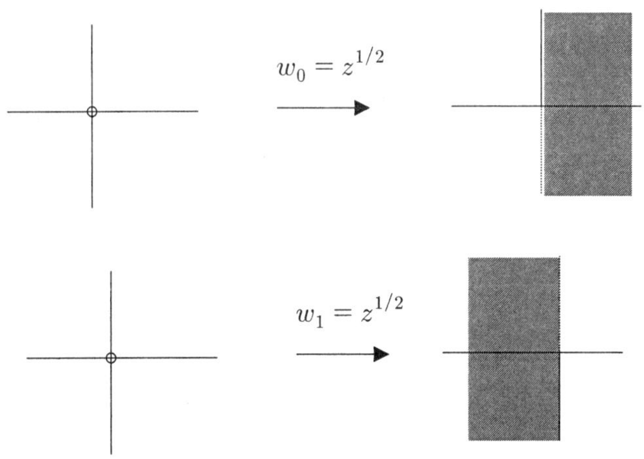

w_0, w_1은 원 $|z| = r$을 각각 $(0, \sqrt{r}), (0, -\sqrt{r})$을 제외한 중심이 원점이고 반지름이 $\sqrt{r}$인 우반원과 좌반원으로 전사한다.

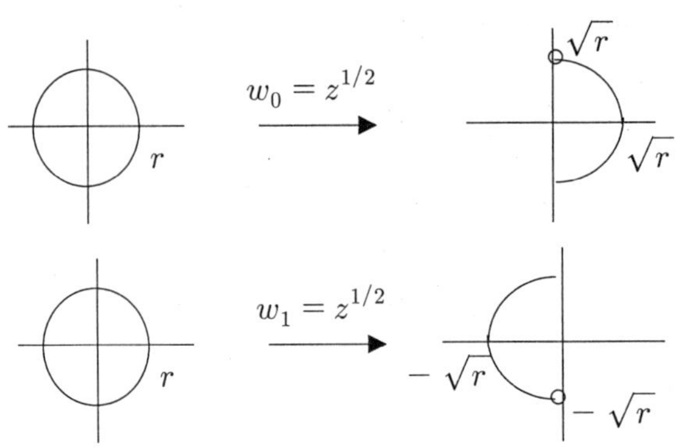

위와 유사하게 유리지수를 갖는 또 다른 다가함수의 분지를 생각할 수 있다. 다가함수 $w = z^{1/3}$은 세 개의 분지를 갖는다. 그 분지들을

$$w_k = \sqrt[3]{r}\, e^{\frac{1}{3}(\theta + 2k\pi)i}, k = 0, 1, 2, -\pi < \theta \leqq \pi$$

로 쓰자. 이 세 개의 일가함수(분지)들은 음의 실수축을 제외한 곳에서 연속이고, 원 $|z| = r$을 호(arc)

$$|w_k| = \sqrt[3]{r}, \frac{(2k-1)\pi}{3} < Arg w_k \leqq \frac{(2k+1)\pi}{3}$$

로 전사한다.

이제 함수 $w = 1^z$를 생각하자.

$$w = 1^z = e^{z \log 1} = e^{z(2k\pi i)} = e^{2k\pi i(x+yi)} = e^{-2k\pi y} e^{2k\pi i x}$$

각 정수 k에 대하여 함수 $w = 1^z$는 복소평면 $\mathbb{C}$ 에서 정의된다. 만일 $k = 0$이면, 즉 복소로그함수의 주분지에서 $w = 1^z = 1$이다.

그러나 복소로그함수의 다른 분지를 생각하자. $k = k_0, k_0 > 0$라고 하자. 그러면 함수 $w = 1^z$는 주기가 $\frac{1}{k_0}$인 주기함수이다. 즉, $1^{z + \frac{1}{k_0}} = e^{-2k_0\pi y} e^{2k_0 \pi i(x + \frac{1}{k_0})} = 1^z$이다. 만일 z가 양의 정수이면, $1^z = 1$이다. 만일 z가 실수이면, 1^z는 단위원의 점이다. 사실, z가 실수일 때, $w = 1^z$는 고정된 x_0에 대하여 $x_0 - \frac{1}{2k_0} < x \leqq x_0 + \frac{1}{2k_0}$ 꼴의 모든 구간을 단위원으로 전단사한다.

함수 $w=1^z$는 선분 $-\frac{1}{2k_0}<x\le\frac{1}{2k_0}, y=y_0$을 원 $|w|=e^{-2k_0\pi y_0}$ 으로 전사하고, 직선 $x=x_0, -\frac{1}{2k_0}<x_0\le\frac{1}{2k_0}$을 반직선 $Argw=2k_0\pi x_0$으로 전사한다. 그러므로 함수 $w=1^z$는 무한띠 $-\frac{1}{2k_0}<x\le\frac{1}{2k_0}$을 $\mathbb{C}-\{0\}$으로 전사한다. 끝으로, $w=1^z$는 위 반평면을 원점을 제외한 단위원판의 내부로 전사하고, 아래 반평면을 단위원판의 외부로 전사한다.

이미 앞에서 복소지수함수와 복소삼각함수가 밀접한 관계가 있다는 것을 보였다. 따라서 그의 역함수들이 많은 공통점을 가지고 있다는 것은 그리 놀라운 일이 아니다. 이제 역삼각함수가 복소로그함수로 정의될 수 있음을 보일 것이다.

복소수 z가 주어질 때, $z=\sin w$를 만족하는 모든 w를 구하고 싶다. 만일 $z=\sin w_0$이면, 임의의 정수 k에 대하여 $z=\sin(w_0+2k\pi)$이다. 만일 $z=\sin w=\frac{1}{2i}(e^{iw}-e^{-iw})$이면,

$$(e^{iw})^2-2ie^{iw}-1=0$$

이다. 따라서 $e^{iw}=iz+(1-z^2)^{1/2}$를 얻는다. 그러므로 $iw=\log[iz+(1-z^2)^{1/2}]$이다. 이것으로부터 다가함수 $w=\sin^{-1}z=-i\log[iz+(1-z^2)^{1/2}]$을 정의한다.

> **주의** $(1-z^2)^{1/2}$은 다가함수이다. $\sin^{-1}z$를 계산하기 위하여 우선 $(1-z^2)^{1/2}$의 값들을 각각 구해야 한다. 이 값들의 각각에 대하여 $w=\sin^{-1}z=-i\log[iz+(1-z^2)^{1/2}]$가 결정된다.

예제 4.2 $\sin^{-1}0$의 모든 값을 구하여라.

풀이 $\sin^{-1}0=-i\log 1^{1/2}$. $1^{1/2}=e^{\frac{1}{2}(2k\pi i)}=e^{k\pi i}, k=0,1$이므로,

$$\sin^{-1}0=-i\cdot k\pi i=k\pi, k=0,1$$

이다. 주분지$(k=0)$에서는 $\sin^{-1}0=0$이다.

예제 4.3 $\sin^{-1}i$의 모든 값을 구하여라.

풀이
$$\begin{aligned}\sin^{-1}i &= -i\log(-1+2^{1/2})\\ &= -i[\ln|-1\pm\sqrt{2}|+i\arg(-1\pm\sqrt{2})]\\ &= \arg(-1\pm\sqrt{2})-i\ln|-1\pm\sqrt{2}|\end{aligned}$$

제곱근과 로그의 분지가 주어지면, $\sin^{-1}i$의 실부는 π의 정수배이고, 허부는 단지 제곱근의 분지에만 의존한다. 그러므로

$$\sin^{-1}i = k\pi - i\ln|-1\pm\sqrt{2}|, k\in \mathbb{Z}$$

이다. 만일 양의 제곱근과 로그의 주치($k=0$)를 선택하면,

$$\sin^{-1}i = -i\ln|\sqrt{2}-1|$$

이다.

나머지 삼각함수들의 역삼각함수도 유사하게 구할 수 있다. $z=\cos w$에 대하여

$$w=\cos^{-1}z=-i\log[z+(z^2-1)^{1/2}]$$

임을 알 수 있다.

문제 4.1 다음의 각 값을 구하여라.

(a) 5^i (b) $(\pi i)^e$

(c) $(2^i)^i$ (d) $\log(1+i)^{\pi i}$

문제 4.2 복소수 $z\neq 0, \alpha, \beta$에 대하여 $z^{\alpha\beta}$의 모든 값은 $(z^\alpha)^\beta$의 값임을 보여라.

문제 4.3 다음 복소수의 실부와 허부를 구하여라.

(a) $x^x, x\in\mathbb{R}, x\neq 0$

(b) $(iy)^{iy}, y\in\mathbb{R}, y\neq 0$

(c) $z^z, z\neq 0$

문제 4.4 다음 다가함수에 관한 원 $|z|=r$의 상을 구하여라.

(a) $w=z^{1/n},\ n\in \mathbb{N}$ (b) $w=z^{2/3}$

문제 4.5 다음 등식들을 증명하여라.

(a) $\tan^{-1}z=\dfrac{1}{2i}\log\dfrac{1+iz}{1-iz}$

(b) $\cot^{-1}z=\dfrac{1}{2i}\log\dfrac{z+i}{z-i}$

(c) $\sec^{-1}z=\dfrac{1}{i}\log\dfrac{1+(1-z^2)^{1/2}}{z}$

(d) $\operatorname{cosec}^{-1}z=\dfrac{1}{i}\log\dfrac{i+(z^2-1)^{1/2}}{z}$

문제 4.6 다음의 각 값을 구하여라.

(a) $\sin^{-1}\dfrac{1}{2}$ (b) $\cos^{-1}\dfrac{1}{\sqrt{2}}$

(c) $\tan^{-1}(1+i)$ (d) $\sec^{-1}i$

5장

해석함수

1. 코시-리만 방정식
2. 해석성
3. 조화함수

1. 코시-리만 방정식

복소변수의 복소가함수 $f(z)$는 실부와 허부로 분리하여 나타낼 수 있다. 즉,

$$f(z) = f(x+yi) = u(x,y) + iv(x,y).$$

이때 $f(z)$의 성질과 실가함수 $u(x,y), v(x,y)$의 성질을 비교하는 것이 흥미롭다.

두 실변수 x, y 에 관한 실가함수 $z = g(x,y), (x,y) \in D \subset \mathbb{R}^2$에 대하여 점 (x,y)가 (x_0, y_0)에 가까이 갈 때 $f(x,y)$가 l로 **수렴한다**(converge)는 것은 임의의 $\epsilon > 0$에 대하여 $\delta > 0$가 존재하여 $0 < \sqrt{(x-x_0)^2 + (y-y_0)^2} < \delta$인 모든 점 $(x,y) \in D$가 $|g(x,y) - l| < \epsilon$을 만족할 때를 말하고,

$$\lim_{(x,y) \to (x_0, y_0)} g(x,y) = l$$

로 쓴다.

두 실변수 x, y에 관한 함수 $z = g(x,y), (x,y) \in D \subset \mathbb{R}^2$가 점 $(x_0, y_0) \in D$에서 **연속**(continuous)이라는 것은 임의의 $\epsilon > 0$에 대하여 $\delta > 0$가 존재하여 $\sqrt{(x-x_0)^2 + (y-y_0)^2} < \delta$인 모든 점 $(x,y) \in D$가 $|g(x,y) - g(x_0, y_0)| < \epsilon$을 만족할 때를 말하고,

$$\lim_{(x,y) \to (x_0, y_0)} g(x,y) = g(x_0, y_0)$$

로 쓴다.

정리 1.1 함수 $f(z) = u(x,y) + iv(x,y), (x,y) \in D \subset \mathbb{R}^2$가 점 $z_0 = x_0 + y_0 i \in D$에서 연속이기 위한 필요충분조건은 $u(x,y)$와 $v(x,y)$가 모두 점 (x_0, y_0)에서 연속이다.

증명 $(\Rightarrow)$ $f(z)$는 점 $z_0 = x_0 + iy_0 \in D$에서 연속이라 하자. 그러면 임의의 $\epsilon > 0$에 대하여 $\delta > 0$가 존재하여 $|z - z_0| < \delta, z \in D$일 때, $|f(z) - f(z_0)| < \epsilon$이 성립한다.

$$|z - z_0| = \sqrt{(x-x_0)^2 + (y-y_0)^2}$$

이고,

$$|u(x,y)-u(x_0,y_0)|,\ |v(x,y)-v(x_0,y_0)| \leqq |f(z)-f(z_0)|$$

이므로, 임의의 $\epsilon>0$에 대하여 $\delta>0$가 존재하여 $\sqrt{(x-x_0)^2+(y-y_0)^2}$ $<\delta, (x,y)\in D$일 때

$$|u(x,y)-u(x_0,y_0)| \leqq |f(z)-f(z_0)| < \epsilon$$
$$|v(x,y)-v(x_0,y_0)| \leqq |f(z)-f(z_0)| < \epsilon$$

이 성립한다. 그러므로 $u(x,y), v(x,y)$는 점 (x_0,y_0)에서 연속이다.

($\Leftarrow$) $u(x,y), v(x,y)$는 점 (x_0,y_0)에서 연속이라 하자. 그러면 임의의 $\epsilon>0$에 대하여 $\delta_i>0, i=1,2$가 존재하여 $\sqrt{(x-x_0)^2+(y-y_0)^2}<\delta, (x,y)\in D$일 때

$$|u(x,y)-u(x_0,y_0)| < \frac{\epsilon}{2},\quad |v(x,y)-v(x_0,y_0)| < \frac{\epsilon}{2}$$

이 성립한다. $|z-z_0|=\sqrt{(x-x_0)^2+(y-y_0)^2}<\delta, (x,y)\in D$일 때

$$\begin{aligned}|f(z)-f(z_0)| &= |u(x,y)-u(x_0,y_0)+i(v(x,y)-v(x_0,y_0))| \\ &\leqq |u(x,y)-u(x_0,y_0)|+|v(x,y)-v(x_0,y_0)| \\ &< \frac{\epsilon}{2}+\frac{\epsilon}{2}=\epsilon\end{aligned}$$

이므로, $f(z)$는 z_0에서 연속이다.

(참고) 2변수함수의 극한개념은 1변수함수의 경우와는 달리 좀 더 조심스럽게 살펴보아야 한다. 1변수함수의 극한은 접근하는 방향이 단지 두 방향밖에 없지만, 2변수함수의 극한은 접근하는 방향이 무수히 많이 존재한다. 1변수함수의 극한이 존재하기 위한 필요충분조건은 좌극한과 우극한이 존재하고 일치해야 한다. 그러나 2변수함수의 극한에 대해서는 이와 유사하지 않다. 왜냐하면 접근하는 방향이 무수히 많이 존재하기 때문이다.

예제 1.2 함수 $f(x,y)=\begin{cases} \dfrac{xy}{x^2+y^2}, & (x,y)\neq(0,0) \\ 0, & (x,y)=(0,0) \end{cases}$ 에 대하여 $\lim\limits_{(x,y)\to(0,0)} f(x,y)$는 존재하지 않는다. 왜냐하면, $\lim\limits_{(x,y)\to(0,0)} f(x,y)$가 존재한다고 가정하자. 그러면 모든 방향에서 (0,0)으로 접근하는 (x,y)에 대하여 그 극한은 일치해야 한다.

점 (x,y)가 x-축을 따라 (0,0)으로 접근한다고 하자. 그러면

$$\lim_{x\to0} f(x,0)=\lim_{x\to0} 0=0$$

이다. 점 (x,y)가 y-축을 따라 (0,0)으로 접근한다고 하자. 그러면

$$\lim_{y\to0} f(0,y)=\lim_{x\to0} 0=0$$

이다. 점 (x,y)가 직선 $y=mx, m\neq0$을 따라 (0,0)을 접근한다고 하자. 그러면

$$\lim_{x\to0} f(x,mx)=\lim_{x\to0}\frac{mx^2}{x^2+m^2x^2}=\frac{m}{1+m^2}\neq0$$

이다. (x,y)가 좌표축을 따라서 (0,0)으로 접근할 때 $f(x,y)$의 극한은 0이지만, (x,y)가 직선 $y=mx, m\neq0$을 따라 접근할 때 $f(x,y)$의 극한은 0이 아니다. 이것은 가정에 모순이다. 그러므로 $\lim\limits_{(x,y)\to(0,0)} f(x,y)$는 존재하지 않는다.

예제 1.3 함수 $f(x,y)=\begin{cases} \dfrac{x^2y^2}{(x+y^2)^3}, & (x,y)\neq(0,0) \\ 0, & (x,y)=(0,0) \end{cases}$ 에 대하여 $\lim\limits_{(x,y)\to(0,0)} f(x,y)$는 존재하지 않는다. 왜냐하면, $\lim\limits_{(x,y)\to(0,0)} f(x,y)$가 존재한다고 가정하자. 그러면 모든 방향에서 (0,0)으로 접근하는 (x,y)에 대하여 그 극한은 일치해야 한다.

점 (x,y)가 직선 $y=mx, m\neq0$을 따라 (0,0)을 접근한다고 하자. 그러면

$$\lim_{x\to0} f(x,mx)=\lim_{x\to0}\frac{m^2x^4}{(x+m^2x^2)^3}=\lim_{x\to0}\frac{m^2x}{(1+m^2x)^3}=0$$

이다. 그러나 (x,y)가 포물선 $x=y^2$을 따라 접근할 때

$$\lim_{y\to 0} f(y^2, y) = \lim_{y\to 0} \frac{y^4 y^2}{(y^2+y^2)^3} = \frac{1}{8}$$

이다. 이것은 가정에 모순이다. 그러므로 $\lim_{(x,y)\to(0,0)} f(x,y)$는 존재하지 않는다.

예제 1.4 함수 $f(x,y) = \begin{cases} \dfrac{x^3-2y^2}{x^2+y^2}, & (x,y) \neq (0,0) \\ 0, & (x,y) = (0,0) \end{cases}$ 에 대하여 $\lim_{(x,y)\to(0,0)} f(x,y) = 0$이다. 왜냐하면, $\lim_{(x,y)\to(0,0)} f(x,y) = 0$이기 위한 필요충분조건은 $\lim_{(x,y)\to(0,0)} |f(x,y)| = 0$ 임을 유의하자.

$$\begin{aligned} |x^3 - 2y^3| &\leq |x|^3 + 2|y|^3 = |x|x^2 + 2|y|y^2 \\ &\leq \sqrt{x^2+y^2} \cdot x^2 + 2\sqrt{x^2+y^2} \cdot y^2 \\ &= \sqrt{x^2+y^2}(x^2+2y^2) \\ &\leq 2(x^2+y^2)^{3/2} \end{aligned}$$

이므로,

$$0 \leq \left| \frac{x^3-2y^3}{x^2+y^2} \right| \leq \frac{2(x^2+y^2)^{3/2}}{x^2+y^2} = 2\sqrt{x^2+y^2}$$

이다. 이때 $\lim_{(x,y)\to(0,0)} 2\sqrt{x^2+y^2} = 0$이다. 그러므로 짜내기 정리에 의하여 $\lim_{(x,y)\to(0,0)} f(x,y) = 0$이다.

위와 같은 예들을 든 목적은 극한을 계산하는 복잡한 방법을 발전시키려는 것이 아니라 접근경로의 중요성을 강조하려는 것이다. 함수는 어떤 접근경로에서는 잘 움직이다가 또 다른 접근경로에서는 그렇지 않을 때가 있다. 이러한 현상 때문에 미분가능한 함수론에서 놀라운 결과를 얻게 된다.

집합 $D \subset \mathbb{C}$ 에서 정의된 $w = f(z)$가 **점 $z \in D$에서 미분가능하다(differentiable)**는 것은 $z+h \in D$, $h \in \mathbb{C}$ 에 대하여 극한

$$\lim_{h\to 0} \frac{f(z+h)-f(z)}{h}$$

가 존재할 때를 말하고, 이를 다음과 같이 쓴다.

$$f'(z) = \lim_{h \to 0} \frac{f(z+h) - f(z)}{h}$$

예제 1.5 함수 $f(z) = z^2$은 모든 곳에서 미분가능하다. 왜냐하면

$$\lim_{h \to 0} \frac{f(z+h) - f(z)}{h} = \lim_{h \to 0} \frac{(z+h)^2 - z^2}{h} = \lim_{h \to 0} \frac{2zh + h^2}{h} = 2z$$

이기 때문이다.

(참고) 만일 집합 $D \subset \mathbb{C}$ 에서 정의된 복소변수함수 $w = f(z)$가 점 $z_0 \in D$에서 미분가능하면 $f(z)$는 z_0에서 연속이다. 그러나 그 역은 일반적으로 성립하지 않는다. 왜냐하면,

$$\begin{aligned}\lim_{h \to 0}(f(z_0+h) - f(z_0)) &= \lim_{h \to 0} \frac{f(z_0+h) - f(z_0)}{h} \cdot h \\ &= \lim_{h \to 0} \frac{f(z_0+h) - f(z_0)}{h} \cdot \lim_{h \to 0} h \\ &= f'(z_0) \cdot 0 = 0\end{aligned}$$

이므로, $\lim_{z \to z_0} f(z) = f(z_0)$이다. 그러므로 $f(z)$는 z_0에서 연속이다.

함수 $f(z) = |z|$ 는 분명히 원점에서 연속이다. 그러나 $f(z) = |z|$ 는 원점에서 미분불가능하다. 왜냐하면, 만일 $f(z) = |z|$ 가 원점에서 미분가능하다면,

$$f'(0) = \lim_{h \to 0} \frac{f(0+h) - f(0)}{h} = \lim_{h \to 0} \frac{|h|}{h}$$

가 존재한다. 이것은 복소수 h가 0으로 모든 접근경로에 대해서도 성립한다는 것을 의미한다. 이 때 $h = h_1 + ih_2$로 놓자. 만일 h가 실수축을 따라 0으로 접근하면, $f'(0) = \lim_{h_1 \to 0} \frac{|h_1|}{h_1}$이다. 그러나 $\lim_{h_1 \to 0+} \frac{|h_1|}{h_1} = 1$, $\lim_{h_1 \to 0-} \frac{|h_1|}{h_1} = -1$이므로, $\lim_{h_1 \to 0} \frac{|h_1|}{h_1}$은 존재하지 않는다. 이것

은 모순이다. 그러므로 $f(z)=|z|$는 원점에서 미분불가능하다.

복소변수의 함수 $f(z)$와 실변수의 함수 $f(x)$의 도함수 사이에는 유사성이 있다. 사실, 통상적인 미분규칙은 똑같다. 다음은 복소변수의 함수에 대한 미분규칙이다.

▸정리 1.6 (i) 만일 정수 n에 대하여 $f(z)=z^n$이면, $f'(z)=nz^{n-1}$이다.

미분가능함수 $f(z), g(z)$에 대하여

(ii) $(f(z)+g(z))'=f'(z)+g'(z)$

(iii) $(f(z)g(z))'=f'(z)g(z)+f(z)g'(z)$

(iv) $\left(\dfrac{f(z)}{g(z)}\right)'=\dfrac{f'(z)g(z)-g'(z)f(z)}{(g(z))^2}$, $g(z)\neq 0$

만일 함수 $g(z)$가 점 z에서 미분가능하고 함수 $f(z)$가 점 $g(z)$에서 미분가능하면, 함수 $F(z)=f(g(z))$는 점 z에서 미분가능하고

(v) **(연쇄법칙)** $F'(z)=f'(g(z))g'(z)$

증명 (ii) $$\begin{aligned}(f(z)+g(z))' &= \lim_{h\to 0}\frac{f(z+h)+g(z+h)-f(z)-g(z)}{h}\\ &= \lim_{h\to 0}\frac{f(z+h)-f(z)}{h}+\lim_{h\to 0}\frac{g(z+h)-g(z)}{h}\\ &= f'(z)+g'(z)\end{aligned}$$

(iii) $$\begin{aligned}(f(z)g(z))' &= \lim_{h\to 0}\frac{f(z+h)g(z+h)-f(z)g(z)}{h}\\ &= \lim_{h\to 0}\frac{(f(z+h)-f(z))g(z+h)+f(z)(g(z+h)-g(z))}{h}\\ &= \lim_{h\to 0}\frac{(f(z+h)-f(z))}{h}\lim_{h\to 0}g(z+h)\\ &\quad +f(z)\lim_{h\to 0}\frac{g(z+h)-g(z)}{h}\end{aligned}$$

$g(z)$는 미분가능하므로, $g(z)$는 연속이다. 그러므로 $\lim_{h\to 0}g(z+h)=g(z)$이다. 따라서

$$(f(z)g(z))' = f'(z)g(z) + f(z)g'(z)$$

이다.

(iv) $$\left(\frac{f(z)}{g(z)}\right)' = \lim_{h\to 0}\frac{\frac{f(z+h)}{g(z+h)} - \frac{f(z)}{g(z)}}{h}$$

$$= \lim_{h\to}\frac{f(z+h)g(z) - f(z)g(z+h)}{hg(z)g(z+h)}$$

$$= \lim_{h\to 0}\frac{(f(z+h)-f(z))g(z) - f(z)(g(z+h)-g(z))}{hg(z)g(z+h)}$$

$$= \lim_{h\to 0}\frac{f(z+h)-f(z)}{h}\lim_{h\to 0}\frac{1}{g(z+h)}$$

$$- \frac{f(z)}{g(z)}\lim_{h\to 0}\frac{g(z+h)-g(z))}{h}\lim_{h\to 0}\frac{1}{g(z+h)}$$

$g(z)$는 미분가능하므로, $g(z)$는 연속이다. 그러므로 $\lim_{h\to 0} g(z+h) = g(z)$ 이다. 따라서

$$\left(\frac{f(z)}{g(z)}\right)' = f'(z)\cdot\frac{1}{g(z)} - \frac{f(z)}{g(z)}\cdot g'(z)\cdot\frac{1}{g(z)}$$
$$= \frac{f'(z)g(z) - f(z)g'(z)}{\{g(z)\}^2}.$$

(i) $n = 0,1$일 때는 자명하다. $n > 2$라고 하자. 그러면

$$f'(z) = \lim_{h\to 0}\frac{(z+h)^n - z^n}{h}$$
$$= \lim_{h\to 0}\frac{z^n + {}_nC_1z^{n-1}h + {}_nC_2z^{n-2}h^2 + \cdots + {}_{n-1}C_1zh^{n-1} + h^n - z^n}{h}$$
$$= \lim_{h\to 0}[{}_nC_1z^{n-1} + {}_nC_2z^{n-2}h + \cdots + {}_{n-1}C_1zh^{n-2} + h^{n-1}]$$
$$= {}_nC_1z^{n-1} = nz^{n-1}$$

이다. $n < 0$라고 하자. 그러면 $-n > 0$이므로 (iii)에 의하여

$$f'(z) = (\frac{1}{z^{-n}})' = \frac{z^{-n} \cdot 0 - 1 \cdot (-n)z^{-n-1}}{z^{-2n}}$$
$$= nz^{n-1}$$

이다. 그러므로 정수 n에 대하여 $(z^n)' = nz^{n-1}$이다.

(v) $G(z) = \begin{cases} \dfrac{f(g(z)) - f(g(z_0))}{z - z_0}, & z \neq z_0 \\ f'(g(z_0))g'(z_0), & z = z_0 \end{cases}$ 라고 정의하자. 그러면

$$\begin{aligned} \lim_{z \to z_0} G(z) &= \lim_{z \to z_0} \frac{f(g(z)) - f(g(z_0))}{g(z) - g(z_0)} \cdot \frac{g(z) - g(z_0)}{z - z_0} \\ &= \lim_{z \to z_0} \frac{f(g(z)) - f(g(z_0))}{g(z) - g(z_0)} \cdot \lim_{z \to z_0} \frac{g(z) - g(z_0)}{z - z_0} \\ &= f'(g(z_0))g'(z_0) = G(z_0) \end{aligned}$$

이므로, $G(z)$는 z_0에서 연속이다. 그러므로

$$G(z)(z - z_0) = f(g(z)) - f(g(z_0))$$

이다. 따라서

$$\begin{aligned} F'(z_0) &= \lim_{z \to z_0} \frac{f(g(z)) - f(g(z_0))}{z - z_0} \\ &= \lim_{z \to z_0} \frac{G(z)(z - z_0)}{z - z_0} = \lim_{z \to z_0} G(z) = G(z_0) \\ &= f'(g(z_0))g'(z_0) \end{aligned}$$

이다.

이제 미분가능한 함수 $f(z) = u(x,y) + iv(x,y)$의 도함수와 그의 실부와 허부와의 관계를 알아보자.

▸정리 1.7 점 $z = x + yi$에서 미분가능함수 $f(z) = u(x,y) + iv(x,y)$의 도함수는 다음과 같다.

$$f'(z) = \frac{\partial u}{\partial x} + i\frac{\partial v}{\partial x}$$
$$= \frac{\partial v}{\partial y} - i\frac{\partial u}{\partial y}$$

즉,

$$f'(z) = \frac{\partial f}{\partial x} = -i\frac{\partial f}{\partial y}$$

더 나아가, 미분가능함수 $f(z) = u(x,y) + iv(x,y)$는 다음의 **코시-리만 방정식** (Cauchy-Riemman equation)을 만족한다.

$$\frac{\partial u}{\partial x} = \frac{\partial v}{\partial y},\quad \frac{\partial v}{\partial x} = -\frac{\partial u}{\partial y}$$

증명 $h = h_1 + ih_2$로 놓자. 그러면 $z + h = (x + h_1) + i(y + h_2)$이다. 그러므로

$$\frac{f(z+h)-f(z)}{h} = \frac{u(x+h_1, y+h_2) + iv(x+h_1, y+h_2) - u(x,y) - iv(x,y)}{h_1 + ih_2}$$
$$= \frac{u(x+h_1, y+h_2) - u(x,y)}{h_1 + ih_2} + i\frac{v(x+h_1, y+h_2) - v(x,y)}{h_1 + ih_2}$$

이다. $f(z)$는 미분가능하므로, $f'(z) = \lim_{h \to 0}\frac{f(z+h)-f(z)}{h}$가 존재한다. 이것은 $h \in \mathbb{C}$ 가 0으로 접근하는 모든 경로에 대하여 항상 성립한다는 것을 의미한다.

h가 실수축을 따라 0으로 접근하는 경우를 생각하자. 즉, $h_2 = 0$이고, $h_1 \to 0$인 경우를 생각하자. 그러면 다음을 얻는다.

$$f'(z) = \lim_{h_1 \to 0}\left[\frac{u(x+h_1, y) - u(x,y)}{h_1} + i\frac{v(x+h_1, y) - v(x,y)}{h_1}\right]$$
$$= \lim_{h_1 \to 0}\frac{u(x+h_1, y) - u(x,y)}{h_1} + i\lim_{h_1 \to 0}\frac{v(x+h_1, y) - v(x,y)}{h_1}$$
$$= \frac{\partial u}{\partial x} + i\frac{\partial v}{\partial x} = \frac{\partial f}{\partial x}$$

h가 허수축을 따라 0으로 접근하는 경우를 생각하자. 즉, $h_1 = 0$이고, $h_2 \to 0$인 경우를 생각하자. 그러면 다음을 얻는다.

$$\begin{aligned} f'(z) &= \lim_{h_2 \to 0} [\frac{u(x,y+h_2)-u(x,y)}{ih_2} + i\frac{v(x,y+h_2)-v(x,y)}{ih_2}] \\ &= \lim_{h_2 \to 0} \frac{u(x,y+h_2)-u(x,y)}{ih_2} + i\lim_{h_1 \to 0} \frac{v(x,y+h_2)-v(x,y)}{ih_2} \\ &= \frac{1}{i}\frac{\partial u}{\partial y} + \frac{\partial v}{\partial y} = \frac{\partial v}{\partial y} - i\frac{\partial u}{\partial y} \\ &= -i\frac{\partial f}{\partial y} \end{aligned}$$

그러므로 $\frac{\partial u}{\partial x} = \frac{\partial v}{\partial y}, \frac{\partial v}{\partial x} = -\frac{\partial u}{\partial y}$이다.

정리 1.7은 함수 $f(z)$의 미분가능성에 대한 필요조건을 제공해준다는 것을 의미한다. 예를 들어, 함수 $f(z) = \bar{z} = x - yi$에 대하여 $u(x,y) = x, v(x,y) = -y$이므로, $\frac{\partial u}{\partial x} = 1, \frac{\partial v}{\partial y} = -1$이다. 그러므로 $\frac{\partial u}{\partial x} \neq \frac{\partial v}{\partial y}$이다. 따라서 $f(z) = \bar{z}$의 실수와 허부는 코시-리만 방정식을 만족하지 않는다. 그러므로 함수 $f(z) = \bar{z}$는 불가능하다.

따라서 다음 정리를 얻는다.

따름정리 1.8 함수 $f(z) = u(x,y) + iv(x,y)$에 대하여 $u(x,y), v(x,y)$가 코시-리만 방정식을 만족하지 않으면 $f(z)$는 점 z에서 미분불가능하다.

코시-리만방정식은 함수 $f(z) = u(x,y) + iv(x,y)$에 대한 충분조건이 아니다.

예제 1.9 다음 함수는 원점에서 코시-리만 방정식을 만족하지만, 원점에서 미분불가능하다.

$$f(z) = \begin{cases} \dfrac{z^2 - \bar{z}^2}{4i\,|\,z\,|^2}, & z \neq 0 \\ 0, & z = 0 \end{cases}$$

$$u(x,y)=\begin{cases}\dfrac{xy}{x^2+y^2}, (x,y)\neq(0,0)\\ 0, \quad (x,y)=(0,0)\end{cases}, v(x,y)=0\text{이다.}$$

$$\frac{\partial u}{\partial x}(0,0)=\lim_{h\to0}\frac{u(0+h,0)-u(0,0)}{h}=0=\frac{\partial v}{\partial y}(0,0)$$

$$\frac{\partial v}{\partial x}(0,0)=0=-\frac{\partial u}{\partial y}(0,0)=-\lim_{k\to0}\frac{u(0,0+k)-u(0,0)}{k}$$

이므로, u,v는 원점에서 코시-리만 방정식을 만족한다. $f(z)$는 원점에서 미분가능하다고 가정하자. 그러면

$$f'(0)=\lim_{h\to0}\frac{f(0+h)-f(0)}{h}=\lim_{h\to0}\frac{f(h)}{h}=\lim_{h\to0}\frac{h^2-\bar{h}^2}{4ih|h|^2}$$

가 존재한다. $h=h_1+ih_2$가 직선 $y=x$를 따라 0으로 접근한다고 하자. 그러면

$$f'(0)=\lim_{h_1\to0}\frac{h_1^2}{(h_1^2+h_1^2)(1+i)h_1}=\lim_{h_1\to0}\frac{1}{2(1+i)h_1}=\infty$$

이다. 이것은 모순이다. 그러므로 $f(z)$는 원점에서 미분불가능하다. 이 함수는 원점에서 연속이 아니다. 왜냐하면 $f(z)$는 원점에서 연속이라 가정하자. 그러면 $\lim_{z\to0}f(z)=f(0)=0$이다. z는 직선 $y=x$를 따라 0으로 접근한다고 하자. 그러면

$$\lim_{z\to0}f(z)=\lim_{x\to0}\frac{x^2}{x^2+x^2}=\lim_{x\to0}\frac{1}{2}=\frac{1}{2}\neq f(0)=0$$

이다. 이것은 모순이다. 그러므로 $f(z)$는 원점에서 연속이 아니다.

예제 1.10 다음 함수는 원점에서 연속이고 원점에서 코시-리만 방정식을 만족하지만, 원점에서 미분불가능하다.

$$f(z)=\begin{cases}-\dfrac{(z+\bar{z})(z-\bar{z})^2}{8|z|^2}, & z\neq0\\ 0, & z=0\end{cases}$$

$0 \leq |f(z)| \leq |z|$ 이므로, 짜내기 정리에 의하여 $\lim_{z \to 0} |f(z)| = 0$ 이다. 그러므로 $\lim_{z \to 0} f(z) = 0 = f(0)$ 이다. 따라서 $f(z)$는 원점에서 연속이다.

$$u(x,y) = \begin{cases} \dfrac{xy^2}{x^2+y^2}, & (x,y) \neq (0,0) \\ 0, & (x,y) = (0,0) \end{cases}, \quad v(x,y) = 0$$

이다. 이때

$$\frac{\partial u}{\partial x}(0,0) = \lim_{h \to 0} \frac{u(0+h,0) - u(0,0)}{h} = \lim_{h \to 0} \frac{u(h,0)}{h} = 0 = \frac{\partial v}{\partial y}(0,0)$$

$$\frac{\partial v}{\partial x}(0,0) = 0 = -\frac{\partial u}{\partial y}(0,0) = -\lim_{k \to 0} \frac{u(0,0+k) - u(0,0)}{k}$$

이므로, u, v는 원점에서 코시-리만 방정식을 만족한다. $f(z)$는 원점에서 미분가능하다고 가정하자. 그러면 $f'(0) = \lim_{h \to 0} \frac{f(0+h) - f(0)}{h} = \lim_{h \to 0} \frac{f(h)}{h}$ 가 존재한다. $h = h_1 + ih_2$는 직선 $y = mx, m \neq 0$을 따라 0으로 접근한다고 하자. 그러면

$$f'(0) = \lim_{h_1 \to 0} \frac{m^2 h_1^3 / (1+m^2) h_1^2}{h_1 + imh_1} = \frac{m^2}{(1+im)(1+m^2)}$$

이다. m이 변하면, $\frac{m^2}{(1+im)(1+m^2)}$ 은 변하므로, $f'(0)$는 존재하지 않는다. 이것은 모순이다. 그러므로 $f(z)$는 원점에서 미분불가능하다.

지금까지, 코시-리만 방정식의 부정적인 특성이 강조되었다. 아무튼 코시-리만 방정식은 근본적으로 도함수가 존재하지 않는다는 것을 보이는 데 이용된다. 그러나 다음 절에서는 함수의 미분가능성에 대한 충분조건의 부수적인 판정법과 더불어 코시-리만 방정식을 사용할 것이다.

정리 1.7에 의하여 $f'(z) = \frac{\partial f}{\partial x} = -i\frac{\partial f}{\partial y}$ 이다. 이것은 $f(z)$가 미분가능할 때, 그 도함수를 계산하는 방법을 제공해 준다.

예제 1.11 함수 $f(z) = z^2 = x^2 - y^2 + 2xyi$는 평면의 모든 점 z에서 미분가능하다. 정리

1.7을 이용하면, $f'(z) = \dfrac{\partial f}{\partial x} = 2x + 2yi = 2z$ 임을 알 수 있다.

다음 정리는 실변수의 함수인 경우에 잘 알려진 결과이다.

▸정리 1.12 영역 $D \subset \mathbb{C}$ 에서 정의된 미분가능인 함수 $f(z)$의 도함수가 0이면, 즉 $f'(z) = 0$ 이면, $f(z)$는 D에서 상수함수이다.

증명 정리 1.7에 의해서 다음을 알 수 있다.

$$u_x = u_y = v_x = v_y = 0$$

따라서 $u(x,y)$와 $v(x,y)$는 D에서 상수함수이다. 그러므로 $f(z) = u(x,y) + iv(x,y)$는 D에서 상수함수이다.

문제 1.1 $f(0,0) = 0$ 일 때 다음 함수 중 어느 함수가 원점에서 연속인가?

(a) $f(x,y) = \dfrac{x^2y^2}{x^4 + y^4}$ (b) $f(x,y) = \dfrac{x^2y^2}{(x^2+y^2)^2}$ (c) $f(x,y) = \dfrac{x^3y^2}{(x^2+y^2)^2}$

(d) $f(x,y) = \dfrac{x + ye^{-x^2}}{1+y^2}$ (e) $f(x,y) = \dfrac{(x+y^2)^2}{x^2+y^2}$

문제 1.2 다음 함수들에 대하여 코시-리만 방정식을 만족하는 영역과 미분가능한 영역을 각각 구하여라.

(a) $f(z) = \bar{z}^2$ (b) $f(z) = Re\,z^2$ (c) $f(z) = iIm\,z^2$

(d) $f(z) = z^2$ (e) $f(z) = zRe\,z$ (f) $f(z) = z\,|\,z\,|$

문제 1.3 만일 함수 $f(z)$는 점 z_0에서 연속이면, 함수 $\overline{f(z)}$도 z_0에서 연속임을 보여라. 미분가능성에 대해서도 이 사실이 성립하는가?

문제 1.4 (a) n은 정수이고 m은 0이 아닌 실수라고 하자. z가 곡선 $y = mx^k, k = 0, 1, \ldots, n-1$을 따라 0으로 접근할 때 $\lim_{z\to 0} f(z) = 0$이지만, z가 곡선 $y = mx^n$

을 따라 0으로 접근할 때 $\lim_{z\to 0} f(z) \neq 0$인 함수 $f(z)$를 하나 구하여라.

(b) z가 곡선 $y = mx^n, n = 0,1,2,\ldots$으로 따라 0으로 접근할 때 $\lim_{z\to 0} f(z) = 0$ 이지만, $\lim_{z\to 0} f(z)$는 존재하지 않는 함수 $f(z)$를 하나 구하여라.

문제 1.5 만일 함수 $f(z)$가 미분가능하면, 다음을 보여라.

$$
\begin{aligned}
[f'(z)]^2 &= (\frac{\partial u}{\partial x})^2 + (\frac{\partial v}{\partial x})^2 = (\frac{\partial u}{\partial x})^2 + (\frac{\partial v}{\partial y})^2 \\
&= \frac{\partial u}{\partial x}\frac{\partial v}{\partial y} - \frac{\partial u}{\partial y}\frac{\partial v}{\partial x}
\end{aligned}
$$

여기서 $|f'(z)|^2 = \frac{\partial(u,v)}{\partial(x,y)} := \begin{vmatrix} u_x & u_y \\ v_x & v_y \end{vmatrix} = u_x v_y - u_y v_x$은 x,y에 관한 u,v의 **야코비 행렬식(Jacobian determinant)**을 의미한다.

문제 1.6 만일 $\frac{\partial f}{\partial x}, \frac{\partial f}{\partial y}$가 점 (x_0, y_0)에서 존재하면, 다음을 보여라.

$$
\lim_{x\to x_0} f(x, y_0) = \lim_{y\to y_0} f(x_0, y) = f(x_0, y_0)
$$

또한, 만일 f_x, f_y가 유계이면, $f(x,y)$는 점 (x_0, y_0)에서 연속임을 보여라.

2. 해석성

앞에서 보았듯이, 코시-리만 방정식으로부터 미분가능성을 이끌어 낼 수 없었다. 좌표축을 따라 "매끄럽다", 즉 편미분가능가능하다는 조건만으로 다른 접근경로에서 함수의 움직임을 충분히 제어할 수 없다. 만일 고립된 점들이 아니라 그 점의 근방에 초점을 맞춘다면, 많은 어려움을 제거할 수 있을 것이다.

복소변수함수 $f(z)$가 **점 z에서 해석적(analytic)**이라는 것은 z의 어떤 근방에서 $f(z)$가 미분가능할 때를 말한다. 또 함수 $f(z)$가 어떤 **영역에서 해석적**이라는 것은 $f(z)$가 그 영역의 모든 점에서 해석적일 때를 말한다. 특히, 복소평면의 모든 점에서 해석적인 함수를 **정함수** (entire function)라 한다.

예제 2.1 함수 $f(z) = |z|^2$은 원점에서만 미분가능하므로, $f(z)$는 복소평면의 어떤 점에서도 해석적이 아니다. 왜냐하면

$$f'(0) = \lim_{h\to 0}\frac{f(0+h)-f(0)}{h} = \lim_{h\to 0}\frac{|h|^2}{h} = \lim_{h\to 0}\overline{h} = 0$$

이므로, $f(z)$는 원점에서 미분가능하다. $f(z) = x^2+y^2$이므로, $u(x,y) = x^2+y^2, v(x,y) = 0$이다.

$$u_x = 2x, v_y = 0$$
$$v_x = 0, -u_y = -2y$$

원점에서만 코시-리만 방정식이 성립하므로, $f(z)$는 원점을 제외한 어떤 점에서도 미분불가능하다. 그러므로 $f(z)$는 복소평면의 어떤 점에서도 해석적이 아니다.

예제 2.2 함수 $f(z) = -\frac{1}{16}(z^2-\overline{z}^2)^2$는 좌표축 위에서만 미분가능하므로, $f(z)$는 복소평면의 어떤 점에서도 해석적이 아니다.

$f(z) = x^2y^2$이다. $f(z)$는 모든 점 $(x,0)$에서 미분가능하다. 왜냐하면

$$f'(x+i0) = f'(x) = \lim_{h\to 0}\frac{f(x+h)-f(x)}{h},\quad h = h_1+ih_2 \in \mathbb{C}$$

$$= \lim_{h \to 0} \frac{(x+h_1)^2 h_2^2}{h}.$$

$0 \leq \left| \frac{(x+h_1)^2 h_2^2}{h} \right| = \frac{(x+h_1)^2 h_2^2}{\sqrt{h_1^2+h_2^2}} \leq (x+h_1)^2 \sqrt{h_1^2+h_2^2}$ 이고,

$\lim_{h \to 0} (x+h_1)^2 |h| = 0$ 이므로, 짜내기 정리에 의하여

$$\lim_{h \to 0} \left| \frac{(x+h_1)^2 h_2^2}{h} \right| = 0$$

이다. 그러므로 $\lim_{h \to 0} \frac{(x+h_1)^2 h_2^2}{h} = 0$ 이다. 따라서 $f'(x) = 0$ 이다. 그러므로 $f(z)$ 는 실수축 위에서 미분가능하다. 마찬가지로, $f(z)$ 는 모든 점 $(0, y)$ 에서 미분가능하다. 왜냐하면

$$f'(0+iy) = f'(iy) = \lim_{h \to 0} \frac{f(iy+h) - f(iy)}{h}$$

$$= \lim_{h \to 0} \frac{h_1^2 (y+h_2)^2}{h}.$$

$0 \leq \left| \frac{h_1^2 (y+h_2)^2}{h} \right| = \frac{h_1^2 (y+h_2)^2}{\sqrt{h_1^2+h_2^2}} \leq (y+h_2)^2 \sqrt{h_1^2+h_2^2}$ 이고,

$\lim_{h \to 0} (y+h_2)^2 |h| = 0$ 이므로, 짜내기 정리에 의하여

$$\lim_{h \to 0} \left| \frac{h_1^2 (y+h_2)^2}{h} \right| = 0$$

이다. 그러므로 $\lim_{h \to 0} \frac{h_1^2 (y+h_2)^2}{h} = 0$ 이다. 따라서 $f'(iy) = 0$ 이다. 그러므로 $f(z)$ 는 허수축 위에서 미분가능하다.

$u(x,y) = x^2 y^2, v(x,y) = 0$ 이다.

$$u_x = 2xy^2, v_y = 0$$

$$v_x = 0, -u_y = -2x^2 y$$

이므로, 코시-리만 방정식은 좌표축에서만 성립한다. 그러므로 $f(z)$는 좌표축 위에서만 미분가능하다. 따라서 $f(z)$는 복소평면의 어떤 점에서도 해석적이 아니다.

예제 2.3 모든 다항함수와 $e^z, \sin z, \cos z$는 정함수이고, 함수 $f(z) = \dfrac{1}{1-z}$는 $z=1$을 제외한 복소평면의 모든 점에서 해석적이다.

이제 두 실변수의 함수에 대한 평균값의 정리를 증명하자.

정리 2.4 영역 $D \subset \mathbb{R}^2$에서 정의된 함수 $f(x,y)$의 편도함수 f_x와 f_y가 D에서 연속일 때 $\delta > 0$가 존재해서 $\sqrt{h^2+k^2} < \delta$이고 $(x+h, y+k) \in D$이면 다음이 성립한다.

$$f(x+h, y+k) - f(x,y) = f_x(x,y)h + f_y(x,y)k + \epsilon_1 h + \epsilon_2 k$$

단, $(h,k) \to (0,0)$일 때, $\epsilon_1 \to 0, \epsilon_2 \to 0$이다.

증명 평균값의 정리에 의해서 다음을 알 수 있다.

$$\begin{aligned} f(x+h,y+k) - f(x,y) &= [f(x+h,y+k) - f(x,y+k)] + [f(x,y+k) - f(x,y)] \\ &= f_x(\xi, y+k)h + f_y(x,\eta)k \end{aligned}$$

여기서 $x < \xi < x+h$ (또는 $x > \xi > x+h$), $y < \eta < y+k$ (또는 $y > \eta > y+k$)이다. f_x와 f_y가 연속이므로

$$\lim_{(h,k)\to(0,0)} f_x(\xi, y+k) = f(x,y), \quad \lim_{(h,k)\to(0,0)} f_y(x,\eta) = f(x,y)$$

이다. 이를 다시 고쳐 쓰면, $\delta > 0$가 존재해서 $\sqrt{h^2+k^2} < \delta$이고 $(x+h, y+k) \in D$이면 $f_x(\xi, y+k) = f_x(x,y) + \epsilon_1$, $f_y(x,\eta) = f_y(x,y) + \epsilon_2$이다. 여기서 $(h,k) \to (0,0)$일 때, $\epsilon_1 \to 0$, $\epsilon_2 \to 0$이다. 그러므로 정리가 증명된다.

이 평균값의 정리에 의하여 해석성에 대한 충분조건을 만들 수 있고, 코시-리만 방정식을 이용할 수 있게 해준다.

▶정리 2.5 만일 영역 $D \subset \mathbb{C}$ 에서 정의된 함수 $f(z)=u(x,y)+iv(x,y)$에 대하여 $u(x,y)$와 $v(x,y)$가 D의 모든 점에서 코시-리만 방정식을 만족하고 연속인 편도함수를 가지면, $f(z)$는 D에서 해석적이다.

증명 $h=h_1+ih_2$일 때, 임의의 점 $z \in D$에서

$$\lim_{h \to 0}\frac{f(z+h)-f(z)}{h}$$

가 존재함을 보이면 된다.

정리 2.4와 코시-리만 방정식 및 $f_x(x,y)=-if_y(x,y)$에 의하여 다음을 알 수 있다. $h \to 0$일 때, $\epsilon_k \to 0$ $(k=1,2,3,4)$에 대하여

$$\begin{aligned}
&\frac{f(z+h)-f(z)}{h} \\
&=\frac{u(x+h_1,y+h_2)-u(x,y)+i(v(x+h_1,y+h_2)-v(x,y))}{h_1+ih_2} \\
&=\frac{(u_x(x,y)h_1+u_y(x,y)h_2+\epsilon_1h_1+\epsilon_2h_2)+i(v_x(x,y)h_1+v_y(x,y)h_2+\epsilon_3h_1+\epsilon_4h_2)}{h_1+ih_2} \\
&=\frac{(u_x(x,y)h_1+u_y(x,y)h_2+\epsilon_1h_1+\epsilon_2h_2)+i(v_x(x,y)h_1-v_x(x,y)h_2+\epsilon_3h_1+\epsilon_4h_2)}{h_1+ih_2} \\
&=\frac{f_xh_1+if_yh_2+(\epsilon_1+i\epsilon_3)h_1+(\epsilon_2+i\epsilon_4)h_2}{h_1+ih_2} \\
&=\frac{f_xh_1+if_xh_2+(\epsilon_1+i\epsilon_3)h_1+(\epsilon_2+i\epsilon_4)h_2}{h_1+ih_2} \\
&=f_x+(\epsilon_1+i\epsilon_3)\frac{h_1}{h_1+ih_2}+(\epsilon_2+i\epsilon_4)\frac{h_2}{h_1+ih_2}.
\end{aligned}$$

그러나

$$\left|\frac{h_1}{h_1+ih_2}\right| \leq 1, \quad \left|\frac{h_2}{h_1+ih_2}\right| \leq 1$$

이므로,

5장 해석함수

$$\lim_{h\to 0}\frac{f(z+h)-f(z)}{h}=f_x$$

을 얻는다. 그러므로 임의의 점 $z\in D$에서 도함수 $f'(z)$가 존재하고 $f'(z)=f_x$이다. 따라서 $f(z)$는 D에서 해석적이다.

사실, 주어진 한 점에서의 미분가능성이 주요한 관심사였다면, 단지 그 점에서 편도함수들이 연속이라는 정리 2.5와 유사한 정리를 증명하였을 것이다. 그러나 복소함수의 해석성이 한 점에서의 미분가능성보다 중요한 개념이다.

만일 $f(z)$가 한 점에서 해석적이면, $f(z)$는 그 점에서 모든 계수(order)의 도함수를 갖는다는 것을 8장에서 보일 것이다. 그러므로 특히, 만일 $f'(z)$가 존재하면,

$$f'(z)=\frac{\partial f}{\partial x}=-i\frac{\partial f}{\partial y}$$

는 연속이다. 따라서 5.1절의 정리 1.1에 의하여 u,v의 편도함수들은 연속이다. 그러므로 정리 2.5의 역도 성립한다. 따라서 다음을 얻는다.

따름정리 2.6 함수 $f(z)=u(x,y)+iv(x,y)$가 영역 $D\subset\mathbb{C}$에서 해석적이기 위한 필요충분조건은 $u(x,y),v(x,y)$가 코시-리만 방정식을 만족하고 D에서 연속인 편도함수를 갖는 것이다.

근방에서 실변수함수의 미분가능성은 복소함수의 경우만큼 중요하지 않음을 유의하자.

예제 2.7 함수 $f(x)=x|x|$는 $\mathbb{R}$에서 미분가능하다.

$$f'(0)=\lim_{h\to 0}\frac{f(0+h)-f(0)}{h}=\lim_{h\to 0}\frac{h|h|}{h}=\lim_{h\to 0}|h|=0$$

이고, $x>0$일 때, $f'(x)=2x$, $x<0$일 때, $f'(x)=-2x$이므로, 모든 $x\in\mathbb{R}$에 대하여 $f'(x)=2|x|$이다. 그러므로 $f(x)$는 $\mathbb{R}$에서 미분가능하다. 그러나 $f(x)$는 원점에서 2계도함수를 갖지 않는다. 그러므로 근방에서 실변수함수의 미분가능성은 복소함수의 경우와 다르다.

예제 2.8 함수 $f(x)=\begin{cases} x^2\sin\frac{1}{x}, & x\neq 0 \\ 0, & x=0 \end{cases}$ 은 $\mathbb{R}$ 에서 미분가능하다.

$$f'(0)=\lim_{h\to 0}\frac{f(0+h)-f(0)}{h}=\lim_{h\to 0}h\sin\frac{1}{h}=0$$

이므로, $f'(x)=\begin{cases} 2x\sin\frac{1}{x}-\cos\frac{1}{x}, & x\neq 0 \\ 0, & x=0 \end{cases}$ 이다. 그러므로 $f(x)$는 $\mathbb{R}$ 에서 미분가능하다. 그러나 도함수 $f'(x)$는 원점에서 연속이 아니다. 그러므로 근방에서 실변수함수의 미분가능성은 복소함수의 경우와 다르다.

초등함수가 해석적이라는 것은 알기 쉽다.

예제 2.9 임의의 복소수 z에 대하여 함수 $f(z)=e^z=e^x(\cos y+i\sin y)$의

$$u(x,y)=e^x\cos y,\ \ v(x,y)=e^x\sin y$$

는 코시-리만 방정식을 만족하고 연속인 편도함수를 가짐을 쉽게 알 수 있으므로 정리 2.5에 의하여 $f(z)=e^z$는 해석적이고,

$$f'(z)=e^z$$

이다. 그러므로 $f(z)=e^z$는 정함수이다.

예제 2.10 함수 $f(z)=\sin z=\frac{e^{iz}-e^{-iz}}{2i}$는 5.1절의 정리 1.6과 예제 1.10에 의하여

$$f'(z)=\frac{ie^{iz}+ie^{-iz}}{2i}=\cos z$$

이다. 그러므로 $f(z)=\sin z$는 해석적이다.

예제 2.11 함수 $f(z)=\cos z=\frac{e^{iz}+e^{-iz}}{2}$는 5.1절의 정리 1.6과 예제 1.10에 의하여

$$f'(z)=\frac{ie^{iz}-ie^{-iz}}{2}=-\sin z$$

이다. 그러므로 $f(z)=\cos z$는 해석적이다.

위의 예들은 복소함수 $e^z, \cos z, \sin z$의 도함수가 실변수함수 $e^x, \cos x, \sin x$의 도함수와 같은 형태임을 보여준다.

$$(\tan z)'=\sec^2 z, (\cot z)'=-\operatorname{cosec}^2 z,$$
$$(\sec z)'=\sec z\tan z, (\operatorname{cosec} z)'=-\operatorname{cosec} z\cot z$$

도 실변수함수 $\tan x, \cot x, \sec x, \operatorname{cosec} x$의 도함수와 같은 형태이다.

코시-리만 방정식을 극좌표로 나타내는 것이 유용할 때가 있다.

▸정리 2.12 만일 함수 $f(z)=u(x,y)+iv(x,y)$가 점 $z=re^{i\theta}$ $(r\neq 0)$에서 미분가능하고 $u(x,y)$와 $v(x,y)$가 연속인 편도함수를 가지면, 다음이 성립한다.

$$\frac{\partial u}{\partial r}=\frac{1}{r}\frac{\partial v}{\partial \theta},\quad \frac{\partial v}{\partial r}=-\frac{1}{r}\frac{\partial u}{\partial \theta}$$

증명 $x=r\cos\theta, y=r\sin\theta$라 놓으면 $u(x,y)$와 $v(x,y)$는 극좌표 (r,θ)에 관한 함수이다. u,v의 편도함수가 연속이므로, 연쇄법칙이 적용될 수 있다. 그러므로 다음을 얻는다.

$$u_r=u_x\cos\theta+u_y\sin\theta, u_\theta=u_x(-r\sin\theta)+u_y(r\cos\theta)$$
$$v_\theta=v_x(-r\sin\theta)+v_y(r\cos\theta), v_r=v_x\cos\theta+v_y\sin\theta$$

$u(x,y)$와 $v(x,y)$가 코시-리만 방정식을 만족하므로, 위 식으로부터 다음을 알 수 있다.

$$v_\theta=r(u_y\sin\theta+u_x\cos\theta)=ru_r$$
$$u_\theta=-r(v_y\sin\theta+v_x\cos\theta)=-rv_r$$

이제 단지 한 점에서 미분가능한 함수에 관한 정리를 끝으로 이 절을 마친다. 나중에 해석함수에 관한 일반적인 정리를 증명할 것이다.

정리 2.13 함수 $f(z)$와 $g(z)$가 점 z_0에서 미분가능하고 $f(z_0)=g(z_0)=0$일 때, 만일 $g'(z_0)\neq 0$이면, 다음이 성립한다.

$$\lim_{z\to z_0}\frac{f(z)}{g(z)}=\frac{f'(z_0)}{g'(z_0)}$$

증명 이것은 도함수의 정의로부터 직접 나온다. 즉,

$$\frac{f'(z_0)}{g'(z_0)}=\frac{\displaystyle\lim_{z\to z_0}\frac{f(z)-f(z_0)}{z-z_0}}{\displaystyle\lim_{z\to z_0}\frac{g(z)-g(z_0)}{z-z_0}}=\lim_{z-z_0}\frac{f(z)}{g(z)}.$$

예제 2.14 $f(z)=|z|^2, g(z)=z$라고 하자. 그러면 $f(0)=g(0)=0$이고, $f'(0)=0$, $g'(0)=1$이다. 그러므로 $\lim_{z\to 0}\frac{f(z)}{g(z)}=\frac{f'(0)}{g'(0)}=\frac{0}{1}=0$이다.

예제 2.15 $f(z)=\sin az, g(z)=\sin z$라고 하자. 그러면 $f(0)=g(0)=0$이고, $f'(0)=a$, $g'(0)=1$이다. 그러므로 $\lim_{z\to 0}\frac{f(z)}{g(z)}=\frac{f'(0)}{g'(0)}=\frac{a}{1}=a$이다.

예제 2.16 $f(z)=1-\cos z, g(z)=\sin^2 z$라고 하자. 그러면 $f(0)=g(0)=0$이고, $f'(0)=0$, $g'(0)=0$이다. $g'(0)=0$이므로 정리 2.13을 적용할 수 없다.

$$\lim_{z\to 0}\frac{f(z)}{g(z)}=\lim_{z\to 0}\frac{1-\cos z}{\sin^2 z}=\lim_{z\to 0}\frac{1-\cos z}{1-\cos^2 z}=\lim_{z\to 0}\frac{1}{1+\cos z}=\frac{1}{2}$$

문제 2.1 $z=x+yi$일 때, 다음 각 함수가 정함수가 되도록 상수 $a,b,c\in\mathbb{R}$를 정하여라.

(a) $f(z)=x+ay-i(bx+cy)$

(b) $f(z)=ax^2-by^2+icxy$

(c) $f(z)=e^x\cos ay+ie^x\sin(y+b)+c$

(d) $f(z)=a(x^2+y^2)+ibxy+c$

문제 2.2 함수 $f(z)=\begin{cases} e^{-\frac{1}{z^4}}, & z\neq 0 \\ 0, & z=0 \end{cases}$ 에 대하여 다음을 보여라.

(a) $f(z)$는 복소평면의 모든 점에서 코시-리만 방정식을 만족한다.

(b) $f(z)$는 원점을 제외한 복소평면의 모든 점에서 해석적이다.

(c) $f(z)$는 원점에서 연속이 아니다.

문제 2.3 함수 $f(z),g(z)$는 정함수라고 하자. 그러면 다음 함수들은 정함수임을 보여라.

(a) $f(z)+g(z)$ (b) $f(z)g(z)$ (c) $f(g(z))$

문제 2.4 함수 $f(z),g(z)$는 점 z_0에서 해석적이라 하자. 그러면 $\dfrac{f(z)}{g(z)}$가 z_0에서 해석적이기 위한 필요충분조건은 $g(z_0)\neq 0$임을 보여라.

문제 2.5 $f(z)=a_0+a_1z+\cdots+a_nz^n$이라 하자. 그러면 $a_k=\dfrac{1}{k!}f^{(k)}(0), k=0,1,2,\ldots,n$ 임을 보여라.

문제 2.6 만일 $f(z)$는 z_0에서 해석적이면, $g(z)=Ref(z)$가 z_0에서 해석적이기 의한 필요충분조건은 $g(z)$는 z_0의 어떤 근방에서 상수임을 보여라.

문제 2.7 만일 $f(z)=u(x,y)+iv(x,y)$가 점 z에서 미분가능하면, u,v의 1계 편도함수들은 z에서 존재함을 보여라.

문제 2.8 (a) 원점을 포함한 영역 $D\subset\mathbb{C}$에 대하여 함수 $f(z)=u(x,y)+iv(x,y)$가 $D-\{0\}$에서 해석적이고 $u(x,y)$와 $v(x,y)$가 연속인 편도함수를 가질 때, $D-\{0\}$의 모든 점에서 다음이 성립함을 보여라.

$$f'(z)=e^{-i\theta}f_r=\frac{1}{iz}f_\theta$$

(b) 역으로, 만일 함수 $f(z)=u(x,y)+iv(x,y)$의 $u(x,y)$와 $v(x,y)$가 $D-\{0\}$에서 연속인 편도함수를 가지고, $D-\{0\}$의 모든 점에 대하여

$$f'(z) = e^{-i\theta} f_r = \frac{1}{iz} f_\theta$$

이면, $f(z)$는 $D - \{0\}$ 에서 해석적임을 보여라.

(c) (a)를 이용하여 정수 n에 대하여 $\frac{d}{dz}(z^n) = nz^{n-1}$이 성립함을 보여라.

문제 2.9 다음에서 극한이 존재하는 경우에 그 극한값을 구하여라.

(a) $\lim_{z \to 0} \frac{e^z - 1}{3z}$

(b) $\lim_{z \to 0} \frac{z^2}{|z|}$

(c) $\lim_{z \to 0} \frac{2\sin z}{e^z - 1}$

(d) $\lim_{z \to 0} z \sin \frac{1}{z}$

5장 해석함수

3. 조화함수

8장에서 해석함수는 모든 계수(order)의 도함수를 가짐을 보일 것이다. 우선 이 결과를 이용해 보기로 한다.

만일 함수 $f(z)=u(x,y)+iv(x,y)$가 영역 $D\subset\mathbb{C}$ 에서 해석적이면, 그 도함수는 다음과 같음을 이미 증명하였다.

$$f'(z)=\frac{\partial f}{\partial x}=-i\frac{\partial f}{\partial y}$$

해석함수는 모든 계수의 도함수를 가지므로, $f(z)=u(x,y)+iv(x,y)$의 2계도함수는 다음과 같다.

$$\begin{aligned} f''(z)=(f'(z))'&=\frac{\partial}{\partial x}\left(\frac{\partial f}{\partial x}\right)=\frac{\partial^2 f}{\partial x^2} \\ &=-i\frac{\partial}{\partial y}\left(-i\frac{\partial f}{\partial y}\right)=-\frac{\partial^2 f}{\partial y^2} \end{aligned}$$

이것으로부터 다음을 얻는다.

$$\frac{\partial^2 f}{\partial x^2}+\frac{\partial^2 f}{\partial y^2}=0$$

이것은

$$u_{xx}+u_{yy}=0,\quad v_{xx}+v_{yy}=0$$

을 의미한다.

영역 $D\subset\mathbb{R}^2$에서 정의된 연속인 실가함수 $u(x,y)$가 **조화적(harmonic)**이라는 것은 $u(x,y)$가 연속인 1계 및 2계 편도함수를 갖고, **라플라스 방정식(Laplace equation)**

$$u_{xx}+u_{yy}=0$$

을 만족할 때를 말한다.

그러므로 다음을 얻는다,

정리 3.1 만일 영역 $D \subset \mathbb{C}$에서 정의된 함수 $f(z)=u(x,y)+iv(x,y)$가 해석적이면, $u(x,y)$와 $v(x,y)$는 조화함수이다. 이때, $v(x,y)$를 $u(x,y)$의 **조화공액** (harmonic conjugate)이라고 한다.

(참고) 만일 $f(z)=u(x,y)+iv(x,y)$가 해석적이면, $if(z)=-v+iu$도 해석적이므로, v가 u의 조화공액이기 위한 필요충분조건은 u가 $-v$의 조화공액이다.

라플라스 방정식은 어떤 실변수함수가 해석함수의 실부 또는 허부가 되기 위한 필요조건을 준다.

예제 3.2 함수 $u(x,y)=x^2+y$에 대하여 $\dfrac{\partial^2 u}{\partial x^2}+\dfrac{\partial^2 u}{\partial y^2}=2$이므로, $u(x,y)$는 평면의 어떤 점에서도 라플라스 방정식을 만족하지 않는다. 그러므로 $u(x,y)$는 어떤 해석함수의 실부가 될 수 없다.

이제 코시-리만 방정식이 조화공액을 구하는 데 어떻게 이용되는지를 알아보자.

예제 3.3 함수 $u(x,y)=x+e^{-x}\cos y$는 평면의 모든 점에서 조화적임을 쉽게 보일 수 있다. 이때, 어떤 해석함수 $f(z)$의 실부인 $u(x,y)$의 조화공액 $v(x,y)$과 $f(z)$를 구해보자.

$u(x,y)$와 $v(x,y)$는 어떤 해석함수의 실부와 허부이므로, $u(x,y)$와 $v(x,y)$는 코시-리만 방정식을 만족한다. 즉,

$$u_x = 1-e^{-x}\cos y = v_y,$$

$$u_y = -e^{-x}\sin y = -v_x.$$

첫 번째 식을 y에 관하여 적분하면 다음을 얻는다.

$$v = y - e^{-x}\sin y + \phi(x)$$

여기서 $\phi(x)$는 x에 관하여 미분가능함수이다. 이를 두 번째 식에 대입하면

$$-e^{-x}\sin y = -e^{-x}\sin y + \phi'(x), \quad \phi'(x)=0$$

5장 해석함수

이므로 $\phi(x)=C$ $(C\in\mathbb{R})$이다. 그러므로 $u(x,y)$의 조화공액 $v(x,y)$는 다음과 같다.

$$v(x,y)=y-e^{-x}\sin y+C$$

따라서 $u(x,y)$를 실부로 하는 해석함수 $f(z)=u(x,y)+iv(x,y)$는 다음과 같다.

$$\begin{aligned} f(z)&=x+e^{-x}\cos y+i(y-e^{-x}\sin y+C) \\ &=x+yi+e^{-x}(\cos y-i\sin y)+iC \\ &=z+e^{-z}+iC \end{aligned}$$

(참고) 이제 다음과 같은 두 가지 궁금한 점이 생긴다.

(1) 어느 범위에서 라플라스 방정식이 조화공액이 존재하기 위해 충분한가?
(2) 일반적으로, 그러한 모든 조화공액을 어떻게 구할 수 있는가?

이러한 두 가지 의문에 대한 답은 어떤 점의 근방에서 임의의 해석함수의 조화공액을 구축할 때 10장에서 알 수 있을 것이다. 즉, 함수 $u(x,y)$가 어떤 점의 근방에서 조화적이기 위한 필요충분조건은 그 함수가 어떤 해석함수 $f(z)$의 실부이라는 것을 보일 것이다.

대체로 기대했겠지만, 주어진 조화함수의 두 조화공액은 실수인 상수만큼 차이가 난다. 왜냐하면, 만일 $v(x,y), v^*(x,y)$가 $u(x,y)$의 조화공액이면, 코시-리만 방정식에 의하여

$$\frac{\partial u}{\partial x}=\frac{\partial v}{\partial y}=\frac{\partial v^*}{\partial y}$$

$$-\frac{\partial u}{\partial y}=\frac{\partial v}{\partial x}=\frac{\partial v^*}{\partial x}$$

이다. 따라서 $v(x,y)=v^*(x,y)+C, C\in\mathbb{R}$ 이다.

해석함수의 많은 성질들은 그의 실부나 허부로부터 유전된다. 예를 들어, 만일 $u=Ref(z)$는 $f(z)$가 해석적인 면분에서 상수이면, $f(z)=u+iv$는 상수함수이다. 왜냐하면, 코시-리만 방정식에 의하여

$$0 = \frac{\partial u}{\partial x} = \frac{\partial v}{\partial y}$$

$$0 = \frac{\partial u}{\partial y} = -\frac{\partial v}{\partial x}$$

이므로, v는 상수함수이다. 그러므로 $f(z)$는 상수함수이다.

해석함수 $f(z)$의 실부와 허부는 조화함수이지만, $|f(z)|$는 조화함수일 필요는 없다. 그러나 해석함수 $f(z)$의 성질들은 $|f(z)|$의 움직임을 연구함으로써 유추할 수 있다.

▶정리 3.4 만일 면분 $R \subset \mathbb{C}$에서 해석적인 함수 $f(z) = u(x,y) + iv(x,y)$에 대하여 $|f(z)|$가 상수이면, $f(z)$는 상수함수이다.

증명 만일 $|f(z)| = |u+iv| = C$이면, $u^2 + v^2 = C^2$ 이다. 양변을 편미분하면,

$$uu_x + vv_x = 0, \quad uu_y + vv_y = 0$$

을 얻는다. $u(x,y)$와 $v(x,y)$는 코시-리만 방정식 ($u_x = v_y$, $u_y = -v_x$)을 만족하므로

$$uu_x - vu_y = 0, \quad uu_y + vu_x = 0,$$
$$uv_y + vv_x = 0, \quad -uv_x + vv_y = 0$$

임을 알 수 있다. 첫 번째 행의 식에서 u_y를 소거하면, $(u^2+v^2)u_x = 0, u_x = 0$이다. 또한, u_x를 소거하면, $(u^2+v^2)u_y = 0, u_y = 0$이다. 한편, 두 번째 행의 식에서 v_y를 소거하면, $(u^2+v^2)v_x = 0, v_x = 0$이다. 또한, v_x를 소거하면, $(u^2+v^2)v_y = 0, v_y = 0$이다. 즉, $u_x = u_y = v_x = v_y = 0$임을 알 수 있다. 이것은 $f(z)$가 상수함수를 의미한다.

지금까지는 일가복소함수의 해석성에 대해서만 논의하였다. 다가복소함수의 도함수에 대해서는 의미가 없다. 왜냐하면, 극한

$$\lim_{z \to z_0} \frac{f(z) - f(z_0)}{z - z_0}$$

을 생각할 때, 만일 $f(z)$가 다가복소함수이면, z가 z_0로 접근할 때 $f(z)$가 취하는 함숫값의 어떤 일정한 규칙이 없기 때문이다. 그러나 다가복소함수의 한 고정된 분지에서의 해석성을 논의하는 것은 의미가 있다.

복소로그함수

$$f(z) = Logz = \ln|z| + iArgz \, (z \neq 0, -\pi < Argz \leqq \pi)$$

는 영역 $-\pi < Argz < \pi$에서 일가함수이고 연속임을 이미 앞에서 언급했다. $Logz$는 음의 실축 위에서 연속이 아니므로, $Logz$는 그곳에서 미분불가능하다.

이제 복소로그함수 $f(z) = Logz$가 연속인 영역 $-\pi < Argz < \pi$에서 해석적임을 보이자.

복소로그함수를 극형식으로 나타내면 다음과 같다.

$$f(z) = Logz = Logr + i\theta \ (z = re^{i\theta}, -\pi < \theta < \pi)$$

이때,

$$f_r = \frac{1}{r}, f_\theta = i$$

이다. 그러므로 5.2절의 문제 2.8에 의해서 $f'(z)$가 존재하고

$$f'(z) = e^{-i\theta}\frac{\partial f}{\partial r} = \frac{1}{iz}\frac{\partial f}{\partial \theta} = \frac{1}{z} \, (-\pi < Argz < \pi)$$

임을 알 수 있다.

음의 실수축을 분지절단으로 갖는 $\log z$의 임의의 다른 분지는 그 절단평면에서의 $Logz$와 $2\pi i$의 배수만큼 차이가 난다. 그러므로 이러한 $\log z$의 분지의 도함수는 절단평면에서 $\frac{1}{z}$이다.

$\log z$의 분지절단이 음의 실수축일 때 $\log z$는 음의 실수축에서 불연속이지만, $\log z$가 음의 실수축에서 해석적인 $\log z$의 분지를 구할 수 있다. 예를 들어, 함수

$$f(z) = \log z, 0 < Arg < 2\pi$$

는 양의 실수축을 분지절단으로 하는 절단평면에서 해석적이고, 그곳에서 $f'(z) = \frac{1}{z}$이다. 이러한 함수는 양의 실수축에서 불연속임을 유의하자. 따라서 주어진 복소수 $z_0 \neq 0$에 대하여 $\log z$는 z_0에서 해석적이고, $f'(z_0) = \frac{1}{z_0}$을 만족하는 $\log z$의 분지가 존재한다.

$\log z$의 고정된 분지에서 $\log z, z \neq 0$의 미분가능성을 가정하면, $f(z) = \log z\,(z \neq 0)$와 $g(z) = e^z$는 서로 역함수의 관계이므로,

$$g(f(z)) = e^{\log z} = z$$

이다. 양변을 미분하면

$$g'(f(z))f'(z) = 1$$

을 얻는다. $g'(z) = e^z$이므로, $g'(f(z)) = e^{\log z} = z$이다. 그러므로 $f'(z) = \dfrac{1}{z}$이다.

앞 장에서 보았듯이, 복소로그함수의 성질들이 그와 관련된 여러 종류의 함수들의 성질들을 결정하게 된다. 예를 들어, $\log z$의 한 분지에 대하여 함수 $f(z) = z^{1/2} = e^{\frac{1}{2}\log z}\,(z \neq 0)$의 도함수는 연쇄법칙에 의해서

$$f'(z) = \frac{1}{2z}e^{\frac{1}{2}\log z} = \frac{1}{2z}z^{1/2} = \frac{1}{2}z^{-1/2}$$

임을 알 수 있다.

더 일반적으로, 어떤 복소수 α와 $\log z$의 한 분지에 대하여 함수 $f(z) = z^{\alpha} = e^{\alpha \log z}$의 도함수는

$$f'(z) = \frac{\alpha}{z}e^{\alpha \log z} = \alpha z^{\alpha - 1}$$

이다.

(참고) 함수 z^{α}와 α^z를 혼동하지 말아야 한다. z^{α}는 α가 정수가 아닐 때 z에 관한 다가함수이고, 각 분지는 절단평면에서 해석적이고 그의 도함수는 $\alpha z^{\alpha-1}$이다. 한편, α^z는 정의에 의하여 $\alpha^z = e^{z \log \alpha}$이다. 이 함수는 일단 $\log \alpha\,(\alpha \neq 0)$의 한 분지가 정해지면 일가함수이고 정함수이다. 그의 도함수는 $\alpha^z \log \alpha$이다.

복소로그함수의 도함수와 연쇄법칙을 이용하여 역삼각함수의 도함수를 구할 수 있다.
함수

$$f(z)=\sin^{-1}z=-i\log[iz+(1-z^2)^{1/2}]$$

의 도함수는 다음과 같다.

$$\begin{aligned} f'(z) &= \frac{-i[i-z(1-z^2)^{-1/2}]}{iz+(1-z^2)^{1/2}} \\ &= \frac{[1+iz(1-z^2)^{-1/2}]}{iz+(1-z^2)^{1/2}} \\ &= \frac{(1-z^2)^{1/2}[1+iz(1-z^2)^{-1/2}]}{(1-z^2)^{1/2}[iz+(1-z^2)^{1/2}]} \\ &= \frac{[iz+(1-z^2)^{1/2}]}{(1-z^2)^{1/2}[iz+(1-z^2)^{1/2}]} \\ &= \frac{1}{(1-z^2)^{1/2}} \end{aligned}$$

이것은 실변수 역삼각함수 $\sin^{-1}x$의 도함수와 유사하다.

더 일반적으로, 만일 f가 점 z에서 해석적이고 0이 아니면, $\log f$가 z의 근방에서 해석적이고,

$$\frac{d}{dz}[\log f(z)]=\frac{f'(z)}{f(z)}$$

를 만족하는 $\log f$의 분지가 존재한다.

더 나아가, $f(z)=|f(z)|e^{i\arg f(z)}$이므로,

$$\log f(z)=\ln|f(z)|+i\arg f(z)$$

이다. 만일 $\log f(z)$가 해석적인 분지에서 0이 아니면, $\ln|f(z)|$는 $\log f(z)$의 실수이므로, 그곳에서 $\ln|f(z)|$는 조화함수이다. $f=u+iv$로 놓으면, $\ln|f(z)|=\ln\sqrt{u^2+v^2}$의 조화성은 직접 증명할 수 있다.

문제 3.1 함수 $f(x,y)=\begin{cases} xy\dfrac{x^2-y^2}{x^2+y^2}, & (x,y)\neq(0,0) \\ 0, & (x,y)=(0,0) \end{cases}$에 대하여 다음을 보여라.

$$f_{xy}(0,0)\neq f_{yx}(0,0)$$

문제 3.2 다음 각 함수들이 조화함수임을 보이고, 그들의 조화공액을 구하여라.

(a) $u(x,y)=ax+by, a,b\in\mathbb{R}$

(b) $u(x,y)=\dfrac{y}{x^2+y^2},\ (x,y)\neq(0,0)$

(c) $u(x,y)=x^3-3xy^2$

(d) $u(x,y)=Argz,\ -\pi<Argz<\pi$

(e) $u(x,y)=e^{x^2-y^2}\cos 2xy$

문제 3.3 함수 $u(x,y)=ax^2y-y^3+xy$가 조화함수가 되도록 상수 a를 정하고, 모든 조화공액을 구하여라.

문제 3.4 $x^2+iv(x,y)$는 해석함수가 되는 함수 $v(x,y)$를 구하여라.

문제 3.5 만일 $u_1(x,y), u_2(x,y)$는 점 (x_0,y_0)에서 조화적이면, $au_1+bu_2, a,b\in\mathbb{R}$ 도 점 (x_0,y_0)에서 조화적임을 보여라.

문제 3.6 u,v가 공액조화함수일 때, uv는 조화함수임을 보여라.

문제 3.7 $f(z)$는 n계 도함수를 갖는다고 하자. 그러면 다음을 보여라.

$$f^{(n)}(z)=\frac{\partial^n f}{\partial x^n}=(-i)^n\frac{\partial^n f}{\partial y^n}$$

문제 3.8 다음 각 함수들의 도함수를 구하여라.

(a) $\cos^{-1}z$ (b) $\tan^{-1}z$ (c) $\sec^{-1}z$

문제 3.9 함수 $u(r,\theta)$가 점 $z=re^{i\theta}$의 근방에서 조화적일 때 다음을 보여라.

$$\frac{\partial}{\partial r}\left(r\frac{\partial u}{\partial r}\right)+\frac{1}{r}\frac{\partial^2 u}{\partial \theta^2}=0$$

6장

거듭제곱급수

1. 수열
2. 평등수렴
3. 테일러급수와 매클로린급수
4. 거듭제곱급수에 관한 연산

오래 전부터 급수는 수열보다 이해하기가 더 어렵다고 전해져 왔다. 이러한 소문을 낸 사람은 누구인지는 모르나 그는 분명히 수열과 급수를 모두 이해하지 못한 것이 틀림없다. 이제 수열과 급수는 단순히 단어의 표현에서만 차이가 난다는 것을 보일 것이다. '급수'라는 말은 단지 수열에 관한 어떤 정리들을 좀 더 간결하게 서술하기 위한 수학용어일 뿐이다.

수열을 살펴본 후에 함수열에 대하여 알아볼 것이다. 그런 다음에 수렴의 형태와 극한함수의 움직임을 살펴볼 것이다. 이때 함수열이 각 점에서 수렴하더라도 그 극한함수는 주어진 함수열의 함수들이 갖는 공통적인 성질을 가질 필요는 없다. 그러나 만일 함수열과 집합 사이에 어떤 '친밀한 관계'가 있다면, 극한함수는 그 함수열이 갖는 공통적인 성질을 갖게 될 것이다. 이러한 강한 수렴은 평등수렴이라 한다. 함수열이 평등수렴한다는 것은 그 함수열의 정의역의 점에 의존하지 않고 수렴한다는 것이다.

가장 중요한 함수열은 거듭제곱급수로 표현될 수 있는 것들이다. 이러한 함수열의 극한함수는 항상 수렴영역의 내부에서 해석적이다. 많은 경우에 거듭제곱급수는 고차다항식처럼 움직인다.

1. 수열

실수나 복소수로 이루어진 수열 $\{a_n\}$의 합을 **급수**(series)라고 하고, 기호로

$$\sum_{n=1}^{\infty} a_n$$

로 나타낸다. 이때, 제n항까지의 합

$$s_n = \sum_{k=1}^{n} a_k$$

을 그 급수의 **부분합**(partial sum)이라고 한다.

급수 $\sum_{n=1}^{\infty} a_n$이 **수렴한다**(converge)는 것은 부분합 s_n으로 이루어진 수열 $\{s_n\}$이 수렴할 때를 말한다. 이때, $\{s_n\}$의 극한값 s를 그 **급수의 합**(sum)이라고 하고, 기호로는

$$\sum_{n=1}^{\infty} a_n = s$$

로 나타낸다.

정의에 의하여 급수에 관한 모든 정리는 부분합의 수열에 관한 정리로 표현될 수 있다. 그 역도 역시 가능하다.

정리 1.1 임의의 수열 $\{s_n\}$에 대하여 $s_n = \sum_{k=1}^{n} a_k$인 수열 $\{a_n\}$이 존재한다.

증명 $a_1 = s_1, a_n = s_n - s_{n-1}, n > 1$으로 놓으면,

$$\sum_{k=1}^{n} a_k = a_1 + \sum_{k=2}^{n} (s_k - s_{k-1}) = s_1 + (s_n - s_1) = s_n$$

이다.

따라서 급수의 정의는 어떤 '새로운' 개념도 제공해 주지 않는다. 급수는 단지 본래의 정리들을 다시 서술하여 새로운 정리들을 서술하고 부수적인 방법을 제공한다. 복소급수의 수렴성은 실급수의 수렴성으로부터 유추될 수 있다. 왜냐하면 만일 $\{a_n\}$이 복소수열이면,

$$a_n = \alpha_n + i\beta_n, \alpha_n, \beta_n \in \mathbb{R}$$

으로 놓자. 2.2절의 정리 2.1에 의하여 복소급수 $\sum_{k=1}^{\infty} a_k$가 수렴하기 위한 필요충분조건은 $\sum_{k=1}^{\infty} \alpha_k$와 $\sum_{k=1}^{\infty} \beta_k$가 모두 수렴하는 것이다. 코시판정법(2.2절의 정리 2.9)에 의하여 급수 $\sum_{n=1}^{\infty} a_n$가 수렴하기 위한 필요충분조건은 부분합의 수열 $\{s_n\}$이 코시수열이다. 즉, 급수 $\sum_{n=1}^{\infty} a_n$이 수렴하기 위한 필요충분조건은 임의의 $\epsilon > 0$에 대하여 자연수 N이 존재하여 $m, n > N (m > n)$일 때 $|s_m - s_n| = |\sum_{k=n+1}^{m} a_k| < \epsilon$이 성립한다. 이때 $m = n + p$, $p = 1, 2, \ldots$로 놓으면, $|s_{n+p} - s_n| = |\sum_{k=n+1}^{n+p} a_k| < \epsilon$이다.

이것으로부터 다음을 알 수 있다.

급수 $\sum_{n=1}^{\infty} a_n$이 **발산(divergence)**하기 위한 필요충분조건은 어떤 $\epsilon > 0$은 어떠한 자연수 n

에 대해서도

$$\left|\sum_{k=n+1}^{n+p} a_k\right| \geq \epsilon$$

를 만족하는 자연수 p가 존재하는 것이다.

코시판정법은 급수의 수렴성에 대한 가장 일반적인 판정법이다. 미적분학에서 자주 사용하는 비율판정법과 적분판정법과 같은 몇 가지 판정법들은 매우 제한적인 가정 아래에서만 성립할 뿐만 아니라 수렴성에 대한 필요조건과 충분조건도 제공해 주지 못한다.

대부분 급수의 성질은 $|s_{n+p}-s_n| = \left|\sum_{k=n+1}^{n+p} a_k\right| < \epsilon$, $p=1,2,\ldots$으로부터 나온다. 예를 들어, 만일 $\sum_{k=1}^{\infty} a_k$가 수렴하면, 부분합열 $\{s_n\}$이 수렴하므로, $\{a_n\}$은 0으로 수렴한다. 이것은 $p=1$로 놓으면 나온다. 그러므로 $\{a_n\}$이 0으로 수렴하는 것은 $\sum_{k=1}^{\infty} a_k$가 수렴하기 위한 필요조건이다.

급수 $\sum_{n=1}^{\infty} a_n$이 **절대수렴한다(absolutely converge)**는 것은 $\sum_{n=1}^{\infty} |a_n|$이 수렴할 때를 말한다.

$$\left|\sum_{k=n+1}^{n+p} a_k\right| \leq \sum_{k=n+1}^{n+p} |a_k|$$

이므로, 절대수렴하는 급수는 수렴한다. 마찬가지로, 만일 $|a_n| \leq |b_n|$이고, $\sum_{n=1}^{\infty} b_n$이 절대수렴하면, $\sum_{n=1}^{\infty} a_n$도 절대수렴한다. 왜냐하면,

$$\sum_{k=n+1}^{n+p} |a_k| \leq \sum_{n=n+1}^{n+p} |b_k| < \epsilon$$

이기 때문이다.

모든 n에 대하여 $a_n > 0$이라 하자. 그러면 $s_n - s_{n-1} = a_n > 0$이므로, $\{s_n\}$은 단조증가 수열이다. 이때 2.2절의 정리 2.4에 의하여 양항급수 $\sum_{n=1}^{\infty} a_n$이 수렴하기 위한 필요충분조건

은 $\{s_n\}$이 위로 유계인 수열이다. 여기서 $a_n > 0$이라는 조건이 반드시 필요하다. 왜냐하면 만일 $a_n = (-1)^n$이면, $s_n = \sum_{k=1}^{n}(-1)^k$에 대하여 $|s_n| \leq 1$이므로, $\{s_n\}$은 위로 유계이다. 그러나 $\lim_{n\to\infty} a_n \neq 0$이므로, $\sum_{n=1}^{\infty} a_n$는 발산한다.

다음 정리는 수열과 부분합의 수열 사이의 흥미로운 관계를 보여준다.

▶ 정리 1.2 모든 자연수 n에 대하여 $a_n > 0$이고, $\sum_{n=1}^{\infty} a_n$이 발산할 때, 부분합 $s_n = \sum_{k=1}^{n} a_k$에 대하여 다음이 성립한다.

(i) $\sum_{n=1}^{\infty} \frac{a_n}{s_n}$은 발산한다. (ii) $\sum_{n=1}^{\infty} \frac{a_n}{s_n^2}$은 수렴한다.

증명 (i) $\{s_n\}$은 증가수열이므로,

$$\sum_{k=n+1}^{n+p} \frac{a_k}{s_k} \geq \frac{\sum_{k=n+1}^{n+p} a_k}{s_{n+p}} = \frac{s_{n+p} - s_n}{s_{n+p}} = 1 - \frac{s_n}{s_{n+p}}$$

이다. $n \to \infty$일 때, $S_{n+p} \to \infty$이므로, $s_{n+p} > 2s_n$을 만족하는 자연수 p가 존재한다. 그러한 p에 대하여

$$\sum_{k=n+1}^{n+p} \frac{a_k}{s_k} > \frac{1}{2}$$

이므로, $\sum_{n=1}^{\infty} \frac{a_n}{s_n}$은 발산한다.

(ii) $\{s_n\}$이 발산하므로, $\{\frac{1}{s_n}\}$은 0으로 수렴한다. 그러므로 임의의 $\epsilon > 0$에 대하여 자연수 N이 존재하여 $n > N$일 때 $\frac{1}{s_n} < \epsilon$이 성립한다. $s_{k-1} \leq s_k$이므로,

$$\sum_{k=n+1}^{n+p} \frac{a_k}{s_k^2} \leq \sum_{k=n+1}^{n+p} \frac{s_k - s_{k-1}}{s_k s_{k-1}} = \sum_{k=n+1}^{n+p} \left(\frac{1}{s_{k-1}} - \frac{1}{s_k}\right)$$
$$= \frac{1}{s_n} - \frac{1}{s_{n+p}} < \frac{1}{s_n} < \epsilon$$

이다. 따라서 $\sum_{n=1}^{\infty} \frac{a_n}{s_n^2}$은 수렴한다.

따름정리 1.3 급수 $\sum_{n=1}^{\infty} \frac{1}{n}$은 발산하고 $\sum_{n=1}^{\infty} \frac{1}{n^2}$은 수렴한다.

증명 정리 1.2에서 $a_n = 1$로 놓으면, $s_n = n$이다. 그러므로 결과가 나온다.

따름정리 1.4 만일 $a_n > 0$이고 $\sum_{n=1}^{\infty} a_n$이 발산하면, $\frac{b_n}{a_n} \to 0$이고 $\sum_{n=1}^{\infty} b_n$이 발산하는 양수들의 수열 $\{b_n\}$이 존재한다.

증명 정리 1.2에서 $b_n = \frac{a_n}{s_n} > 0$으로 놓으면, $\frac{b_n}{a_n} = \frac{1}{s_n} \to 0$이고, $\sum_{n=1}^{\infty} b_n = \sum_{n=1}^{n} \frac{a_n}{s_n}$은 발산한다.

$\frac{b_n}{a_n} \to 0$이므로, $\epsilon = 1$에 대하여 자연수 N이 존재하여 $n > N$일 때 $\frac{b_n}{a_n} < \epsilon = 1$이 성립한다. $n > N$일 때, $b_n < a_n$이므로, $\sum_{n=N+1}^{\infty} b_n \leq \sum_{n=N+1}^{\infty} a_n$이다. 그러므로 따름정리 1.4는 주어진 발산하는 양항급수보다 가장 느리게 발산하는 양항급수가 존재하지 않는다는 것을 보여준다. 문제 1.4에서는 주어진 수렴하는 양항급수보다 가장 느리게 수렴하는 양항급수가 존재하지 않는다는 것을 보여준다.

이제 수열의 부수적인 성질들을 살펴본 후에 급수에 대하여 알아볼 것이다. 다음 정리는 명백하지만 매우 유용하다.

정리 1.5 **(짜내기 정리)** 만일 충분히 큰 자연수 n에 대하여 $a_n \leq b_n \leq c_n$이고,

$$\lim_{n\to\infty} a_n = \lim_{n\to\infty} c_n = l$$

이면 $\lim_{n\to\infty} b_n = l$이다.

증명 $\lim_{n\to\infty} a_n = l$이므로, 임의의 $\epsilon > 0$에 대하여 자연수 N_1이 존재하여 $n > N_1$일 때, $|a_n - l| < \epsilon$이 성립한다. 즉, $l - \epsilon < a_n < l + \epsilon$. 또한, $\lim_{n\to\infty} c_n = l$이므로, 자연수 N_2가 존재하여 $n > N_2$일 때, $|c_n - l| < \epsilon$이 성립한다. 즉, $l - \epsilon < c_n < l + \epsilon$이다. $N = \max\{N_1, N_2\}$로 놓자. 그러면 $n > N$일 때, $l - \epsilon < a_n \leqq b_n \leqq c_n < l + \epsilon$이므로, $n > N$일 때 $|b_n - l| < \epsilon$이 성립한다. 그러므로 $\lim_{n\to\infty} b_n = l$이다.

▸정리 1.6 $\alpha > 0, \beta > 0$이고 x가 실수일 때, 다음이 성립한다.

(i) $\lim_{x\to\infty} \frac{(\ln x)^\alpha}{x^\beta} = 0, x > 0$　　　(ii) $\lim_{x\to\infty} \frac{x^\alpha}{e^{\beta x}} = 0$

증명 (i) $f(x) = \ln x, g(x) = x^{\beta/\alpha}$로 놓자. 그러면 로피탈 법칙에 의하여

$$\lim_{x\to\infty} \frac{f(x)}{g(x)} = \lim_{x\to\infty} \frac{f'(x)}{g'(x)} = \lim_{x\to\infty} \frac{1}{\frac{\beta}{\alpha} x^{\beta/\alpha}} = 0$$

이므로,

$$\lim_{x\to\infty} \frac{(\ln x)^\alpha}{x^\beta} = \lim_{x\to\infty} [\frac{\ln x}{x^{\beta/\alpha}}]^\alpha = [\lim_{x\to\infty} (\frac{\ln x}{x^{\beta/\alpha}})]^\alpha$$

$$= \exp[\alpha \ln(\lim_{x\to\infty} \frac{\ln x}{x^{\beta/\alpha}})] = 0.$$

(ii) (i)에서 $y = \ln x$로 놓으면, $x \to \infty$일 때, $y \to \infty$이다. 그러므로

$$0 = \lim_{x\to\infty} \frac{(\ln x)^\alpha}{x^\beta} = \lim_{y\to\infty} \frac{y^\alpha}{e^{\beta y}}.$$

따름정리 1.7 $\alpha > 0, \beta > 0$일 때 다음이 성립한다.

(i) $\lim_{n\to\infty} \frac{(\ln n)^\alpha}{n^\beta} = 0$

(ii) $\lim_{n\to\infty} \frac{n^\alpha}{e^{\beta n}} = 0$

(iii) $\lim_{n\to\infty} n^{1/n} = 1$

(iv) $\lim_{n\to\infty} r^n = 0$ $(|r| < 1)$

증명 정리 1.6에서 $x = n$으로 놓으면, (i) (ii)가 나온다. (i)에 의하여

$$\lim_{n\to\infty} n^{1/n} = \lim_{n\to\infty} \exp(\frac{\ln n}{n}) = \exp(\lim_{n\to\infty} \frac{\ln n}{n}) = e^0 = 1$$

이다. 끝으로, $\lim_{n\to\infty} r^n = 0$이기 위한 필요충분조건은 $\lim_{n\to\infty} |r|^n = 0$이다. $|r| < 1$이므로, $\ln|r| < 0$이다. 그러므로

$$\lim_{n\to\infty} |r|^n = \lim_{n\to\infty} \exp(n \ln |r|) = 0$$

이다.

참고 따름정리 1.7의 (iv)는 많은 급수의 수렴성을 설립하는 데 유용하다. 급수 $\sum_{k=1}^{\infty} r^{k-1}$, $|r| < 1$의 부분합은

$$s_n = \sum_{k=1}^{n} r^{k-1} = \frac{1-r^n}{1-r}$$

이다. 이때 $\lim_{n\to\infty} r^n = 0$이므로, $\lim_{n\to\infty} s_n = \frac{1}{1-r}$이다. 그러므로 $\sum_{k=1}^{\infty} r^{k-1} = \frac{1}{1-r,}$ $|r| < 1$이다. 따라서 만일 상수 $r, 0 \leqq r < 1$과 실수 $M > 0$이 존재하여 어떤 자연수 N에 대하여 $n > N$일 때 $|a_n| \leqq Mr^n$이 성립하면, 급수

$\sum_{n=1}^{\infty} a_n$은 절대수렴한다. 왜냐하면 급수 $\sum_{n=1}^{\infty} r^n, 0 \leq r < 1$은 수렴하므로, 임의의 $\epsilon > 0$에 대하여 자연수 N이 존재하여 $n > N$일 때 $\sum_{k=n+1}^{n+p} r^k < \frac{\epsilon}{M}$이 성립한다. 그러므로 $n > N$일 때

$$\left| \sum_{k=n+1}^{n+p} |a_k| \right| = \sum_{k=n+1}^{n+p} |a_k| \leq \sum_{k=n+1}^{n+p} Mr^k = M \sum_{k=n+1}^{n+p} r^k < \epsilon$$

이 성립한다. 그러므로 $\sum_{n=1}^{\infty} a_n$은 절대수렴한다.

복소수열 $\{a_n\}$은 유계라고 하고, A는 $\{a_n\}$의 모든 수렴하는 복소부분수열의 극한들의 집합이라 하자. 2.2절의 정리 2.6에 의하여 $A \neq \varnothing$이고, 2.2절의 정리 2.3에 의하여 A가 한 점으로 이루어진 집합이기 위한 필요충분조건은 $\{a_n\}$은 수렴한다.

만일 실수열 $\{a_n\}$은 유계이면, 집합 A는 최소상계를 갖는다.

$\{a_n\}$은 유계인 실수열이라 하고, A는 $\{a_n\}$의 모든 수렴하는 부분수열의 극한들의 집합이라 하자. $a^* = \text{l.u.b}A = \sup A$로 놓자. 이때 a^*는 $\{a_n\}$의 **상극한(superior limit)**이라 하고,

$$\limsup_{n \to \infty} a_n = a^*$$

로 나타낸다. 이 정의는 유계가 아닌 실수열로 확장될 수 있다. 만일 $\{a_n\}$은 위로 유계가 아닌 실수열이면,

$$\limsup_{n \to \infty} a_n = \infty$$

라고 한다. 한편, 만일 실수열 $\{a_n\}$에 대하여 a_n의 유한개를 제외한 모든 항들이 임의로 주어진 실수보다 작으면,

$$\limsup_{n \to \infty} a_n = -\infty$$

라고 한다.

$a_* = \text{g.l.b}A = \inf A$로 놓자. 이때 a_*는 $\{a_n\}$의 **하극한(inferior limit)**이라 하고,

$$\liminf_{n\to\infty} a_n = a_*$$

로 나타낸다. 이 정의는 유계가 아닌 실수열로 확장될 수 있다. 만일 $\{a_n\}$은 아래로 유계가 아닌 실수열이면,

$$\liminf_{n\to\infty} a_n = -\infty$$

라고 한다. 한편, 만일 실수열 $\{a_n\}$에 대하여 a_n의 유한개를 제외한 모든 항들이 임의로 주어진 실수보다 크면,

$$\liminf_{n\to\infty} a_n = \infty$$

라고 한다.

극한으로 정리를 서술하는 것이 아니라 상극한 또는 하극한으로 정리를 서술하는 것은 하나의 두드러진 이점을 갖는다. 확장된 실수계에서는 실수열의 상극한과 하극한이 항상 존재한다. 그러므로 확장된 실수계에서는 실수열의 극한의 존재성에 대해 우려할 필요가 없이 실수열에 관한 정리를 증명할 수 있다.

예제 1.8 $a_n = n\sin^2(\frac{n\pi}{4})$라고 하자. 모든 n에 대하여 $0 \leqq a_n < \infty$이므로, a_n의 어떤 부분수열도 0보다 작은 값 또는 ∞보다 큰 값으로 수렴할 수 없다.

$$\limsup_{n\to\infty} a_n = \infty,\ \liminf_{n\to\infty} a_n = 0$$

임을 보이기 위하여 확장된 실수계에서 ∞와 0으로 수렴하는 a_n의 부분수열들을 구하면 충분하다.

$$\lim_{n\to\infty} a_{4n+2} = \lim_{n\to\infty}(4n+2) = \infty,$$
$$\lim_{n\to\infty} a_{4n} = \lim_{n\to\infty} 4n \cdot 0 = 0$$

이므로, $\limsup\limits_{n\to\infty} a_n = \infty$, $\liminf\limits_{n\to\infty} a_n = 0$이다.

예제 1.9 $a_n = (1+\frac{1}{n})\cos n\pi$라고 하자. 그러면 $|a_n| = 1+\frac{1}{n}$이므로, $\lim\limits_{n\to\infty} |a_n| = 1$

이다.

$$\lim_{n\to\infty} a_{2n} = 1, \lim_{n\to\infty} a_{2n+1} = -1$$

이므로, $\limsup_{n\to\infty} a_n = 1$, $\liminf_{n\to\infty} a_n = -1$ 이다.

예제 1.10 $a_n = \sin(\frac{n\pi}{2}) + \sin(\frac{n\pi}{4})$ 라고 하자.

$$a_{4n} = \sin(2n\pi) + \sin(n\pi) = 0,$$

$$a_{4n-1} = \sin(2n\pi - \frac{\pi}{2}) + \sin(n\pi - \frac{\pi}{4}) = -1 - \frac{\sqrt{2}}{2},$$

$$a_{4n+1} = \sin(2n\pi + \frac{\pi}{2}) + \sin(n\pi + \frac{\pi}{4}) = 1 + \frac{\sqrt{2}}{2},$$

$$a_{4n+2} = \sin(2n\pi + \pi) + \sin(n\pi + \frac{\pi}{2}) = \pm 1$$

이므로, $\limsup_{n\to\infty} a_n = 1 + \frac{\sqrt{2}}{2}$, $\liminf_{n\to\infty} a_n = -1 - \frac{\sqrt{2}}{2}$ 이다.

예제 1.11 $a_n = n\cos n\pi$ 라고 하자. 그러면 $|a_n| = n$ 이므로, $\lim_{n\to\infty} |a_n| = \infty$ 이다.

$$\lim_{n\to\infty} a_{2n} = \lim_{n\to\infty} 2n = \infty, \lim_{n\to\infty} a_{2n-1} = \lim_{n\to\infty} (-2n-1) = -\infty$$

이므로, $\limsup_{n\to\infty} a_n = \infty$, $\liminf_{n\to\infty} a_n = -\infty$ 이다.

예제 1.12 $a_n = 5n\cos n\pi - n^2$ 이라 하자. 그러면 모든 n에 대하여 $a_n \leqq 5n - n^2$ 이다.

$$\lim_{n\to\infty} (5n - n^2) = -\infty$$

이므로, $\limsup_{n\to\infty} a_n = \liminf_{n\to\infty} a_n = -\infty$ 이다.

분명히 실수열의 상극한과 하극한은 모두 유일하다. 그리고 실수열 $\{a_n\}$ 이 유한값 l 로 수렴하기 위한 필요충분조건은 $\limsup_{n\to\infty} a_n = \liminf_{n\to\infty} a_n = l$ 이다. 그러나 몇 가지 극한정리들은 상극한과 하극한에 대하여 성립하지 않는다.

예제 1.13 $a_n = (-1)^n, b_n = (-1)^{n+1}$이라 하자. 그러면

$$\limsup_{n\to\infty} a_n = \lim_{n\to\infty} a_{2n} = 1, \liminf_{n\to\infty} a_n = \lim_{n\to\infty} a_{2n-1} = -1$$

$$\limsup_{n\to\infty} b_n = \lim_{n\to\infty} b_{2n-1} = 1, \liminf_{n\to\infty} b_n = \lim_{n\to\infty} b_{2n} = -1$$

이다. $a_n + b_n = 0$이므로, $\liminf_{n\to\infty}(a_n+b_n) = \liminf_{n\to\infty}(a_n+b_n) = 0$이다. 따라서

$$0 = \limsup_{n\to\infty}(a_n+b_n) \neq \limsup_{n\to\infty} a_n + \limsup_{n\to\infty} b_n = 2,$$

$$0 = \liminf_{n\to\infty}(a_n+b_n) \neq \liminf_{n\to\infty} a_n + \liminf_{n\to\infty} b_n = -2$$

이다.

그러나 다음 부등식이 성립한다.

정리 1.14 $\{a_n\}, \{b_n\}$은 유계인 실수열일 때 다음이 성립한다.

(i) $\limsup_{n\to\infty}(a_n+b_n) \leqq \limsup_{n\to\infty} a_n + \limsup_{n\to\infty} b_n$

(ii) $\liminf_{n\to\infty}(a_n+b_n) \geqq \liminf_{n\to\infty} a_n + \liminf_{n\to\infty} b_n$

증명 (i) $\limsup_{n\to\infty}(a_n+b_n) > \limsup_{n\to\infty} a_n + \limsup_{n\to\infty} b_n$이라 가정하자.
$\limsup_{n\to\infty} a_n = a$, $\limsup_{n\to\infty} b_n = b$라고 하자. 그러면 $c = \limsup_{n\to\infty}(a_n+b_n) > a+b$이다. $a+b<c$이므로, $a+b+\epsilon<c$를 만족하는 $\epsilon>0$이 존재한다. c는 $\{a_n+b_n\}$의 모든 수렴하는 부분수열의 극한들의 최소상계이므로, 그러한 모든 $\epsilon>0$에 대하여 $\{a_n+b_n\}$의 부분수열의 극한 l이 존재하여 $a+b+\epsilon<l\leqq c$이다. 이때 $\{a_n+b_n\}$의 부분수열이 존재하여 $\lim_{k\to\infty}(a_{n_k}+b_{n_k}) = l$이다. $\lim_{k\to\infty}[(a_{n_k}+b_{n_k})-(a+b+\epsilon)] = l-(a+b+\epsilon)>0$이므로 자연수 N_1이 존재하여 $n_k \geqq k > N_1$일 때, $(a_{n_k}+b_{n_k})-(a+b+\epsilon)>0$이다. 즉,

>0이다. 즉, $n_k > N_1$일 때 $a_{n_k}+b_{n_k} > a+b+\epsilon$이다. $\limsup_{n\to\infty} a_n = a$, $\limsup_{n\to\infty} b_n = b$이므로, $\{a_n\}$의 부분수열 $\{a_{n_l}\}$이 존재하여 $\lim_{l\to\infty} a_{n_l} = a$이고, $\{b_n\}$의 부분수열 $\{b_{n_t}\}$이 존재하여 $\lim_{t\to\infty} b_{n_t} = b$이다. 그러므로 자연수 N_2, N_3가 존재하여 $n_l \geqq l > N_2$일 때 $|a_{n_l} - a| < \frac{\epsilon}{2}$이고, $n_t \geqq t > N_3$일 때 $|b_{n_t} - b| < \frac{\epsilon}{2}$가 성립한다. $N = \max\{N_1, N_2, N_3\}$로 놓자. 그러면 $n_k \geqq k > N$일 때, $a_{n_k}+b_{n_k} > a+b+\epsilon$이고, $|a_{n_k} - a| < \frac{\epsilon}{2}$, $|b_{n_k} - b| < \frac{\epsilon}{2}$이다. 즉, $a - \frac{\epsilon}{2} < a_{n_k} < a + \frac{\epsilon}{2}, b - \frac{\epsilon}{2} < b_{n_k} < b + \frac{\epsilon}{2}$이다. 그러므로 $n_k \geqq k > N$일 때 $a_{n_k}+b_{n_k} < a+b+\epsilon$이다. 이것은 모순이다. 그러므로

$$\limsup_{n\to\infty}(a_n+b_n) \leqq \limsup_{n\to\infty} a_n + \limsup_{n\to\infty} b_n$$

이 성립한다.

(ii) $\liminf_{n\to\infty}(a_n+b_n) < \liminf_{n\to\infty} a_n + \liminf_{n\to\infty} b_n$이라 가정하자.

$\liminf_{n\to\infty} a_n = a$, $\liminf_{n\to\infty} b_n = b$라고 하자. 그러면 $c = \liminf_{n\to\infty}(a_n+b_n) < a+b$이다. $a+b < c$이므로, $c < a+b-\epsilon$를 만족하는 $\epsilon > 0$이 존재한다. c는 $\{a_n+b_n\}$의 모든 수렴하는 부분수열의 극한들의 최대하계이므로, 그러한 모든 $\epsilon > 0$에 대하여 $\{a_n+b_n\}$의 부분수열의 극한 l이 존재하여 $c \leqq l < a+b-\epsilon$이다. 이때 $\{a_n+b_n\}$의 부분수열이 존재하여

$$\lim_{k\to\infty}(a_{n_k}+b_{n_k}) = l$$

이다. $\lim_{k\to\infty}[(a_{n_k}+b_{n_k}) - (a+b-\epsilon)] = l - (a+b-\epsilon) < 0$이므로 자연수 N_1이 존재하여 $n_k \geqq k > N_1$일 때, $(a_{n_k}+b_{n_k}) - (a+b-\epsilon) < 0$이다. 즉, $n_k > N_1$일 때 $a_{n_k}+b_{n_k} < a+b-\epsilon$. $\liminf_{n\to\infty} a_n = a$, $\liminf_{n\to\infty} b_n = b$이므로, $\{a_n\}$의 부분수열 $\{a_{n_l}\}$이 존재하여 $\lim_{l\to\infty} a_{n_l} = a$이고, $\{b_n\}$의 부분수열 $\{b_{n_t}\}$이 존재하여 $\lim_{t\to\infty} b_{n_t} = b$이다. 그러므로 자연수 N_2, N_3가 존재하여

$n_l \geqq l > N_2$일 때 $|a_{n_l} - a| < \frac{\epsilon}{2}$이고, $n_t \geqq t > N_3$일 때 $|b_{n_t} - b| < \frac{\epsilon}{2}$가 성립한다. $N = \max\{N_1, N_2, N_3\}$로 놓자. 그러면 $n_k \geqq k > N$일 때, $a_{n_k} + b_{n_k} < a + b - \epsilon$이고, $|a_{n_k} - a| < \frac{\epsilon}{2}$, $|b_{n_k} - b| < \frac{\epsilon}{2}$이다. 즉, $a - \frac{\epsilon}{2} < a_{n_k} < a + \frac{\epsilon}{2}, b - \frac{\epsilon}{2} < b_{n_k} < b + \frac{\epsilon}{2}$. 그러므로 $n_k \geqq k > N$일 때 $a_{n_k} + b_{n_k} > a + b - \epsilon$이다. 이것은 모순이다. 그러므로

$$\liminf_{n \to \infty} (a_n + b_n) \geqq \liminf_{n \to \infty} a_n + \liminf_{n \to \infty} b_n$$

이 성립한다.

다음 정리는 거듭제곱급수의 수렴성을 결정하는 데 유용하다.

▶정리 1.15 (거듭제곱근 판정법) $\{a_n\}$이 복소수열이고 $\limsup_{n \to \infty} |a_n|^{1/n} = L$일 때 다음이 성립한다.

(i) 만일 $L < 1$이면, $\sum_{n=1}^{\infty} a_n$은 절대수렴(수렴)한다.

(ii) 만일 $L > 1$이면, $\sum_{n=1}^{\infty} a_n$은 발산한다.

증명 (i) $L < 1$이라 하자. 그러면 실수 $r > 0$이 존재하여 $L < r < 1$이다. 이때 $\{|a_n|^{1/n}\}$의 부분수열의 극한 l이 존재하여 $L - r < l = l_r \leqq L < r < 1$이다.

$$\lim_{k \to \infty} |a_{n_k}|^{1/n_k} = l$$

이라 하자. 그러한 임의의 실수 $r > 0$에 대하여

$$\lim_{k \to \infty} (|a_{n_k}|^{1/n_k} - r) = l - r < 0$$

이므로, 자연수 N이 존재하여 $n_k \geqq k > N$일 때, $|a_{n_k}|^{1/n_k} < r$이다. 즉, $n_k \geqq k > N$일 때, $|a_{n_k}| < r^{n_k}$이다. $|r| < 1$일 때 $\sum_{k=1}^{\infty} r^{n_k}$은 수렴하므로, 비교판정법에 의하여 $\sum_{k=1}^{\infty} |a_{n_k}|$는 수렴한다. r은 임의이므로, $\sum_{n=1}^{\infty} |a_n|$는 수렴한다. 그러므로 $\sum_{n=1}^{\infty} a_n$은 절대수렴한다.

(ii) $L > 1$이라 하자. 그러면 $\{|a_n|^{1/n}\}$의 부분수열의 극한 l이 존재하여 $1 < l \leqq L$이다. $\lim_{k\to\infty} |a_{n_k}|^{1/n_k} = l$이라 하자. 그러면 $\lim_{k\to\infty}(|a_{n_k}|^{1/n_k} - 1) = l - 1 > 0$이므로, 자연수 N이 존재하여 $n_k \geqq k > N$일 때, $|a_{n_k}|^{1/n_k} > 1$이다. 즉, $n_k \geqq k > N$일 때 $|a_{n_k}| > 1$이다. 그러므로 $a_n \not\to 0$이다. 따라서 발산판정법에 의해서 $\sum_{n=1}^{\infty} a_n$은 발산한다.

(참고) $L = 1$인 경우에 거듭제곱근 판정법은 어떤 결론도 내리지 못한다. 예를 들어, $\sum_{n=1}^{\infty} \frac{1}{n}$은 발산하고, $\sum_{n=1}^{\infty} \frac{1}{n^2}$은 수렴한다. 그런데

$$\limsup_{n\to\infty} \left|\frac{1}{n}\right|^{1/n} = 1, \quad \limsup_{n\to\infty} \left|\frac{1}{n^2}\right|^{1/n} = 1$$

이다.

문제 1.1 $a_n = \alpha_n + i\beta_n, \alpha_n, \beta_n \in \mathbb{R}$ 라고 하자. 이때 $\sum_{n=1}^{\infty} |a_n|$ 이 수렴하기 위한 필요충분조건은 $\sum_{n=1}^{\infty} |\alpha_n|$ 와 $\sum_{n=1}^{\infty} |\beta_n|$ 이 모두 수렴함을 보여라.

문제 1.2 $s_n = \sum_{k=1}^{n} a_k$라고 하자. 만일 $a_k = \frac{1}{k}$이면, 모든 n에 대하여 $s_{2^{n+1}} - s_{2^n} > \frac{1}{2}$이고, 만일 $a_k = \frac{(-1)^{k+1}}{k}$이면, 모든 n과 p에 대하여 $|s_{n+p} - s_n| < \frac{2}{n}$임을 보여라.

문제 1.3 $a_n > 0$이고 $\sum_{n=1}^{\infty} a_n$은 수렴한다고 하자. $r_n = \sum_{k=n}^{\infty} a_k$에 대하여 다음을 보여라

(a) $\sum_{n=1}^{\infty} \frac{a_n}{r_n}$은 발산한다. (b) $\sum_{n=1}^{\infty} \frac{a_n}{\sqrt{r_n}}$은 수렴한다.

문제 1.4 A는 어떤 복소수열의 모든 수렴하는 부분복소수열의 극한들의 집합이라 하자. 이때 A는 닫힌집합임을 보여라.

문제 1.5 $\{a_n\}$은 복수수열이라 하자. $\lim_{n\to\infty} a_n = 0$이기 위한 필요충분조건은

$$\limsup_{n\to\infty} a_n = \liminf_{n\to\infty} a_n = 0$$

임을 보여라.

문제 1.6 모든 n에 대하여 $a_n \geqq b_n$이라 하자. 그러면 다음을 보여라.

(a) $\limsup_{n\to\infty} a_n \geqq \limsup_{n\to\infty} b_n$

(b) $\liminf_{n\to\infty} a_n \geqq \liminf_{n\to\infty} b_n$

문제 1.7 $a_n > 0, b_n > 0$인 유계인 수열 $\{a_n\}, \{b_n\}$에 대하여 다음을 보여라.

(a) $\limsup_{n\to\infty} (a_n b_n) \leqq \limsup_{n\to\infty} a_n \cdot \limsup_{n\to\infty} b_n$

(b) $\liminf_{n\to\infty} (a_n b_n) \geqq \liminf_{n\to\infty} a_n \cdot \liminf_{n\to\infty} b_n$

문제 1.8 $\{a_n\}, \{b_n\}$은 유계인 실수열이고, $\lim_{n\to\infty} (a_n + b_n)$은 존재한다고 하자. 이때 다음을 보여라.

$$\lim_{n\to\infty} (a_n + b_n) = \limsup_{n\to\infty} a_n + \liminf_{n\to\infty} b_n$$

문제 1.9 임의의 실수열 $\{a_n\}$에 대하여 다음을 보여라.

$$\liminf_{n\to\infty} a_n = -\limsup_{n\to\infty}(-a_n)$$

문제 1.10 $\{a_n\}$은 실수열이고, $\lim_{n\to\infty} a_n = a, a\neq 0$라고 하자. 그러면 임의의 실수열 $\{b_n\}$에 대하여 다음을 보여라.

(a) $\limsup_{n\to\infty}(a_n+b_n) = \lim_{n\to\infty} a_n + \limsup_{n\to\infty} b_n$

(b) $\liminf_{n\to\infty}(a_n+b_n) = \lim_{n\to\infty} a_n + \liminf_{n\to\infty} b_n$

(c) $\limsup_{n\to\infty}(a_n b_n) = \lim_{n\to\infty} a_n \cdot \limsup_{n\to\infty} b_n$

(d) $\liminf_{n\to\infty}(a_n b_n) = \lim_{n\to\infty} a_n \cdot \liminf_{n\to\infty} b_n$

문제 1.11 $\limsup_{n\to\infty} a_n = L < \infty$이기 위한 필요충분조건은 임의의 $\epsilon > 0$이 주어질 때 다음과 같음을 보여라.

(i) 유한개를 제외한 모든 자연수 n에 대하여 자연수 N이 존재하여 $n \geq N$일 때 모든 $k \geq n$에 대하여 $a_k < L+\epsilon$이고

(ii) 각 자연수 n에 대하여 $k \geq n$인 (무수히 많은) 자연수 k가 존재하여 $a_k > L-\epsilon$이 성립한다.

문제 1.12 $\liminf_{n\to\infty} a_n = L < \infty$이기 위한 필요충분조건은 임의의 $\epsilon > 0$이 주어질 때 다음과 같음을 보여라.

(i) 유한개를 제외한 모든 자연수 n에 대하여 자연수 N이 존재하여 $n \geq N$일 때 모든 $k \geq n$에 대하여 $L-\epsilon < a_k$이고

(ii) 각 자연수 n에 대하여 $k \geq n$인 (무수히 많은) 자연수 k가 존재하여 $a_k < L+\epsilon$이 성립한다.

문제 1.13 $\{a_n\}$은 복소수열이라 하자. 다음을 증명하여라.

(a) 만일 $\limsup_{n\to\infty} \left| \frac{a_{n+1}}{a_n} \right| = L < 1$이면, $\sum_{n=1}^{\infty} a_n$은 절대수렴한다.

(b) 만일 $\limsup_{n\to\infty} \left| \frac{a_{n+1}}{a_n} \right| = L > 1$이면, $\sum_{n=1}^{\infty} a_n$은 발산한다.

문제 1.14 모든 n에 대하여 $a_n > 0$이라 하자. 이때 다음을 증명하여라.

$$\liminf_{n\to\infty} \frac{a_{n+1}}{a_n} \leqq \liminf_{n\to\infty} a_n^{1/n} \leqq \limsup_{n\to\infty} a_n^{1/n} \leqq \limsup_{n\to\infty} \frac{a_{n+1}}{a_n}$$

문제 1.15 $a_{2n-1} = \frac{1}{2^n}, a_{2n} = \frac{1}{3^n}$이라 하자. 이때 다음을 보여라,

$$\liminf_{n\to\infty} \frac{a_{n+1}}{a_n} = 0, \ \limsup_{n\to\infty} \frac{a_{n+1}}{a_n} = \infty$$

$$\liminf_{n\to\infty} a_n^{1/n} = \frac{\sqrt{3}}{3}, \ \limsup_{n\to\infty} a_n^{1/n} = \frac{\sqrt{2}}{2}$$

급수 $\sum_{n=1}^{\infty} a_n = \frac{1}{2} + \frac{1}{3} + \frac{1}{2^2} + \frac{1}{3^2} + \frac{1}{2^3} + \frac{1}{3^3} + \cdots$는 수렴하는가?

2. 평등수렴

집합 $E \subset \mathbb{C}$ 에서 정의된 복소함수 $f_n(z)$ $(n=1,2,\ldots)$에 대하여 함수열 $\{f_n(z)\}$가 $f(z)$로 **점별수렴한다**(pointwise converge)는 것은 각 점 $z_0 \in E$에서 복소수열 $\{f_n(z_0)\}$이 $f(z_0)$로 수렴할 때를 말한다. 즉,

각 점 $z_0 \in E$에서 임의의 $\epsilon > 0$에 대하여 자연수 $N = N(z_0, \epsilon)$이 존재하여 $n > N$일 때

$$|f_n(z_0) - f(z_0)| < \epsilon$$

이 성립하는 것이다. 이때 기호로는 $f_n \to f$로 나타낸다. 이 극한함수 $f(z)$는 다음과 같이 정의된다.

$$\lim_{n \to \infty} f_n(z_0) = f(z_0) \quad (z_0 \in E)$$

집합 $E \subset \mathbb{C}$ 에서 정의된 복소함수 $f_n(z)$ $(n=1,2,\ldots)$에 대하여 함수열 $\{f_n(z)\}$가 $f(z)$로 **평등수렴한다**(uniformly converge)는 것은 임의의 $\epsilon > 0$에 대하여 자연수 $N = N(\epsilon)$이 존재하여 $n > N$일 때 모든 $z \in E$에 대하여

$$|f_n(z) - f(z)| < \epsilon$$

이 성립할 때를 말한다. 기호로는 $f_n \rightrightarrows f$로 나타낸다.

> (참고) 수렴성의 정의에 의해서 평등수렴하는 함수열은 분명히 점별수렴함을 알 수 있다. 그러나 일반적으로, 그 역은 성립하지 않는다.

점별수렴의 정의에서의 자연수 $N = N(z_0, \epsilon)$은 각 점 $z_0 \in E$와 $\epsilon > 0$이 주어질 때마다 달라질 수 있지만, 평등수렴의 정의에서의 $N = N(\epsilon)$은 정의역 E의 각 점과는 상관없이 $\epsilon > 0$이 주어질 때마다 달라진다. 따라서 다음을 얻는다.

▶ 정리 2.1 집합 $E \subset \mathbb{C}$ 에서 정의된 함수 $f_n(z)$ $(n=1,2,\ldots)$에 대하여 함수열 $\{f_n(z)\}$가 $f(z)$로 평등수렴하기 위한 필요충분조건은 $n \to \infty$일 때,

$$\sup_{z \in E} |f_n(z) - f(z)| \to 0$$

인 것이다.

예제 2.2 함수 $f_n(z)=\dfrac{1}{nz}$은 집합 $E=\{z\in\mathbb{C}\mid 0<|z|<1\}$에서 함수 $f(z)=0$으로 점별수렴하지만 평등수렴하지는 않는다.

증명 $z_0\in E$는 임의의 점이고 $\epsilon>0$이라 하자. 그러면 $N>\dfrac{1}{\epsilon|z_0|}$을 만족하는 자연수 $N=N(z_0,\epsilon)$이 존재한다. 이때, 만일 $n>N$이면, $|f_n(z_0)-f(z_0)|=\left|\dfrac{1}{nz_0}\right|<\epsilon$이 성립한다. 자연수 $N=N(z_0,\epsilon)$은 $z_0\in E$와 $\epsilon>0$에 의하여 결정되므로, $\{f_n(z)\}$는 집합 E에서 점별수렴하지만, 평등수렴하지 않는다.

예제 2.3 함수열 $\left\{\dfrac{1}{(1+nz)}\right\}$은 집합 $E_1=\{z\in\mathbb{C}\mid |z|\geq 2\}$에서는 평등수렴하지만 영역 $E_2=\{z\in\mathbb{C}\mid |z|\leq 2\}$에서는 평등수렴하지 않는다.

증명 $\left\{\dfrac{1}{(1+nz)}\right\}$는 $\mathbb{C}$에서 $f(z)=\begin{cases}0, & z\neq 0\\ 1, & z=0\end{cases}$으로 점별수렴한다.

$$0\leq \sup_{z\in E_1}\left|\frac{1}{1+nz}\right|\leq \sup_{z\in E_1}\frac{1}{n|z|-1}\leq \sup_{z\in E_1}\frac{1}{2n-1}=\frac{1}{2n-1}$$

이므로, 짜내기 정리에 의하여 $n\to\infty$일 때 $\sup_{z\in E_1}\left|\dfrac{1}{1+nz}\right|\to 0$이다.

그러므로 $\left\{\dfrac{1}{(1+nz)}\right\}$은 E_1에서 0으로 평등수렴한다. 한편, 모든 $z\in E_2$에 대하여

$$\sup_{z\in E_2}\left|\frac{1}{1+nz}-f(z)\right|\geq \sup_{z\in E_2}\frac{1}{n|z|+1}\geq\frac{1}{n|z|+1}$$

이다. 그런데 $\dfrac{1}{n}\in E_2$이므로,

$$\sup_{z\in E_2}\left|\frac{1}{1+nz}-f(z)\right|\geq \sup_{z\in E_2}\frac{1}{n|z|+1}\geq\frac{1}{n\cdot\frac{1}{n}+1}=\frac{1}{2}$$

이다. 그러므로 $n \to \infty$일 때 $\sup_{z \in E_2} \left| \frac{1}{(1+nz)} - f(z) \right| \not\to 0$이다. 그러므로 $\{\frac{1}{(1+nz)}\}$은 E_2에서 $f(z)$로 평등수렴하지 않는다.

참고 2.5절의 정리 5.10에 의하여 긴밀집합에서 정의된 연속함수는 평등연속이다. 예제 2.3는 긴밀집합에서 정의된 점별수렴하는 함수열은 평등수렴한다고 할 수 없다는 것을 보여준다.

예제 2.4 함수열 $\{z^n\}$은 집합 $E_1 = \{z \in \mathbb{C} \mid |z| < 1\}$에서 점별수렴하지만 평등수렴하지 않는다. 함수열 $\{z^n\}$은 집합 $E_2 = \{z \in \mathbb{C} \mid |z| \leq r(<1)\}$에서 평등수렴한다.

증명 $z_0 \in E_1$는 임의의 점이고, $\epsilon > 0$이라 하자. 그러면 $N > \frac{\epsilon}{\ln |z_0|}$을 만족하는 자연수 $N = N(z_0, \epsilon)$이 존재한다. 이때 만일 $n > N$이면, $|z_0|^n < \epsilon$이 성립한다. 그러므로 $\{z^n\}$은 E_1에서 0으로 점별수렴한다. 한편, 모든 $z \in E_1$에 대하여 $\sup_{z \in E_1} |z|^n \geq |z|^n$이다. $z = 1 - \frac{1}{n} \in E_1$이므로, $\sup_{z \in E_1} |z|^n \geq (1 - \frac{1}{n})^n$이다. $n \to \infty$일 때 $(1 - \frac{1}{n})^n \to e^{-1}$이므로, $\sup_{z \in E_1} |z|^n \not\to 0$이다. 그러므로 $\{z^n\}$은 E_1에서 0으로 평등수렴하지 않는다.

$0 \leq \sup_{z \in E_2} |z|^n \leq \sup_{z \in E_2} r^n = r^n$이므로 짜내기 정리에 의해서 $n \to \infty$일 때 $\sup_{z \in E_2} |z|^n \to 0$이다. 그러므로 $\{z^n\}$은 E_2에서 0으로 평등수렴한다.

예제 2.5 함수열 $\{\frac{z}{n^2}\}$은 집합 $E = \{z \in \mathbb{C} \mid |z| \leq R\}$에서 0으로 평등수렴하지만 복소평면에서는 평등수렴하지 않는다.

증명 $0 \leq \sup_{z \in E} \frac{|z|}{n^2} \leq \sup_{z \in E} \frac{R}{n^2} = \frac{R}{n^2}$이므로, 짜내기 정리에 의해서 $n \to \infty$일 때

6장 거듭제곱급수

$\sup_{z\in E}\frac{|z|}{n^2} \to 0$이다. 그러므로 $\{\frac{z}{n^2}\}$은 E에서 0으로 평등수렴한다. 모든 $z\in \mathbb{C}$ 에 대하여 $\sup_{z\in \mathbb{C}}\frac{|z|}{n^2} \geq \frac{|z|}{n^2}$이다. $z=n^2\in \mathbb{C}$ 이므로, $\sup_{z\in \mathbb{C}}\frac{|z|}{n^2} \geq 1$이다. 그러므로 $n \to \infty$ 일 때, $\sup_{z\in D}\frac{|z|}{n^2} \not\to 0$이다. 따라서 $\{\frac{z}{n^2}\}$은 $\mathbb{C}$ 에서는 0으로 평등수렴하지 않는다.

집합 $E\subset \mathbb{C}$ 에서 정의된 함수열 $\{f_n(z)\}$의 평등수렴성은 자주 어떤 점 $z_0\in E$에서 $\{f_n(z_0)\}$의 수렴성으로부터 유도된다. 다시 말해, 만일 $f_n(z_0)\to f(z_0)$이고, 모든 $z\in E$에 대하여

$$|f_n(z)-f(z)| \leqq |f_n(z_0)-f(z_0)|$$

이면, $\{f_n(z)\}$는 E에서 $f(z)$로 평등수렴한다.

만일 어떤 함수열이 평등수렴하지 않으면, 항상 어떤 '나쁜 점'이 존재한다. 예제 2.2-2.4에서 이러한 나쁜 점은 각각 $z=0, z=0, z=1, z=\infty$ 이다. 이러한 나쁜 점 z_0에 대하여

$$\lim_{z\to z_0}(\lim_{n\to\infty} f_n(z)) \neq \lim_{n\to\infty}(\lim_{z\to z_0} f_n(z))$$

이다. 예를 들어, 예제 2.3에서 $\lim_{z\to 0}(\lim_{n\to\infty}\frac{1}{1+nz})=0$이지만, $\lim_{n\to\infty}(\lim_{z\to 0}\frac{1}{1+nz})=1$이다.

평등수렴성이 중요한 이유는 함수열의 극한연산과 함수의 극한연산을 교환할 수 있다는 것이다. 이때 함수열의 극한함수는 함수열의 각 함수의 많은 성질들은 유지하게 된다.

▶정리 2.6 집합 $E\subset \mathbb{C}$ 에서 정의된 함수열 $\{f_n(z)\}$은 함수 $f(z)$로 평등수렴한다고 하자. 이때 만일 각 함수 $f_n(z)$가 점 $z_0\in E$에서 연속이면, 극한함수 $f(z)$도 z_0에서 연속이다. 즉,

$$\lim_{z\to z_0}(\lim_{n\to\infty} f_n(z)) = \lim_{n\to\infty}(\lim_{z\to z_0} f_n(z)).$$

증명 $\{f_n(z)\}$는 E에서 $f(z)$로 평등수렴하므로, 임의의 $\epsilon>0$에 대하여 자연수 $N=N(\epsilon)$이 존재하여 $n>N$일 때 모든 $z\in E$에 대하여 $|f_n(z)-f(z)|$

$< \epsilon/3$이 성립한다. 그리고 모든 n에 대하여 $f_n(z)$는 점 z_0에서 연속이므로, $\delta > 0$이 존재하여 $|z - z_0| < \delta$, $z \in E$일 때

$$|f_n(z) - f_n(z_0)| < \epsilon/3$$

이 성립한다. $n > N$이라 하자. 그러면 임의의 $\epsilon > 0$에 대하여 $\delta > 0$이 존재하여 $|z - z_0| < \delta$, $z \in E$일 때

$$\begin{aligned}|f(z) - f(z_0)| &\leq |f(z) - f_n(z)| + |f_n(z) - f_n(z_0)| + |f_n(z_0) - f(z_0)| \\ &< \epsilon/3 + \epsilon/3 + \epsilon/3 = \epsilon\end{aligned}$$

이 성립한다. 그러므로 극한함수 $f(z)$는 점 z_0에서 연속이다.

(참고) 정리 2.6은 연속함수열에 대한 극한함수의 연속성이 그 함수열의 평등수렴성에 대한 충분조건이 아닌 필요조건을 제공해 준다. 예제 2.4에서 연속함수열 $\{z^n\}$은 $|z| < 1$에서 연속함수 $f(z) = 0$으로 평등수렴한다. 그러나 예제 2.3에서 연속함수열 $\{\frac{1}{1+nz}\}$는 $|z| \leq 2$에서 $f(z) = \begin{cases} 0, & z \neq 0 \\ 1, & z = 0 \end{cases}$으로 평등수렴하지 않는다. 이때 $f(z)$는 점 $z = 0$에서 불연속이다.

복소수열의 수렴성에 대한 일반적인 판정법은 코시판정법이다. 2.2절의 정리 2.9를 함수열에 대하여 다시 서술하면, 함수열 $\{f_n(z)\}$가 집합 $E \subset \mathbb{C}$에서 점별수렴하기 위한 필요충분조건은 각 점 $z_0 \in E$에 대하여 복소수열 $\{f_n(z_0)\}$는 코시수열이다. 즉, 각 점 $z_0 \in E$와 $\epsilon > 0$에 대하여 자연수 $N = N(z_0, \epsilon)$이 존재하여 $n, m > N$일 때 $|f_n(z_0) - f_m(z_0)| < \epsilon$이 성립한다.

집합 $E \subset \mathbb{C}$에서 정의된 함수열 $\{f_n(z)\}$가 **평등코시함수열(uniformly Cauchy sequence)**이라는 것은 임의의 $\epsilon > 0$에 대하여 자연수 $N = N(\epsilon)$이 존재하여 $n, m > N$일 때 모든 $z \in E$에 대하여

$$|f_n(z) - f_m(z)| < \epsilon$$

이 성립할 때를 말한다.

▸정리 2.7 집합 E에서 정의된 함수열 $\{f_n(z)\}$가 평등수렴하기 위한 필요충분조건은 $\{f_n(z)\}$는 E에서 평등코시함수열이다.

증명 ($\Rightarrow$) 함수열 $\{f_n(z)\}$는 E에서 $f(z)$로 평등수렴한다고 하자. 그러면 임의의 $\epsilon > 0$에 대하여 자연수 $N = N(\epsilon)$이 존재하여 $n > N$일 때 모든 $z \in E$에 대하여

$$|f_n(z) - f(z)| < \frac{\epsilon}{2}$$

가 성립한다. 그러므로 $n, m > N$일 때, 모든 $z \in E$에 대하여

$$|f_n(z) - f_m(z)| \leq |f_n(z) - f(z)| + |f_m(z) - f(z)| < \frac{\epsilon}{2} + \frac{\epsilon}{2} = \epsilon$$

이 성립한다. 그러므로 $\{f_n(z)\}$는 E에서 평등코시함수열이다.

($\Leftarrow$) $\{f_n(z)\}$는 E에서 평등코시함수열이라 하자. 그러면 각 점 $z_0 \in E$에 대하여 $\{f_n(z_0)\}$은 코시복소수열이다. 2.2절의 정리 2.9에 의하여 코시복소수열은 수렴하므로, 각 점 $z_0 \in E$에 대하여 $\lim_{n\to\infty} f_n(z_0)$은 존재한다. 이 극한을 $f(z_0)$라고 하자. 그러면 함수열 $\{f_n(z)\}$는 E에서 $f(z)$로 점별수렴한다. 가정에 의하여, 임의의 $\epsilon > 0$에 대하여 자연수 $N = N(\epsilon)$이 존재하여 $n, m > N$일 때, 모든 $z \in E$에 대하여

$$|f_n(z) - f_m(z)| < \frac{\epsilon}{2}$$

가 성립한다. $n(> N(\epsilon))$은 고정시키자. 절댓값 함수는 연속이고, 모든 $z \in E$에 대하여 $\lim_{m\to\infty} f_m(z) = f(z)$이므로, 모든 $z \in E$에 대하여

$$|f_n(z) - f(z)| = \lim_{m\to\infty} |f_n(z) - f_m(z)| \leq \frac{\epsilon}{2} < \epsilon$$

이 성립한다. 그러므로 $\{f_n(z)\}$는 E에서 $f(z)$로 평등수렴한다.

앞 절에서 복소수열에 대한 많은 성질들이 복소수들의 급수에 대한 성질들로 다시 서술될 수 있다는 것을 알았다. 이제부터 복소함수들의 급수의 수렴성에 대하여 알아보자.

$\{f_n(z)\}$는 집합 $E \subset \mathbb{C}$ 에서 정의된 복소함수열이라 하자.

$$S_n(z) = \sum_{k=1}^{n} f_n(z), z \in E$$

라고 정의하자. 이때 $\sum_{k=1}^{\infty} f_k(z)$가 E에서 **수렴한다(converge)**는 것은 $\{S_n(z)\}$가 E에서 점별수렴할 때를 말한다. 만일 모든 $z \in E$에 대하여 $\lim_{n \to \infty} S_n(z) = f(z)$이면,

$$\sum_{k=1}^{\infty} f_k(z) = f(z)$$

로 쓴다. 만일 $\{S_n(z)\}$가 E에서 평등수렴하면, $\sum_{k=1}^{\infty} f_k(z)$는 E에서 **평등수렴한다(uniformly converge)**고 말한다. $\sum_{k=1}^{\infty} f_k(z)$가 E에서 **절대수렴한다(absolutely converge)**는 것은 $\sum_{k=1}^{\infty} |f_k(z)|$가 E에서 수렴할 때를 말한다.

코시판정법을 복소함수들의 급수에 대하여 다시 서술하면, 다음과 같다.

▸정리 2.8 복소함수들의 급수 $\sum_{n=1}^{\infty} f_n(z)$가 집합 $E \subset \mathbb{C}$ 에서 평등수렴하기 위한 필요충분조건은 임의의 $\epsilon > 0$에 대하여 자연수 $N = N(\epsilon)$이 존재하여 $n > N(\epsilon)$일 때 모든 $z \in E$와 모든 자연수 p에 대하여

$$\left| \sum_{k=n+1}^{n+p} f_k(z) \right| < \epsilon$$

이 성립한다.

증명 $(\Rightarrow)$ $\sum_{n=1}^{\infty} f_n(z)$는 집합 $E \subset \mathbb{C}$ 에서 평등수렴한다고 하자. 그러면

$$S_n(z) = \sum_{k=1}^{n} f_k(z)$$

는 E에서 평등수렴한다. 정리 2.7에 의하여 $\{S_n(z)\}$는 E에서 평등코시함수열이다. 그러므로 임의의 $\epsilon > 0$에 대하여 자연수 $N = N(\epsilon)$이 존재하여 $m > n > N$일 때, 모든 $z \in E$에 대하여 $|S_n(z) - S_m(z)| < \epsilon$이 성립한다. 이때 $m = n + p, p \in \mathbb{N}$로 놓자. 그러면 $n > N(\epsilon)$일 때 모든 $z \in E$와 모든 자연수 p에 대하여

$$\left|\sum_{k=n+1}^{n+p} f_k(z)\right| < \epsilon$$

이 성립한다.

($\Leftarrow$) 임의의 $\epsilon > 0$에 대하여 자연수 $N = N(\epsilon)$이 존재하여 $n > N(\epsilon)$일 때 모든 $z \in E$와 모든 자연수 p에 대하여

$$\left|\sum_{k=n+1}^{n+p} f_k(z)\right| < \epsilon$$

이 성립한다고 하자. 그러면 $|S_{n+p}(z) - S_n(z)| = \left|\sum_{k=n+1}^{n+p} f_k(z)\right|$이므로 $\{S_n(z)\}$는 E에서 평등코시함수열이다. 그러므로 정리 2.7에 의하여 $\{S_n(z)\}$는 E에서 평등수렴한다. 따라서 $\sum_{n=1}^{\infty} f_n(z)$는 집합 $E \subset \mathbb{C}$에서 평등수렴한다.

정리 2.8은 복소함수들의 급수의 평등수렴성에 대한 충분조건을 구하는 데 이용될 수 있다. 이러한 충분조건은 **Weierstrass M-판정법** 또는 **지배수렴판정법(dominated convergence test)**이라 한다.

▶정리 2.9 **(Weierstrass M-판정법)** $\{M_n\}$은 실수열이고, 모든 $z \in E \subset \mathbb{C}$와 각 n에 대하여 $|f_n(z)| \leq M_n$이라고 하자. 만일 $\sum_{n=1}^{\infty} M_n$이 수렴하면, $\sum_{n=1}^{\infty} f_n(z)$는 집합 E에서 평등수렴(절대수렴)한다.

증명 $\sum_{n=1}^{\infty} M_n$은 수렴하므로, 코시판정법에 의하여 임의의 $\epsilon > 0$에 대하여 자연수 N이 존재하여 $n > N$일 때 모든 자연수 p에 대하여

$$\sum_{k=n+1}^{n+p} M_k \leqq \left| \sum_{k=n+1}^{n+p} M_k \right| < \epsilon$$

이 성립한다.

$$\left| \sum_{k=n+1}^{n+p} f_k(z) \right| \leqq \sum_{k=n+1}^{n+p} |f_k(z)| \leqq \sum_{k=n+1}^{n+p} M_k < \epsilon$$

이므로, 정리 2.8에 의하여 $\sum_{n=1}^{\infty} f_n(z)$는 E에서 평등수렴한다. 비교판정법에 의하여 $\sum_{n=1}^{\infty} f_n(z)$는 E에서 절대수렴한다.

예제 2.10 거듭제곱급수 $\sum_{n=1}^{\infty} z^n$은 집합 $E_1 = \{z \in \mathbb{C} \mid |z| < 1\}$에서 절대수렴하지만 평등수렴하지 않음을 보여라. 또한 그 급수는 집합 $E_2 = \{z \in \mathbb{C} \mid |z| \leqq r(<1)\}$에서는 평등수렴함을 보여라.

증명 $z \in E_1$에 대하여 $\sum_{n=1}^{\infty} |z^n| = \frac{|z|}{1-|z|}$이므로, $\sum_{n=1}^{\infty} z^n$은 E_1에서 절대수렴한다. $z \in E_2$에 대하여 $|z|^n \leqq r^n = M_n$이고, $\sum_{n=1}^{n} M_n = \sum_{n=1}^{\infty} r^n = \frac{1}{1-r}$이므로, M-판정법에 의하여 $\sum_{n=1}^{\infty} z^n$은 E_2에서 평등수렴한다. 급수의 부분합

$$S_n(z) = \sum_{k=1}^{n} z^k = \frac{z(1-z^n)}{1-z}$$

은 E_1에서 $S(z) = \frac{z}{1-z}$로 점별수렴한다. 임의의 $z \in E_1$에 대하여 다음이 성립한다.

$$\sup_{z \in E_1} |S_n(z) - S(z)| = \sup_{z \in E_1} \left| \frac{z^{n+1}}{1-z} \right| \geqq \frac{1}{|1-z|} |z|^{n+1}$$

그러므로 $z=1-\frac{1}{n+1}\in E_1$에 대하여

$$\sup_{z\in E_1}|S_n(z)-S(z)| \geqq (n+1)(1-\frac{1}{n+1})^{n+1}$$

이다. $n\to\infty$일 때, $(1-\frac{1}{n+1})^{n+1}\to\frac{1}{e}$이므로, $\sup_{z\in E_1}|S_n(z)-S(z)|$ $\not\to 0$이다. 그러므로 주어진 급수는 E_1에서 평등수렴하지 않는다.

예제 2.11 급수 $\sum_{n=1}^{\infty}\frac{\cos nz}{n^2}$는 $\mathbb{R}$에서 평등수렴하고 절대수렴한다.

증명 $z\in\mathbb{R}$에 대하여 $|\frac{\cos nz}{n^2}| \leqq \frac{1}{n^2}=M_n$이고, $\sum_{n=1}^{\infty}M_n=\sum_{n=1}^{\infty}\frac{1}{n^2}$은 수렴하므로($p$-급수), M-판정법에 의하여 $\sum_{n=1}^{\infty}\frac{\cos nz}{n^2}$는 $\mathbb{R}$에서 평등수렴한다. 또한 비교판정법에 의하여 $\sum_{n=1}^{\infty}\frac{\cos nz}{n^2}$는 $\mathbb{R}$에서 절대수렴한다.

예제 2.12 급수 $\sum_{n=1}^{\infty}\frac{2z^2}{n^2+|z|}$는 집합 $E=\{z\in\mathbb{C} \mid |z| \leqq R,\ R>0\}$에서 평등수렴하고 복소평면에서 절대수렴한다.

증명 $z\in E$에 대하여 $|\frac{2z^2}{n^2+|z|}| \leqq \frac{2R^2}{n^2}=M_n$이고, $\sum_{n=1}^{\infty}M_n=2R^2\sum_{n=1}^{\infty}\frac{1}{n^2}$은 수렴하므로($p$-급수), M-판정법에 의하여 $\sum_{n=1}^{\infty}\frac{2z^2}{n^2+|z|}$는 E에서 평등수렴한다. 각 점 $z_0\in\mathbb{C}$에 대하여 $|\frac{2z_0^2}{n^2+|z_0|}| \leqq \frac{2|z_0|^2}{n^2}$이므로, 비교판정법에 의하여 $\sum_{n=1}^{\infty}\frac{2z^2}{n^2+|z|}$는 $\mathbb{C}$에서 절대수렴한다.

예제 2.13 급수 $\sum_{n=1}^{\infty} \frac{1}{n^z}$ 은 집합 $E_1 = \{z \in \mathbb{C} \mid Re\ z > 1\}$ 에서 절대수렴하고 집합 $E_2 = \{z \in \mathbb{C} \mid Re\ z \geq 1+\epsilon,\ \epsilon > 0\}$ 에서 평등수렴한다.

증명 복소수 $z = x + yi$ 에 대하여 $n^z = e^{z\log n} = e^{(x+yi)\log n}$ 이므로,

$$\left| \frac{1}{n^z} \right| = \frac{1}{e^{x\log n}} = \frac{1}{n^x}$$

이다. 그러므로 $\sum_{n=1}^{\infty} \left| \frac{1}{n^z} \right| = \sum_{n=1}^{\infty} \frac{1}{n^x}$ 은 $x = Re\ z > 1$ 에 대하여 수렴한다(p-급수). 그러므로 $\sum_{n=1}^{\infty} \frac{1}{n^z}$ 은 E_1 에서 절대수렴한다. E_2 에서의 평등수렴성은 M-판정법으로부터 나온다.

문제 2.1 $z = x + yi$ 일 때, 집합 $E \subset \mathbb{C}$ 에서 정의된 함수 $f_n(z) = u_n(z) + iv_n(z)$ 로 이루어진 함수열 $\{f_n(z)\}$ 가 함수 $f(z) = u(z) + iv(z)$ 로 평등수렴하기 위한 필요충분조건은 $\{u_n(z)\}$ 는 $u(z)$ 로 평등수렴하고 $\{v_n(z)\}$ 은 $v(z)$ 로 평등수렴하는 것임을 보여라.

문제 2.2 집합 $E \subset \mathbb{C}$ 에서 함수열 $\{f_n(z)\}$ 은 함수 $f(z)$ 로 평등수렴하고 함수열 $\{g_n(z)\}$ 는 함수 $g(z)$ 로 평등수렴한다고 하자.

(a) 함수열 $\{f_n(z) + g_n(z)\}$ 은 E 에서 $f(z) + g(z)$ 로 평등수렴함을 보여라.

(b) 만일 모든 자연수 n 에 대하여 $f_n(z)$, $g_n(z)$ 가 유계이면, 함수열 $\{f_n(z)g_n(z)\}$ 은 E 에서 $f(z)g(z)$ 로 평등수렴함을 보여라.

문제 2.3 함수 $f(z)$ 는 집합 $E \subset \mathbb{C}$ 에서 유계가 아니고, $f_n(z) = f(z), g_n(z) = \frac{1}{n}$ 이라 하자.

(a) $\{f_n(z)\}$ 와 $\{g_n(z)\}$ 는 모두 E 에서 평등수렴함을 보여라.

(b) $\{f_n(z)g_n(z)\}$ 는 E 에서 점별수렴하지만, 평등수렴하지 않음을 보여라.

문제 2.4 $E \subset \mathbb{C}$ 는 유한집합이라 하자. $\{f_n(z)\}$가 E에서 평등수렴하기 위한 필요충분 조건은 $\{f_n(z)\}$는 E에서 점별수렴함을 보여라.

문제 2.5 만일 $\{f_n(z)\}$는 E에서 $f(z)$로 평등수렴하고, 충분히 큰 모든 n에 대하여 $f_n(z)$는 $z_0 \in E$에서 연속이면, $f(z)$도 z_0에서 연속임을 보여라.

문제 2.6 $K \subset \mathbb{C}$ 는 긴밀집합이라 하자. $\{f_n(z)\}$는 K에서 $f(z)$로 평등수렴하고, 각 함수 $f_n(z)$는 E에서 평등연속이라 하자. 그러면 극한함수 $f(z)$는 K에서 평등연속임을 보여라.

문제 2.7 만일 $\sum_{n=1}^{\infty} f_n(z)$가 집합 $E \subset \mathbb{C}$ 에서 평등수렴하면, $\{f_n(z)\}$는 E에서 0으로 평등수렴함을 보여라.

문제 2.8 $0 < r < 1$이고 $E = \{z \in \mathbb{C} \mid |z| \leq r\} \bigcup \{z \in \mathbb{C} \mid r \leq z \leq 1,\ z\text{는 실수}\}$ 라고 하자. 이때,

$$\sum_{n=1}^{\infty} (-1)^n \frac{z^n}{n}$$

는 E에서 평등수렴하지만, 절대수렴하지 않음을 보여라.

문제 2.9 다음 함수열들이 각각 점별수렴하는 집합과 평등수렴하는 집합을 찾아라.

(a) $\dfrac{z}{z^2+n^2}$ (b) ze^{-nz}

(c) $\dfrac{e^{nz}}{n}$ (d) $\dfrac{1}{1+z^n}$

문제 2.10 다음 각 급수가 주어진 집합에서 평등수렴함을 보여라.

(a) $\sum_{n=1}^{\infty} \dfrac{z^n}{z^{2n}+1},\ |z| \leq r(<1)$ (b) $\sum_{n=1}^{\infty} \dfrac{1}{(z^2-1)^n},\ |z| \geq r(>\sqrt{2})$

(c) $\sum_{n=1}^{\infty} \frac{1}{(z^2-1)^n}$, $Re\ z \geqq 2$

(d) $\sum_{n=1}^{\infty} \frac{z^2+1}{n^{z+1}}$, $\epsilon \leqq Re\ z \leqq R(< \infty)$

(e) $\sum_{n=1}^{\infty} (\frac{z-1}{z+1})^n$, $Re\ z \geqq \epsilon > 0$

문제 2.11 어떤 집합에서 다음 급수가 평등수렴하는가? 또 절대수렴하는가?

(a) $\sum_{n=1}^{\infty} (1-z)z^n$

(b) $\sum_{n=1}^{\infty} \frac{z^2}{(1+z^2)^n}$

(c) $\sum_{n=1}^{\infty} \frac{2z}{n^2-z^2}$

(d) $\sum_{n=1}^{\infty} \frac{1}{1+z^n}$

(e) $\sum_{n=1}^{\infty} \frac{1}{nz^n}$

3. 테일러급수와 매클로린급수

불행히도, 임의의 함수들로 이루어진 급수 $\sum_{n=1}^{\infty} f_n(z)$가 어떤 점 $z=z_0$에서 수렴하거나 발산한다는 것을 안다고 할지라도 또 다른 점에서의 그 급수에 관한 어떤 정보도 얻을 수 없다. 그러나 특수한 함수 $f_n(z)$들로 이루어진 급수는 어떤 한 점에서 그 급수의 움직임이 항상 면분에서의 성질들을 결정한다. 이러한 함수족은 해석함수론에서 중요한 역할을 한다.

$f_n(z)=a_n(z-b)^n, a_n, b \in \mathbb{C}$ 라고 하자. 이때

$$a_0+\sum_{n=1}^{\infty} a_n(z-b)^n=\sum_{n=0}^{\infty} a_n(z-b)^n$$

은 $z-b$에 관한 **거듭제곱급수(power series)**라고 한다.

정리 3.1 만일 거듭제곱급수 $\sum_{n=0}^{\infty} a_n z^n$이 점 $z=z_0$에서 수렴하면, $\sum_{n=0}^{\infty} a_n z^n$은 $|z|<|z_0|$에서 절대수렴(수렴)한다.

증명 $\sum_{n=0}^{\infty} a_n z_0^n$은 수렴하므로, $\lim_{z \to z_0} a_n z_0^n = 0$이다. 따라서 모든 n에 대하여 $M>0$이 존재하여 $|a_n z_0^n| \leqq M$이고

$$|a_n||z|^n=|a_n z_0^n|\left|\frac{z}{z_0}\right|^n \leqq M\left|\frac{z}{z_0}\right|^n$$

이 성립한다. 그러므로 비교판정법으로부터 정리의 결과가 나온다.

따름정리 3.2 만일 거듭제곱급수 $\sum_{n=0}^{\infty} a_n z^n$이 점 $z=z_0$에서 발산하면, $\sum_{n=0}^{\infty} a_n z^n$은 $|z|>|z_0|$에서 발산한다.

증명 $\sum_{n=0}^{\infty} a_n z^n$이 어떤 점 $z_1(|z_1|>|z_0|)$에서 수렴한다고 가정하자. 그러면

정리 3.1에 의하여 $\sum_{n=0}^{\infty} a_n z_0^n$은 절대수렴한다. 이것은 가정에 모순이다. 그러므로 $\sum_{n=0}^{\infty} a_n z^n$은 $|z| > |z_0|$에서 발산한다.

따름정리 3.3 만일 모든 실수 z에 대하여 거듭제곱급수 $\sum_{n=0}^{\infty} a_n z^n$이 수렴하면, 이 급수는 모든 복소수에서 수렴한다.

증명 $\sum_{n=0}^{\infty} a_n z^n$이 어떤 복소수 z_0에 대해서 발산한다고 가정하자. 그러면 따름정리 3.2에 의하여 $\sum_{n=0}^{\infty} a_n R^n$ $(R > |z_0|)$은 발산한다. 이것은 가정에 모순이다. 그러므로 $\sum_{n=0}^{\infty} a_n z^n$은 모든 복소수에서 수렴한다.

정리 3.1은 거듭제곱급수가 수렴하는 면분의 경계를 결정하는 데 이용될 수 있다.

정리 3.4 거듭제곱급수 $\sum_{n=0}^{\infty} a_n z^n$에 대하여 다음을 만족하는 R $(0 \leq R \leq \infty)$이 존재한다.

(i) 그 급수가 $|z| < R$에서 절대수렴한다.
(ii) 그 급수가 $|z| \leq R_0 (< R)$에서 평등수렴한다.
(iii) 그 급수가 $|z| > R$에서 발산한다.

이때, 이러한 R을 거듭제곱급수 $\sum_{n=0}^{\infty} a_n z^n$의 **수렴반경(radius of convergence)** 이라고 한다.

증명 만일 0이 아닌 모든 복소수 z에 대하여 급수 $\sum_{n=0}^{\infty} a_n z^n$가 발산하면, 분명히 $R=0$이다. 즉, 그 급수가 $z=0$에서만 (절대)수렴한다. 만일 급수가 0이 아닌 복소수 z에 대하여 수렴하면,

$$S=\{r\in\mathbb{R}^{+}\mid \sum_{n=0}^{\infty}|a_n z^n|\text{은 } |z|<r\text{에서 수렴한다.}\}$$

라고 놓자. 이때, 만일 S가 유계가 아니면, $R=\infty$이라고 하자. 즉, 모든 복소수 z에 대하여 $\sum_{n=0}^{\infty}a_n z^n$은 (절대)수렴한다. 만일 S가 유계이면, $R=\sup S$라 하자. 그러면 임의의 $\epsilon>0$에 대하여 $\rho\in S$가 존재해서 $R-\epsilon<\rho\leqq R$이다. 이때, 점 $z_0(|z_0|<\rho)$에 대하여 $\sum_{n=0}^{\infty}a_n z_0^n$은 절대수렴한다. 그러므로 (i)이 증명된다.

$|z|\leqq R_0(<R)$에서 급수의 평등수렴성은 (i)과 M-판정법으로부터 나온다. 이것은 (ii)를 증명한다.

마지막으로, 만일 어떤 점 $z_1(|z_1|>R)$에서 급수가 수렴하면, 정리 3.1에 의하여 급수는 $|z|<|z_1|$에서 절대수렴한다. 그러므로 $|z_1|\in S$이다. 이것은 $R=\sup S$에 모순이다. 이것은 (iii)을 증명한다.

거듭제곱급수는 항상 수렴반경 R에 대하여 원 $|z|=R$의 내부에서 수렴하고, 그 원의 외부에서는 발산한다. 그러나 거듭제곱급수가 원 $|z|=R$ 위에서는 수렴할지 또는 발산할지를 알 수 없다. 이러한 것을 알 수 있는 일반적인 원리는 없다. 어떤 거듭제곱급수는 원 $|z|=R$ 위의 모든 점에서 수렴할 수도 있고 발산할 수도 있으며, 원 위의 일부에서만 수렴할 수도 있다.

예제 3.5 거듭제곱급수 $\sum_{n=0}^{\infty}z^n$은 $|z|<1$에서 (절대)수렴한다. 그러나 발산판정법에 의하여 $|z|\geqq 1$에서는 발산한다. 그러므로 수렴반경은 $R=1$이다. 이 급수는 $|z|\leqq r(<1)$에서 평등수렴하지만, $|z|<1$에서는 평등수렴하지 않는다. (6.2절의 예제 2.10 참조).

예제 3.6 거듭제곱급수 $\sum_{n=1}^{\infty}\frac{z^n}{n}$은 $z=-1$일 때 교대급수이므로, 교대급수판정법에 의하여 수렴하고, $z=1$일 때 조화급수이므로 발산함을 알 수 있다. 따라서 수렴반경은 $R=1$이다(정리 3.1과 따름정리 3.2 참조).

예제 3.7 거듭제곱급수 $\sum_{n=1}^{\infty}\frac{z^n}{n^2}$ 은 $|z| \leq 1$일 때 M-판정법에 의하여 절대(그리고 평등)수렴한다. $z=1+\epsilon$, $\epsilon>0$일 때 $\frac{z^n}{n^2} \to \infty$이므로, 발산판정법과 따름정리 3.2에 의하여 $|z|>1$에서 발산함을 알 수 있다. 그러므로 수렴반경은 $R=1$이다.

예제 3.8 거듭제곱급수 $\sum_{n=1}^{\infty} n^n z^n$은 0이 아닌 모든 복소수 z에서 수렴하지 않는다. 왜냐하면, $z \neq 0$일 때 $|nz|^n = e^{n\ln n|z|} = e^{n(\ln n+\ln|z|)} \to \infty$이기 때문이다. 그러므로 수렴반경은 $R=0$이다.

예제 3.9 거듭제곱급수 $\sum_{n=1}^{\infty}\frac{z^n}{n^n}$은 복소평면에서 수렴한다. 왜냐하면 거듭제곱근 판정법에 의하여 $\limsup_{n\to\infty}\left|\frac{z}{n}\right| = 0 < 1$이기 때문이다. 그러므로 $R=\infty$이다. 정리 3.4에 의하여 이 급수는 복소평면의 모든 긴밀부분집합에서 평등수렴한다.

위의 예에서 다룬 방법과는 달리, 거듭제곱급수 $\sum_{n=1}^{\infty} a_n z^n$의 수렴반경은 그 급수의 계수만을 가지고 결정할 수 있다.

정리 3.10 거듭제곱급수 $\sum_{n=0}^{\infty} a_n z^n$의 수렴반경 R은 다음과 같다.

$$R=\begin{cases} \dfrac{1}{\limsup_{n\to\infty}|a_n|^{1/n}}, & \limsup_{n\to\infty}|a_n|^{1/n} \neq 0, \infty \\ \infty, & \limsup_{n\to\infty}|a_n|^{1/n} = 0 \\ 0, & \limsup_{n\to\infty}|a_n|^{1/n} = \infty \end{cases}$$

증명 $A = \limsup_{n\to\infty}|a_n|^{1/n}$으로 놓자. 임의의 복소수 z_0에 대하여

6장 거듭제곱급수

$$\limsup_{n\to\infty} |a_n z_0^n|^{1/n} = |z_0| A$$

이다. 거듭제곱근 판정법에 의하여 $\sum_{n=0}^{\infty} a_n z^n$은 $|z_0| A < 1$일 때 절대수렴하고, $|z_0| A > 1$일 때 발산한다. 정리 3.4에 의하여 만일 $A \neq 0, \infty$이면, 수렴반경은 $R = \frac{1}{A}$이다. 만일 $A = 0$이면, $\sum_{n=0}^{\infty} a_n z^n$은 모든 복소수 z에서 절대수렴하므로, 수렴반경은 $R = \infty$이다. 만일 $A = \infty$이면, $\sum_{n=0}^{\infty} a_n z^n$은 0이 아닌 모든 복소수 z에서 발산하므로, 수렴반경은 $R = 0$이다.

만일 $A = \limsup_{n\to\infty} |a_n|^{1/n} = 0$이면, 거듭제곱급수 $\sum_{n=0}^{\infty} a_n z^n$은 모든 복소수 z에서 수렴하고, 만일 $A = \infty$이면, $\sum_{n=0}^{\infty} a_n z^n$는 단지 원점 $z = 0$에서만 수렴한다.

거듭제곱급수 $\sum_{n=0}^{\infty} a_n z^n$의 수렴반경은 R이라 하자. 이때 수렴원 $|z| = R$의 내부의 점에서 거듭제곱급수에 의하여 정의된 함수 $f(z)$의 움직임을 가능한 충분히 특성화하고 싶다.

각 함수 $a_n z^n$은 $|z| < R$에서 연속이므로, $f(z)$도 $|z| < R$에서 연속일 것 같은 생각이 들 것이다.

정리 3.11 수렴반경이 R인 거듭제곱급수 $\sum_{n=0}^{\infty} a_n z^n$에 의하여 정의된 함수 $f(z)$는 $|z| < R$ 에서 연속이다.

증명 $|z_0| < R$이라 하자. 그러면 $|z_0| \leq R'(< R)$인 R'가 존재한다. 정리 3.4에 의하여 급수의 부분합 $S_n(z) = \sum_{k=0}^{n} a_k z^k$는 $|z| \leq R'$에서 $f(z)$로 평등수렴한다. $S_n(z)$는 모든 n에 대하여 $z = z_0$에서 연속이므로, 6.2절의 정리 2.6에 의하여 극한함수 $f(z)$는 $z = z_0$에서 연속이다.

참고 거듭제곱급수의 극한함수 $f(z)$의 미분가능성은 연속성과 같이 그렇게 직접적으로 나오지는 않는다. 만일 미분가능한 함수열 $\{f_n(z)\}$에 관한 급수 $\sum_{n=0}^{\infty} f_n(z)$가 영역 D에서 평등수렴하면, $\sum_{n=0}^{\infty} f_n'(z)$도 영역 D에서 미분가능한 함수로 수렴할 것으로 기대하겠지만 일반적으로 그렇지 않다. 예를 들어, 급수 $\sum_{n=1}^{\infty} \frac{\sin nz}{\sqrt{n}}$의 부분합 $S_n(z) = \frac{\sin nz}{\sqrt{n}}$는 $\mathbb{R}$에서 0으로 평등수렴하지만, $S_n'(z) = \sqrt{n}\cos nz$는 $\mathbb{R}$의 어떤 점에서도 수렴하지 않는다.

그러나 거듭제곱급수의 부분합열에 있어서는 이러한 현상이 일어나지 않는다. 어떤 의미에서 거듭제곱급수는 무한차 다항식으로 생각할 수도 있다. 특히, 다항식 $P_n(z) = \sum_{k=0}^{n} a_k z^k$의 도함수는

$$P_n'(z) = \sum_{k=1}^{n} k a_k z^{k-1}$$

이다. 이제 거듭제곱급수에 대하여 이와 유사한 결과를 증명할 것이다.

예비정리 3.12 다음 두 거듭제곱급수

$$\sum_{n=0}^{\infty} a_n z^n, \quad \sum_{n=1}^{\infty} n a_n z^n$$

은 동일한 수렴반경을 가진다,

증명 $\limsup_{n\to\infty} |na_n|^{1/n} = \lim_{n\to\infty} n^{1/n} \cdot \limsup_{n\to\infty} |a_n|^{1/n} = \limsup_{n\to\infty} |a_n|^{1/n}$이므로, 정리 3.10에 의하여 결과가 나온다.

정리 3.13 만일 거듭제곱급수 $\sum_{n=0}^{\infty} a_n z^n$이 $|z| < R$에서 수렴하면, 그 급수의 점별극한함수 $f(z)$는 $|z| < R$에서 해석적이고, $f'(z) = \sum_{n=1}^{\infty} n a_n z^{n-1}$이다.

6장 거듭제곱급수

증명 z_0는 $|z_0|<R$인 임의의 점이라 하자. 그러면 임의의 $\epsilon>0$에 대하여 $\delta>0$이 존재하여 $0<|z-z_0|<\delta$, $|z|<R$일 때

$$\left|\frac{f(z)-f(z_0)}{z-z_0}-\sum_{n=1}^{\infty}na_nz_0^{n-1}\right|<\epsilon$$

이 성립함을 보이면 된다. $|z_0|<R$이므로, $\rho>0$가 존재하여 $|z_0|\leqq\rho<R$이다. 이때 $|z|\leqq\rho$이고 z는 z_0에 충분히 가까운 임의의 점이라 하자. 임의의 정수 N에 대하여 $P_N(z)=\sum_{n=1}^{N}a_nz^n$으로 놓자. 그러면

$$\begin{aligned}\frac{f(z)-f(z_0)}{z-z_0}&=\sum_{n=1}^{N}a_n\frac{z^n-z_0^n}{z-z_0}+\sum_{n=N+1}^{\infty}a_n\frac{z^n-z_0^n}{z-z_0}\\&=\frac{P_N(z)-P_N(z_0)}{z-z_0}+\sum_{n=N+1}^{\infty}a_n\frac{z^n-z_0^n}{z-z_0}\end{aligned}$$

이다. $P_N'(z_0)=\sum_{n=1}^{N}na_nz_0^{n-1}$이므로,

$$\begin{aligned}&\left|\frac{f(z)-f(z_0)}{z-z_0}-\sum_{n=1}^{\infty}na_nz_0^{n-1}\right|\\&=\left|\frac{P_N(z)-P_N(z_0)}{z-z_0}-P_N'(z_0)+\sum_{n=N+1}^{\infty}a_n\frac{z^n-z_0^n}{z-z_0}-\sum_{n=N+1}^{\infty}na_nz_0^{n-1}\right|\\&\leqq\left|\frac{P_N(z)-P_N(z_0)}{z-z_0}-P_N'(z_0)\right|+\left|\sum_{n=N+1}^{\infty}a_n\frac{z^n-z_0^n}{z-z_0}\right|+\left|\sum_{n=N+1}^{\infty}na_nz_0^{n-1}\right|\\&=A_1+A_2+A_3\end{aligned}$$

을 얻는다. $|z|\leqq\rho$, $|z_0|\leqq\rho$이므로,

$$\begin{aligned}\left|\frac{z^n-z_0^n}{z-z_0}\right|&=\left|z^{n-1}+z^{n-2}z_0+\cdots+zz_0^{n-2}+z_0^{n-1}\right|\\&\leqq|z|^{n-1}+|z|^{n-2}|z_0|+\cdots+|z||z_0|^{n-2}+|z_0|^{n-1}\\&\leqq n\rho^{n-1}\end{aligned}$$

이다. 예비정리 3.12에 의하여 $\sum_{n=1}^{\infty} n|a_n|\rho^{n-1}$은 수렴한다. 그러므로 코시판정법에 의하여 자연수 N이 존재하여

$$\sum_{n=N+1}^{\infty} n|a_n|\rho^{n-1} < \frac{\epsilon}{4}$$

이다. 그러므로 $A_2 + A_3 \leqq 2\sum_{n=N+1}^{\infty} n|a_n|\rho^{n-1} < \frac{\epsilon}{2}$이다. $P_N(z)$는 $z=z_0$에서 미분가능하므로, 충분히 작은 $0<\delta<\rho$가 존재하여 $0<|z-z_0|<\delta$일 때 $A_1 < \frac{\epsilon}{2}$이 성립한다. 그러므로 $A_1+A_2+A_3 < \frac{\epsilon}{2}+\frac{\epsilon}{2}=\epsilon$이다. 따라서 결과가 나온다.

(참고1) 거듭제곱급수는 항상 다항식과 '나머지 항'의 합으로 나타낼 수 있는데, 정리 3.13의 증명에서 알 수 있는 것은 나머지 항들이 그리 중요하지 않다는 것이다.

(참고2) 정리 3.13이 보여주는 것은 거듭제곱급수들에 의하여 정의된 모든 함수들은 수렴반경의 내부에서 해석적이라는 것이다. 8장에서 그의 역도 성립한다는 것을 보일 것이다. 즉, 원판에서 해석적인 모든 함수는 어떤 거듭제곱급수의 점별극한함수이다.

정리 3.13의 증명을 살펴보면, 본래 증명하고자 했던 것보다 더 많은 것이 증명되었음을 알 수 있다. 거듭제곱급수

$$f(z) = a_0 + a_1 z + a_2 z^2 + a_3 z^3 + \cdots$$

는 다음과 같은 도함수를 갖는다는 것을 보였다.

$$f'(z) = a_1 + 2a_2 z + 3a_3 z^2 + 4a_4 z^3 + \cdots$$

이때 이 도함수는 $f(z)$와 동일한 수렴반경을 갖는 거듭제곱급수이다. 그러므로 정리 3.13을 반복적으로 적용하면, 다음을 얻는다.

$$f''(z) = 2a_2 + 6a_3 z + 12a_4 z^2 + 20a_5 z^3 + \cdots$$

$$f'''(z) = 6a_3 + 24a_4 z + 60a_5 z^2 + \cdots$$

$$\cdots\cdots$$

$$f^{(k)}(z) = k!a_k + \frac{(k+1)!}{1!}a_{k+1}z + \frac{(k+2)!}{2!}a_{k+2}z^2 + \cdots$$

이러한 각 도함수들은 $f(z)$의 수렴원 $|z| = R$의 내부에서 성립한다. 이때 $z=0$을 대입하면, 다음을 얻는다.

$$f^{(k)}(0) = k!a_k$$

이들을 요약하면 다음과 같다.

▸정리 3.14 만일 거듭제곱급수 $\sum_{n=0}^{\infty} a_n z^n$가 $|z| < R$에서 수렴하면, 그 급수의 점별극한 함수 $f(z)$는 $|z| < R$의 각 점에서 모든 계수의 도함수를 갖는다. 특히, 거듭제곱급수의 계수 a_n은 유일하게 결정되고

$$a_n = \frac{f^{(n)}(0)}{n!}$$

이다.

다음의 식

$$f(z) = \sum_{n=0}^{\infty} \frac{f^{(n)}(0)}{n!} z^n$$

을 $f(z)$의 **매클로린급수전개(Maclaurin series expension)**라고 부른다. 거듭제곱급수 $\sum_{n=0}^{\infty} a_n z^n$에 관한 모든 결과들을 $z-b$에 관한 거듭제곱급수 $\sum_{n=0}^{\infty} a_n (z-b)^n$에 관한 것으로 다시 서술할 수 있다. 예를 들어, $R = \frac{1}{\limsup_{n\to\infty} |a_n|^{1/n}}$에 대하여 급수 $\sum_{n=0}^{\infty} a_n (z-b)^n$은 $|z-b| < R$에서 해석함수 $f(z)$로 절대수렴한다. 이때, $|z-b| < R$에서

$$f(z) = \sum_{n=0}^{\infty} \frac{f^{(n)}(b)}{n!}(z-b)^n$$

이 성립한다. 이를 $f(z)$의 **테일러급수전개(Tayler series expansion)**라고 부른다.

문제 3.1 만일 거듭제곱급수 $\sum_{n=0}^{\infty} a_n z^n$의 수렴반경이 R이면, 함수열 $\{a_n z^n\}$은 $|z| > R$에서 유계가 아님을 보여라.

문제 3.2 (a) $|z_1| = |z_2|$라고 하자. 만일 $\sum_{n=0}^{\infty} a_n z_1^n$은 수렴하고 $\sum_{n=0}^{\infty} a_n z_2^n$은 발산하면, $\sum_{n=0}^{\infty} a_n z^n$의 수렴반경은 $R = |z_1|$임을 보여라.

(b) 만일 $\sum_{n=0}^{\infty} a_n$은 수렴하고 $\sum_{n=0}^{\infty} |a_n|$은 발산하면, $\sum_{n=0}^{\infty} a_n z^n$의 수렴반경은 $R = 1$임을 보여라.

문제 3.3 만일 $\{|a_n|\}$은 감소수열이면, $\sum_{n=0}^{\infty} a_n z^n$의 수렴반경은 적어도 1임을 보여라.

문제 3.4 만일 $\sum_{n=0}^{\infty} a_n z^n$은 유계가 아닌 점열들의 집합 $E \subset \mathbb{C}$에서 수렴하면, $\sum_{n=0}^{\infty} a_n z^n$은 모든 곳에서 수렴함을 보여라.

문제 3.5 $\{a_n\}$이 정수들의 수열일 때, $\sum_{n=0}^{\infty} a_n z^n$은 정함수이거나 그의 수렴반경이 기껏해야 1임을 보여라.

문제 3.6 거듭제곱급수 $\sum_{n=0}^{\infty} a_n z^n$는 수렴원 $|z| = R$의 내부의 모든 긴밀부분집합에서 평등수렴함을 보여라.

문제 3.7 만일 $\lim_{n\to\infty}\left|\frac{a_n}{a_{n+1}}\right| = R$이면, $\sum_{n=0}^{\infty} a_n z^n$의 수렴반경은 R임을 보여라.

문제 3.8 거듭제곱급수 $\sum_{n=0}^{\infty} a_n z^n$의 수렴반경은 $R = \liminf_{n\to\infty} |a_n|^{-1/n}$임을 보여라.

문제 3.9 임의의 정수 k에 대하여 $\sum_{n=1}^{\infty} \frac{n^k}{n^{\ln n}} z^n$의 수렴반경은 $R=1$임을 보여라.

문제 3.10 다음 급수에 대한 수렴반경을 구하여라.

(a) $\sum_{n=1}^{\infty} \frac{n^k}{a^n} z^n$

(b) $\sum_{n=1}^{\infty} (n^k + a^n) z^n$

(c) $\sum_{n=1}^{\infty} \frac{i^n - 1}{n} z^n$

(d) $\sum_{n=1}^{\infty} (1 + \frac{1}{n})^{n^2} z^n$

(e) $\sum_{n=0}^{\infty} \frac{n^2 + 5n + 3i^n}{2n+1} (z-2)^n$

문제 3.11 다음 급수에 대한 수렴반경을 구하여라.

(a) $\sum_{n=1}^{\infty} \frac{z^{2n}}{4^n n^k}$

(b) $\sum_{n=1}^{\infty} \frac{3^n}{n^2 + 4n} z^{2n}$

(c) $\sum_{n=0}^{\infty} \frac{z^n}{2^{n^2}}$

(d) $\sum_{n=0}^{\infty} \frac{z^{n^2}}{2^n}$

(e) $\sum_{n=0}^{\infty} \frac{2^n + 3^n}{4^n + 5^n} z^n$

문제 3.12 복소수열 $\{a_n\}$에 대하여 각 부분합 $s_n = \sum_{k=1}^{n} a_k$은 유계라고 하자. 만일 $\{b_n\}$이 0으로 단조감소하는 실수열이면, $\sum_{n=1}^{\infty} a_n b_n$은 수렴함을 보여라.

문제 3.13 (a) $\sum_{n=1}^{\infty} \frac{1}{n} z^n$은 $z=1$을 제외한 원 $|z|=1$ 위의 모든 점에서 수렴함을 보여라.

(b) $|z_1|=1$에 대하여 $\sum_{n=1}^{\infty}\frac{1}{n}(\frac{z}{z_1})^n$은 $z=z_1$을 제외한 원 $|z|=1$ 위의 모든 점에서 수렴함을 보여라.

(c) $|z_1|=|z_2|=\cdots=|z_p|=1$이라 하자. 그러면

$$\sum_{n=1}^{\infty}\frac{1}{n}(\frac{1}{z_1^n}+\cdots+\frac{1}{z_p^n})z^n$$

은 $z_1, z_2, \ldots, z_p$를 제외한 원 $|z|=1$ 위의 모든 점에서 수렴함을 보여라.

문제 3.14 다항식 $P(z)=z^3+3z^2-2z+1$의 다음에 관한 테일러급수전개를 구하여라.

(a) $z-1$　　(b) $z+2$　　(c) $z-i$

4. 거듭제곱급수에 관한 연산

거듭제곱급수에 관한 연구는 다음과 같은 세 가지 의문점에 관한 것이었다.

(1) z의 어떤 값에 대하여 거듭제곱급수 $\sum_{n=0}^{\infty} a_n (z-b)^n$은 수렴하는가?

(2) 거듭제곱급수 $\sum_{n=0}^{\infty} a_n (z-b)^n$의 점별극한함수 $f(z)$는 어떤 성질을 갖는가?

(3) 어떤 조건하에서 함수 $f(z)$는 주어진 점의 어떤 근방에서 거듭제곱급수로 나타낼 수 있는가?

처음 두 가지 의문점은 거의 해결되었다. 거듭제곱급수 $\sum_{n=0}^{\infty} a_n (z-b)^n$는 모든 곳에서 수렴하거나 점 $z=b$에서만 수렴하든지 또는 원이 존재하여 급수가 그 원의 내부에서 절대수렴하고 그 원의 외부에서 발산한다. 점별극한함수 $f(z) = \sum_{n=0}^{\infty} a_n (z-b)^n$은 수렴원의 내부에서 해석적이고 모든 계수(order)의 도함수를 갖는다. 단지 수렴원 위의 점에서 거듭제곱급수의 움직임은 알 수가 없다.

세 번째 의문점에 대해서는 아직 다루지 않았다. 만일 함수 $f(z)$는 어떤 점의 근방의 각 점에서 모든 계수의 도함수를 갖지 않으면, $f(z)$는 그 점의 근방에서 거듭제곱급수로 나타낼 수 없음을 알고 있다. 더욱이 만일 $f(z)$는 점 $z=b$의 어떤 근방에서 거듭제곱급수로 나타낼 수 있으면 그 표현은 유일하고, 그 계수는 $f(z) = \sum_{n=0}^{\infty} \frac{f^{(n)}(b)}{n!}(z-b)^n$에 의하여 $z=b$에서의 도함수와 관련이 있다. 그러나 아직 거듭제곱급수전개를 보장하는 판정법은 없다. 예를 들어,

$$f(z) = \sum_{n=0}^{\infty} \frac{1}{n!} z^n = 1 + z + \frac{1}{2!}z^2 + \frac{1}{3!}z^3 + \cdots$$

를 생각하자. 우선 $f(z)$는 정함수임을 보이자. $f(z)$가 정함수임을 보이기 위해서는 그 급수의 수렴반경이 $R=\infty$임을 보이면 충분하다. 이것은 $\limsup_{n\to\infty} \frac{1}{(n!)^{1/n}} = 0$일 때이다.

$$n! \geq n(n-1)\cdots(n-\frac{n}{2}) \geq (\frac{n}{2})^{n/2}$$

으로부터 $0<\dfrac{1}{(n!)^{1/n}}\leqq\dfrac{1}{(\frac{n}{2})^{1/2}}$을 얻는다. 그러므로

$$0\leqq\limsup_{n\to\infty}\frac{1}{(n!)^{1/n}}\leqq\limsup_{n\to\infty}\frac{1}{(\frac{n}{2})^{1/2}}=\lim_{n\to\infty}\frac{1}{(\frac{n}{2})^{1/2}}=0$$

이다. 따라서 $\limsup_{n\to\infty}\dfrac{1}{(n!)^{1/n}}=0$이다. 따라서 $f(z)$는 정함수이다. 더욱이, $f(0)=1$이고, 6.3절의 정리 3.12에 의하여 모든 z에 대하여 $f'(z)=f(z)$이다.

이러한 관점에서 $f(z)=e^z$라고 말한다. 사실, 만일 e^z는 거듭제곱급수로 나타낼 수 있으면,

$$f(z)=e^z=\sum_{n=0}^{\infty}\frac{f^{(n)}(0)}{n!}z^n=\sum_{n=0}^{\infty}\frac{1}{n!}z^n$$

이다. 이에 대한 증명은 복소적분 이론이 완성된 후에 다루기로 하자. 이것이 참임을 보이기 위해서 $e^x=\sum_{n=0}^{\infty}\dfrac{1}{n!}x^n$은 모든 실수 x에 대하여 성립함을 유의하자. 이것은 미적분학에서 나머지항을 갖는 테일러 공식을 이용하여 증명된다. 즉,

$$f(x)=e^x=\sum_{k=0}^{n-1}\frac{f^{(k)}(0)}{k!}x^k+R_n(x).$$

여기서 $R_n(x)=\displaystyle\int_0^x\frac{f^{(n)}(t)}{(n-1)!}(x-t)^n dt$이고, $\lim_{n\to\infty}R_n(x)=0$이다. 미적분학에서 이미 배운 다음 항등식들은 복소평면에서도 성립할 뿐만 아니라 6.3절의 정리 3.12의 역, 즉 모든 해석함수는 거듭제곱급수로 전개될 수 있음을 증명할 것이다.

$$e^x=\sum_{n=0}^{\infty}\frac{1}{n!}x^n=1+x+\frac{1}{2!}x^2+\cdots$$

$$\sin x=\sum_{n=1}^{\infty}\frac{(-1)^{n+1}}{(2n-1)!}x^{2n-1}=x-\frac{1}{3!}x^3+\frac{1}{5!}x^5-\cdots$$

$$\cos x=\sum_{n=0}^{\infty}\frac{(-1)^n}{(2n)!}x^{2n}=1-\frac{1}{2!}x^2+\frac{1}{4!}x^4-\cdots$$

특히, 만일 $f(z)$는 정함수이면, $f(z)$의 거듭제곱급수

$$f(z) = \sum_{n=0}^{\infty} \frac{f^{(n)}(b)}{n!}(z-b)^n$$

은 모든 복소수 b와 z에 대하여 성립한다.

실변수함수의 경우에는 놀랍게도 이와 유사한 어떤 결과도 없다.

예제 4.1 실변수함수 $f(x) = x\,|\,x\,|$ 는 모든 실수 x에서 미분가능하지만, $f''(0)$은 존재하지 않는다. 그러므로 $f(x)$는 매클로린급수로 전개할 수 없다.

예제 4.2 실변수함수 $f(x) = \dfrac{1}{1+x^2}$은 열린구간 $(-1,1)$에서만 매클로린급수

$$f(x) = \sum_{n=0}^{\infty} \frac{f^{(n)}(0)}{n!}x^n = 1 - x^2 + x^4 - x^6 + \cdots$$

를 갖는다. 그러나 이 함수는 모든 실수 x에서 모든 계수의 도함수를 갖는다. $f(x)$를 매클로린급수로 전개할 때 열린구간에 제한하는 것을 설명할 수 있는 함수 $f(x)$의 성질이 없는 것처럼 보인다. 그러나 x를 복소변수 z로 대체하면, 함수 $f(z) = \dfrac{1}{1+z^2}$은 $z = \pm i$에서 해석적이 아님을 알 수 있다. 그러므로 매클로린급수는 원 $|\,z\,| = 1$의 외부에서 수렴하지 않는다. 특히, 실수 z에 대하여 그 급수는 닫힌구간 $[-1,1]$의 외부에서 수렴하지 않는다.

예제 4.3 실변수함수 $f(x) = \begin{cases} e^{-1/x^2}, & x \neq 0 \\ 0, & x = 0 \end{cases}$ 는 모든 실수 x에서 모든 계수의 도함수를 갖는다. 특히, 모든 음이 아닌 정수 n에 대하여 $f^{(n)}(0) = 0$이다. 그러므로

$$\sum_{n=0}^{\infty} \frac{f^{(n)}(0)}{n!}x^n \equiv 0$$

이다. 따라서 이 매클로린급수는 원점에서만 $f(0) = 0$와 같다. 즉, 임의의 $x \neq 0$에 대해서는 $f(x) = e^{-1/x^2}$는 매클로린급수를 갖지 않는다.

두 n차 다항식의 합은 기껏해야 n차 다항식이고, 동류항들의 계수들을 더함으로써 그 합을 얻는다. 즉,

$$\sum_{k=0}^{n} a_k z^k + \sum_{k=0}^{n} b_k z^k = \sum_{k=0}^{n} (a_k + b_k) z^k.$$

두 n차 다항식의 곱은 $2n$차 다항식이지만, 계수 사이의 관계는 그리 간단하지 않다. 즉

$$(a_0 + a_1 z + a_2 z^2 + \cdots + a_n z^n)(b_0 + b_1 z + b_2 z^2 + \cdots + b_n z^n)$$
$$= a_0 b_0 + (a_0 b_1 + a_1 b_0) z + (a_0 b_2 + a_1 b_1 + a_2 b_0) z^2 + \cdots + a_n b_n z^{2n}.$$

이를 다시 쓰면,

$$(\sum_{k=0}^{n} a_k z^k)(\sum_{k=0}^{n} b_k z^k) = \sum_{k=0}^{2n} c_k z^k, \quad c_k = \sum_{m=0}^{k} a_m b_{k-m}$$

이다.

만일 두 함수가 거듭제곱급수를 가지면, 이들의 합과 곱에 대하여 다음을 알 수 있다.

▶정리 4.4 급수 $f(z) = \sum_{n=0}^{\infty} a_n z^n$의 수렴반경이 R_1이고, 급수 $g(z) = \sum_{n=0}^{\infty} b_n z^n$의 수렴반경이 R_2라고 하자. 그러면 $f(z) + g(z)$와 $f(z)g(z)$는 수렴반경이 적어도 $R = \min\{R_1, R_2\}$인 거듭제곱급수를 갖는다.

증명 $S_n(z) = \sum_{k=1}^{n} a_k z^k$, $T_n(z) = \sum_{k=1}^{n} b_k z^k$라고 하자. 그러면

$$S_n(z) + T_n(z) = \sum_{k=1}^{n} (a_k + b_k) z^k,$$

$$S_n(z) T_n(z) = \sum_{k=1}^{2n} c_{k}, z^k, c_k = \sum_{m=0}^{k} a_m b_{k-m}$$

이다. $|z_0| < R = \min\{R_1, R_2\}$를 만족하는 임의의 점 z_0에 대하여

$$\lim_{n\to\infty} S_n(z_0) = f(z_0), \lim_{n\to\infty} T_n(z_0) = g(z_0)$$

이다. 그러므로 다음을 얻는다.

$$\lim_{n\to\infty}(S_n(z_0)+T_n(z_0))=f(z_0)+g(z_0)=\sum_{n=0}^{\infty}(a_n+b_n)z_0^n,$$

$$\lim_{n\to\infty}S_n(z_0)T_n(z_0)=f(z_0)g(z_0)=\sum_{n=0}^{\infty}c_n z_0^n$$

z_0는 임의의 점이므로, $f(z)+g(z)$와 $f(z)g(z)$는 수렴반경이 적어도 $R=\min\{R_1,R_2\}$인 거듭제곱급수를 갖는다.

(참고) $\sum_{n=0}^{\infty}(a_n+b_n)z^n$과 $\sum_{n=0}^{\infty}c_n z^n$ $(c_n=\sum_{k=0}^{n}a_k b_{n-k})$에 대한 수렴반경은 실제로 $R=\min\{R_1,R_2\}$보다 클 수도 있음을 유의하자. 예를 들어, 만일 $a_n=1$, $b_n=-1$이면, $f(z)=\sum_{n=1}^{\infty}a_n=\sum_{n=1}^{\infty}z^n$과 $g(z)=\sum_{n=1}^{\infty}b_n z^n=-\sum_{n=1}^{\infty}z^n$의 수렴반경은 $R_1=R_2=1$이지만, $f(z)+g(z)=\sum_{n=0}^{\infty}(a_n+b_n)z^n=\sum_{n=0}^{\infty}(1-1)z^n\equiv 0$의 수렴반경 R은 ∞이다. 그러므로 $R>\min\{R_1,R_2\}=1$이다. 또한, 만일

$$a_n=\begin{cases}2, & n=0\\ 2^n, & n\geqq 1\end{cases},\quad b_n=\begin{cases}-1, & n=0\\ 1, & n\geqq 1\end{cases}$$

이면, $f(z)=\sum_{n=0}^{\infty}a_n z^n$의 수렴반경은 $R_1=\frac{1}{2}$이고, $g(z)=\sum_{n=0}^{\infty}b_n z^n$의 수렴반경은 $R_2=1$이다. 그러나 $f(z)g(z)=\sum_{n=0}^{\infty}c_n z^n\equiv c_0=a_0b_0=-2$의 수렴반경 R은 ∞이다. 그러므로 $R>\min\{R_1,R_2\}=1$이다.

지금까지 우리가 알고 있는 매클로린급수전개의 함수는 오직 다음의 기하급수뿐이다.

$$f(z)=\frac{1}{1-z}=\sum_{n=0}^{\infty}z^n\ (|z|<1)$$

0이 아닌 임의의 복소수 a에 대하여 $\frac{1}{a-z}$의 매클로린급수전개는

$$\frac{1}{a-z}=\frac{1}{a(1-\frac{z}{a})}=\frac{1}{a}\sum_{n=0}^{\infty}(\frac{z}{a})^n=\sum_{n=0}^{\infty}\frac{1}{a^{n+1}}z^n\ (|z|<|a|)$$

이다. 또한 0이 아닌 임의의 서로 다른 두 복소수 a, b에 대하여 $\frac{1}{(z-a)(z-b)}$의 매클로린 급수전개는

$$\frac{1}{(z-a)(z-b)}=\frac{1}{a-b}(\frac{1}{z-a}-\frac{1}{z-b})=\frac{1}{a-b}[\sum_{n=0}^{\infty}(\frac{1}{b^{n+1}}-\frac{1}{a^{n+1}})z^n]$$
$$(|z|<R=\min\{|a|,|b|\})$$

이다.

예제 4.5 함수 $\frac{1}{(1-z)^2}$에 대한 매클로린급수전개를 구하여라.

풀이 **(방법 1)** 정리 4.4의 증명에서 $a_n=b_n=1$로 놓으면, 다음을 얻는다.

$$\frac{1}{(1-z)^2}=\frac{1}{1-z}\cdot\frac{1}{1-z}$$
$$=(\sum_{n=0}^{\infty}z^n)(\sum_{n=0}^{\infty}z^n)=\sum_{n=0}^{\infty}(n+1)z^n,\ |z|<1$$

(방법 2) $f(z)=\frac{1}{1-z}=\sum_{n=0}^{\infty}z^n\ (|z|<1)$로부터 6.3절의 정리 3.12에 의하여

$$f'(z)=\frac{1}{(1-z)^2}=\sum_{n=1}^{\infty}nz^{n-1}\ (|z|<1)$$

을 얻는다.

일반적으로 주어진 급수의 수렴·발산을 판정하는 것은 이미 알려진 수렴하는 급수의 값을 구하는 것보다 훨씬 쉽다. 예를 들어, p-급수 $\sum_{n=1}^{\infty}\frac{1}{n^p}$의 수렴·발산을 쉽게 판정할 수 있지

만, $p>1$일 때 $\sum_{n=1}^{\infty}\frac{1}{n^p}$의 값을 구하기란 어렵다. 그러나 모든 경우에 다 그런 것은 아니다. 기하급수의 합의 공식은 많은 급수의 합을 구하는 데 이용된다.

예제 4.6 $\sum_{n=1}^{\infty}\frac{n}{2^n}$ 을 구하여라.

풀이 $f(z)=\frac{1}{1-z}=\sum_{n=0}^{\infty}z^n \ (|z|<1)$로부터

$$zf'(z)=\frac{z}{(1-z)^2}=\sum_{n=1}^{\infty}nz^n \ (|z|<1)$$

을 얻는다. 위의 식에 $z=\frac{1}{2}$을 대입하면, $\sum_{n=1}^{\infty}\frac{n}{2^n}=2$를 얻는다.

예제 4.7 $\sum_{n=1}^{\infty}\frac{n^2}{3^n}$ 을 구하여라.

풀이 $zf'(z)=\frac{z}{(1-z)^2}=\sum_{n=1}^{\infty}nz^n \ (|z|<1)$을 미분하고 z를 곱하면,

$$\frac{z+z^2}{(1-z)^3}=\sum_{n=1}^{\infty}n^2z^n \ (|z|<1)$$

을 얻는다. 위의 식에 $z=\frac{1}{3}$을 대입하면 $\sum_{n=1}^{\infty}\frac{n^2}{3^n}=\frac{3}{2}$이다.

예제 4.8 피보나치 수열 $a_{n+2}=a_{n+1}+a_n$, $a_0=0$, $a_1=1$로 정의된 급수 $\sum_{n=0}^{\infty}a_nz^n$의 합 $f(z)$를 구하여라.

풀이 $f(z)=\sum_{n=0}^{\infty}a_nz^n=z+\sum_{n=2}^{\infty}a_nz^n=z+\sum_{n=0}^{\infty}a_{n+2}z^{n+2}$

$$= z + \sum_{n=0}^{\infty} (a_{n+1} + a_n) z^{n+2}$$

$$= z + \sum_{n=0}^{\infty} a_{n+1} z^{n+2} + \sum_{n=0}^{n} a_n z^{n+2}$$

$$= z + z \sum_{n=0}^{\infty} a_{n+1} z^{n+1} + z^2 \sum_{n=0}^{\infty} a_n z^n$$

$$= z + zf(z) + z^2 f(z)$$

이므로, $f(z) = \dfrac{z}{1 - z - z^2}$ 을 얻는다. 이 함수는 급수가 수렴하는 영역에서만 정의된다. $1 - z - z^2 = 0$의 근은 $z = \dfrac{1 \pm \sqrt{5}}{2}$ 이므로, $f(z)$는

$$|z| < \min\{\frac{1+\sqrt{5}}{2}, \frac{\sqrt{5}-1}{2}\} = \frac{\sqrt{5}-1}{2}$$

에서 정의된다. 그러므로 $f(z)$의 수렴반경은 $\dfrac{\sqrt{5}-1}{2}$ 이다.

기하급수는 역시 테일러급수전개를 얻는 데 이용된다. 예를 들어, 함수 $f(z) = \dfrac{1}{1-z}$ 의 $z - b\ (b \neq 1)$에 관한 테일러급수전개는 다음과 같다.

$$f(z) = \frac{1}{1-z} = \frac{1}{1-b-(z-b)} = \frac{1}{1-b} \frac{1}{1 - \dfrac{z-b}{1-b}}$$

$$= \frac{1}{1-b} \sum_{n=0}^{\infty} (\frac{z-b}{1-b})^n = \sum_{n=0}^{\infty} \frac{1}{(1-b)^{n+1}} (z-b)^n$$

여기서 $\left|\dfrac{z-b}{1-b}\right| < 1$이다. 즉, $|z-b| < |1-b|$. 그러므로 $f(z) = \dfrac{1}{1-z}$는 $b \neq 1$에 대한 테일러급수전개를 갖는다. 이때

$$\frac{f^{(n)}(b)}{n!} = \frac{1}{(1-b)^{n+1}}, b \neq 1$$

임을 알 수 있다.

문제 4.1 $\sum_{n=0}^{\infty} a_n z^n$의 수렴반경은 R_1 $(0 < R_1 < \infty)$이고 $\sum_{n=0}^{\infty} b_n z^n$의 수렴반경은 R_2 $(0 < R_2 < \infty)$일 때, 다음을 보여라.

(a) $\sum_{n=0}^{\infty} a_n b_n z^n$의 수렴반경은 적어도 $R_1 R_2$이다.

(b) $\sum_{n=0}^{\infty} \frac{a_n}{b_n} z^n$ $(b_n \neq 0)$의 수렴반경은 기껏해야 $\frac{R_1}{R_2}$이다.

문제 4.2 $\sum_{n=0}^{\infty} a_n z^n$의 수렴반경은 R $(0 < R < \infty)$일 때 다음 급수들의 수렴반경을 구하여라.

(a) $\sum_{n=0}^{\infty} a_n n^k z^n$

(b) $\sum_{n=0}^{\infty} \frac{a_n}{n^k} z^n$

(c) $\sum_{n=0}^{\infty} a_n^k z^n$

(d) $\sum_{n=0}^{\infty} \frac{a_n}{n!} z^n$

(e) $\sum_{n=0}^{\infty} a_n n! z^n$

문제 4.3 $\sum_{n=0}^{\infty} a_n z^n$의 수렴반경은 R이라 하자. 그러면 $\sum_{n=0}^{\infty} a_n z^{kn}, k \in \mathbb{N}$와 $\sum_{n=0}^{\infty} a_n z^{n^2}$의 수렴반경은 R인 경우와 R보다 큰 경우에 관한 급수 $\sum_{n=0}^{\infty} a_n z^n$을 하나 구하여라.

문제 4.4 함수 $f(z)$는 점 $z=a$에 관하여 테일러급수로 전개될 수 있다고 할 때 다음을 보여라.

(a) 만일 모든 음이 아닌 정수 n에 대하여 $|f^{(n)}(a)| \leq M$이면, $f(z)$는 정함수이다.

(b) k는 음이 아닌 어떤 정수일 때, 만일 모든 음이 아닌 정수 n에 대하여 $|f^{(n)}(a)| \leq n^k$이면, $f(z)$는 정함수이다.

문제 4.5 다음 급수의 합을 구하여라.

(a) $\sum_{n=1}^{\infty} \frac{n^2+2n-1}{3^n}$ (b) $\sum_{n=2}^{\infty} \frac{n(3^n-2^n)}{6^n}$ (c) $\sum_{n=1}^{\infty} \frac{5in}{(1+i)^n}$

문제 4.6 $f(z)$는 거듭제곱급수전개를 갖는다고 하자. 그러면 다음을 보여라.

(a) $f(z)$가 기함수이기 위한 필요충분조건은 거듭제곱급수의 모든 짝수차 항의 계수는 0이다.

(b) $f(z)$가 우함수이기 위한 필요충분조건은 거듭제곱급수의 모든 홀수차 항의 계수는 0이다.

(c) 만일 $f(z)$는 우함수(기함수)이면, $f'(z)$는 기함수(우함수)이다.

문제 4.7 $a_n + Aa_{n-1} + Ba_{n-2} = 0 \ (n = 2,3,\ldots)$일 때, 다음의 거듭제곱급수의 합은 그 급수가 수렴하는 영역에서

$$\sum_{n=0}^{\infty} a_n z^n = \frac{a_0 + (a_1 + a_0 A)z}{1 + Az + Bz^2}$$

임을 보여라.

문제 4.8 피보나치 수열 $a_{n+2} = a_n + a_{n+1} (a_0 = 0,\ a_1 = 1)$에 대하여 $a_n \leqq (\frac{2}{\sqrt{5}-1})^n$ 임을 보여라.

문제 4.9 a,b,c는 0이 아닌 서로 다른 복소수라고 하자. 그러면 $f(z) = \frac{1}{(z-a)(z-b)}$에 대하여 점 $z = c$에 관한 테일러급수전개를 구하여라. 또한 수렴반경을 구하여라.

7장

복소적분과 코시정리

미적분학에서 가장 중요한 정리 중의 하나는 '정적분에 관한 기본정리'이다. 이 정리는 적분을 미분과 관련시키고, 반면에 적분을 계산하는 방법을 제시해 준다. 이 장에서는 이와 유사한 복소적분에 대하여 알아본다. 물론 문제는 임의의 두 점을 잇는 적분경로가 무수히 많이 존재한다는 것이다. 복소적분의 기본정리인 코시정리는 해석함수에 대한 복소적분이 특별한 영역에서의 적분경로와 무관하다는 것을 말해준다.

1. 곡선

미적분학에서 배운 리만적분의 몇 가지 성질들에 대하여 다시 한번 회상해 보자.

구간 $[a,b]$에서 정의된 연속인 실변수의 실가함수 $f(x), g(x)$에 대하여 다음이 성립한다.

(1) $\int_a^b (c_1 f(x) + c_2 g(x))dx = c_1 \int_a^b f(x)dx + c_2 \int_a^b g(x)dx \quad (c_1,\ c_2 \in \mathbb{R})$

(2) $\left| \int_a^b f(x)dx \right| \le \int_a^b |f(x)|\, dx$

이제 구간 $[a,b]$에서 정의된 연속인 실변수의 실가함수 $F_1(x)$, $F_2(x)$에 대하여 실변수의 복소가함수 $F(x)$를 다음과 같이 정의하자.

$$F(x) = F_1(x) + iF_2(x)$$

이때 구간 $[a,b]$에서 실변수의 복소가함수 $F(x)$의 정적분은 다음과 같이 정의한다.

$$\int_a^b F(x)dx = \int_a^b F_1(x)dx + i\int_a^b F_2(x)dx$$

그러면 다음이 성립함을 쉽게 알 수 있다.

$$Re \int_a^b F(x)dx = \int_a^b Re\ F(x)dx,$$

$$Im \int_a^b F(x)dx = \int_a^b Im\ F(x)dx$$

▶정리 1.1 구간 $[a,b]$에서 정의된 연속인 실변수의 복소가함수 $F(x), G(x)$에 대하여 다음

이 성립한다.

$$(1')\quad \int_a^b (c_1F(x)+c_2g(x))dx = c_1\int_a^b F(x)dx + c_2\int_a^b G(x)dx \quad (c_1, c_2 \in \mathbb{C})$$

$$(2')\quad \left| \int_a^b F(x)dx \right| \leqq \int_a^b |F(x)|\, dx$$

증명 (1′)는 명백하다.

(2′) $\int_a^b F(x)dx = Re^{i\alpha}$ $(R>0,\ -\pi<\alpha\leqq\pi)$라고 하자. 그러면 다음이 성립한다.

$$\int_a^b e^{-i\alpha}F(x)dx = e^{-i\alpha}\int_a^b F(x)dx = R = \left|\int_a^b F(x)dx\right|$$

이것으로부터 다음을 알 수 있다.

$$R = Re\int_a^b e^{-i\alpha}F(x)dx = \int_a^b Re\ e^{-i\alpha}F(x)dx \leqq \int_a^b |e^{-i\alpha}F(x)|\, dx$$
$$= \int_a^b |F(x)|\, dx$$

그러므로 (2′)가 성립한다.

지금까지 논의한 내용은 복소변수의 복소가함수를 다루는 데 별로 도움을 주지 못한다. 이러한 문제를 극복하기 위해서는 닫힌구간에서의 연속함수를 적분하는 것보다 더 일반적으로 닫힌구간에서 정의된 곡선 위에서 정의된 연속함수를 그 곡선을 따라 적분하는 것이 필요한다.

복소평면에서의 **연속곡선(continuous curve)** C: $z=z(t)$는 다음과 같이 매개변수표현으로 정의한다.

$$z = z(t) = x(t) + iy(t)\ (a \leqq t \leqq b)$$

여기서 $x=x(t)$, $y=y(t)$는 닫힌구간 $[a,b]$에서 정의된 연속인 실변수 t의 실가함수들이다. 이제부터 모든 곡선은 연속곡선이라 가정할 것이다. 그래서 '곡선'와 '호(arc)'는 같은 의미로 사용해도 좋다.

비록 곡선은 연속함수로 정의되어 있고, 곡선의 성질들은 연속함수들의 성질이지만, 함수의 그래프를 나타내는 점들의 집합을 역시 '곡선'으로 언급할 것이다. 따라서 곡선은 연속함수일 뿐만 아니라 점들의 긴밀집합이고 연결집합이다. 곡선의 위상적인 성질들이 논의될 때, 곡선은 때때로 그 곡선을 표현하는 매개변수를 언급하지 않고 C로 나타낼 것이다.

이때 두 점 $z(a), z(b)$는 각각 곡선 C의 **시점**(initial point), **종점**(terminal point)이라고 한다. 만일 시점과 종점이 일치하면, 즉 $z(a)=z(b)$이면, 곡선 C를 **폐곡선**(closed curve)이라고 한다. 또 $z=z(t)$가 단사함수일 때 곡선 C는 **단일곡선**(simple curve)이라고 한다. 구간 $[a,b]$에서 단사인 폐곡선은 **단일폐곡선**(simple closed curve) 또는 Jordan **곡선**이라고 한다.

모든 단일폐곡선은 평면을 두 영역으로 나눈다. 더 일반적으로 다음은 이에 관한 정리이다.

▶정리 1.2 (Jordan **곡선정리**) 만일 C가 단일폐곡선이면, C의 여집합은 서로소인 두 영역으로 이루어진다. 이때 유계인 영역은 곡선 C의 **내부**(interior)라고 하고, 유계가 아닌 영역은 곡선 C의 **외부**(exterior)라고 하자. 그리고 곡선 C는 각 영역의 **경계**(boundary)라고 한다.

이 정리는 직관적으로 명백하지만, 그 증명은 매우 어렵다. 이 정리의 증명은 위상수학에서 찾아볼 수 있다.

영역(domain)은 열린집합이고 연결집합을 말한다. 영역 $D \subset \mathbb{C}$가 **단일연결영역**(simply connected domain)이라는 것은 D에 포함되는 모든 단일폐곡선의 내부가 D의 점들만을 포함하는 것을 말한다. 위상적으로, 단일연결영역은 연속적으로 한 점으로 줄어들 수 있는 영역을 말한다. 구멍난 단위원판

$$A=\{z \in \mathbb{C} \mid 0<|z|<1\}$$

는 임의의 작은 영역으로 연속적으로 줄어들 수 있지만, A의 점으로 연속적으로 줄어들 수 없다. 그러므로 A는 단일연결영역이 아니다. 기하학적으로 단일연결영역은 그의 내부에 어떤 구멍도 갖지 않는 영역이다. 왜냐하면 만일 한 단일폐곡선이 구멍 둘레를 둘러싸고 있으면, 그 곡선은 구멍을 넘어서까지 연속적으로 줄어들 수 없기 때문이다. 단일연결영역이 아닌 영역은 **다중연결영역**(multiply connected domain)이라고 한다.

단일연결영역 다중연결영역 다중연결영역

참고1 앞으로 단일연결영역을 논의할 때는 단지 유한복소평면에서만 다룰 것이다. 따라서 원의 외부는 단일연결영역이 아니다. 확장된 복소평면에서 원의 외부는 무한대 점 ∞로 연속적으로 줄어들 수 있으므로, 단일연결영역이다.

참고2 해석함수는 일가함수이다. 그러나 해석함수보다 더 일반적인 개념인 다가함수를 논의하는 것이 흥미롭다. 다가함수인 복수로그함수 $\log z$는 $\mathbb{C}-\{0\}$에서 해석적이다. 왜냐하면 각 $z_0 \neq 0$에 대하여 $\log z$가 z_0에서 해석적인 $\log z$의 분지를 구할 수 있기 때문이다. 14장에서는 이러한 다가함수 $\log z$를 $\mathbb{C}-\{0\}$에서 **정칙함수(regular function)**라고 한다. $\log z$에 대한 분지절단은 다가함수를 일가함수로 변환하고, 역시 다중연결영역 $\mathbb{C}-\{0\}$을 단일연결영역으로 변환한다. '정칙함수'는 14장에서 정의한 후에 단일연결영역에서 정칙함수는 역시 거기에서 일가함수(해석함수)임을 증명할 것이다. 이것은 일치정리로 알려져 있다.

영역 $D \subset \mathbb{C}$의 경계인 곡선 C가 **양의 방향(positive orientation)을 갖는다**는 것은 C 위의 한 점에서 C를 따라 돌 때, 영역 D의 내부가 C의 왼쪽에 있을 때를 말한다. 원판의 경계는 시계반대방향이 양의 방향이고 시계방향이 음의 방향이다. 그러나 시계반대방향이 항상 양의 방향은 아니다. 고리 모양의 영역에서 바깥쪽 원의 양의 방향은 시계반대방향이고, 안쪽의 원의 양의 방향은 시계방향이다.

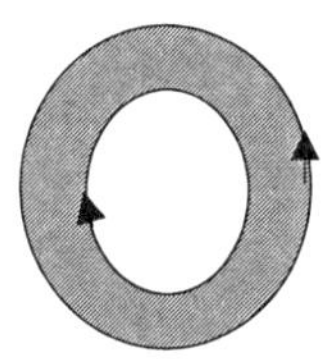

특별한 언급이 없는 한, 한 영역의 경계인 단일폐곡선은 항상 양의 방향을 갖는다고 가정한다.

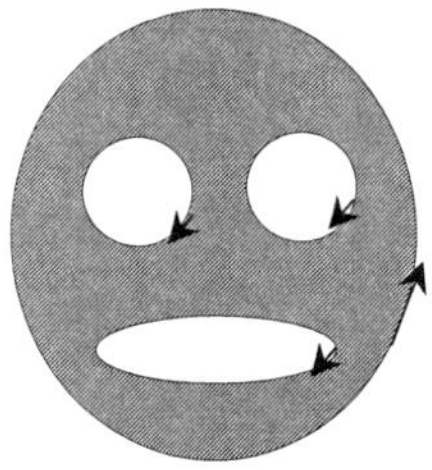

7장 복소적분과 코시정리

이제 다음 곡선들을 살펴보자.

$$C_1 : z(t) = e^{it} = \cos t + i\sin t, 0 \leqq t \leqq 2\pi$$

$$C_2 : z(t) = e^{-it} = \cos t - i\sin t, 0 \leqq t \leqq 2\pi$$

$$C_3 : z(t) = -e^{it} = -\cos t - i\sin t, 0 \leqq t \leqq 2\pi$$

$$C_4 : z(t) = -e^{-it} = -\cos t + i\sin t, 0 \leqq t \leqq 2\pi$$

위의 네 곡선들은 모두 단일폐곡선으로서 단위원 위를 움직인다. 그 곡선들은 시점이나 방향이 서로 다르다. C_1, C_2의 시점은 $(1,0)$이고 C_3, C_4의 시점은 $(-1,0)$이다. C_1, C_3는 양의 방향을 갖고 있고, C_2, C_4는 음의 방향을 갖고 있다.

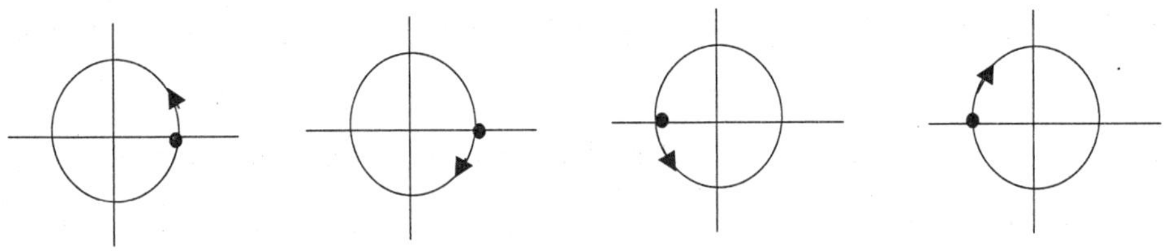

C_1-곡선　　C_2-곡선　　C_3-곡선　　C_4-곡선

곡선 $C: z = z(t) = x(t) + iy(t)$ $(a \leqq t \leqq b)$가 **매끄럽다(smooth)**는 것은 곡선 C가 미분가능하고 그 도함수가 연속일 때를 말한다. 이때, 만일 복소함수 $f(z)$가 C 위에서 연속이면, C 위에서 $f(z)$의 복소적분은 다음과 같이 정의한다.

$$\int_C f(z)dz = \int_a^b f(z(t))z'(t)dt$$

참고1 복소적분은 리만적분의 정의와 유사하게 리만합의 극한으로 정의될 수도 있다. 그러면 복소적분은 정리로서 유도될 것이다. 복소적분의 이점은 리만적분의 성질들을 이용할 수 있다는 데 있다.

참고2 위의 복소적분의 우변에 있는 피적분함수는 좌변에 $z = z(t), dz = z'(t)dt$를 대입함으로써 얻어진다.

참고3 $z(t) = t$인 특별한 경우에는 곡선 C는 실구간이므로, 복소적분은 실변수의 복소가함수의 적분으로 된다.

참고4 실적분 $\int_a^b f(x)dx$의 값은 함수 $f(x)$와 닫힌구간 $[a,b]$의 양 끝점에만 종속되지만, 복소적분 $\int_C f(z)dz$의 값은 일반적으로 함수 $f(z)$와 C의 양 끝점뿐만 아니라 C 위의 모든 점에 종속된다.

예제 1.3 아래에 주어진 곡선을 따라 $\int_C |z|^2 dz$와 $\int_C z^2 dz$를 구하여라.

(a) $C = C_1 : z(t) = t + it, 0 \leqq t \leqq 1$

(b) $C = C_1 : z(t) = t^2 + it, 0 \leqq t \leqq 1$

풀이 복소적분의 정의에 의하여

$$\int_{C_1} |z|^2 dz = \int_0^1 2t^2(1+i)dt = \frac{2}{3}(1+i),$$

$$\int_{C_2} |z|^2 dz = \int_0^1 (t^4+t^2)(2t+i)dt = \frac{5}{6} + \frac{8}{15}i$$

이다. C_1, C_2는 동일한 시점과 종점을 갖지만, $\int_{C_1} |z|^2 dz \neq \int_{C_2} |z|^2 dz$이다. 그러나

$$\int_{C_1} z^2 dz = \int_0^1 (t+ti)^2(1+i)dt = -\frac{2}{3}(1-i),$$

$$\int_{C_2} z^2 dz = \int_0^1 (t^2+ti)^2(2t+i)dt = -\frac{2}{3}(1-i)$$

를 얻는다. 따라서

$$\int_{C_1} z^2 dz = \int_{C_2} z^2 dz$$

이다. 나중에 $\int_C z^2 dz$는 매끄러운 적분경로 C와는 무관하고 단지 C의 시점과

종점에만 종속된다는 것을 보일 것이다. 이때

$$\int_{C_1} z^2 dz = \int_{C_2} z^2 dz = \int_0^{1+i} z^2 dz = \frac{1}{3}[z^3]_0^{1+i} = \frac{1}{3}(1+i)^3 = -\frac{2}{3}(1-i)$$

임을 주목하여라.

문제 1.1 곡선 $z(t) = a\cos t + ib\sin t, -\pi \leqq t \leqq \pi, a, b > 0$은 무슨 곡선인가?

문제 1.2 곡선 $z(t) = \dfrac{1-t^2}{1+t^2} + i\dfrac{2t}{1+t^2}, -R \leqq t \leqq R$은 무슨 곡선인가? 만일 $R \to \infty$ 이면, 그 곡선은 어떻게 되는가?

문제 1.3 다음 자취를 갖는 곡선의 매개변수표현을 구하여라.

(a) $z = i$에서 $z = 1-i$에 이르는 선분
(b) $z = 1$에서 $z = 2+3i$에 이르는 선분
(c) 꼭짓점은 $\pm 1 \pm i$이고 시점은 $-1-i$이며 양의 방향을 갖는 정사각형
(d) 우반평면에 놓여 있는 원 $|z-1| = 2$의 부분

문제 1.4 시점이 $-1-i$이고 종점이 $2+5i$인 포물선 $y = 2x^2 - 3$의 매개변수표현을 구하여라.

문제 1.5 다음 단일폐곡선들을 극좌표로 매개변수화하여라.

(a) $x^2 + y^2 = 4$　　(b) $4x^2 + y^2 = 1$　　(c) $x^2 + (y+1)^2 = 9$

문제 1.6 다음 곡선 C를 따라 $\int_C \bar{z} dz$를 구하여라.

(a) $z = z(t) = e^{it}\ (-\pi \leqq t \leqq \pi)$
(b) $z = z(t) = e^{2it}\ (-\pi \leqq t \leqq \pi)$
(c) $z = z(t) = e^{it} - 1\ (-\pi \leqq t \leqq \pi)$

(d) $z = z(t) = t + ti \ (0 \leqq t \leqq 2)$

(e) $z = z(t) = 5e^{it} + 3 \ (0 \leqq t \leqq \pi)$

문제 1.7 곡선 $C: z = z(t) = e^{it} \ (-\pi \leqq t \leqq \pi)$를 따라 아래에 주어진 각 함수 $f(z)$에 대하여 $\int_C f(z)dz$를 구하여라.

(a) $f(z) = z^2$

(b) $f(z) = \dfrac{1}{z}$

(c) $f(z) = \dfrac{1}{z^2}$

(d) $f(z) = 2\bar{z} - i(z + \dfrac{1}{z})$

2. 매개변수표현

곡선 $C: z=z(t)$는 구간 $[a,b]$에서 정의된 매끄러운 곡선이라 하자. 이때 구간 $[a,b]$를 두 부분구간 $[a,c],[c,b]$로 나누면, 매개변수 t를 각각 구간 $[a,c],[c,b]$에 제한시킴으로써 곡선 $z=z(t)$로부터 두 곡선 C_1, C_2를 얻는다. 이때 $C=C_1+C_2$로 나타낸다. 그러면 곡선 C 위에서 연속인 임의의 함수 $f(z)$에 대하여

$$\int_C f(z)dz = \int_{C_1} f(z)dz + \int_{C_2} f(z)dz$$

이다. 마찬가지로, 곡선 C는 n개의 곡선 $C_1,\ldots,C_n$들로 나눌 수 있다. 이때 $C=C_1+C_2+\cdots+C_n$으로 나타낸다. 그러면

$$\int_C f(z)dz = \sum_{i=1}^{n}\int_{C_i} f(z)dz$$

이다.

(참고) 두 곡선의 합은 한 곡선의 종점이 이어지는 다른 곡선의 시점과 일치한다는 것을 의미한다. 다시 말해, 만일 $C=C_1+C_2$이면, 곡선 C_1의 종점과 곡선 C_2의 시점이 일치한다.

구간 $I\subset \mathbb{R}$에서 정의된 함수 $z=z(t)$가 **구분적으로 연속(sectionally continuous)**이라는 것은 그 구간에서 좌우극한이 존재하는 유한개의 불연속점 $t_1,t_2,\ldots,t_n$을 가지고 $z=z(t)$가 각 소구간 $[t_{i-1},t_i]$ $(i=2,3,\ldots n)$에서 연속일 때를 말한다. 특히, 구분적으로 연속인 도함수를 갖는 곡선은 **등심선(contour)**이라고 한다. 등심선 C가 유한개의 매끄러운 곡선 C_1, $C_2,\ldots,C_n$들이 차례로 이어져 있을 때 곡선 C는 다음과 같이 표시한다.

$$C=C_1+C_2+\cdots+C_n$$

이때 C 위에서 연속인 복소함수 $f(z)$의 복소적분은 다음과 같이 정의한다.

$$\int_C f(z)dz = \int_{C_1+C_2+\cdots+C_n} f(z)dz = \sum_{i=1}^{n}\int_{C_i} f(z)dz$$

예제 2.1 다음 등심선 C를 따라 $\int_C zdz$를 구하여라.

$$C: z(t) = \begin{cases} 2t, & 0 \leq t \leq 1 \\ 2+i(t-1), & 1 \leq t \leq 2 \end{cases}$$

풀이 곡선 C의 매개변수 t를 각각 구간 $[0,1],[1,2]$에 제한시킴으로써 얻어진 두 곡선을 C_1, C_2라 하면, 다음이 성립한다.

$$\begin{aligned} \int_C zdz &= \int_{C_1} zdz + \int_{C_2} zdz \\ &= \int_0^1 2t \cdot 2dt + \int_1^2 [2+i(t-1)] \cdot idt \\ &= \int_0^1 4tdt - \int_1^2 (t-1)dt + \int_1^2 2idt \\ &= 2 - \frac{1}{2} + 2i = \frac{3}{2} + 2i \end{aligned}$$

미적분학에서 매끄러운 곡선의 길이의 개념을 이미 배웠다. 평면 $\mathbb{R}^2$에서 매개변수표현으로 주어진 매끄러운 곡선

$$\begin{cases} x = \phi(t) \\ y = \psi(t) \end{cases}, \quad a \leq t \leq b$$

의 길이 L은 다음과 같이 주어진다.

$$L = \int_a^b \sqrt{(\phi'(t))^2 + (\psi'(t))^2}\, dt = \int_a^b \sqrt{(\frac{dx}{dt})^2 + (\frac{dy}{dt})^2}\, dt$$

그러므로 복소평면에서 매끄러운 곡선(또는 등심선)

$$C: z(t) = x(t) + iy(t), a \leq t \leq b$$

의 길이는 다음과 같이 주어진다.

$$L = \int_a^b |z'(t)|\, dt = \int_a^b \left| \frac{dx}{dt} + i\frac{dy}{dt} \right| dt$$

곡선이 $z_0 = x_0 + iy_0$에서 $z_1 = x_1 + iy_1$까지의 선분인 특별한 경우에 그 곡선은

$$\begin{aligned} z(t) &= z_0 + t(z_1 - z_0) \\ &= x_0 + t(x_1 - x_0) + i[y_0 + t(y_1 - y_0)],\ 0 \leqq t \leqq 1 \end{aligned}$$

이다. 이때 $z'(t) = z_1 - z_0$이다. 그러므로 이 곡선의 길이는

$$L = \int_0^1 |z'(t)|\, dt = \int_0^1 |z_1 - z_0|\, dt = |z_1 - z_0|$$

이다. 이것은 그 선분의 길이와 같다.

z가 등심선 $C: z = z(t)$ 위에 있을 때, $|dz|$는

$$|dz| := |z'(t)|\, dt$$

로 정의한다.

(참고) 임의의 곡선의 길이에 관하여 논하는 것은 의미가 있다. 그러나 만일 곡선이 등심선이 아니면, 그의 길이는 유한이 아닐 수도 있다. 임의의 곡선 $z = z(t), a \leqq t \leqq b$의 길이는 다음과 같은 합들의 상한으로 정의한다.

$$\sum_{k=1}^{n} |z(t_k) - z(t_{k-1})|, a = t_0 < t_1 < \cdots < t_n < b$$

만일 곡선의 길이가 유한이면 그 곡선은 **구장가능곡선(rectifiable curve)**이라 한다. 모든 등심선$z = z(t), a \leqq t \leqq b$는 구장가능곡선이고, 그 곡선의 길이는

$$L = \int_a^b |z'(t)|\, dt$$

이다.

예제 2.2 등심선 $C: z = z(t) = e^t \cos t + i e^t \sin t\,(-\pi \leqq t \leqq \pi)$의 길이를 구하여라.

(풀이) $z = z(t) = e^{(1+i)t}$이므로 곡선의 길이는 다음과 같다.

$$\int_C |dz| = \int_{-\pi}^{\pi} |z'(t)|dt = \int_{-\pi}^{\pi} |(1+i)e^{(1+i)t}|dt$$

$$= \sqrt{2}\int_{-\pi}^{\pi} e^t dt = \sqrt{2}(e^{\pi} - e^{-\pi})$$

다음 정리는 이미 실적분에서 잘 알려진 정리와 유사한 복소적분에 관한 정리이다.

▶정리 2.3 등심선 C의 길이는 L이라고 하자. 만일 복소함수 $f(z)$가 C 위에서 연속이고 $|f(z)| \leqq M$이면,

$$\left|\int_C f(z)dz\right| \leqq ML$$

이다.

증명 $C: z = z(t), a \leqq t \leqq b$라고 하자. 그러면

$$\begin{aligned}\left|\int_C f(z)dz\right| &= \left|\int_a^b f(z(t))z'(t)dt\right| \\ &\leqq \int_a^b |f(z(t))|\,|z'(t)|dt \\ &\leqq M\int_a^b |z'(t)|dt = ML\end{aligned}$$

이다.

예제 2.4 곡선 $C: z = z(t) = 2e^{it}(-\pi \leqq t \leqq \pi)$에 대하여

$$\left|\int_C \frac{1}{z^2+10}dz\right| \leqq \frac{2\pi}{3}$$

임을 보여라.

증명 반지름이 2인 원의 길이는 $\int_C |dz| = 8\pi$이므로, 다음을 쉽게 알 수 있다.

7장 복소적분과 코시정리

$$
\left| \int_C \frac{1}{z^2+10} dz \right| \leqq \int_C \frac{1}{|z^2+10|} |dz|
$$
$$
\leqq \int_C \frac{1}{10-|z|^2} |dz| = \frac{1}{6}\int_C |dz| = \frac{2\pi}{3}
$$

엄밀히 말해, 곡선의 길이는 매개변수에 의하여 정의된다. 그러나 기하학적으로, 단일곡선인 경우에 그의 길이는 분명히 매개변수표현과 독립적이다. 예를 들어, 다음 두 곡선

$$
C_1 : z(t) = e^{it}, 0 \leqq t \leqq \pi
$$
$$
C_2 : z(t) = e^{2it},\ 0 \leqq t \leqq \frac{\pi}{2}
$$

는 모두 위 반평면에 놓여있는 단위원이다. 이때 두 곡선의 길이는

$$
\int_{C_1} |dz| = \int_0^{\pi} |z'(t)|\, dt = \int_0^{\pi} dt = \pi
$$
$$
\int_{C_2} |dz| = \int_0^{\pi/2} |z'(t)|\, dt = \int_0^{\pi/2} 2dt = \pi
$$

이다. 두 등심선 C_1, C_2는 형식적으로 서로 다른 매개변수표현을 갖지만, 그들은 동일한 길이를 갖는다.

(참고) 두 곡선 $e^{it}, 0 \leqq t \leqq 2\pi$와 $e^{2i\pi}, 0 \leqq t \leqq 2\pi$는 모두 단위원 위의 점들의 집합이지만, 첫 번째 곡선의 길이는 2π이고, 두 번째 곡선의 길이는 4π이다. 그러나 두 번째 곡선은 단위원을 두 번 감으므로 단일곡선이 아니다.

다음 정리는 곡선의 길이가 변하지 않도록 매개변수표현을 바꾸는 일반적인 판정법에 관한 것이다.

▶정리 2.5 곡선 $z(t) = x(t) + iy(t),\ a \leqq t \leqq b$는 등심선이고,

$$
t = \phi(r), c \leqq r \leqq d, a = \phi(c), b = \phi(d), \phi'(r) > 0
$$

라고 하자. 만일 함수 $t = \phi(r)$의 도함수 $\phi'(r)$은 구간 $[c,d]$에서 구분적으로 연속이면, $z(t)$의 길이는

$$L=\int_a^b |z'(t)|dt=\int_c^d |z'(\phi(r))|\phi'(r)dr$$

이다.

증명 $\phi'(r)>0$이므로, $t=\phi(r)$은 증가함수이다. 그러므로 $t=\phi(r)$은 구간 $[c,d]$에서 단사이다. 연쇄법칙에 의하여 다음을 얻는다.

$$\begin{aligned} L=\int_a^b |z'(t)|dt &= \int_a^b |x'(t)+iy'(t)|dt \\ &= \int_c^d |x'(\phi(r))+iy(\phi(r))|d\phi(r) \\ &= \int_c^d |z'(\phi(r))|\phi'(r)dr \end{aligned}$$

함수 $f(z)$는 등심선 $C: z=z(t), a\leqq t\leqq b$ 위에서 연속이고, 함수 $t=\phi(r), c\leqq r\leqq d$는 정리 2.5의 조건을 만족한다고 하자. 그러면 연쇄법칙에 의하여

$$\begin{aligned} \int_C f(z)dz &= \int_a^b f(z(t))z'(t)dt \\ &= \int_c^d f(z(\phi(r)))z'(\phi(r))\phi'(r)dr \end{aligned}$$

이다.

등심선 $C: z(t)=x(t)+iy(t), a\leqq t\leqq b$에 대하여 등심선

$$-C: z(-t)=x(-t)+iy(-t),\ -b\leqq t\leqq -a$$

는 C와 방향만 반대인 같은 곡선이다. 이때

$$\int_{-C} f(z)dz=\int_{-b}^{-a} f(z(-t))z'(-t)(-1)dt$$

이다. $r=-t$로 놓으면, $dr=-dt$이므로,

$$\int_{-C} f(z)dz = \int_{-b}^{-a} f(z(-t))z'(-t)(-1)dt$$
$$= \int_{b}^{a} f(z(r))z'(r)dr$$
$$= -\int_{a}^{b} f(z(r))z'(r)dr = -\int_{C} f(z)dz$$

이다.

참고 곡선 C와 $-C$는 방향만 반대인 같은 곡선이다. 이때 C의 시점은 $z(a)$이고 종점을 $z(b)$이다. 그러나 곡선 $-C$의 시점을 $z(b)$이고 종점은 $z(a)$이다. 그러므로 만일 곡선 C와 $-C$는 점들의 집합으로 간주하면, C 위에서의 복소적분은 그 등심선의 방향에 관한 매개변수표현에만 종속된다는 것을 알 수 있다.

예제 2.6 원점과 점 $1+i$를 잇는 선분 C에 대하여 $\int_C |z|dz$를 구하여라.

풀이 주어진 선분은 다음과 같이 매개화하자.

$$C: z(t) = t + it, 0 \leq t \leq 1$$

그러면 $z'(t) = 1 + i$이므로,

$$\int_C |z|dz = \int_0^1 |t+it|(1+i)dt$$
$$= \sqrt{2}(1+i)\int_0^1 tdt = \frac{1}{\sqrt{2}}(1+i)$$

이다. 이때 이러한 선분 C의 매개변수표현은 가장 자연스러운 것이다. 더 일반적으로 선분 C를 매개변수화해 보자. $x(a) = 0, x(b) = 1, x'(t) > 0, a \leq t \leq b$에 대하여

$$C: z(t) = x(t) + ix(t), a \leq t \leq b$$

이라 하자. 그러면 $z'(t) = (1+i)x'(t)$이므로,

$$\int_C |z|\,dz = \int_a^b |x(t)+ix(t)|\,(1+i)x'(t)dt$$
$$= (1+i)\sqrt{2}\int_a^b x(t)x'(t)dt$$
$$= (1+i)\sqrt{2}\cdot\frac{(x(b))^2-(x(a))^2}{2} = \frac{1}{\sqrt{2}}(1+i)$$

이다.

예제 2.7 꼭짓점이 $-1, 1, 1+i, -1+i$ 인 직사각형 C에 대하여 $\int_C |z|\,dz$를 구하여라.

풀이

$$C_1 : z(t) = t,\ -1 \leqq t \leqq 1$$
$$C_2 : z(t) = 1+it,\ \ 0 \leqq t \leqq 1$$
$$C_3 : z(t) = -t+i,\ \ -1 \leqq t \leqq 1$$
$$C_4 : z(t) = -1-it,\ \ -1 \leqq t \leqq 0$$

이라 놓으면, $C = C_1 + C_2 + C_3 + C_4$이다. 그러므로

$$\int_C |z|\,dz = \int_{C_1} |z|\,dz + \int_{C_2} |z|\,dz + \int_{C_3} |z|\,dz + \int_{C_4} |z|\,dz$$
$$= \int_{-1}^1 |t|\,dt + i\int_0^1 \sqrt{1+t^2}\,dt - \int_{-1}^1 \sqrt{1+t^2}\,dt - i\int_{-1}^0 \sqrt{1+t^2}\,dt$$
$$= \int_{-1}^1 (|t| - \sqrt{1+t^2})dt$$
$$= 2\int_0^1 (t - \sqrt{1+t^2})\,dt$$
$$= 1 - 2\int_0^1 \sqrt{1+t^2}\,dt$$

이다. $t = \tan\theta$로 놓으면, $dt = \sec^2\theta d\theta$이므로,

$$\int_0^1 \sqrt{1+t^2}\,dt = \int_0^{\pi/4} \sec\theta\cdot\sec^2\theta d\theta = \frac{1}{2}(\sqrt{2} + \ln(\sqrt{2}+1))$$

이다. 왜냐하면 부분적분법에 의하여

$$\int \sec\theta \cdot \sec^2\theta d\theta = \sec\theta \cdot \tan\theta - \int \sec\theta\tan\theta \cdot \tan\theta d\theta$$
$$= \sec\theta\tan\theta - \int \sec\theta(\sec^2\theta - 1)d\theta$$

이므로,

$$\int \sec\theta \cdot \sec^2\theta d\theta = \frac{1}{2}[\sec\theta\tan\theta + \ln|\sec\theta + \tan\theta|] + C$$

이기 때문이다. 그러므로

$$\int_C |z| dz = 1 - \sqrt{2} - \ln(\sqrt{2}+1)$$

이다.

예제 2.8 원점이 중심이고 반지름이 r인 원 C에 대하여 $\int_C |z| dz$를 구하여라.

풀이 $C: z(t) = re^{it},\ 0 \leqq t \leqq 2\pi$라고 하자. 그러면

$$\int_C |z| dz = \int_0^{2\pi} |re^{it}| ire^{it} dt = ir^2 \int_0^{2\pi} e^{it} dt$$
$$= r^2[e^{it}]_0^{2\pi} = r^2[e^{2\pi i} - 1] = 0$$

이다.

참고 앞으로, 양의 방향을 갖는 원 $C: |z - z_0| = r$에 대하여 $\int_C f(z)dz$는

$$\int_{|z-z_0|=r} f(z)dz$$

로 나타낼 것이다.

예제 2.9 각 정수 n에 대하여 $\int_{|z-z_0|=r} (z-z_0)^n dz$를 구하여라.

풀이 원 $|z-z_0|=r$은 $z(t)=z_0+re^{it}, 0 \leqq t \leqq 2\pi$이므로, $z'(t)=ire^{it}dt$이다. 그러므로

$$\begin{aligned}\int_{|z-z_0|=r}(z-z_0)^n dz &= \int_0^{2\pi}(re^{it})^n ire^{it}dt \\ &= ir^{n+1}\int_0^{2\pi} e^{i(n+1)t}dt \\ &= \begin{cases} \dfrac{ir^{n+1}}{i(n+1)}e^{i(n+1)t}\Big|_0^{2\pi}, & n \neq -1 \\ 2\pi i, & n=-1 \end{cases} \\ &= \begin{cases} 0, & n\neq -1 \\ 2\pi i, & n=-1 \end{cases}\end{aligned}$$

이다. 이 복소적분은 원의 반지름과 독립적임을 유의하자.

문제 2.1 다음 곡선은 구장가능곡선이 아님을 보여라.

$$z(t)=\begin{cases} t(\cos\dfrac{1}{t}+i\sin\dfrac{1}{t}), & 0<t\leqq 1 \\ 0, & t=0 \end{cases}$$

문제 2.2 다음을 보여라.

(a) $\left|\displaystyle\int_{|z|=1}\frac{1}{3+5z^2}dz\right| \leqq \pi$

(b) $\left|\displaystyle\int_{|z|=1}\frac{2z+1}{5+z^2}dz\right| \leqq \dfrac{3\pi}{2}$

문제 2.3 곡선 $z(t)=3e^{2it}+2, -\pi \leqq t \leqq \pi$의 길이를 구하여라.

문제 2.4 아래에 주어진 각 등심선 C에 대하여 다음 각 복소적분을 구하여라.

$$\int_C x dz, \int_C y dz, \int_C \bar{z} dz, \int_C z dz, \int_C |z| dz, \int_C z|dz|, \int_C |z||dz|$$

(a) 원점에서 $1+i$까지의 선분

(b) 원점에서 $1-i$까지의 선분

(c) 원 $|z|=1$

문제 2.5 적분경로 C가 네 꼭짓점 $\pm1\pm i$를 갖는 정사각형일 때, $\int_C \frac{1}{z}dz$를 구하여라.

문제 2.6 다음 복소적분을 구하여라.

(a) C는 원점에서 $2+2i$까지의 선분일 때, $\int_C e^z dz$

(b) C는 $-1+i$에서 $1-i$까지의 선분일 때, $\int_C (e^z+z+1)dz$

(c) C는 원점에서 $1+i$까지의 선분일 때, $\int_C \cos z dz$

문제 2.7 C는 다음 그림과 같은 등심선일 때, $\int_C \frac{\bar{z}}{z}dz$를 구하여라.

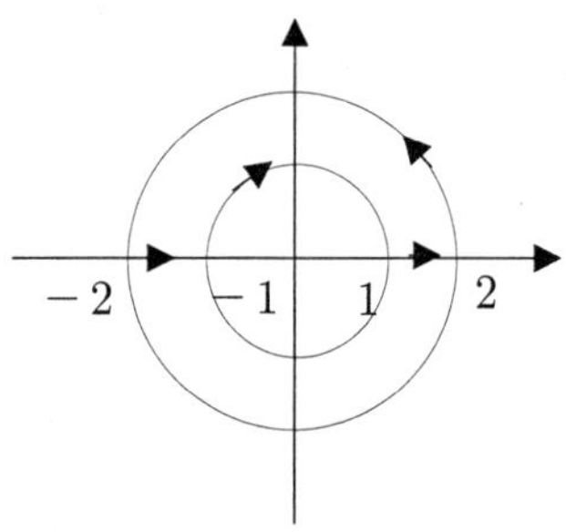

3. 선적분

복소함수가 실변수의 실가함수들로 나타낼 수 있는 것과 마찬가지로 복소적분도 실적분들로 나타낼 수 있다. 이제 복소함수 $f(z)=u(x,y)+iv(x,y)$는 다음 등심선 C 위에서 연속이라 하자.

$$C: z=z(t)=x(t)+iy(t)\,(a \leqq t \leqq b)$$

그러면

$$\begin{aligned}\int_C f(z)dz &= \int_a^b f(z(t))z'(t)dt \\ &= \int_a^b [u(x(t),y(t))+iv(x(t),y(t))][x'(t)+iy'(t)]dt \\ &= \int_a^b [u(x(t),y(t))x'(t)-v(x(t),y(t))y'(t)]dt \\ &\qquad + i\int_a^b [u(x(t),y(t))y'(t)+v(x(t),y(t))x'(t)]dt\end{aligned}$$

이다.

일반적으로, 평면 $\mathbb{R}^2$ 위의 등심선 $C: x=x(t), y=y(t)\,(a \leqq t \leqq b)$ 위에서 연속인 함수 $P(x,y), Q(x,y)$에 대하여 **실선적분(real line integral)** $\int_C P(x,y)dx+Q(x,y)dy$은 다음과 같이 정의한다.

$$\int_C P(x,y)dx+Q(x,y)dy = \int_a^b [P(x(t),y(t))x'(t)+Q(x(t),y(t))y'(t)]dt$$

그러므로 복소선적분은 두 실선적분으로 나타낼 수 있다. 즉,

$$\int_C f(z)dz = \int_C u(x,y)dx - v(x,y)dy + i\int_C u(x,y)dy + v(x,y)dx.$$

예제 3.1 $C: z(t)=t+it^2, 0 \leqq t \leqq 1$일 때 $\int_C z^2 dz$를 구하여라.

풀이 (방법 1) $\int_C z^2 dz = \int_0^1 (t^2+it)^2(2t+i)dt$

$$= \int_0^1 (2t^5-4t^3)dt + i\int_0^1 (5t^4-t^2)dt$$

$$= -\frac{2}{3}+\frac{2}{3}i$$

(방법 2) $x = x(t) = t^2, y = y(t) = t$로 놓으면,

$$\int_C z^2 dz = \int_C (x^2-y^2+i2xy)(dx+idy)$$

$$= \int_C (x^2-y^2)dx - 2xydy + i\int_C 2xydx + (x^2-y^2)dy$$

$$= \int_0^1 [(t^4-t^2)(2t) - 2t^2 \cdot t]dt + i\int_0^1 [(2t^2 \cdot t \cdot (2t) + (t^4-t^2)]dt$$

$$= \int_0^1 (2t^5-4t^3)dt + i\int_0^1 (5t^4-t^2)dt$$

$$= -\frac{2}{3}+\frac{2}{3}i.$$

참고 예제 3.1에서 보면 알 수 있듯이, 복소적분을 계산할 때, 두 번째 방법과 실선적분을 이용하여 계산하면 좀 지루한 것 이외에는 아무것도 없는 것처럼 보인다. 사실, 복소적분을 계산할 때는 거의 이러한 방법을 사용하지 않을 것이다. 그러나 이것은 복소적분에 관한 정리들을 실선적분들로부터 유도할 수 있게 해 준다. 그러면 복소적분의 계산법을 훨씬 간단하게 해 준다.

미적분학에서 배운 정리를 회상해 보자. 만일 함수 $f(x)$가 구간 $[a,b]$에서 연속이면, 함수

$$F(x) := \int_a^x f(t)dt$$

는 $[a,b]$에서 미분가능하고, $F'(x) = f(x)$이다. 이때 $F(b) - F(a) = F(b) = \int_a^b f(x)dx$이다.

이 정리는 구간 $[a,b]$의 두 경계점 a,b에 대한 함수 $F(x)$의 움직임을 구간 $[a,b]$ 전체에서 $F'(x) = f(x)$의 움직임과 관련시키는 것이다. 다음 정리는 2차원에서 이와 유사한 정리이다.

정리 3.2 **(그린정리)** $P(x,y), Q(x,y)$는 단일연결 닫힌면분 $R \subset \mathbb{R}^2$에서 연속이고 연속인 편도함수를 갖는다고 하자. 만일 R의 경계 C가 양의 방향의 단일폐곡선이면, 다음이 성립한다.

$$\int_C P(x,y)dx + Q(x,y)dy = \int\int_R (Q_x - P_y)dxdy$$

증명 R은 직사각형으로서 그의 변들이 좌표축과 평행인 특별한 경우에 대해서 증명하자.

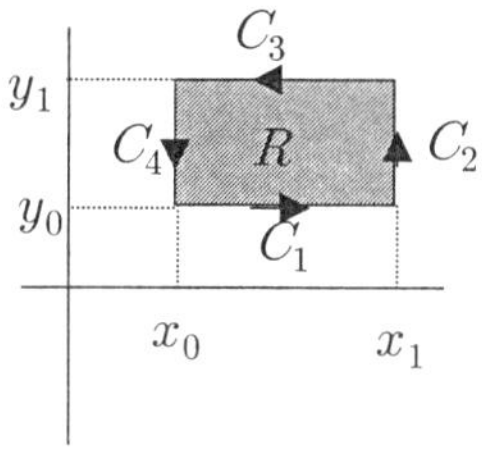

$C = C_1 + C_2 + C_2 + C_4$라고 하자. 그러면 C_1, C_3 위에서는 $dy = 0$이고, C_2, C_4 위에서는 $dx = 0$이므로,

$$\begin{aligned}
\int_C P(x,y)dx + Q(x,y)dy &= \int_{x_0}^{x_1} P(x,y_0)dx + \int_{y_0}^{y_1} Q(x_1,y)dy \\
&\quad + \int_{x_1}^{x_0} P(x,y_1)dx + \int_{y_1}^{y_0} Q(x_0,y)dy \\
&= \int_{x_0}^{x_1} [P(x,y_0) - P(x,y_1)]dx + \int_{y_0}^{y_1} [Q(x_1,y) - Q(x_0,y)]dy \\
&= \int_{x_0}^{x_1}\int_{y_0}^{y_1} (-\frac{\partial P}{\partial y})dydx + \int_{y_0}^{y_1}\int_{x_0}^{x_1} \frac{\partial Q}{\partial x}dxdy \\
&= \int_{y_0}^{y_1}\int_{x_0}^{x_1} (\frac{\partial Q}{\partial x} - \frac{\partial P}{\partial y})dxdy \\
&= \int\int_R (\frac{\partial Q}{\partial x} - \frac{\partial P}{\partial y})dxdy
\end{aligned}$$

이다. 여기서 적분순서를 바꾼 것은 반복적분이 부피를 나타내는 것으로 간주하여 행해진 것으로 이해하면 된다. 이것은 직사각형 면분에 대하여 증명한 것이다.

다음과 같은 단일연결 닫힌면분 R에 대해서 증명하자.

$$R=\{(x,y)\in\mathbb{R}^2 \mid a\leqq x\leqq b, f(x)\leqq y\leqq g(x)\},$$
$$R=\{(x,y)\in\mathbb{R}^2 \mid h(y)\leqq x\leqq k(y), c\leqq y\leqq d\}$$

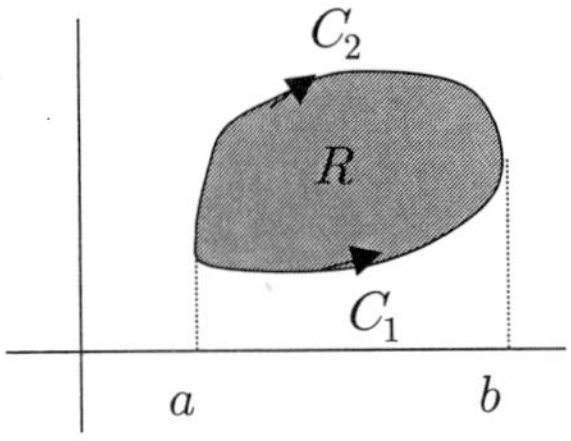

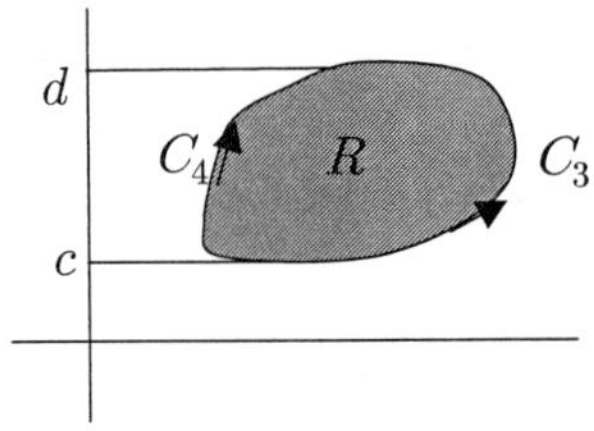

$$C_1 : y=f(x),\ C_2 : y=g(x)$$
$$C_3 : x=k(y),\ C_4 : x=h(y)$$
$$\begin{aligned} C &= C_1-C_2 \\ &= C_3-C_4 \end{aligned}$$

등심선 C_1, C_2, C_3, C_4을 다음과 같이 매개변수화하자.

$$C_1 : x=t, y=f(t),\ a\leqq t\leqq b$$
$$C_2 : x=t, y=g(t),\ a\leqq t\leqq b$$
$$C_3 : x=h(t), y=t,\ c\leqq t\leqq d$$
$$C_4 : x=k(t), y=t,\ c\leqq t\leqq d$$

그러면

$$\begin{aligned} \int\int_R \frac{\partial Q}{\partial x}dA &= \int_c^d\int_{h(y)}^{k(y)}\frac{\partial Q}{\partial x}dxdy \\ &= \int_c^d [Q(k(y),y)-Q(h(y),y)]dy \end{aligned}$$

이다. 한편,

$$\begin{aligned} \int_C Q(x,y)dy &= \int_{C_3-C_4} Q(x,y)dy \\ &= \int_{C_3} Q(x,y)dy - \int_{C_3} Q(x,y)dy \end{aligned}$$

$$= \int_c^d Q(k(t),t)dt - \int_c^d Q(k(t),t)dt$$

이므로, $\int_C Q(x,y)dy = \int\int_R \frac{\partial Q}{\partial x} dA$ 이다.

$$\begin{aligned}
\int_C P(x,y)dx &= \int_{C_1 - C_2} P(x,y)dx \\
&= \int_{C_1} P(x,y)dx - \int_{C_2} P(x,y)dx \\
&= \int_a^b P(t,f(t))dt - \int_a^b P(t,g(t))dt \\
&= -\int_a^b [P(t,g(t)) - P(t,f(t))]dt \\
&= -\int_a^b \int_{f(x)}^{g(x)} \frac{\partial P}{\partial y} dydx \\
&= -\int\int_R \frac{\partial P}{\partial y} dA
\end{aligned}$$

이다. 그러므로

$$\begin{aligned}
\int_C P(x,y)dx + Q(x,y)dy &= \int_C P(x,y)dx + \int_C Q(x,y)dy \\
&= -\int\int_R \frac{\partial P}{\partial y} dA + \int\int_R \frac{\partial Q}{\partial x} dA \\
&= \int\int_R [\frac{\partial Q}{\partial y} - \frac{\partial P}{\partial x}] dA
\end{aligned}$$

이다. 더 일반적인 단일연결 닫힌면분에 대해서도 증명할 수 있다.

예제 3.3 $R = \{(x,y) \in \mathbb{R}^2 \mid 0 \leqq x \leqq 1, 0 \leqq y \leqq 1\}$ 이고 C는 R의 경계라고 하자. 이때

$$\int_C xydx + (x^2 + y^2)dy$$

를 구하여라.

풀이 (방법 1) 실선적분의 정의에 의하여

$$\int_C xydx+(x^2+y^2)dy=\int_0^1 x\cdot 0dx+\int_0^1(1+y^2)dy+\int_1^0 x\cdot 1dx+\int_1^0(0+y^2)dy$$
$$=0+\frac{4}{3}-\frac{1}{2}-\frac{1}{3}=\frac{1}{2}$$

이다.

(방법 2) 그린 정리에 의하여

$$\int_C xydx+(x^2+y^2)dy=\int_0^1\int_0^1(2x-x)dxdy=\frac{1}{2}$$

이다.

예제 3.4 C는 꼭짓점이 $(1,1),(2,1),(2,2)$인 삼각형이라 하자. 이때

$$\int_C xdy-ydx$$

를 구하여라.

풀이 (방법 1) 실선적분의 정의에 의하여

$$\int_C xdy-ydx=\int_1^2(-1)dx+\int_1^2 2dy+\int_0^1 ydy-ydy$$
$$=-1+2+0=1$$

이다.

(방법 2) 주어진 삼각형 면분은 R이라 하자. 그러면 그린 정리에 의하여

$$\int_C xdy-ydx=\int\int_R(1+1)dxdy=2\int\int_R dxdy$$
$$=2\cdot\frac{1}{2}=1$$

이다.

예제 3.5 곡선 C는 (1,2), (4,2), (4,3), (1,3)을 꼭짓점으로 하는 직사각형 R의 경계일 때, 다음 선적분을 구하여라.

$$\int_C (e^{x^3}+y)dx+(x^2+\sin^{-1}y^2)dy$$

풀이 그린 정리를 이용하면, 다음을 쉽게 얻을 수 있다.

$$\int_C (e^{x^3}+y)dx+(x^2+\sin^{-1}y^2)dy=\int\int_R (2x-1)dA$$
$$=\int_1^4\int_2^3 (2x-1)dydx=12$$

이제 그린정리를 소개한 이유가 다음 복소함수에 관한 정리로부터 밝혀질 것이다.

정리 3.6 **(코시의 '약'정리)** 복소함수 $f(z)$는 단일연결영역 D에서 (연속인 도함수를 갖는) 해석함수일 때, D 안에 있는 임의의 폐등심선 C에 대하여 다음이 성립한다.

$$\int_C f(z)dz=0$$

증명 $f(z)=u(x,y)+iv(x,y)$로 놓으면, $f(z)$는 해석함수이므로,

$$f'(z)=\frac{\partial u}{\partial x}+i\frac{\partial v}{\partial x}=\frac{\partial v}{\partial y}-i\frac{\partial u}{\partial y},$$

이다. $f'(z)$는 연속함수이므로, u_x, v_x, u_y, v_y도 역시 연속이다. 또한 $u_x=v_y$, $v_x=-u_y$이다. 그러므로 만일 C는 단일폐등심선이면, 그린 정리에 의하여

$$\int_C f(z)dz=\int_C udx-vdy+i\int_C vdx+udy$$
$$=\int\int_R\left(-\frac{\partial v}{\partial x}-\frac{\partial u}{\partial y}\right)dxdy+i\int\int_R\left(\frac{\partial u}{\partial x}-\frac{\partial v}{\partial y}\right)dxdy$$
$$=0$$

이다. 이것은 일반적인 폐등심선에 대해서도 성립한다. 이에 대한 증명은 각자 해보기 바란다.

따름정리 3.7 복소함수 $f(z)$는 단일연결영역 D에서 (연속인 도함수를 갖는) 해석함수이고 D 안에 있는 임의의 두 등심선 C_1, C_2가 동일한 시점 z_0와 종점 z_1을 가질 때, 다음이 성립한다.

$$\int_{C_1} f(z)dz = \int_{C_2} f(z)dz$$

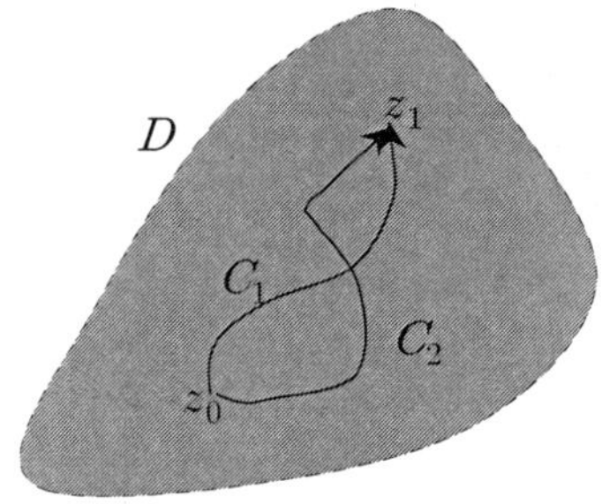

이때, $\int_{C_1} f(z)dz = \int_{C_2} f(z)dz = \int_{z_0}^{z_1} f(z)dz$로 나타내기도 한다.

증명 $C = C_1 - C_2$라고 하자. 그러면 C는 폐등심선이므로, 정리 2.6에 의하여

$$0 = \int_C f(z)dz = \int_{C_1} f(z)dz - \int_{C_2} f(z)dz$$

이다.

참고1 정리 2.6과 2.7은 복소적분의 값이 그 영역에서의 적분경로와 독립적이라는 것을 말해 준다. 특히, 정리 2.7은 복소적분의 값이 단지 등심선의 시점과 종점에 의해서만 결정된다는 것을 말해준다. 따라서 정리 2.7의 조건하에서 $\int_{C_1} f(z)dz = \int_{C_2} f(z)dz$를 $\int_{z_0}^{z_1} f(z)dz$로 나타내는 것은 의미가 있다.

참고2 코시정리 2.6은 해석함수가 연속인 도함수를 갖는다는 조건을 요구하고 있으므로 그린 정리를 응용할 수 있다. 그러므로 이 정리는 다소 약한 정리이다. 이것은 사소한 제한인 것처럼 보일지 모르지만, 코시정리를 모든 해석함수에 응용할 수 없다. 그래서 다음 절에서는 이러한 제한적인 가정을 생략할 것이다. 사실, 8장에서 보이겠지만, 모든 해석함수는 연속인 도함수를 갖는다.

이제 다음과 같은 문제를 생각해 보자. 코시정리가 다중연결영역에서도 성립할까? 우선 다음을 회상하자.

$$\int_{|z|=1} \frac{1}{z} dz = \int_0^{2\pi} \frac{1}{e^{i\theta}} ie^{i\theta} d\theta = 2\pi i$$

함수 $\frac{1}{z}$는 단위원 위의 모든 곳에서 해석적이지만, 그의 복소적분의 값은 0이 아니다. $\frac{1}{z}$는 $z \neq 0$에서 해석적이므로, $\frac{1}{z}$는 구멍뚫린 단위원판을 포함하는 영역에서 해석적이다. 이러한 구멍뚫린 영역은 단일연결영역이 아니므로, 코시정리를 응용하지 못한다. 그러나 고리 $0 < r_0 < |z| < r_1$로 이루어진 다중연결영역의 경계 C에 대하여 $\int_C \frac{1}{z} dz$를 구해 보자.

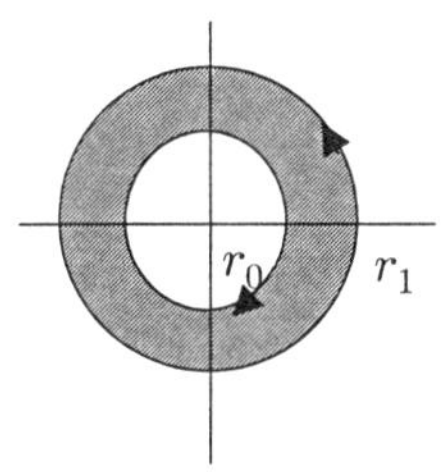

$$\int_C \frac{1}{z} dz = \int_{|z|=r_1} \frac{1}{z} dz - \int_{|z|=r_0} \frac{1}{z} dz$$
$$= 2\pi i - 2\pi i = 0$$

이다. 이것은 다음 코시정리의 결과이다.

▸정리 3.8 $f(z)$는 다중연결영역 D의 내부와 그의 경계인 C 위에서 (연속인 도함수를 갖는) 해석함수일 때, 다음이 성립한다.

$$\int_C f(z) dz = 0$$

이 정리의 증명은 다중연결영역을 단일연결영역으로 '변환'시키는 방법과 관련된다. 이를 예증하기 위하여 다음 그림과 같은 다중연결영역을 살펴보자.

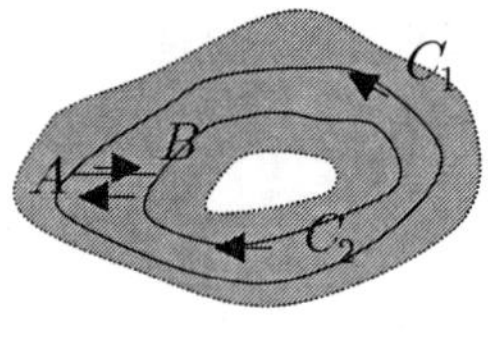

$C = C_1 + C_2$에 대하여 C_1과 C_2를 연결하는 선분 AB를 만들자. 이러한 선분은 **횡단선(cross cut)**이라 한다. 그러면 등심선 C_1과 선분 AB, 등심선 C_2 그리고 선분 BA로 둘러싸인 영역은 단일연결영역이 된다. 왜냐하면, 이러한 새로운 영역 안에 있는 임의의 폐곡선은 한 점으로 연속적으로 줄어들 수 있기 때문이다. C는 이러한 새로운 영역의 경계라고 하자. 그러면 정리 2.6에 의하여

$$0 = \int_C f(z)dz = \int_{C_1} f(z)dz + \int_{AB} f(z)dz + \int_{C_2} f(z)dz + \int_{BA} f(z)dz$$

이다. $\int_{AB} f(z)dz = -\int_{BA} f(z)dz$이므로,

$$\int_{C_1+C_2} f(z)dz = \int_{C_1} f(z)dz + \int_{C_2} f(z)dz = 0$$

이다.

다음 그림과 같은 $n-1$개의 구멍을 갖는 다중연결영역을 살펴보자.

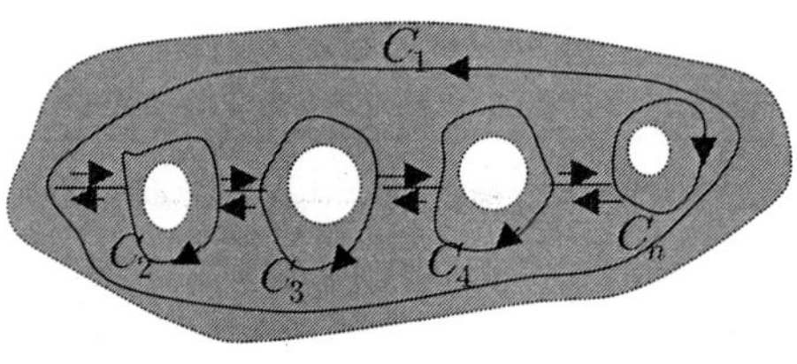

그러면 $C = C_1 + C_2 + \cdots + C_n$이다. 이때 한 개의 구멍을 갖는 다중연결영역의 경우와 유사한 방법으로 하면,

$$\int_{C_1+C_2+\cdots+C_n} f(z)dz = 0$$

을 얻는다. 이것으로부터 다음을 얻는다.

$$\int_{C_1} f(z)dz = -\left[\int_{C_2} f(z)dz + \cdots + \int_{C_n} f(z)dz\right]$$
$$= \int_{-C_2} f(z)dz + \cdots + \int_{-C_n} f(z)dz$$

즉, $n-1$개의 각 내부의 등심선을 음의 방향(시계반대방향)으로 적분한 값들의 합은 외부등심선을 따라 적분한 값과 같다.

더 복잡한 다중연결영역의 경우에는 내부경계와 외부경계를 직선의 선분으로 연결할 수 없을 때가 있다. 그러나 이러한 경우에는 **다각선(polygon line)**으로 다중연결영역의 횡단선을 만들 수 있다. 사실, 그린 정리는 단일연결영역에서 다중연결영역으로 일반화될 수 있다. 그래서 이것으로부터 다중연결영역에 대한 코시정리의 증명을 할 수 있다.

문제 3.1 다음 선적분을 구하여라.

(a) 곡선 C는 원점을 중심으로 갖는 반지름이 2인 원이 제1사분면에 놓여있는 부분일 때,

$$\int_C xydx + (x^2+y^2)dy$$

(b) 곡선 C는 점 $(1,0),(1,-1),(2,-1),(2,0)$을 꼭짓점으로 갖는 정사각형일 때,

$$\int_C x^2ydx + (2x+1)y^2dy$$

(c) 곡선 $C: x = a\cos^3 t, y = a\sin^3 t\,(0 \leq t \leq 2\pi)$에 대하여 $\int_C y^2dx + x^2dy$

(d) 곡선 $C: |z| = r$에 대하여 $\int_C \frac{xy^2}{x^2+y^2}dy$

(e) 곡선 C는 점 $(-2,4)$에서 점 $(2,4)$까지의 포물선 $y=x^2$일 때, $\int_C (x^2+xy)dy$

문제 3.2 단일폐곡선 C에 의하여 둘러싸인 영역 R의 넓이를 S라고 하자. 이때, 다음 등식이 성립함을 보여라.

$$S = \frac{1}{2}\int_C xdy - ydx = -\int_C ydz = -i\int_C xdz = -\frac{i}{2}\int_C \bar{z}dz$$

문제 3.3 $\int_{|z|=1} e^z dz$을 계산하여 다음을 보여라.

$$\int_{-\pi}^{\pi} e^{\cos\theta}\cos(\theta + \sin\theta)d\theta = \int_{-\pi}^{\pi} e^{\cos\theta}\sin(\theta + \sin\theta)d\theta = 0$$

문제 3.4 다음의 복소적분의 값을 구하여라.

(a) $\int_{-\pi i}^{\pi i} e^z dz$　　(b) $\int_0^{\pi + i} e^{iz} dz$　　(c) $\int_{1-i}^{2+i} (z^2 + 3z - 2)dz$

4. 코시정리

이 절에서는 여러 가지 형태의 코시정리를 증명할 것이다. 그러한 각각의 코시정리들은 여러 가지 기하학적이고 위상적인 내용을 수반한다. Goursat는 '약'코시정리가 $f'(z)$의 연속성을 가정하지 않고도 증명될 수 있다는 것을 보였다. 그 증명은 가장 간단한 형태인 직사각형의 경우에 대하여 이루어졌다. 그 증명은 Heine–Borel 정리의 증명에서 이용된 것과 유사한 방법을 수반한다.

정리 4.1 만일 함수 $f(z)$가 직사각형 C와 그의 내부를 포함하는 영역에서 해석적이면, 다음이 성립한다.

$$\int_C f(z)dz = 0$$

증명 직사각형 C를 합동인 네 개의 직사각형으로 분할하여 그 각각을 $C^{(1)}, C^{(2)}, C^{(3)}, C^{(4)}$라고 하자.

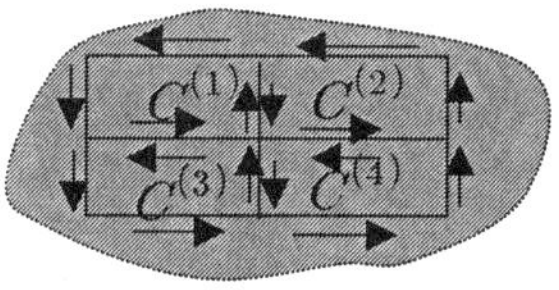

공통변은 서로 다른 방향을 가지므로, 그 공통변 위에서의 복소적분의 값은 서로 상쇄된다. 그러므로

$$\int_C f(z)dz = \sum_{i=1}^{4}\int_{C^{(i)}} f(z)dz$$

이다. 삼각부등식에 의하여

$$\left| \int_C f(z)dz \right| \leq \sum_{i=1}^{4} \left| \int_{C^{(i)}} f(z)dz \right|$$

이다. $\left| \int_{C^{(i)}} f(z)dz \right|, i = 1,2,3,4$ 중에서 가장 큰 것에 대응하는 직사각형을 편의상 C_1이라 가정하자. 그러면

$$\left| \int_{C_1} f(z)dz \right| \geq \frac{1}{4} \left| \int_C f(z)dz \right|$$

이다. 다시 직사각형 C_1을 합동인 네 개의 직사각형으로 분할하여, 위와 같은 방법을 적용하면 그 네 개로 분할된 직사각형 중에서 적어도 하나의 직사사각형 C_2가 존재하여

$$\left| \int_{C_2} f(z)dz \right| \geq \frac{1}{4} \left| \int_{C_1} f(z)dz \right| \geq \frac{1}{4^2} \left| \int_C f(z)dz \right|$$

이다. 이러한 과정을 계속 반복하면, 다음과 같은 감소하는 직사각형열을 얻는다.

$$C_1 \supset C_2 \supset C_3 \supset \cdots \supset C_n \supset \cdots$$

$$\left| \int_{C_n} f(z)dz \right| \geq \frac{1}{4} \left| \int_{C_{n-1}} f(z)dz \right| \geq \frac{1}{4^n} \left| \int_C f(z)dz \right|$$

각 직사각형 C_n은 긴밀집합이므로, 2.3절의 예비정리 3.1에 의하여 어떤 z_0에 대하여 $\bigcap_{n=1}^{\infty} C_n = \{z_0\}$이다. 그러므로 모든 n에 대하여 $z_0 \in C_n$이다. 특히, $f(z)$는 z_0에서 해석적이므로, $f'(z_0) = \lim_{z \to z_0} \frac{f(z) - f(z_0)}{z - z_0}$가 존재한다. 즉, $\lim_{z \to z_0} [\frac{f(z) - f(z_0)}{z - z_0} - f'(z_0)] = 0$. 이때,

$$\frac{f(z) - f(z_0)}{z - z_0} - f'(z_0) = \eta(z)$$

로 놓자. 그러면 $\lim_{z \to z_0} \eta(z) = 0$이므로, 임의의 $\epsilon > 0$에 대하여 $\delta > 0$가 존재하여 $0 < |z - z_0| < \delta$일 때 $|\eta(z)| < \epsilon$이 성립한다.

$$f(z) = f(z_0) + f'(z_0)(z - z_0) + \eta(z)(z - z_0)$$

이므로, 모든 n에 대하여

$$\begin{aligned}\int_{C_n} f(z)dz &= \int_{C_n} [f(z_0)+f'(z_0)(z-z_0)+\eta(z)(z-z_0)]dz \\ &= \int_{C_n} [f(z_0)+f'(z_0)(z-z_0)]dz + \int_{C_n} \eta(z)(z-z_0)dz\end{aligned}$$

이다. 첫 번째 복소적분의 피적분함수는 연속인 도함수를 가지므로, '약'코시정리에 의하여

$$\int_{C_n} [f(z_0)+f'(z_0)(z-z_0)]dz = 0$$

이다. 따라서

$$\int_{C_n} f(z)dz = \int_{C_n} \eta(z)(z-z_0)dz$$

이다. 이때 충분히 큰 n에 대하여 $C_n \subset N_\delta(z_0)$이다. 그러므로

$$\begin{aligned}\left|\int_{C_n} f(z)dz\right| &= \left|\int_{C_n} \eta(z)(z-z_0)dz\right| \\ &\leqq \int_{C_n} |\eta(z)|\,|z-z_0|\,|dz| \\ &\leqq \epsilon\int_{C_n} |z-z_0|\,|dz|\end{aligned}$$

이다. 직사각형 C_n의 대각선의 길이와 둘레를 각각 D_n, L_n이라 놓으면, 모든 $z \in C_n$에 대하여 $|z-z_0| \leqq D_n$이다. 그러므로

$$\left|\int_{C_n} f(z)dz\right| \leqq \epsilon D_n L_n$$

이다. 직사각형 C의 대각선의 길이와 둘레를 각각 D, L이라 하자. 그러면 $D_n = \dfrac{D}{2^n}, L_n = \dfrac{L}{2^n}$임을 알 수 있다. 그러므로

$$\begin{aligned}\left|\int_{C} f(z)dz\right| &\leqq 4^n \left|\int_{C_n} f(z)dz\right| \\ &\leqq 4^n \cdot \frac{\epsilon DL}{4^n} = \epsilon DL\end{aligned}$$

이다. $\epsilon > 0$은 임의이므로, $\left| \int_C f(z)dz \right| = 0$이다. 그러므로 $\int_C f(z)dz = 0$ 이다.

(참고) '약'코시정리에서는 영역에서 연속인 도함수를 갖는 해석함수 $f(z)$가 그 영역 안에 놓여있는 임의의 폐등심선 C에 대하여 $\int_C f(z)dz = 0$임을 보였다. 그러나 정리 4.1에서는 폐등심선 C가 직사각형일 때 도함수가 연속이라 가정하지 않았다.

앞으로, 정리 4.1에서의 폐등심선인 직사각형을 그 영역 안에 놓여있는 임의의 폐등심선으로 대체될 수 있음 보일 것이다. 우선 영역 안에서 역도함수를 갖는 모든 연속함수에 대하여 역시 복소적분의 값이 적분경로와 독립적이라는 것을 보일 것이다. 그 다음에 원판에서 해석적인 함수는 역도함수를 갖는다는 것을 보이고, 그 후에 단일연결영역 안에서 해석적인 함수가 역도함수를 갖는다는 것을 보일 것이다. 끝으로, 코시정리를 다중연결영역으로 확장한다. 이때 앞 절에서 했던 방법으로 다중연결영역을 단일연결영역으로 '변환'시킬 것이다.

정리 4.2 만일 $f(z)$는 영역 D에서 연속이고 D에서 $F'(z) = f(z)$인 미분가능함수 $F(z)$가 존재하면, D에 놓여있는 시점이 z_0이고 종점이 z_1인 임의의 등심선 C에 대하여 다음이 성립한다.

$$\int_C f(z)dz = F(z_1) - F(z_0)$$

특히, 만일 C가 폐등심선이면, $\int_C f(z)dz = 0$이다.

(증명) $C: z = z(t), a \leq t \leq b, z(a) = z_0, z(b) = z_1$이라 하자. $F(z)$는 D에서 연속인 도함수를 가지므로,

$$\int_C f(z)dz = \int_C F'(z)dz = \int_a^b F'(z(t))z'(t)dt$$

$$= \int_a^b \frac{d}{dt}(F(z(t))dt = F(z(b)) - F(z(a))$$

이다.

예제 4.3 함수 $f(z)=z^2$은 복소평면에서 연속이고, 그의 역도함수는 $F(z)=\frac{1}{3}z^3$이다.

그러므로 정리 4.2에 의하여 z_0에서 z_1까지의 임의의 등심선 C에 대하여

$$\int_C z^2 dz = \frac{1}{3}z_1^3 - \frac{1}{3}z_0^3$$

이다.

(참고) 정리 4.2는 미적분학의 기본정리와 유사한 것처럼 보인다. 그러나 거기에는 중요한 차이가 있다. 미적분학의 기본정리는 닫힌구간 $[a,b]$에서 연속인 함수 $f(x)$가 항상

$$\int_{x_0}^{x_1} f(t)dt = F(x_1) - F(x_0),\ a \le x_0 < x_1 \le b$$

를 만족하는 역도함수를 갖는다는 것이다. 그러나 정리 4.2는 단순히 연속함수 $f(z)$가 역도함수를 갖는 경우에만 결과가 성립하는 것이다. 함수 $f(z)$의 연속성이 그의 역도함수의 존재성에 대한 충분조건이 아니다. 이것은 다음 예에서 알 수 있다.

예제 4.4 함수 $f(z)=\bar{z}$는 복소평면에서 연속이다. 그러나 이 함수는 역도함수를 갖지 않는다. 만일 $f(z)$가 역도함수를 갖는다면, 등심선 $C: z(t)=e^{it}, 0 \le t \le 2\pi$에 대하여

$$\int_C \bar{z}dz = \bar{z}(2\pi) - \bar{z}(0) = e^{-2\pi i} - 1 = 0$$

이다. 그러나 $\int_{|z|=1} \bar{z}dz = \int_0^{2\pi} e^{-it} ie^{it}dt = 2\pi i \ne 0$이다. 이것은 모순이다.

그러므로 $f(z)=\bar{z}$는 역도함수를 갖지 않는다.

이제 역도함수와 해석함수 사이의 관계를 알아보자.

정리 4.5 만일 $f(z)$는 닫힌원판 $|z-z_0| \le r$을 포함하는 영역에서 해석적이면, 다음

이 성립한다.

$$\int_{|z-z_0|=r} f(z)dz = 0$$

증명 정리 4.2에 의하여 $|z-z_0| \leqq r$에서 $F'(z) = f(z)$를 만족하는 미분가능한 함수 $F(z)$가 존재한다는 것을 보이면 충분하다. $z = x+iy$는 원판 $|z-z_0| \leqq r$의 임의의 점이라 하자.

$$C_1' : z(t) = t + iy_0,\ x_0 \leqq t \leqq x$$
$$C_2' : z(t) = x + it,\ \ y_0 \leqq t \leqq y$$

에 대하여 $C_1 = C_1' + C_2'$라 하고,

$$C_3' : z(t) = x_0 + it,\ y_0 \leqq t \leqq y$$
$$C_4' : z(t) = t + iy,\ \ x_0 \leqq t \leqq x$$

에 대하여 $C_2 = C_3' + C_4'$라 하자.

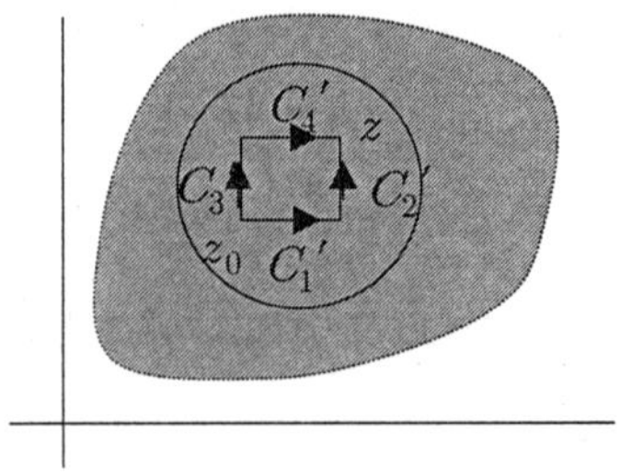

$$F(z) := \int_{C_1} f(z)dz$$
$$= \int_{x_0}^{x} f(t+iy_0)dt + \int_{y_0}^{y} f(x+it)idt$$

라고 정의하자. 정리 4.1에 의하여

$$0 = \int_{C_1 - C_2} f(z)dz = \int_{C_1} f(z)dz - \int_{C_2} f(z)dz$$

이다. 그러므로

$$F(z) = \int_{C_2} f(z)dz$$
$$= \int_{y_0}^{y} f(x_0 + it)idt + \int_{x_0}^{x} f(t+iy)dt$$

이다. 따라서 다음을 얻는다.

$$\frac{\partial F}{\partial y} = \frac{\partial}{\partial y}\left(\int_{y_0}^{y} f(x+it)idt\right) = if(x+iy) = if(z),$$
$$\frac{\partial F}{\partial x} = \frac{\partial}{\partial x}\left(\int_{x_0}^{x} f(t+iy)dt\right) = f(x+iy) = f(z)$$

그러므로

$$\frac{\partial F}{\partial x} = -i\frac{\partial F}{\partial y} = f(z)$$

이다. 따라서 $F(z)$는 코시-리만 방정식을 만족한다. 특히, $f(z)$는 연속이므로, $\frac{\partial F}{\partial x}, \frac{\partial F}{\partial y}$도 연속이다. 그러므로 5.2절의 정리 2.5에 의하여 $F(z)$는 z에서 해석적이다. z는 임의이므로, $F(z)$는 $|z-z_0| \leq r$에서 해석적이다. 따라서 $F'(z) = \frac{\partial F}{\partial x} = f(z)$이다.

원의 내부에 있는 임의의 점은 두 개의 서로 다른 꺾은 선분들에 의하여 그 원의 중심까지 연결될 수 있다. 이때 이러한 두 꺾은 선분들은 그의 변들이 좌표축에 평행한 직사각형의 둘레를 이룬다. 특히, 이러한 성질은 직사각형에 대한 코시정리로부터 원에 대한 코시정리를 얻는 데 이용되는 유일한 성질이다. 일반적인 영역에서는 이와 같은 방법을 사용할 수 없다. 그러나 2.1절의 정리 1.8에 의하여 영역 D 안에 있는 임의의 두 점은 D 안에 놓여있는 다각선에 의하여 연결될 수 있다. 이러한 사실은 다음 중요한 정리를 증명하는 데 이용될 수 있다.

▸정리 4.6 **(코시정리)** 만일 $f(z)$는 단일연결영역 D에서 해석적이면, D 안에 놓여있는 임의의 폐등심선 C에 대하여 다음이 성립한다.

$$\int_C f(z)dz = 0$$

증명 정리 4.2에 의하여 단일연결영역 D에서 $F'(z)=f(z)$를 만족하는 미분가능한 함수 $F(z)$가 존재한다는 것을 보이면 충분하다. $z_0 \in D$는 고정시키고, $z \in D$는 임의의 점이라 하자. z_0에서 z에 이르는 곡선 C_1, C_2는 다음 그림과 같이 꺾은 선분들로 이루어진 등심선이라 하자.

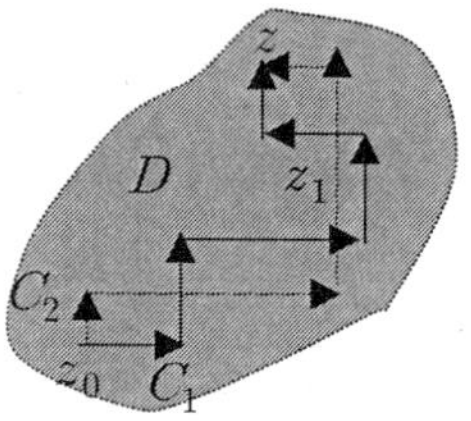

$$F(z) := \int_{C_1} f(z)dz$$

라고 정의하자. 정리 4.1에 의하여 각 직사각형 둘레에서 $f(z)$의 복소적분의 값은 0이므로,

$$0 = \int_{C_1 - C_2} f(z)dz = \int_{C_1} f(z)dz - \int_{C_2} f(z)dz$$

이다. 그러므로

$$F(z) = \int_{C_2} f(z)dz$$

이다. 점 $z_1 = x_1 + iy_1$은 점 x_0와 점 z 사이에서 등심선 C_1, C_2가 만나는 마지막 교점이라 하고, 마지막 직사각형은 변들이 좌표축에 평행하다고 하자(앞의 그림 참조). 그러면 정리 4.1에 의하여 z_0에서 z_1까지 C_1을 따라 $f(z)$의 복소적분의 값과 C_2를 따라 $f(z)$의 복소적분의 값은 같다. 이러한 공통값을 K라고 하자. 그러면

$$\begin{aligned} F(z) &= \int_{C_1} f(z)dz \\ &= K + \int_{x_1}^{x} f(t+iy_1)dt + \int_{y_1}^{y} f(x+it)idt \end{aligned}$$

이고, 또한

$$\begin{aligned} F(z) &= \int_{C_2} f(z)dz \\ &= K + \int_{y_1}^{y} f(x_1 + it)idt + \int_{x_1}^{x} f(t+iy)dt \end{aligned}$$

이다. 그러므로 다음을 얻는다.

$$\frac{\partial F}{\partial y} = \frac{\partial}{\partial y}\left(\int_{y_1}^{y} f(x+it)idt\right) = if(x+iy) = if(z),$$

$$\frac{\partial F}{\partial x} = \frac{\partial}{\partial x}\left(\int_{x_1}^{x} f(t+iy)idt\right) = f(x+iy) = f(z)$$

따라서

$$\frac{\partial F}{\partial x} = -i\frac{\partial F}{\partial y} = f(z)$$

이다. 그러므로 $F(z)$는 코시-리만 방정식을 만족한다. $f(z)$는 연속이므로, $F(z)$의 편도함수들은 연속이다. 그러므로 5.2절의 정리 2.5에 의하여 $F(z)$는 z에서 해석적이다. 따라서

$$F'(z) = \frac{\partial F}{\partial x} = f(z)$$

이다.

참고1 정리 4.6의 증명에서는 위상적 개념을 이용하고 있다. 단일연결영역은 그의 임의의 두 점을 그 영역 안에 놓여있는 다각선으로 연결할 수 있으므로, 단일연결영역에서는 유한개의 직사각형을 포함시킬 수 있다. 그러므로 정리 4.1을 이용할 수 있었다. 그러나 정리 4.1의 본질은 직사각형을 한 점으로 연속적으로 줄어들게 할 수 있다는 것 이다. 결국, 코시정리는 $\int_{z_0}^{z_0} f(z)dz = 0$이라는 사실에 그 근간을 두고 있다.

참고2 '약'코시정리를 일반화한 7.3절의 정리 3.8은 자연스럽게 단일연결영역에서 다

중연결영역으로 일반화한 것이다. 이것은 본질적으로 위상개념이다. 그러나 어떤 곳에서도 편도함수의 연속성를 이용하지 않았다. 따라서 코시정리는 역시 다중연결영역에 대해서도 성립한다. 그 증명은 7.3절의 정리 3.7의 증명에서와 같이 다중연결영역을 단일연결영역으로 '변환'시킴으로써 행해질 수 있다.

정리 4.7 **(일반화된 코시정리)** 만일 $f(z)$는 다중연결영역 D과 그의 경계 C에서 해석적이면, 다음이 성립한다.

$$\int_C f(z)dz = 0$$

이와 같이 일반화된 코시정리는 함수 $f(z)$가 해석적이 아닌 면분을 에워싸는 등심선을 따라 복소적분을 계산할 수 있게 해준다.

예제 4.8 C는 점 z_0를 둘러싸는 단일폐등심선이라 하자. 이때 $\int_C \frac{1}{z-z_0}dz$를 구하여라.

풀이 C와 그의 내부의 합집합을 R이라 하자. 그러면 $f(z)=\frac{1}{z-z_0}$는 R에서 해석적인 아닌 면분이다. R의 내부에는 원 $C_1 : |z-z_0| = \epsilon$, $\epsilon > 0$가 존재한다. 함수 $f(z)=\frac{1}{z-z_0}$는 C와 원 $|z-z_0| = \epsilon$ 사이의 다중연결영역에서 해석적이다. 따라서 코시정리 4.7에 의하여

$$0 = \int_{C+C_1} \frac{1}{z-z_0}dz = \int_C \frac{1}{z-z_0}dz + \int_{C_1} \frac{1}{z-z_0}dz$$

이다.

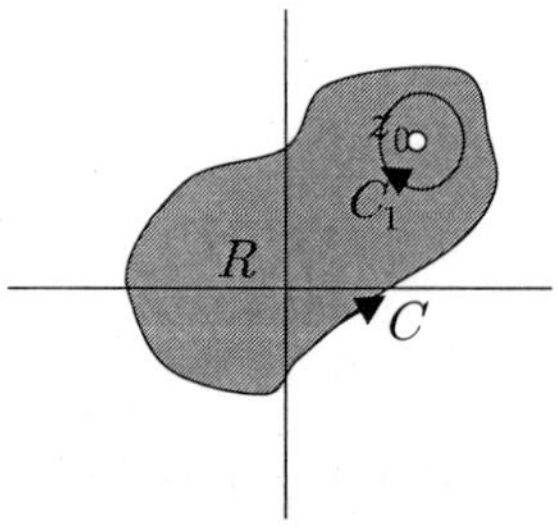

그러므로 7.2절의 예제 2.9에 의하여

$$\int_C \frac{1}{z-z_0}dz = -\int_{C_1} \frac{1}{z-z_0}dz = \int_{-C_1} \frac{1}{z-z_0}dz = 2\pi i$$

이다.

코시정리가 다중연결영역에서도 성립한다는 사실은 일반적인 등심선을 매개변수화해야 하는 근심을 없게 해준다.

(참고) 정리 4.7은 단일연결영역에 대해서 사용한 것과 동일한 방법으로 직접 증명될 수 없다. 왜냐하면 일반적으로 해석함수가 다중연결영역에서 일가해석함수인 역도함수를 가질 필요는 없기 때문이다. 복소로그함수 $\log(z-z_0)$는 한 분지에 제한될 때만 $\frac{1}{z-z_0}$의 해석역도함수이다. 단일연결영역에서 **해석로그함수(analytic logarithm)**의 이러한 개념은 다음 정리에서 좀 더 명확하게 된다.

▶정리 4.9 만일 $f(z)$는 단일연결영역 D에서 해석적이고 0이 아니면,

$$e^{g(z)} = f(z)$$

를 만족하는 D에서 해석적인 함수 $g(z)$가 존재한다.

(증명) $f(z)$는 D에서 0이 아닌 해석함수이므로, 함수 $\frac{f'(z)}{f(z)}$는 D에서 해석적이다. 더 나아가, 단일연결영역 안에 임의의 두 점 사이의 $\frac{f'(z)}{f(z)}$의 복소적분은 D에 놓여있는 적분경로와 독립적이다. $z_0 \in D$는 고정시키고 $z \in D$는 임의의 점이라 하자. 이때

$$g(z) := \int_{z_0}^{z} \frac{f'(\zeta)}{f(\zeta)}d\zeta + Logf(z_0)$$

라고 정의하자. 여기서 적분경로는 z_0와 z를 잇는 D에 포함되는 임의의 경로이다. 이때 $h(z) = f(z)e^{-g(z)}$로 놓으면,

$$h'(z) = f'(z)e^{-g(z)} - f(z)g'(z)e^{-g(z)}$$
$$= f'(z)g(z)e^{-g(z)} - f(z)\cdot\frac{f'(z)}{f(z)}e^{-g(z)} = 0$$

이므로, $h(z)$는 D에서 상수이다.

$$h(z_0) = f(z_0)e^{-g(z_0)} = f(z_0)e^{-Logf(z_0)} = 1$$

이므로, D에서 $f(z)e^{-g(z)} \equiv 1$이다. 그러므로 D에서 $e^{g(z)} = f(z)$이다.

정리 4.9에서 단일연결영역이라는 가정이 필요하다는 것을 알기 위하여 함수 $f(z) = \dfrac{1}{z}$을 생각하자. $f(z) = \dfrac{1}{z}$은 $\mathbb{C} - \{0\}$ (단일연결영역이 아니다)에서 0이 아닌 해석함수이지만, $e^{g(z)} = \dfrac{1}{z}$를 만족하는 해석함수 $g(z)$가 존재하지 않는다. ($-\log z$의 어떤 분지도 $\mathbb{C} - \{0\}$에서 해석적이 아니다.)

따름정리 4.10 만일 $f(z)$는 단일연결영역 D에서 해석적이고 0이 아니면, $f(z)^{1/n}$, $n \in \mathbb{N}$의 해석분지는 D에서 정의될 수 있다.

증명 정리 4.9에 의하여 $e^{g(z)} = f(z)$를 만족하는 D에서 해석적인 함수 $g(z)$가 존재한다. 이때 $f(z)^{1/n}$은

$$f(z)^{1/n} := e^{\frac{1}{n}g(z)}$$

로 정의하면 된다.

참고 더 일반적으로, 각 $k = 0, 1, 2, \ldots, n-1$에 대하여 $e^{\frac{1}{n}(g(z) + 2k\pi i)}$도 $f(z)^{1/n}$의 한 해석분지이다.

문제 4.1 다음 각 등심선 C에 대하여 $\displaystyle\int_C \frac{1}{1+z^2}dz$를 구하여라.

(a) $C: |z-i|=1$ (b) $C: |z+i|=1$

(c) $C: |z|=2$ (d) $C: |z-1|=1$

문제 4.2 다음 각 등심선 C에 대하여 $\int_C \frac{e^z}{z}dz$를 구하여라.

(a) $C: |z|=1$ (b) $C: |z-2|=1$

(c) 꼭짓점이 $\pm 1 \pm i$인 정사각형

문제 4.3 $Re\ z_0 > 0$, $Re\ z_1 > 0$일 때, 시점 z_0에서 종점 z_1에 이르는 우반평면에 있는 등심선 C에 대하여 $\int_C \frac{1}{z}dz$를 구하여라.

해답

제 1 장

문제 1.1 (a) $|z|=1$, $|z|=3$은 중심이 원점이고 반지름이 각각 1,3인 등심원이다. 그러므로 $1<|z|\leq 3$은 원 $|z|=1$의 외부와 경계선을 포함한 원 $|z|=3$의 내부의 교집합이다.

(b) $|z+3|:|z-3|=1:2$이므로, $\left|\dfrac{z-3}{z+3}\right|=2$는 점 $A(-3)$과 점 $B(3)$을 양 끝점으로 하는 선분 AB을 $1:2$로 내분하는 점 $P(-1)$과 외분하는 점 $Q(-9)$를 양 끝점으로 하는 선분 PQ를 지름으로 하는 원이다. 그러므로 이 원은 중심이 4이고 반지름은 5이다. 즉, $|z-4|=5$이다. 따라서 $\left|\dfrac{z-3}{z+3}\right|<2$는 $z\neq-3$인 원 $|z-4|=5$의 내부이다.

(c) $|z+1|+|z-1|=2$이므로, z는 점 $A(-1)$과 점 $B(1)$을 잇는 선분 AB 위의 점들이다.

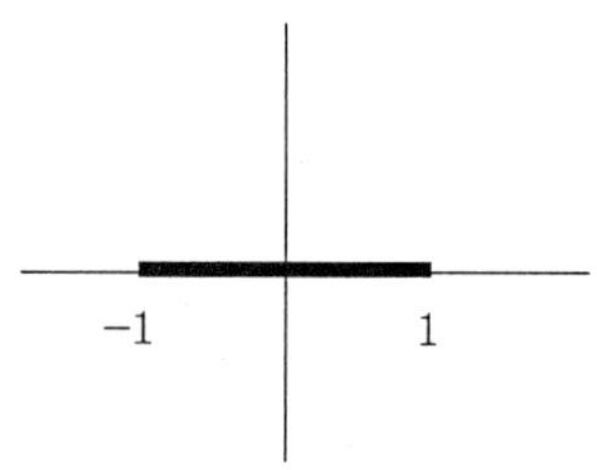

(d) $z=x+yi$로 놓으면, $x-5=(x^2+y^2)^{1/2}+5$이므로,

$$x^2+y^2=(x-10)^2, y^2=-20x+100=-20(x-5)$$

이다. 그러므로 $Re(z-5)=|z|+5$는 다음과 같다.

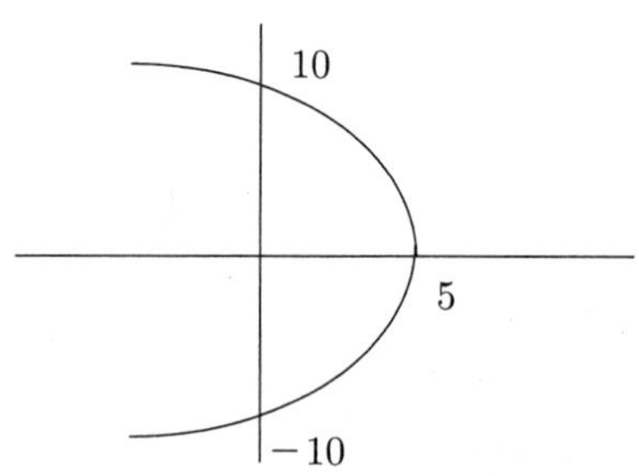

(e) $z=x+yi$로 놓으면, $x^2-y^2>0$, $|x|>|y|$이다. 그러므로 $Rez^2>0$은 다음과 같다.

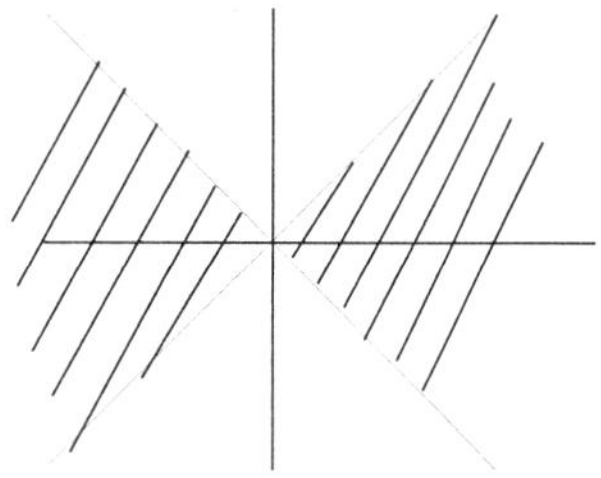

(f) $z = x + yi$로 놓으면 $2xy > 0$이다. 그러므로 $Im z^2 > 0$는 제1사분면과 제3사분면에 있는 모든 점들이다.

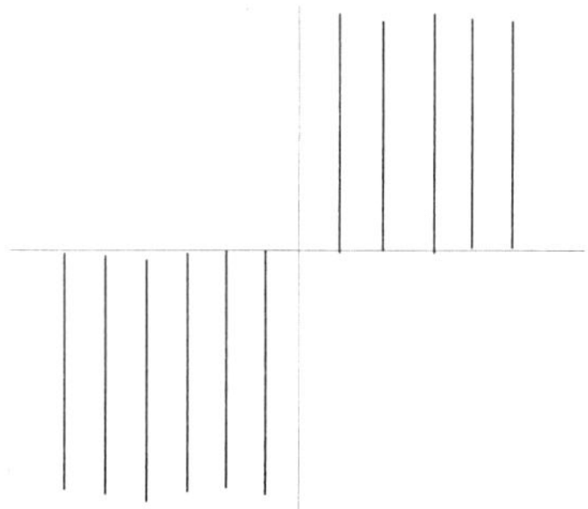

문제 1.2

$$\left|\frac{(z_1 - z_2)}{(1-\overline{z_1}z_2)}\right|^2 = \frac{|z_1|^2 + |z_2|^2 - z_1\overline{z_2} - \overline{z_1}z_2}{1 + |z_1|^2|z_2|^2 - z_1\overline{z_2} - \overline{z_1}z_2} < 1$$

$$\Leftrightarrow |z_1|^2 + |z_2|^2 - z_1\overline{z_2} - \overline{z_1}z_2 < 1 + |z_1|^2|z_2|^2 - z_1\overline{z_2} - \overline{z_1}z_2$$

$$\Leftrightarrow |z_1|^2 + |z_2|^2 < 1 + |z_1|^2|z_2|^2$$

$$\Leftrightarrow 1 + |z_1|^2|z_2|^2 - |z_1|^2 - |z_2|^2 = (1 - |z_1|^2)(1 - |z_2|^2) > 0$$

그러므로 만일 z_1, z_2가 단위원 내부의 점이면, $\dfrac{z_1 - z_2}{1 - \overline{z_1}z_2}$도 단위원 내부의 점이다.

만일 $|z_1| = 1$이면, $\overline{z_1}z_1 = 1$이므로

$$\left|\frac{(z_1 - z_2)}{(1-\overline{z_1}z_2)}\right| = \left|\frac{z_1(z_1 - z_2)}{z_1(1-\overline{z_1}z_2)}\right| = \left|\frac{z_1(z_1 - z_2)}{z_1 - z_2}\right| = |z_1| = 1$$

이다. 그러므로 만일 z_1이 단위원 위의 점이면, $\dfrac{z_1 - z_2}{1 - \overline{z_1}z_2}$도 단위원 위의 점이다.

문제 1.3 (a) $Re\dfrac{1}{1-z} = Re\dfrac{1-\overline{z}}{(1-z)(1-\overline{z})} = \dfrac{1-x}{1+|z|^2 - 2x} > \dfrac{1-x}{2(1-x)} = \dfrac{1}{2}$

(b) $Re\dfrac{z}{1-z}=Re\dfrac{z(1-\overline{z})}{(1-z)(1-\overline{z})}=\dfrac{x-|z|^2}{1+|z|^2-2x}=-\dfrac{1}{2}\cdot\dfrac{x-|z|^2}{x-(1+|z|^2)/2}>-\dfrac{1}{2}$

이다. 왜냐하면

$|z|^2<(1+|z|^2)/2,\ x-|z|^2>x-(1+|z|^2)/2, x-(1+|z|^2)/2<0$

이므로,

$$\frac{x-|z|^2}{x-(1+|z|^2)/2}<1$$

이기 때문이다.

문제 1.4 $P(z)=a_0+a_1z++a_2z^2+\cdots+a_nz^n$, $a_i\in\mathbb{R}$ 이라 하자.

$$\begin{aligned} & P(\alpha)=a_0+a_1\alpha+a_2\alpha^2+\cdots+a_n\alpha^n=0 \\ \Leftrightarrow\ & \overline{P(\alpha)}=\overline{a_0+a_1\alpha+a_2\alpha^2+\cdots+a_n\alpha^n}=\overline{0} \\ \Leftrightarrow\ & \overline{P(\alpha)}=\overline{a_0}+\overline{a_1\alpha}+\overline{a_2\alpha^2}+\cdots+\overline{a_n\alpha^n}=\overline{0} \\ \Leftrightarrow\ & \overline{P(\alpha)}=a_0+a_1\overline{\alpha}+a_2\overline{\alpha}^2+\cdots+a_n\overline{\alpha}^n=0 \\ \Leftrightarrow\ & P(\overline{\alpha})=a_0+a_1\overline{\alpha}+a_2\overline{\alpha}^2+\cdots+a_n\overline{\alpha}^n=0 \end{aligned}$$

$P(z)$가 홀수차 다항식이라 하자. 방정식 $P(z)=0$가 복소수근 z_1을 가지면, 공액복소수 $\overline{z_1}$도 근이므로 그 방정식은 많아야 짝수개의 복소수근을 갖는다. 그러므로 그 방정식은 적어도 하나는 실근을 갖는다.

문제 1.5 수학적 귀납법으로 증명하자. $n=1$일 때는 자명하다. $n=2$일 때

$$\begin{aligned} & |z_1\overline{w_1}+z_2\overline{w_2}|^2=(z_1\overline{w_1}+z_2\overline{w_2})(\overline{z_1}w_1+\overline{z_2}w_2) \\ &=|z_1|^2|w_1|^2+|z_2|^2|w_2|^2+z_1\overline{w_1}\,\overline{z_2}w_2+z_2\overline{w_2}\,\overline{z_1}w_1 \\ &=|z_1|^2|w_1|^2+|z_2|^2|w_2|^2+2Re\,\overline{z_1}w_1z_2\overline{w_2} \\ &\leq|z_1|^2|w_1|^2+|z_2|^2|w_2|^2+2|Re\,\overline{z_1}w_1z_2\overline{w_2}| \\ &\leq|z_1|^2|w_1|^2+|z_2|^2|w_2|^2+2|z_1||w_1||z_2||w_2| \\ &\leq|z_1|^2|w_1|^2+|z_2|^2|w_2|^2+|z_1|^2|w_2|^2+|z_2|^2|w_1|^2 \\ &=(|z_1|^2+|z_2|^2)(|w_1|^2+|w_2|^2) \end{aligned}$$

이므로, $|z_1\overline{w_1}+z_2\overline{w_2}| \leq (|z_1|^2+|z_2|^2)^{1/2}(|w_1|^2+|w_2|^2)^{1/2}$이다.

$n-1$일 때, $|\sum_{k=1}^{n-1} z_k\overline{w_k}|^2 \leq (\sum_{k=1}^{n-1}|z_k|^2)(\sum_{k=1}^{n-1}|w_k|^2)$이 성립한다고 가정하자.

n일 때, $|\sum_{k=1}^{n} z_k\overline{w_k}|^2 \leq (\sum_{k=1}^{n}|z_k|^2)(\sum_{k=1}^{n}|w_k|^2)$이 성립함을 보이면 된다.

$$|\sum_{k=1}^{n} z_k\overline{w_k}|^2 = |\sum_{k=1}^{n-1} z_k\overline{w_k}+z_n\overline{w_n}|^2$$

$$= |\sum_{k=1}^{n-1} z_k\overline{w_k}|^2 + |z_n\overline{w_n}|^2 + 2Re((\sum_{k=1}^{n-1} z_k\overline{w_k})(\overline{z_n}w_n))$$

$$\leq |\sum_{k=1}^{n-1} z_k\overline{w_k}|^2 + |z_n\overline{w_n}|^2 + 2|Re((\sum_{k=1}^{n-1} z_k\overline{w_k})(\overline{z_n}w_n))|$$

$$\leq |\sum_{k=1}^{n-1} z_k\overline{w_k}|^2 + |z_n\overline{w_n}|^2 + 2|((\sum_{k=1}^{n-1} z_k\overline{w_k})(\overline{z_n}w_n))|$$

$$= |\sum_{k=1}^{n-1} z_k\overline{w_k}|^2 + |z_n\overline{w_n}|^2 + 2|\sum_{k=1}^{n-1} z_k\overline{w_k}||\overline{z_n}w_n|$$

$$\leq |\sum_{k=1}^{n-1} z_k\overline{w_k}|^2 + |z_n|^2|w_n|^2 + 2\sum_{k=1}^{n-1}|z_k||w_k||z_n||w_n|$$

$$\leq |\sum_{k=1}^{n-1} z_k\overline{w_k}|^2 + |z_n|^2|w_n|^2 + \sum_{k=1}^{n-1}(|z_k|^2|w_n|^2+|z_n|^2|w_k|^2)$$

$$\leq (\sum_{k=1}^{n-1}|z_k|^2)(\sum_{k=1}^{n-1}|w_k|^2) + |w_n|^2\sum_{k=1}^{n}|z_k|^2 + |z_n|^2\sum_{k=1}^{n-1}|w_k|^2$$

$$= (\sum_{k=1}^{n}|z_k|^2)(\sum_{k=1}^{n-1}|w_k|^2) + |w_n|^2\sum_{k=1}^{n}|z_k|^2$$

$$= (\sum_{k=1}^{n}|z_k|^2)(\sum_{k=1}^{n}|w_k|^2)$$

문제 2.1 (a)

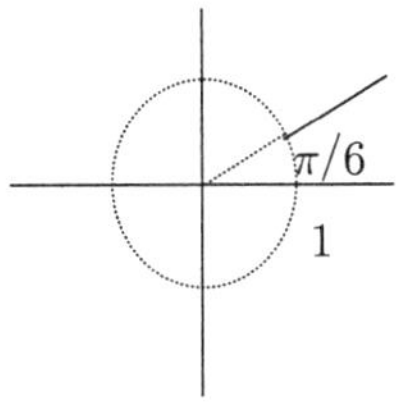

(b)

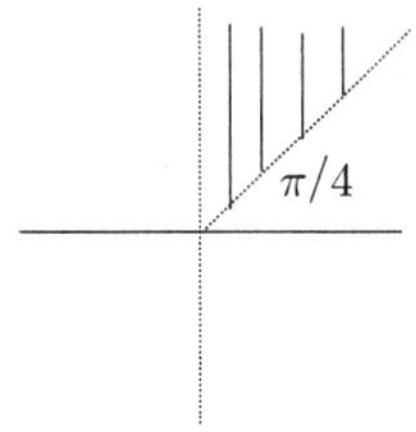

(c)

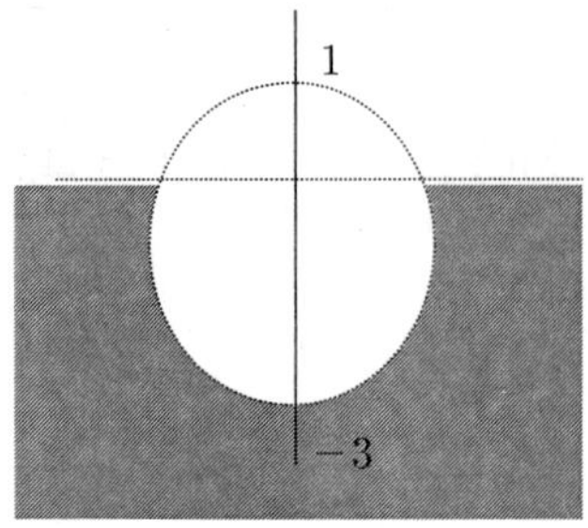

문제 2.2

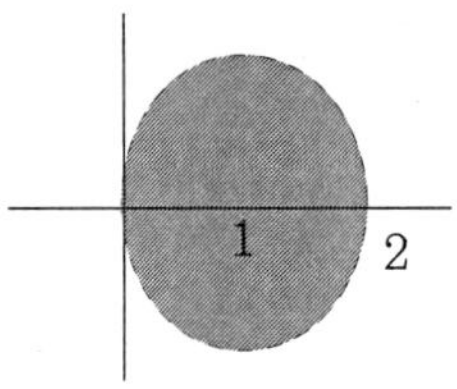

문제 2.3

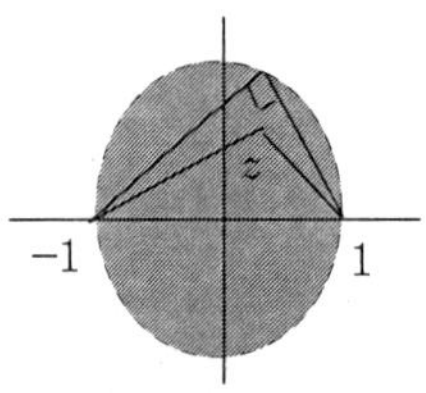

문제 2.4 $Re z > 0$일 때, $Re\frac{1}{z} = Re\frac{\bar{z}}{|z|^2} = \frac{Re z}{|z|^2} > 0$

$Re z > a > 0$일 때, $Re\frac{1}{z} = \frac{Re z}{|z|^2} \leqq \frac{Re z}{(Re z)^2} = \frac{1}{Re z} < \frac{1}{a}$

문제 2.5 $z = \cos\theta + i\sin\theta$, $\theta \neq -\pi$에서 $t = \tan\frac{\theta}{2}$라 놓으면,

$$\cos\frac{\theta}{2} = \frac{1}{\sqrt{1+t^2}}, \sin\frac{\theta}{2} = \frac{t}{\sqrt{1+t^2}}$$

이다. 그러므로

$$\cos\theta = \cos^2\frac{\theta}{2} - \sin^2\frac{\theta}{2} = \frac{1-t^2}{1+t^2},$$

$$\sin\theta = 2\sin\frac{\theta}{2}\cos\frac{\theta}{2} = \frac{2t}{1+t^2}$$

이다. 따라서

$$z=\frac{1-t^2}{1+t^2}+i\frac{2t}{1+t^2}=\frac{1-t^2+i2t}{1+t^2}=\frac{(1+it)^2}{(1+it)(1-it)}=\frac{1+it}{1-it}$$

이다.

문제 2.6 (a) $z^2=i=e^{\frac{\pi}{2}i}$, $z_k=e^{\frac{1}{2}(\frac{\pi}{2}+2k\pi)i}$, $k=0,1$

(b) $z^4=i=e^{\frac{\pi}{2}i}$, $z_k=e^{\frac{1}{4}(\frac{\pi}{2}+2k\pi)i}$, $k=0,1,2,3$

(c) $z^3=-i=e^{-\frac{\pi}{2}i}$, $z_k=e^{\frac{1}{3}(-\frac{\pi}{2}+2l\pi)i}$, $k=0,1,2$

(d) $z^2=1+i=\sqrt{2}\,e^{\frac{\pi}{4}i}$, $z_k=2^{1/4}e^{\frac{1}{2}(\frac{\pi}{4}+2k\pi)i}$, $k=0,1$

(e) $z^6=8=8e^{0i}$, $z_k=\sqrt{2}\,e^{\frac{1}{6}\cdot 2k\pi i}$, $k=0,1,2,3,4,5$

(f) $z^2=4+3i=5(\frac{4}{5}+\frac{3}{5}i)=5e^{\theta i}$, $\cos\theta=\frac{4}{5}$, $\sin\theta=\frac{3}{5}$, $z_k=\sqrt{5}\,e^{\frac{1}{2}(\theta+2k\pi)i}$, $k=0,1$.

$z_0=\sqrt{5}(\cos\frac{\theta}{2}+i\sin\frac{\theta}{2})$, $z_1=-\sqrt{5}(\cos\frac{\theta}{2}+i\sin\frac{\theta}{2})$.

$$2\cos^2\frac{\theta}{2}-1=\frac{4}{5},\cos^2\frac{\theta}{2}=\frac{9}{10},\cos\frac{\theta}{2}=\frac{3}{\sqrt{10}}$$

$$\frac{6}{\sqrt{10}}\sin\frac{\theta}{2}=\frac{3}{5},\ \sin\frac{\theta}{2}=\frac{1}{\sqrt{10}}$$

이므로, $(4+3i)^{1/2}=\pm\frac{1}{\sqrt{2}}(3+i)$ 이다.

(g) $z^2=\frac{1-i}{1+i}=-i=e^{-\frac{\pi}{2}i}$, $z_k=e^{\frac{1}{2}(-\frac{\pi}{2}+2k\pi)i}$, $k=0,1$

문제 2.7 $(\cos\theta+i\sin\theta)^3=\cos 3\theta+i\sin 3\theta$ 임을 유의하자.

$$(\cos\theta+i\sin\theta)^3=\cos^3\theta-3\cos\theta\sin^2\theta+i(3\cos^2\theta\sin\theta-\sin^3\theta)$$

이므로 결과가 나온다.

문제 2.8 $f(x)=\sum_{k=1}^{n}x^k$라 놓으면, $f(x)=\frac{x(1-x^n)}{1-x}$이다. $\omega^n=1$임을 유의하자.

$$\sum_{k=1}^{n}nx^{k-1}=f'(x)=\frac{(1-x)(1-(n+1)x^n)+(x-x^{n+1})}{(1-x)^2}$$

해답

이때, $x=\omega$를 대입하면, $1+2\omega+3\omega^2+\cdots+n\omega^{n-1}=\dfrac{(1-\omega)(-n)}{(1-\omega)^2}=-\dfrac{n}{1-\omega}$ 이다.

문제 2.9 $\sum_{k=1}^{n}|z_k-z_{k-1}|$ 은 단위원에 내접하는 정n각형의 둘레를 의미하므로, $\sum_{k=1}^{n}|z_k-z_{k-1}|<2\pi$ 이다. 따라서 $\lim_{n\to\infty}\sum_{k=1}^{n}|z_k-z_{k-1}|=2\pi$ 이다.

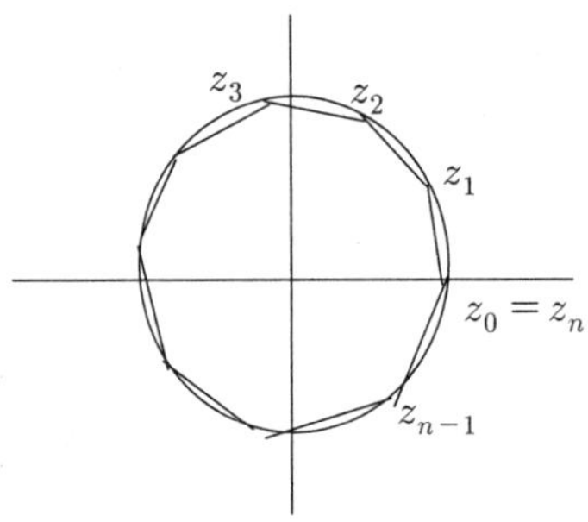

제 2 장

문제 1.1 (a) $z\in U\cap V$는 임의의 점이라 하자. 그러면 $z\in U, z\in V$이고 U, V는 열린집합이므로, z의 근방 $N_{\epsilon_i}(z)$가 존재하여 $N_{\epsilon_1}(z)\subset U, N_{\epsilon_2}(z)\subset V$이다. 이때 $\epsilon=\min\{\epsilon_1,\epsilon_2\}$로 놓자. 그러면 $N_\epsilon(z)\subset U\cap V$이다. 그러므로 $U\cap V$는 열린집합이다.

(b) $z\in\bigcup_{\alpha\in I}U_\alpha$는 임의의 점이라 하자. 그러면 적어도 하나의 $\alpha\in I$가 존재하여 $z\in U_\alpha$이다. U_α는 열린집합이므로, z의 근방 $N_\epsilon(z)\subset U_\alpha$이다. 그러므로 $N_\epsilon(z)\subset\bigcup_{\alpha\in I}U_\alpha$이다. 따라서 $\bigcup_{\alpha\in I}U_\alpha$는 열린집합이다.

문제 1.2 (a) 유계인 열린집합이다. 연결집합이 아니다.

(b) 열린집합이 아니다. 닫힌집합이 아니다. 연결집합이 아니다. 유계집합이 아니다.

(c) 열린집합이 아니다. 닫힌집합이다. 연결집합이다. 유계집합이다.

문제 1.3 ($\Rightarrow$) $F\subset\mathbb{C}$는 닫힌집합이라 하자. $F'\not\subset F$라고 가정하자. 그러면 $z\in F'-F$가 존재한다. $z\in F'$이고 $z\in F^c$이다. F^c는 열린집합이므로, z의 근방 $N(z)$가 존재하여 $N(z)\subset F^c$이다. $z\in F'$이므로 $F\cap N'(z)\neq\varnothing$ 이다. $z\notin F$이므로, $F\cap N(z)\neq\varnothing$ 이다.

$N(z) \subset F^c$이므로, 이것은 모순이다. 따라서 $F' \subset F$이다.

($\Leftarrow$) $F' \subset F$라고 하자. 그러면 F^c가 열린집합임을 보이면 된다. $z \in F^c$리고 하자. $F^c \subset (F')^c$이므로, z는 F의 극한점이 아니다. 그러므로 z의 근방 $N(z)$가 존재하여 $F \bigcap N'(z) = \varnothing$ 이다. $z \notin F$이므로, $F \bigcap N(z) = \varnothing$ 이다. 즉, $N(z) \subset F^c$. 그러므로 F^c는 열린집합이다.

문제 1.4 2.1절의 문제 1.3에 의하여 $(A')' \subset A'$임을 보이면 된다. $z \in (A')'$라고 하자. 그러면 z가 제거된 임의의 근방 $N_\epsilon'(z)$에 대하여 $A' \bigcap N_\epsilon'(z) \neq \varnothing$ 이다. $w \in A' \bigcap N_\epsilon'(z)$라고 하자. 그러면 $w \in A', w \in N_\epsilon'(z)$이다. $w \in N_\epsilon'(z)$이므로 $N_\delta'(w), \delta = \delta(\epsilon)$가 존재하여 $N_\delta'(w) \subset N_\epsilon'(z)$이다. $w \in A'$이므로, $A \bigcap N_\delta'(w) \neq \varnothing$ 이다. $N_\delta'(w) \subset N_\epsilon'(z)$이므로, $\varnothing \neq A \bigcap N_\delta'(w) \subset A \bigcap N_\epsilon'(z)$이다. 그러므로 $A \bigcap N_\epsilon'(z) \neq \varnothing$ 이다. 따라서 $z \in A'$이다. 그러므로 $(A')' \subset A'$이다.

문제 1.5 $\overline{A}$는 A를 포함하는 가장 작은 닫힌집합이므로, $A \subset \overline{A}$이고, 2.1절의 문제 1.3에 의하여 $A' \subset (\overline{A})' \subset \overline{A}$이다. 따라서 $A \bigcup A' \subset \overline{A}$이다. 역으로, $\overline{A} \subset A \bigcup A'$임을 보이자. $z \in \overline{A}$라고 하자. 그러면 z의 임의의 근방 $N(z)$에 대하여 $A \bigcap N(z) \neq \varnothing$ 이다. 이때 만일 $z \in A$이면, $z \in A \bigcup A'$이다. 만일 $z \in \overline{A} - A$이면, $A \bigcap N'(z) \neq \varnothing$ 이므로, $z \in A'$이다. 그러므로 $z \in A \bigcup A'$이다. 따라서 $\overline{A} \subset A \bigcup A'$이다.

문제 1.6 A는 연결집합이 아니라고 가정하자. 그러면 열린집합 $U, V \subset \mathbb{C}$가 존재하여

$$A = (A \bigcap U) \bigcup (A \bigcap V), (A \bigcap U) \bigcap (A \bigcap V) = \varnothing$$
$$A \bigcap U \neq \varnothing, A \bigcap V \neq \varnothing$$

이다. $z_0 \in A \bigcap U, z_1 \in A \bigcap V$를 선택하자. 그러면 $A = (A \bigcap U) \bigcup (A \bigcap V)$이고 $(A \bigcap U) \bigcap (A \bigcap V) = \varnothing$ 이므로, z_0, z_1은 A에 포함되는 다각선에 의하여 연결될 수 없다. 이것은 가정에 모순이다. 그러므로 A는 연결집합이다.

문제 1.7 만일 $B = A$이면, 증명할 것이 없다. $B \neq A$라고 하자. B는 연결집합이 아니라고 가정하자. 그러면 열린집합 $U, V \subset \mathbb{C}$가 존재하여

$$B = (B \bigcap U) \bigcup (B \bigcap V), (B \bigcap U) \bigcap (B \bigcap V) = \varnothing$$
$$B \bigcap U \neq \varnothing, B \bigcap V \neq \varnothing$$

해답

이다. $A \subset B$이므로,

$$A = A \cap B = (A \cap B \cap U) \cup (A \cap B \cap V) = (A \cap U) \cup (A \cap V)$$

이다. 또한, $A \cap U \subset B \cap U, A \cap V \subset B \cap V$이고, $(B \cap U) \cap (B \cap V) = \varnothing$ 이므로, $(A \cap U) \cap (A \cap V) = \varnothing$ 이다. 만일 $A \cap U \neq \varnothing$, $A \cap V \neq \varnothing$ 임을 보이면, A는 연결집합이므로, 이것은 모순이다. 그러므로 B는 연결집합이다.

$B \cap U \neq \varnothing$ 이므로, $z \in B \cap U$가 존재한다. 그러므로 $z \in B, z \in U$이다. 이때, 만일 $z \in A$이면, $A \cap U \neq \varnothing$ 이다. 만일 $z \in B - A \subset A'$이면, z는 A의 극한점이므로, z의 임의의 근방 $N_\epsilon(z)$에 대하여 $A \cap N'_\epsilon(z) \neq \varnothing$ 이다. $z \notin A$이므로, $A \cap N_\epsilon(z) \neq \varnothing$ 이다. 한편 $z \in U$이고 U는 열린집합이므로, z의 근방 $N_{\epsilon'}(z)$가 존재하여 $N_{\epsilon'}(z) \subset U$이다. 그러므로 $A \cap N_{\epsilon'}(z) \neq \varnothing$ 이다. 따라서 $A \cap U \neq \varnothing$ 이다. 마찬가지로 하면, $A \cap V \neq \varnothing$ 이다.

문제 1.8 $\overline{A} = A \cup B$임을 알 수 있다. A의 임의의 두 점은 A에 포함되는 연속곡선으로 연결될 수 있으므로, 2.1절의 문제 1.6에 의하여 A는 연결집합이다. 그러므로 2.1절의 문제 1.7에 의하여 $\overline{A}$는 연결집합이다. A의 임의의 점 $(x, \sin\frac{1}{x}), x > 0$은 B의 점 $(0,1)$과 $A \cup B$에 포함되는 다각선에 의하여 연결될 수 있다고 가정하자. 다각선은 연속곡선임을 유의하자. 그러므로

$$\lim_{x \to 0+}(x, \sin\frac{1}{x}) = (1,0)$$

이어야 한다. 그러나 $\lim_{x \to +0}(x, \sin\frac{1}{x})$는 존재하지 않는다. 따라서 이것은 모순이다. 그러므로 A의 어떠한 점도 B의 점과 $A \cup B$에 포함되는 다각선에 의하여 연결될 수 없다.

문제 1.9 $(\Rightarrow)$ $D_1 \cup D_2$는 영역이라 하자. 영역은 열린연결집합이다. $D_1 \cap D_2 = \varnothing$ 이라 가정하자. 2.1절의 정리 1.8에 의하여 $D_1 \cup D_2$의 임의의 두 점은 $D_1 \cup D_2$에 포함되는 다각선에 의하여 연결될 수 있다. 이것은 모순이다. 그러므로 $D_1 \cap D_2 \neq \varnothing$ 이다.

$(\Leftarrow)$ $D_1 \cap D_2 \neq \varnothing$ 이라 하자. $z_1, z_2 \in D_1 \cup D_2$는 임의의 점이라 하자. 만일 $z_1, z_2 \in D_1$이면, D_1은 영역이므로, z_1, z_2는 $D_1 \cup D_2$에 포함되는 다각선에 의하여 연결될 수 있다. 만일 $z_1, z_2 \in D_2$이면, 마찬가지로, z_1, z_2는 $D_1 \cup D_2$에 포함되는 다각선에 의하여 연결될 수 있다. 만일 $z_1 \in D_1, z_2 \in D_2$이면, $z_3 \in D_1 \cap D_2$를 선택하자. 그러면 z_1, z_3는 $D_1 \cup D_2$에 포

함되는 다각선에 의하여 연결될 수 있고, z_3, z_2도 $D_1 \bigcup D_2$에 포함되는 다각선에 의하여 연결될 수 있다. 그러므로 z_1, z_2는 $D_1 \bigcup D_2$에 포함되는 다각선에 의하여 연결될 수 있다. 그러므로 2.1절의 정리 1.8에 의하여 $D_1 \bigcup D_2$는 영역이다.

문제 2.1 (a) 극한의 정의에 의하여 자명하다.

(b) 임의의 $\epsilon > 0$에 대하여 자연수 N이 존재하여 $n > N$일 때

$$|(z_n + w_n) - (z_0 + w_0)| < \epsilon$$

이 성립함을 보이면 된다. 삼각부등식에 의하여

$$\begin{aligned} |(z_n + w_n) - (z_0 + w_0)| &= |(z_n - z_0) + (w_n - w_0)| \\ &\leq |z_n - z_0| + |w_n - w_0| \end{aligned}$$

이다. $\epsilon > 0$은 주어졌다고 하자. 그러면 가정에 의하여 자연수 N_1, N_2가 존재하여 $n > N_1$일 때 $|z_n - z_0| < \dfrac{\epsilon}{2}$이고, $n > N_2$일 때 $|w_n - w_0| < \dfrac{\epsilon}{2}$가 성립한다. 이때 $N = \max\{N_1, N_2\}$로 놓으면, $n > N$일 때

$$\begin{aligned} |(z_n + w_n) - (z_0 + w_0)| &= |(z_n - z_0) + (w_n - w_0)| \\ &\leq |z_n - z_0| + |w_n - w_0| \\ &< \frac{\epsilon}{2} + \frac{\epsilon}{2} = \epsilon \end{aligned}$$

이 성립한다.

(c) $\alpha = 0$일 때는 (a)에 의하여 자명하다. $\alpha \neq 0$라고 하자. 그러면 임의의 $\epsilon > 0$에 대하여 자연수 N이 존재하여 $n > N$일 때 $|\alpha z_n - \alpha z_0| < \epsilon$이 성립함을 보이면 된다.

$$|\alpha z_n - \alpha z_0| = |\alpha| \, |z_n - z_0|$$

이므로, $|\alpha| \, |z_n - z_0| < \epsilon$이기 위해서는 $|z_n - z_0| < \dfrac{\epsilon}{|\alpha|}$이어야 한다. $\epsilon > 0$은 주어졌다고 하자. 그러면 가정에 의하여 자연수 N이 존재하여 $n > N$일 때

$$|z_n - z_0| < \frac{\epsilon}{|\alpha|}$$

이 성립한다. 그러므로 $n > N$일 때

해답

$$|\alpha z_n - \alpha z_0| = |\alpha|\,|z_n - z_0| < \epsilon$$

이 성립한다.

(d) $\lim_{n\to\infty} z_n = z_0$이기 위한 필요충분조건은 $\lim_{n\to\infty}(z_n - z_0) = 0$이다.

$$z_n w_n - z_0 w_0 = (z_n - z_0)(w - w_0) + z_0(w - w_0) + w_0(z - z_0)$$

이므로, 가정에 의하여 $\lim_{n\to\infty}(z_n w_n - z_0 w_0) = \lim_{n\to\infty}(z_n - z_0)(w_n - w_0)$이다. 그러므로 $\lim_{n\to\infty}(z_n - z_0)(w_n - w_0) = 0$임을 보이면 충분하자. 즉, 임의의 $\epsilon > 0$에 대하여 자연수 N이 존재하여 $|(z_n - z_0)(w_n - w_0)| < \epsilon$이 성립함을 보이면 된다. $\epsilon > 0$이 주어졌다고 하자. 그러면 가정에 의하여 자연수 N_1, N_2가 존재하여 $n > N_1$일 때 $|z_n - z_0| < \sqrt{\epsilon}$이고, $n > N_2$일 때 $|w_n - w_0| < \sqrt{\epsilon}$이 성립한다. 이때 $N = \max\{N_1, N_2\}$로 놓으면, $n > N$일 때

$$|(z_n - z_0)(w_n - w_0)| < \sqrt{\epsilon} \cdot \sqrt{\epsilon} = \epsilon$$

이 성립한다.

(e) (d)에 의하여 $\lim_{n\to\infty}\frac{1}{w_n} = \frac{1}{w_0}$임을 보이면 충분하다. 그러면 임의의 $\epsilon > 0$에 대하여 자연수 N이 존재하여 $n > N$일 때 $\left|\frac{1}{w_n} - \frac{1}{w_0}\right| < \epsilon$이 성립함을 보이면 된다.

$$\left|\frac{1}{w_n} - \frac{1}{w_0}\right| = \frac{|w_n - w_0|}{|w_0|\,|w_n|}$$

를 생각하자. 가정에 의하여 자연수 N_1이 존재하여 $n > N_1$일 때

$$\big||w_n| - |w_0|\big| \le |w_n - w_0| < \frac{|w_0|}{2}$$

이 성립한다. 그러므로 $n > N_1$일 때 $|w_n| > \frac{|w_0|}{2}$가 성립한다. 이때

$$\left|\frac{1}{w_n} - \frac{1}{w_0}\right| = \frac{|w_n - w_0|}{|w_0|\,|w_n|} < \frac{2}{|w_0|^2}|w_n - w_0|$$

이 성립한다. 다시, 가정에 의하여 자연수 N_2가 존재하여 $n > N_2$일 때

$$|w_n - w_0| < \frac{|w_0|^2 \epsilon}{2}$$

가 성립한다. 이때 $N=\max\{N_1,N_2\}$ 으로 놓으면, $n>N$일 때

$$\left|\frac{1}{w_n}-\frac{1}{w_0}\right|=\frac{|w_n-w_0|}{|w_0||w_n|}<\frac{2}{|w_0|^2}|w_n-w_0|<\epsilon$$

이 성립한다.

문제 2.2 $\lim_{n\to\infty} z_n=z_0$라고 하자. 그러면 임의의 $\epsilon>0$에 대하여 자연수 N의 존재하여 $n>N$일 때

$$||z_n|-|z_0||\leq|z_n-z_0|<\epsilon$$

이 성립한다. 그러므로 $\lim_{n\to\infty}|z_n|=|z_0|$ 이다. 따라서 실수열 $\{|z_n|\}$은 수렴한다.

$z_n=(-1)^n$을 생각하자. 그러면 $|z_n|=1$이므로, $\lim_{n\to\infty}|z_n|=1$이다. 그러나 $\lim_{n\to\infty}z_n$은 존재하지 않는다. 그러므로 역은 성립하지 않는다.

문제 2.3 (a) 임의의 $\epsilon>0$에 대하여 자연수 N이 존재하여 $n>N$일 때

$$\frac{|z_1+\cdots+z_n|}{n}<\epsilon$$

이 성립함을 보이면 된다.

$z_n\to 0$이므로, 임의의 $\epsilon>0$에 대하여 자연수 N_1이 존재하여 $n>N_1$일 때 $|z_n|<\epsilon/2$이 성립한다. 그러므로 $n>N_1$일 때,

$$\begin{aligned}\frac{|z_1+\cdots+z_n|}{n}&\leq\frac{|z_1|+\cdots+|z_{N_1}|}{n}+\frac{|z_{N_1+1}|+\cdots+|z_n|}{n}\\&\leq\frac{|z_1+\cdots+z_{N_1}|}{n}+\frac{(n-N_1)\epsilon/2}{n}\\&\leq\frac{|z_1+\cdots+z_{N_1}|}{n}+\epsilon/2\end{aligned}$$

이다. $\dfrac{|z_1+\cdots+z_{N_1}|}{n}\to 0$이므로, 자연수 N_2가 존재하여 $n>N_2$일 때

$$\frac{|z_1+\cdots+z_{N_1}|}{n}<\epsilon/2$$

이 성립한다. 이때 $N=\max\{N_1,N_2\}$로 놓으면, $n>N$일 때

해답

$$\frac{|z_1+\cdots+z_n|}{n} \leqq \frac{|z_1+\cdots+z_{N_1}|}{n}+\epsilon/2<\epsilon$$

이 성립한다.

(b) $\lim_{n\to\infty} z_n = z_0 \Leftrightarrow \lim_{n\to\infty}(z_n - z_0) = 0$이므로, $w_n = z_n - z_0$로 놓으면, (a)에 의하여

$$\lim_{n\to\infty}\frac{w_1+w_2+\cdots+w_n}{n}=0$$

임을 알 수 있다.

$$0=\lim_{n\to\infty}\frac{w_1+w_2+\cdots+w_n}{n}=\lim_{n\to\infty}\left(\frac{z_1+z_2+\cdots+z_n}{n}-z_0\right)$$

이므로 $\lim_{n\to\infty}\frac{z_1+z_2+\cdots+z_n}{n}=z_0$이다.

문제 2.4 (a) $z_n : 2,\frac{1}{2},2,\frac{1}{3},2,\cdots$

$A=\{2,\frac{1}{2},2,\frac{1}{3},2,...\}=\{2,\frac{1}{2},\frac{1}{3},...\}$에 대하여 $A'=\{0\}$이다. 그러나 복소수열 $\{z_n\}$은 수렴하지 않는다. 왜냐하면, $z_{2n-1}=2, z_{2n}=\frac{1}{n}$이고, $z_{2n-1}\to 2, z_{2n}\to 0$이기 때문이다.

(b) 고정된 n에 대하여 복소수열

$$1+\frac{1}{2},2+\frac{1}{2},3+\frac{1}{2},...,n+\frac{1}{2},1+\frac{1}{3},2+\frac{1}{3},3+\frac{1}{3},,...,n+\frac{1}{3},...$$

을 생각하자. 그러면 집합

$$A=\{1+\frac{1}{2},2+\frac{1}{2},3+\frac{1}{2},...,n+\frac{1}{2},1+\frac{1}{3},2+\frac{1}{3},3+\frac{1}{3},,...,n+\frac{1}{3},...\}$$

에 대하여 $A'=\{1,2,...,n\}$이다.

(c) $z_n=p_n+q_ni, p_n,q_n\in\mathbb{Q}$를 생각하자. 그러면 집합 $A=\{z_n=p_n+q_ni \mid p_n,q_n\in\mathbb{Q}\}$에 대하여 $A'=\mathbb{C}$이다.

문제 2.5 $A'\subset A$임을 보이면 된다. $z\in A'$라고 하자. $\epsilon>0$은 주어졌다고 하자. 그러면 z의 $\epsilon/2$-근방 $N_{\epsilon/2}(z)$에 대하여 $A\bigcap N_{\epsilon/2}'(z)\neq\varnothing$이다. 따라서 $\alpha\in A\bigcap N_{\epsilon/2}'(z)$가 존재한다.

즉, $\alpha \in A, 0 < |\alpha - z| < \epsilon/2$이다. $\alpha \in A$이므로, $\{z_n\}$의 부분복소소수열 $\{z_{n_k}\}$가 존재하여 $\lim_{k\to\infty} z_{n_k} = \alpha$이다. 그러므로 충분히 큰 모든 n_k에 대하여 $|z_{n_k} - \alpha| < \epsilon/2$이다. 따라서

$$|z_{n_k} - z| \leqq |z_{n_k} - \alpha| + |\alpha - z| < \epsilon.$$

이것은 $z_{n_k} \to z$를 의미한다. 그러므로 $z \in A$이다. 따라서 $A' \subset A$이다.

문제 2.6 복소수열 $z_n : 2, 2+\frac{1}{2}, 3, 3+\frac{1}{3}, 3+\frac{2}{3}, 4, 4+\frac{1}{4}, 4+\frac{2}{4}, 4+\frac{3}{4}, 5, 5+\frac{1}{5}, \ldots$을 생각하자. 그러면 $\{z_n\}$은 임의의 $\epsilon > 0$에 대하여 자연수 N이 존재하여 $n > N$일 때 $|z_{n+1} - z_n| < \epsilon$이 성립한다. 그러나 $\{z_n\}$은 수렴하지 않는다. 그러므로 코시판정법에 의하여 $\{z_n\}$은 코시수열이 아니다.

문제 2.7 임의의 $\epsilon > 0$에 대하여 자연수 N이 존재하여 $n > N$일 때 임의의 자연수 p에 대하여 $|S_{n+p} - S_n| < \epsilon$이 성립함을 보이면 된다.

임의의 $\epsilon > 0$에 대하여 자연수 $N > \frac{2}{\epsilon}$을 선택하면, $n > N$일 때 임의의 자연수 p에 대하여

$$\begin{aligned}
|S_{n+p} - S_n| &= \frac{1}{(n+1)!} + \cdots + \frac{1}{(n+p)!} \\
&= \frac{1}{(n+1)!}[1 + \frac{1}{n+2} + \frac{1}{(n+3)(n+2)} + \cdots + \frac{1}{(n+2)(n+3)\cdots(n+p)}] \\
&\leqq \frac{1}{(n+1)!}[1 + \frac{1}{2!} + \frac{1}{3!} + \cdots + \frac{1}{p!}] \\
&\leqq \frac{1}{(n+1)!}[1 + \frac{1}{2} + \frac{1}{2^2} + \cdots + \frac{1}{2^{p-1}}] < \frac{2}{(n+1)!} < \frac{2}{n!n} \leqq \frac{2}{n} < \epsilon
\end{aligned}$$

이 성립한다.

문제 3.1 다음 사실을 유의하자.

(1) $\overline{S}$는 S를 포함하는 가장 작은 닫힌집합이다.

(2) $A \subset \mathbb{C}$가 닫힌집합이기 위한 필요충분조건은 $\overline{A} = A$이다.

(3) 만일 $A \subset B \subset \mathbb{C}$이면, $\overline{A} \subset \overline{B}$이다.

해답

2.3절의 정리 3.3에 의하여 $\overline{S}$는 유계인 닫힌집합임을 보이면 된다. (1)에 의하여 $\overline{S}$는 닫힌집합이다. S는 유계이므로, S를 포함하는 닫힌정사각형 $K \subset \mathbb{C}$가 존재한다. 이때 K은 어떤 근방에 포함된다. 그러므로 K는 유계이다. $S \subset K$이므로, $\overline{S} \subset \overline{K} = K$이다. 그러므로 $\overline{S}$는 유계이다.

문제 3.2 2.3절의 정리 3.3에 의하여 K는 유계인 닫힌집합이다. 최소상계(최대하계)의 성질에 의하여 $\sup K$와 $\inf K$는 $\mathbb{R}$에서 존재한다. $\sup K = \alpha, \inf K = \beta$라고 하자. 그러면 임의의 $\epsilon > 0$에 대하여 $x, y \in K$가 존재하여

$$\alpha - \epsilon < x \leqq \alpha < \alpha + \epsilon$$
$$\beta - \epsilon < \beta \leqq y < \beta + \epsilon$$

이 성립한다. 그러므로 $\alpha, \beta \in K' \subset K$이다.

문제 3.3 $\inf\{\,|z - z_0|\; |\; z \in K\} = \alpha$로 놓자. 그러면 모든 $z \in K$에 대하여 $0 \leqq \alpha \leqq |z - z_0|$이다. $\alpha = 0$이라 가정하자. 그러면 임의의 $\epsilon > 0$에 대하여 $z \in K$가 존재하여

$$0 \leqq |z - z_0| < \epsilon$$

이다. 이때 $\epsilon \to 0_+$를 취하면, $z = z_0 \notin K$이다. 이것은 모순이다. 그러므로 $\alpha > 0$이다.

문제 3.4 $\bigcap_{n=1}^{\infty} K_n = \varnothing$라고 가정하자. 그러면 $K_1 \subset (\bigcap_{n=2}^{\infty} K_n)^c = \bigcup_{n=2}^{\infty} K_n^c$이다. 모든 n에 대하여 K_n은 유계인 닫힌집합이므로, K_n^c는 열린집합이다. 그러므로 $n_1, \ldots, n_k$가 존재하여 $K_1 \subset \bigcup_{i=1}^{k} K_{n_i}^c = (\bigcap_{i=1}^{k} K_{n_i})^c$이다. 따라서 $K_1 \cap (\bigcap_{i=1}^{k} K_{n_i}) = \varnothing$이다. 모든 n에 대하여 $K_{n+1} \subset K_n$이므로, $\{K_n\}_{n=1}^{\infty}$의 임의의 유한개의 K_n들의 교집합은 공집합이 아니다. 이것은 모순이다. 그러므로 $\bigcap_{n=1}^{\infty} K_n \neq \varnothing$이다.

문제 4.1 임의의 $M > 0$에 대하여 자연수 N이 존재하여 $n > N$일 때 $|z_n + w_n| > M$이 성립함을 보이면 된다. $\{w_n\}$은 유계 복소수열이므로, $M_1 > 0$이 존재하여 모든 n에 대하여 $|w_n| \leqq M_1$이다. $\lim_{n \to \infty} z_n = \infty$이므로, 임의의 $M > 0$에 대하여 자연수 N이 존재하여 $n > N$일 때 $|z_n| > M + M_1$가 성립한다. 삼각부등식에 의하여

$$|z_n + w_n| \geqq |z_n| - |w_n| \geqq |z_n| - M_1$$

이다. 그러므로 $n>N$일 때

$$|z_n+w_n| \geqq |z_n|-|w_n| \geqq |z_n|-M_1>M$$

이 성립한다. 따라서 $\lim_{n\to\infty}(z_n+w_n)=\infty$이다.

문제 4.2 이것은 정의에 의하여 자명하다.

문제 5.1 (a) $6i$ (b) $-\frac{8+6i}{5}$ (c) 0 (d) $\frac{1}{2}$

문제 5.2 (a) $f(z)=z^2$은 긴밀집합 $|z| \leqq 5$에서 연속이므로, $f(z)$는 $|z| \leqq 5$에서 평등연속이다. 그러므로 $f(z)$는 $|z|<5$에서 평등연속이다.

(b) $\frac{1}{z}=w$로 놓고, $g(w)=f(\frac{1}{w})=w$라고 하자. 그러면 $g(w)=w$는 긴밀집합 $|w| \leqq 1$에서 연속이다. 그러므로 $g(w)$는 $|w| \leqq 1$에서 평등연속이다. 그러므로 $f(z)=\frac{1}{z}$는 $|z| \geqq 1$에서 평등연속이다.

(c) $f(x)=\frac{1}{1-x}$, $|x|<1, x\in\mathbb{R}$은 1의 근방에서 급격하게 증가하고 감소하므로, $f(z)=\frac{1}{1-z}$는 $|z|<1$에서 평등연속이 아니고 연속이다.

(d) $\lim_{z=yi\to 0} f(z)=0\neq f(0)=1$이므로, $f(z)$는 원점에서 연속이 아니다.

(e) $\lim_{z=x\to 0} f(z)$는 존재하지 않으므로, $f(z)$는 원점에서 연속이 아니다.

문제 5.3 $\lim_{z\to\infty}f(z)=a$이므로, 임의의 $\epsilon>0$에 대하여 실수 $M>0$이 존재하여 $|z|>M$일 때 $|f(z)-a|<\epsilon$이다. 자연수 N이 존재하여 $N>M$이다. 그러면 $n>N$일 때 $|f(n)-a|<\epsilon$이 성립한다. 그러므로 $\lim_{n\to\infty}f(n)=a$이다.

$f(z)=\sin\pi z$를 생각하자. 그러면 $\lim_{n\to\infty}f(n)=\lim_{n\to\infty}\sin n\pi=0$이다. 그러나 $\lim_{z\to\infty}\sin\pi z$는 존재하지 않는다. 왜냐하면 만일 $z=\frac{n}{2}$이면, $\lim_{n\to\infty}\sin\frac{\pi}{2}n$은 진동하기 때문이다.

문제 5.4 $f(A)$는 연결집합이 아니라고 가정하자. 그러면 열린집합 $U, V\subset\mathbb{C}$가 존재하여

해답

$$f(A)=(f(A)\cap U)\cup(f(A)\cap V)$$
$$(f(A)\cap U)\cap(f(A)\cap V)=\varnothing$$
$$f(A)\cap U\neq\varnothing,f(A)\cap V\neq\varnothing$$

이다. 이때

$$A=f^{-1}(f(A))=(A\cap f^{-1}(U))\cup(A\cap f^{-1}(V))$$
$$(A\cap f^{-1}(U))\cap(A\cap f^{-1}(V))=\varnothing$$
$$A\cap f^{-1}(U)\neq\varnothing,A\cap f^{-1}(V)\neq\varnothing$$

이다. f는 연속이므로, $f^{-1}(U),f^{-1}(V)$는 $\mathbb{C}$에서 열린집합이다. A는 연결집합이므로, 이것은 모순이다. 그러므로 $f(A)$는 연결집합이다.

문제 5.5 2.5절의 정리 5.5에 의하여 $f(K)$는 긴밀집합이다. 분명히 f^{-1}는 전단사이다. f^{-1}는 연속임을 보이자. $w_0\in f(K)$라고 하자. $\{w_n\}$는 $f(K)$에서 w_0로 수렴하는 임의의 복소수열이라 하자. 그러면 $\{f^{-1}(w_n)\}$은 K에서 $f^{-1}(w_0)$로 수렴하는 복소수열임을 알 수 있다. 그러므로 2.5절의 정리 5.1에 의하여 f^{-1}는 $f(K)$에서 연속이다.

문제 5.6 ($\Rightarrow$) $f:R\to\mathbb{C}$은 연속함수라고 하자. $z_0\in R$이라 하자. 그러면 $f(z_0)$의 임의의 근방 $N_\epsilon(f(z_0))$에 대하여 z_0의 근방 $N_\delta(z_0)$가 존재하여 $f(R\cap N_\delta(z_0))\subset N_\epsilon(f(z_0))$이다. 즉, $|z-z_0|<\delta,z\in R$일 때 $|f(z)-f(z_0)|<\epsilon$이다. $f(z)=Ref(z)+Imf(z)i$, $f(z_0)=Ref(z_0)+Imf(z_0)i$로 놓자. 그러면 $Re(f(z)-f(z_0))=Ref(z)-Ref(z_0)$이고 $Im(f(z)-f(z_0))=Imf(z)-Imf(z_0)$이다. $|Re(f(z)-f(z_0))|\leqq|f(z)-f(z_0)|$이고 $|Im(f(z)-f(z_0))|\leqq|f(z)-f(z_0)|$이므로, Ref,Imf가 z_0에서 연속이다. 그러므로 Ref,Imf가 R에서 연속이다.

($\Leftarrow$) Ref,Imf는 R에서 연속이라 하자. $z_0\in R$이라 하자. 그러면 임의의 $\epsilon>0$에 대하여 $\delta_1,\delta_2>0$가 존재하여 $|z-z_0|<\delta_i,z\in R$일 때

$$|Ref(z)-Ref(z_0)|<\frac{\epsilon}{2}$$
$$|Imf(z)-Imf(z_0)|<\frac{\epsilon}{2}$$

이 성립한다. $\delta=\min\{\delta_1,\delta_2\}$로 놓자. 그러면 $|z-z_0|<\delta,z\in R$일 때

$$|f(z)-f(z_0)|\leqq|Ref(z)-Ref(z_0)|+|Imf(z)-Imf(z_0)|$$

$$< \frac{\epsilon}{2} + \frac{\epsilon}{2} = \epsilon$$

이 성립한다. 그러므로 f는 z_0에서 연속이다. 따라서 f는 R에서 연속이다.

문제 5.7 (⇐) 어떤 닫힌집합 $C \subset X$에 대하여 $F = A \cap C$라고 하자. 그러면 어떤 열린집합 $U \subset X$에 대하여 $A - F = A \cap U$임을 보이면 된다.

$$A - F = A - (A \cap C) = A \cap (A^c \cup C^c) = A \cap C^c$$

이때 $U = C^c$는 X에서 열린집합이다.
(⇒) F는 A에서 닫힌집합이라 하자. 그러면 $A - F$는 A에서 열린집합이므로, 어떤 열린집합 $U \subset X$에 대하여 $A - F = A \cap U$이다.

$$F = A - (A - F) = A - (A \cap U) = A \cap (A^c \cup U^c) = A \cap U^c$$

이때 $C = U^c$는 X에서 닫힌집합이다.

문제 5.8 (⇒) $f : X \to Y$는 연속이라 하자. F는 Y에서 닫힌집합이라 하자. 그러면 $F^c \in \mathfrak{T}_Y$이다. 그러므로 $f^{-1}(F^c) = f^{-1}(F)^c \in \mathfrak{T}_X$이다. 따라서 $f^{-1}(F)$는 X에서 닫힌집합이다.
(⇐) Y에서 임의의 닫힌집합 F에 대하여 $f^{-1}(F)$는 X에서 닫힌집합이라 하자. $U \in \mathfrak{T}_Y$라고 하자. 그러면 U^c는 Y에서 닫힌집합이다. 그러므로 $f^{-1}(U^c) = f^{-1}(U)^c$는 X에서 닫힌집합이다. 따라서 $f^{-1}(U) \in \mathfrak{T}_X$이다. 그러므로 f는 연속이다.

문제 5.9 $A = f^{-1}(\{0\})$이다. $\{0\}$는 닫힌집합이므로, 2.5절의 문제 5.8에 의하여 A는 닫힌집합이다.

제 3 장

문제 1.1 $z = x + yi$, $w = u + iv$라 놓으면, $u = x - y + 2, v = x + y$이다. 또한, $x = \frac{1}{2}(u + v - 2), y = \frac{1}{2}(v - u + 2)$이다.

(a) $u = -x + 2, v = 3x$이므로, $v = 3(2 - u)$이다.
(b) $u = -2x, v = 4x + 2$이므로, $v = -2u + 2$이다.

(c) $x^2+y^2=9$이므로, $(u+v-2)^2+(v-u+2)^2=36$이다.

따라서 $(u-2)^2+v^2=18$이다.

(d) $(x-1)^2+y^2=4$이므로, $(u+v-4)^2+(v-u+2)^2=16$이다.

따라서 $(u-3)^2+(v-1)^2=8$이다.

문제 1.2 (a) $z=x+yi$, $w=u+vi$라 놓으면, $u=-2y, v=2x-1$이므로 $x=\frac{1}{2}(v+1)$이다.

따라서 $v>-1$이다.

(b) $z=x+yi$, $w=u+vi$라 놓으면, $u=\frac{y}{x^2+y^2}-1, v=\frac{x}{x^2+y^2}$이므로 $v>0$이다.

문제 1.3 $z=x+yi$, $w=u+vi$라 놓으면, $u=x+y+2, v=-x+y-1$이므로 $x=\frac{1}{2}(u-v-3)$,

$y=\frac{1}{2}(u+v-1)$이다. 따라서 $3<u-v<7, u+v>3$이다.

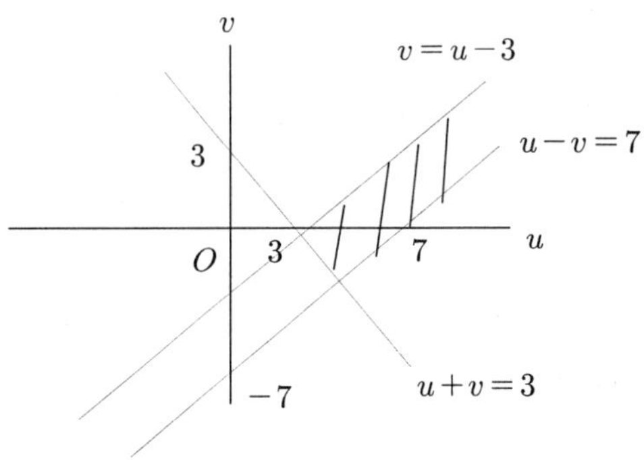

문제 1.4 (a) 점 $3+9i, -3+9i, 0$을 꼭짓점으로 하는 삼각형

(b) 점 $-2+2i, -2-4i, 7-i$를 꼭짓점으로 하는 삼각형

(c) $-1+11i, -13+5i, 2-10i$를 꼭짓점으로 하는 삼각형

문제 1.5 $z=x+yi$, $w=u+vi$라고 하자.

(a) $u=\frac{x}{x^2+y^2}, v=-\frac{y}{x^2+y^2}$이고, $x=\frac{u}{u^2+v^2}, y=-\frac{v}{u^2+v^2}$이므로

$-\frac{v}{u^2+v^2}=\frac{2u}{u^2+v^2}+1$이다. 따라서 $u^2+v^2+2u+v=0, (u+1)^2+(v+\frac{1}{2})^2=\frac{5}{4}$.

(b) $x=\frac{v}{u^2+v^2}, y=\frac{u}{u^2+v^2}$이므로 $\frac{u}{u^2+v^2}=\frac{2v}{u^2+v^2}+1, u^2+v^2-u+2v=0$이다. 따

라서 $(u-\frac{1}{2})^2+(v+1)^2=\frac{5}{4}$ 이다.

(c) $x=\frac{u}{u^2+v^2}, y-2=-\frac{v}{u^2+v^2}$ 이므로 $2-\frac{v}{u^2+v^2}=\frac{2u}{u^2+v^2}+1, u^2+v^2-2u-v=0$ 이다. 따라서 $(u-1)^2+(v-\frac{1}{2})^2=\frac{5}{4}$ 이다.

문제 1.6 $z=x+yi$, $w=u+vi$ 라 놓으면, $x=\frac{u}{u^2+v^2}, y=-\frac{v}{u^2+v^2}, u^2+v^2=\frac{1}{x^2+y^2}$ 이다. 그러므로 변환 $w=\frac{1}{z}$ 에 의하여 $a(x^2+y^2)+bx+cy+d=0$ 은 $d(u^2+v^2)+bu-cv+a=0$ 으로 사상함을 유의하자.

(a) $(x-2)^2+y^2=1, x^2+y^2-4x+3=0$ 이므로, 상은 $3(u^2+v^2)-4u+1=0$, $(u-\frac{2}{3})^2+v^2=\frac{1}{3^2}$ 이다.

(b) $(x-1)^2+y^2=4$, $x^2+y^2-2x-3=0$ 이므로, 상은 $-3(u^2+v^2)-2u+1=0$, $u^2+v^2+\frac{2}{3}u-\frac{1}{3}=0, (u+\frac{1}{3})^2+v^2=(\frac{2}{3})^2$ 이다.

(c) $(x-1)^2+y^2=1, x^2+y^2-2x=0$ 이므로, 상은 $-2u+1=0, u=\frac{1}{2}$ 이다.

(d) $x=\frac{u}{u^2+v^2}>1$ 이므로, 상은 $u^2+v^2-u<0, (u-\frac{1}{2})^2+v^2<\frac{1}{2^2}$ 이다.

(e) $\frac{1}{4}<-\frac{v}{u^2+v^2}<\frac{1}{2}$, $u^2+v^2<-4v<2(u^2+v^2)$ 이므로, 상은

$$u^2+(v+2)^2<2^2, u^2+(v+1)^2>1$$

이다.

문제 1.7 $w=az+b, a, b\in\mathbb{C}$ 라 놓으면, $(3+2i)a+b=5i$, $(1-i)a+b=2+4i$ 이므로 $(2+3i)a=-2+i$ 이다. 따라서

$$a=\frac{-2+i}{2+3i}=\frac{(-2+i)(2-3i)}{13}=\frac{-1+8i}{13},$$

$$b=5i-\frac{(3+2i)(-2+i)}{2+3i}=\frac{5i(2+3i)-(3+2i)(-2+i)}{2+3i}$$

$$=\frac{-7+11i}{2+3i}=\frac{(-7+11i)(2-3i)}{13}=\frac{19+43i}{13}$$

해답

이다. 그러므로 $w=\frac{1}{13}\{(-1+8i)z+(19+43i)\}$ 이다.

문제 1.8 $z=z_0+re^{i\theta}$이므로 $w=a(z_0+re^{i\theta})+b=az_0+b+are^{i\theta}$이다. 따라서 $|w-(az_0+b)|$ $=|a|r$이다.

문제 1.9 $(x-x_0)^2+(y-y_0)^2=r^2$, $x^2+y^2-2x_0x-2y_0y+x_0^2+y_0^2-r^2=0$이므로, 반전은 $(x_0^2+y_0^2-r^2)(u^2+v^2)-2x_0u+2y_0v+1=0$으로 사상한다.

$$u^2+v^2-\frac{2x_0}{x_0^2+y_0^2-r^2}u+\frac{2y_0}{x_0^2+y_0^2-r^2}v+\frac{1}{x_0^2+y_0^2-r^2}=0$$

$$(u-\frac{x_0}{x_0^2+y_0^2-r^2})^2+(v+\frac{y_0}{x_0^2+y_0^2-r^2})^2-\frac{x_0^2+y_0^2}{(x_0^2+y_0^2-r^2)^2}+\frac{1}{x_0^2+y_0^2-r^2}=0$$

$$(u-\frac{x_0}{x_0^2+y_0^2-r^2})^2+(v+\frac{y_0}{x_0^2+y_0^2-r^2})^2-\frac{r^2}{(x_0^2+y_0^2-r^2)^2}=0.$$

따라서 반전은 중심은 $(\frac{x_0}{|z_0|^2-r^2},-\frac{y_0}{|z_0|^2-r^2})$이고 반지름은 $\frac{r}{||z_0|^2-r^2|}$ 인 원으로 사상한다. 즉, 중심은 $\frac{\overline{z_0}}{|z_0|^2-r^2}$이고 반지름은 $\frac{r}{||z_0|^2-r^2|}$ 인 원으로 사상한다.

문제 1.10 $z=x+yi$, $w=u+vi$라 놓으면, $u=R\cos\theta, v=R\sin\theta$이고 $x=\frac{u}{u^2+v^2}, y=-\frac{v}{u^2+v^2}$ 이므로, $(\frac{R\cos\theta}{R^2})^2-(-\frac{R\sin\theta}{R^2})^2=1, \cos^2\theta-\sin^2\theta=R^2$이다. 따라서 $R^2=\cos 2\theta$이다.

문제 1.11 $z=x+yi$, $w=u+vi$라 놓으면, $x=\frac{u}{u^2+v^2}, y=-\frac{v}{u^2+v^2}$이므로

$$0\leq\frac{u}{u^2+v^2}\leq 2, 0\leq-\frac{v}{u^2+v^2}\leq 2,\ \text{즉}\ \frac{1}{2}u\leq u^2+v^2, 0\leq-\frac{1}{2}v\leq u^2+v^2$$

이다. 따라서 상은 $(u-\frac{1}{4})^2+v^2\geq\frac{1}{4^2}$과 $v\leq 0, u^2+(v+\frac{1}{4})^2\geq\frac{1}{4^2}$의 공통영역이다.

문제 2.1 $\dfrac{(w-w_1)(w_2-w_3)}{(w-w_3)(w_2-w_1)}=\dfrac{(z-z_1)(z_2-z_3)}{(z-z_3)(z_2-z_1)}$ 임을 유의하자.

(a) $\dfrac{(w-i)(-i-0)}{(w-0)(-i-i)}=\dfrac{(z-0)(i+i)}{(z+i)(i-0)}$

$$\frac{w-i}{2w}=\frac{2z}{z+i},(z+i)(w-i)=4zw,(3z-i)w=1-iz,w=\frac{1-iz}{3z-i}$$

(b) $\dfrac{(w-i)(-1-0)}{(w-0)(-1-i)}=\dfrac{z-1}{i-1}$

$$\frac{w-i}{(1+i)w}=\frac{z-1}{i-1},(i-1)(w-i)=(1+i)(z-1)w$$

$$\{(1+i)z-2i\}w=1+i,w=\frac{1+i}{(1+i)z-2i}$$

(c) $\dfrac{-1+i}{w+i}=\dfrac{(z-2)(-1+i)}{(z+i)(-1-2)},\dfrac{1}{w+i}=\dfrac{z-2}{-3(z+i)}$

$$w=-\frac{3(z+i)}{z-2}-i=-\frac{(3+i)z+i}{z-2}$$

(d) $\dfrac{-1-1}{w-1}=\dfrac{z-2}{z-i},-\dfrac{2}{w-1}=\dfrac{z-2}{z-i},w=1-\dfrac{2(z-i)}{z-2},\ w=-\dfrac{z+(2-2i)}{z-2}$

문제 2.2 $z=x+yi,\ w=u+iv$라 놓으면,

$$u+iv=i+\frac{i}{z-1},v-iu=1+\frac{1}{z-1},z-1=\frac{1}{v-1-iu}$$

$$x-1=\frac{v-1}{(v-1)^2+u^2},y=\frac{u}{(v-1)^2+u^2}\ ,\ u\neq0 \text{ 또는 } v\neq0.$$

(a) $x^2+y^2\leqq1$이므로, $\{\dfrac{v-1}{(v-1)^2+u^2}+1\}^2+\{\dfrac{u}{(v-1)^2+u^2}\}^2\leqq1$이다.

$$\{(v-1)^2+u^2+(v-1)\}^2+u^2\leqq\{(v-1)^2+u^2\}^2$$

$$2(v-1)\{(v-1)^2+u^2\}+(v-1)^2+u^2\leqq0$$

$$(2v-1)\{(v-1)^2+u^2\}\leqq0$$

이므로 $v\leqq\dfrac{1}{2}$이다.

(b) $x=\dfrac{v-1}{(v-1)^2+u^2}+1 \geqq 0$이므로

$$v-1+(v-1)^2+u^2 \geqq 0, u^2+v^2-v \geqq 0, u^2+(v-\frac{1}{2})^2 \geqq (\frac{1}{2})^2$$

이다.

(c) $y=\dfrac{u}{(v-1)^2+u^2} \geqq 0, u \geqq 0$, 단, $(u,v)=(0,1)$인 점은 제외.

(d) $Argz=\tan^{-1}\dfrac{y}{x}$, $\dfrac{\pi}{4}<\tan^{-1}\dfrac{y}{x}<\dfrac{\pi}{2}, \tan\dfrac{\pi}{4}<\dfrac{y}{x}<\tan\dfrac{\pi}{2}, 1<\dfrac{y}{x}<\infty$

$$(\frac{u}{(v-1)^2+u^2})/(\frac{v-1}{(v-1)^2+u^2}+1)>1$$

$$\frac{u}{(v-1)+(v-1)^2+u^2}-1>0,\ \frac{u^2-u+(v-1)^2+(v-1)}{u^2+(v-1)^2+(v-1)}<0$$

$$\frac{u^2-u+v^2-v}{u^2+v^2-v}<0,\ \frac{(u-\frac{1}{2})^2+(v-\frac{1}{2})^2-\frac{1}{2}}{u^2+(v-\frac{1}{2})^2-(\frac{1}{2})^2}<0$$

$$(u-\frac{1}{2})^2+(v-\frac{1}{2})^2>(\frac{1}{\sqrt{2}})^2, u^2+(v-\frac{1}{2})^2<(\frac{1}{2})^2$$

또는

$$(u-\frac{1}{2})^2+(v-\frac{1}{2})^2<(\frac{1}{\sqrt{2}})^2, u^2+(v-\frac{1}{2})^2>(\frac{1}{2})^2$$

문제 2.3 $z=x+yi$, $w=u+vi$라 놓으면, $w=u+vi=1-\dfrac{2}{z+1}$이므로,

$$|1-w|^2=\frac{4}{|z+1|^2}=\frac{4}{(x+1)^2+y^2}=\frac{4}{r_0^2+2x+1},\ x^2+y^2=r_0^2$$

(a) $x^2+y^2=r_0^2, 0 \leqq r_0 \leqq r<1$이므로, $\dfrac{4}{(r+1)^2} \leqq (u-1)^2+v^2 \leqq 4$이다.

(b) $x^2+y^2=r_0^2, 1<r_0 \leqq r$이므로, $\dfrac{4}{(r+1)^2} \leqq (u-1)^2+v^2<2$이다.

(c) $y=\dfrac{v/2}{(1-u)^2/4+v^2/4}>1, (1-u)^2+v^2<2v$

$$(u-1)^2+(v-1)^2<1$$

(d) $\frac{v/2}{(1-u)^2/4+v^2/4} > \frac{(1-u)/2}{(1-u)^2/4+v^2/4} - 1$

$$v/2 > (1-u)/2 - \{(1-u)^2/4+v^2/4\}$$
$$(1-u)^2+v^2-2(1-u) > -2v$$
$$u^2+v^2+2v-1>0, u^2+(v+1)^2>2$$

문제 2.4 $1,0,\infty \to 1,-1,i$로 사상하는 1차분수변환은 $w = i \cdot \frac{z-(1+i)/2}{z-(1-i)/2}$이다. 이 변환은 실수축을 단위원으로 전사하는 변환임을 유의하자.

$w_1 = i \cdot \frac{z_1-(1+i)/2}{z_1-(1-i)/2}$이므로,

$$i \cdot \frac{\overline{z_1}-(1+i)/2}{\overline{z_1}-(1-i)/2} = i \cdot \left(\overline{\frac{z_1-(1-i)/2}{z_1-(1+i)/2}}\right) = i \cdot \left(\overline{\frac{i}{w_1}}\right) = i \cdot \frac{-i}{\overline{w_1}} = \frac{1}{\overline{w_1}}$$

이다. 그러므로 이 1차분수변환은 $\overline{z_1}$을 $\frac{1}{\overline{w_1}}$으로 사상한다.

문제 2.5 $w = K \cdot \frac{z-\gamma}{\overline{\gamma}z-1}$, $|K|=1$, $|\gamma|<1$은 단위원을 단위원으로 전사하는 일차분수변환임을 유의하자. $w_1 = K \cdot \frac{z_1-\gamma}{\overline{\gamma}z_1-1}$이므로

$$K \cdot \frac{\frac{1}{\overline{z_1}}-\gamma}{\frac{\overline{\gamma}}{\overline{z_1}}-1} = K \cdot \frac{1-\gamma\overline{z_1}}{\overline{\gamma}-\overline{z_1}} = K \cdot \frac{\gamma\overline{z_1}-1}{\overline{z_1}-\overline{\gamma}} = K \cdot \left(\overline{\frac{\overline{\gamma}z_1-1}{z_1-\gamma}}\right) = K \cdot \left(\overline{\frac{K}{w_1}}\right) = \frac{|K|^2}{\overline{w_1}} = \frac{1}{\overline{w_1}}$$

이다. 그러므로 이 일차분수변환은 $\frac{1}{\overline{z_1}}$을 $\frac{1}{\overline{w_1}}$으로 사상한다.

문제 2.6 $(\Rightarrow)$ $[z_1,z_2,z_3,z_4] = \frac{(z_4-z_1)(z_2-z_3)}{(z_4-z_3)(z_2-z_1)} = a \in \mathbb{R}\ (a \neq 0)$라고 하자.

$Arg(\frac{z_4-z_1}{z_4-z_3}) = \theta_1, Arg(\frac{z_2-z_3}{z_2-z_1}) = \theta_2$라 놓으면, $Arg\frac{(z_4-z_1)(z_2-z_3)}{(z_4-z_3)(z_2-z_1)} = \theta_1+\theta_2$이다.

만일 $a>0$이면, $\theta_1+\theta_2=0$이고, 만일 $a<0$이면, $\theta_1+\theta_2=\pi$이다.

(i) 만일 $a>0$이면, $\theta_1+\theta_2=0$이므로 z_1,z_2,z_3,z_4는 직선 위에 있다.

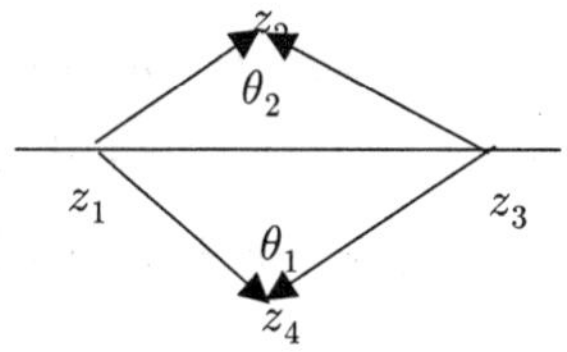

(ii) 만일 $a<0$이면, $\theta_1+\theta_2=\pi$이므로 z_1,z_2,z_3,z_4는 원 위에 있다.

(⇐) (i) z_1,z_2,z_3,z_4가 원 위에 있다고 하자.

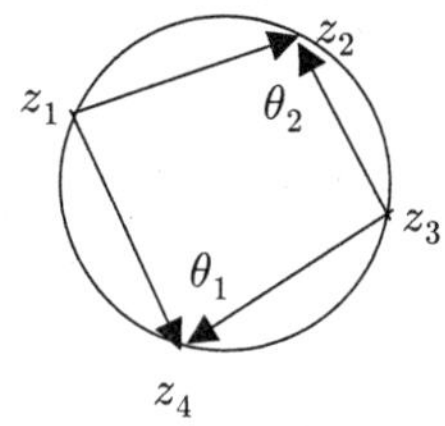

$\theta_1+\theta_2=\pi$이므로,

$$\frac{(z_4-z_1)(z_2-z_3)}{(z_4-z_3)(z_2-z_1)}=\left|\frac{(z_4-z_1)(z_2-z_3)}{(z_4-z_3)(z_2-z_1)}\right|e^{\pi i}=-\left|\frac{(z_4-z_1)(z_2-z_3)}{(z_4-z_3)(z_2-z_1)}\right|<0$$

이다.

(ii) z_1,z_2,z_3,z_4는 직선 위에 있다고 하자.

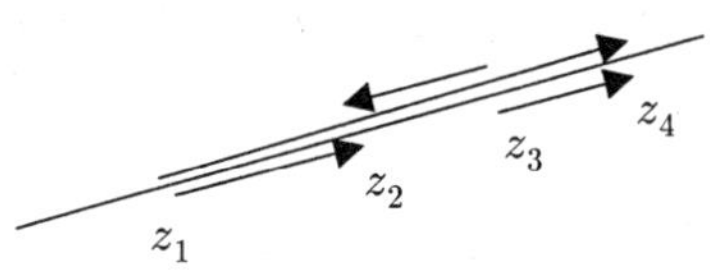

$\theta_1+\theta_2=0$이므로,

$$\frac{(z_4-z_1)(z_2-z_3)}{(z_4-z_3)(z_2-z_1)}=\left|\frac{(z_4-z_1)(z_2-z_3)}{(z_4-z_3)(z_2-z_1)}\right|e^{0i}=-\left|\frac{(z_4-z_1)(z_2-z_3)}{(z_4-z_3)(z_2-z_1)}\right|>0$$

이다.

문제 2.7 $w=w(z)=\dfrac{az+b}{cz+d}$ 에 대하여 $\dfrac{az_1+b}{cz_1+d}=z_1$, $\dfrac{az_2+b}{cz_2+d}=z_2$ 이므로

$$
\begin{aligned}
(w-z_1)/(w-z_2) &= (\frac{az+b}{cz+d}-z_1)/(\frac{az+b}{cz+d}-z_2) \\
&= (\frac{az+b}{cz+d}-\frac{az_1+b}{cz_1+d})/(\frac{az+b}{cz+d}-\frac{az_2+b}{cz_2+d}) \\
&= \frac{(az+b)(cz_1+d)-(az_1+b)(cz+d)}{(cz+d)(cz_1+d)}/\frac{(az+b)(cz_2+d)-(az_2+b)(cz+d)}{(cz+d)(cz_2+d)} \\
&= \frac{bc(z_1-z)+ad(z-z_1)}{cz_1+d}/\frac{bc(z_2-z)+ad(z-z_2)}{cz_2+d} \\
&= \frac{(ad-bc)(z-z_1)}{cz_1+d}/\frac{(ad-bc)(z-z_2)}{cz_2+d} \\
&= \frac{z-z_1}{cz_1+d}/\frac{z-z_2}{cz_2+d} \\
&= \frac{cz_2+d}{cz_1+d}\cdot\frac{z-z_1}{z-z_2},\quad K=\frac{cz_2+d}{cz_1+d} \\
&= K\cdot\frac{z-z_1}{z-z_2}.
\end{aligned}
$$

문제 2.8 $\dfrac{az+b}{cz+d}=z, az+b=cz^2+dz, cz^2+(d-a)z-b=0$

(i) 1개의 부동점을 갖는 경우

$$(d-a)^2=-4bc$$

(ii) 2개의 부동점 z_1, z_2를 갖는 경우

$$(d-a)^2\neq-4bc$$

(iii) 무한히 많은 부동점을 갖는 경우

$$a=d, b=c=0$$

문제 2.9 $w(z_1)=\dfrac{(z_1+z_2)z_1-2z_1z_2}{2z_1-(z_1+z_2)}=\dfrac{z_1(z_1-z_2)}{z_1-z_2}=z_1$

$w(z_2)=\dfrac{(z_1+z_2)z_2-2z_1z_2}{2z_2-(z_1+z_2)}=\dfrac{z_2(z_2-z_1)}{z_2-z_1}=z_2$

$$
\begin{aligned}
w(w(z)) &= \frac{(z_1+z_2)w(z)-2z_1z_2}{2w(z)-(z_1+z_2)} \\
&= \frac{(z_1+z_2)\{\dfrac{(z_1+z_2)z-2z_1z_2}{2z-(z_1+z_2)}\}-2z_1z_2}{2\dfrac{(z_1+z_2)z-2z_1z_2}{2z-(z_1+z_2)}-(z_1+z_2)} \\
&= \frac{(z_1+z_2)\{(z_1+z_2)z-2z_1z_2\}-2z_1z_2\{2z-(z_1+z_2)\}}{2(z_1+z_2)z-4z_1z_2-(z_1+z_2)\{2z-(z_1+z_2)\}} \\
&= \frac{\{(z_1+z_2)^2-4z_1z_2\}z}{(z_1+z_2)^2-4z_1z_2} = z
\end{aligned}
$$

문제 2.10 (i) $w_1(z)=\dfrac{a_1z+b_1}{c_1z+d_1}, a_1d_1 \neq b_1c_1$, $w_2(z)=\dfrac{a_2z+b_2}{c_2z+d_2}, a_2d_2 \neq b_2c_2$에 대하여

$$
\begin{aligned}
(w_1 \circ w_2)(z) = w_1(w_2(z)) &= \frac{a_1w_2(z)+b_1}{c_1w_2(z)+d_1} \\
&= \frac{a_1\dfrac{a_2z+b_2}{c_2z+d_2}+b_1}{c_1\dfrac{a_2z+b_2}{c_2z+d_2}+d_1} = \frac{(a_1a_2+b_1c_2)z+(a_1b_2+b_1d_2)}{(c_1a_2+c_2d_1)z+(c_1b_2+d_1d_2)}
\end{aligned}
$$

이다. 이때 $(a_1a_2+b_1c_2)(c_1b_2+d_1d_2) \neq (a_1b_2+b_1d_2)(c_1a_2+c_2d_1)$이므로, $w_1 \circ w_2 \in G$ 이다.

(ii) 함수는 합성연산 $\circ$에 관하여 결합법칙을 만족하므로,

$$(w_1 \circ w_2) \circ w_3 = w_1 \circ (w_2 \circ w_3)$$

가 성립한다.

(iii) $I \in G$ $(I(z)=z)$는 항등원이다.

(iv) $w(z)=\dfrac{az+b}{cz+d}, ad \neq bc$에 대하여 $w^{-1}(z)=\dfrac{dz-b}{-cz+a}$는 w의 역원이다. 그러므로 $w^{-1} \in G$이다.

따라서 $(G, \circ)$는 군이다.

함수는 합성연산에 관하여 교환법칙을 만족하지 않으므로, $(G, \circ)$은 가환군이 아니다.

문제 2.11 $\dfrac{(w-w_1)(w_2-w_3)}{(w-w_3)(w_2-w_1)} = \dfrac{(z-z_1)(z_2-z_3)}{(z-z_3)(z_2-z_1)}$ 임을 유의하자.

(i) $z_1 = i, z_2 = 0, z_3 = \infty \rightarrow w_1 = 1, w_2 = -1, w_3 = i$

$$\frac{(w-1)(-1-i)}{(w-i)(-1-1)} = \frac{(z-i)}{(0-i)}$$

$$-i(w-1) = (1-i)(z-i)(w-i)$$
$$\{(1-i)(z-i)+i\}w = i\{(1-i)(z-i)+1\}$$

$$w = i \cdot \frac{(1-i)z-i}{(1-i)z-1} = i \cdot \frac{z-\dfrac{i}{1-i}}{z-\dfrac{1}{1-i}} = i \cdot \frac{z-\dfrac{-1+i}{2}}{z-\dfrac{1+i}{2}}$$

(ii) $z_1 = 0, z_2 = i, z_3 = \infty \rightarrow w_1 = 1, w_2 = -1, w_3 = i$

$$\frac{(w-1)(-1-i)}{(w-i)(-1-1)} = \frac{z-0}{i-0}$$

$$i(w-1) = (1-i)z(w-i)$$
$$\{(1-i)z-i\}w = i(1-i)z-i$$

$$w = i \cdot \frac{(1-i)z-1}{(1-i)z-i} = i \cdot \frac{z-\dfrac{1+i}{2}}{z-\dfrac{-1+i}{2}}$$

문제 2.12 $w = w(z) = K \cdot \dfrac{z-\gamma}{\overline{\gamma}z-1}$, $|K| = 1$, $|\gamma| < 1$은 단위원판을 단위원판으로 전사하므로, z 대신에 z/r_1을, w 대신에 w/r_2를 대입하면,

$$\frac{w}{r_2} = K \cdot \frac{z/r_1-\gamma}{\overline{\gamma}z/r_1-1},\quad w = K \cdot \frac{r_2z-r_1r_2\gamma}{\overline{\gamma}z-r_1}$$

을 얻는다. 이때, $\gamma = z_0/r_1$, $K = -A$를 대입하면,

$$w = K \cdot \frac{r_2z-r_2z_0}{\overline{z_0}z/r_1-r_1} = \frac{Ar_1r_2(z-z_0)}{r_1^2-\overline{z_0}z}$$

을 얻는다.

문제 3.1 $w = u+vi$라 놓으면, $u = x^2-y^2, v = 2xy$이다. 쌍곡선 $x^2-y^2 = C$은 직선 $u = C$으로 전사하고, 쌍곡선 $xy = K$는 직선 $v = 2K$으로 전사한다.

문제 3.2 $w=(\frac{(1+z)(1-\bar{z})}{|1-z|^2})^2=\frac{(1-|z|^2)^2-4y^2+4y(1-|z|^2)i}{|1-z|^4}$

$$u=\frac{(1-|z|^2)^2-4y^2}{|1-z|^4},\ v=\frac{4y(1-|z|^2)}{|1-z|^4},\ |z|<1$$

만일 $v=0$이면, $y=0$이고 $|z|<1$이므로, $u=\frac{(1-x^2)^2}{(1-x)^4}=\frac{(1+x)^2}{(1-x)^2}>0, x\neq\pm1$이다. 그러므로 함수 $w=(\frac{1+z}{1-z})^2$은 단위원판 $|z|<1$을 반직선 $(u,0), u\leq 0$을 제외한 평면으로 전사한다.

문제 3.3 $\frac{z}{(1-z)^2}=\frac{1}{4}(\frac{1+z}{1-z})^2-\frac{1}{4}$임을 유의하자. $w=u+vi$라 놓으면, 3.3절의 문제 3.2에 의하여

$$u=\frac{1}{4}\cdot\frac{(1-|z|^2)^2-4y^2}{|1-z|^4}-\frac{1}{4}, v=\frac{1}{4}\cdot\frac{4y(1-|z|^2)}{|1-z|^4}$$

이다. $y\in\mathbb{R}$ 이므로 $u\in\mathbb{R}$ 이다. $v=0$일 때 $y=0$이므로 $u=\frac{1}{4}\cdot\frac{(1-x^2)^2}{(1-x)^4}-\frac{1}{4}>-\frac{1}{4}$ 이다. 그러므로 상은 반직선 $(u,0), u\leq-\frac{1}{4}$을 제외한 평면이다.

문제 3.4 $w=u+vi, u=R\cos\theta, v=R\sin\theta$라 놓으면, $R\cos\theta=x^2-y^2, R\sin\theta=2xy$이다.

$$R\cos\theta=x^2-(\frac{R\sin\theta}{2x})^2,\ 4x^4-4R\cos\theta x^2-R^2\sin^2\theta=0$$

$$x^2=\frac{2R\cos\theta+\sqrt{4R^2\cos^2\theta+4R^2\sin^2\theta}}{4}=\frac{R\cos\theta+R}{2}=R\cos^2\frac{\theta}{2},$$

$$x=R^{1/2}\cos\frac{\theta}{2},\ y=R^{1/2}\sin\frac{\theta}{2}$$

$$(x-1)^2+y^2=1,\ x^2-2x+y^2=0, R-2R^{1/2}\cos\frac{\theta}{2}=0,$$

$$R^{1/2}=2\cos\frac{\theta}{2}, R=4\cos^2\frac{\theta}{2}=2(1+\cos\theta)$$

문제 3.5 $Arg z=\theta$라 놓으면, $Arg z^n=n\theta$이므로 $0<Arg z^n<\pi$이다.

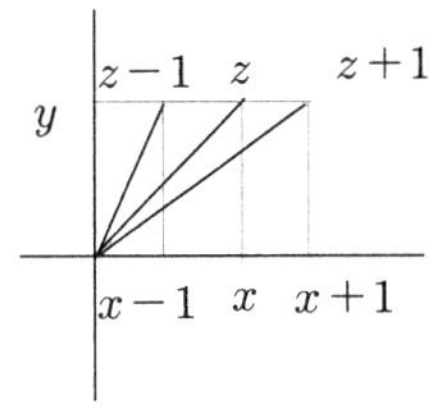

$0 < Arg(z^n+1) < Arg(z^n-1) < \pi$이므로 $Argw = Arg(z^n+1) - Arg(z^n-1) = -\theta$, $0 < \theta < \pi$이다.

(a) $u+vi = w = |w|e^{-i\theta}$라 놓으면, $u = |w|\cos\theta, v = -|w|\sin\theta$이므로 $v<0$이다. $|w| \leqq \dfrac{|z|^n+1}{||z|^n-1|}$이고 $|z| \to 1_$이면 $\dfrac{|z|^n+1}{||z|^n-1|} \to \infty$이므로 상은 아래의 반평면이다.

(b) (a)에 의하여 $-\pi < Arg(\dfrac{z^n+1}{z^n-1}) < 0$이고 $Arg(\dfrac{z^n+1}{z^n-1})^2 = 2Arg(\dfrac{z^n+1}{z^n-1})$이므로

$-2\pi < Arg(\dfrac{z^n+1}{z^n-1})^2 < 0$이다. 따라서 상은 양의 실수축을 제외한 평면이다.

문제 3.6 1.1절의 문제 1.2에 의하여 $|\dfrac{z_k - z}{1-\overline{z_k}z}| \leqq 1$이므로, $|z| \leqq 1$의 상은 단위원판을 n번 감는다.

제 4 장

문제 1.1 (a) $3z = 2k\pi i, k \in \mathbb{Z}$ 이므로, $z = 2k\pi i/3$이다.

(b) $z^2 = 2k\pi i, k \in \mathbb{Z}$

(i) $k \geqq 0$

$z_n = \sqrt{2k\pi}\, e^{\frac{1}{2}(\pi/2+2n\pi)i}$, $n = 0,1$이므로, $z_0 = \sqrt{2k\pi}\, e^{\pi/4i} = \sqrt{k\pi}(1+i)$, $z_1 = -\sqrt{k\pi}(1+i)$이다.

(ii) $k < 0$

$z_n = \sqrt{2|k|\pi}\, e^{\frac{1}{2}(-\pi/2+2n\pi)i}$, $n = 0,1$이므로, $z_0 = \sqrt{|k|\pi}(1-i)$, $z_1 = -\sqrt{|k|\pi}(1-i)$이다.

(c) $e^z = 2k\pi i, k \in \mathbb{Z}$

(i) $k \geqq 0$

$$z = \ln(2k\pi) + (\pi/2 + 2n\pi)i, n \in \mathbb{Z}$$

(ii) $k < 0$

$$z = \ln(2|k|\pi) + (-\pi/2 + 2n\pi)i, n \in \mathbb{Z}$$

문제 1.2 $\sin z = \dfrac{e^{iz} - e^{-iz}}{2i} = 0$, $e^{2iz} = 1$. $2iz = 2k\pi i, k \in \mathbb{Z}$ 이므로, $z = k\pi \in \mathbb{R}$ 이다.

$\cos z = \dfrac{e^{iz} + e^{-iz}}{2} = 0$, $e^{2iz} = -1$. $2iz = (\pi + 2k\pi)i, k \in \mathbb{Z}$ 이므로, $z = \dfrac{(2k+1)\pi}{2} \in \mathbb{R}$ 이다.

문제 1.3 (a) $z = re^{i\theta}$라 놓자. $-\pi < \theta < 0$ 또는 $0 < \theta < \pi$이므로 $-1 < \sin\theta < 0$ 또는 $0 < \sin\theta < 1$이다.

(1) $\sin z = \dfrac{e^{iz} - e^{-iz}}{2i} = \dfrac{e^{-r\sin\theta + ir\cos\theta} - e^{r\sin\theta - ir\cos\theta}}{2i}$ 이고

$|\sin z| \geqq \dfrac{1}{2}|e^{-r\sin\theta} - e^{r\sin\theta}|$ 이다.

(i) $-\pi < \theta < 0$일 때, $-1 < \sin\theta < 0$이므로 $0 < -r\sin\theta < r, -r < r\sin\theta < 0$이다. 이때, $|\sin z| \geqq \dfrac{1}{2}(e^{-r\sin\theta} - e^{r\sin\theta})$이고, $r \to \infty$일 때, $\dfrac{1}{2}(e^{-r\sin\theta} - e^{r\sin\theta}) \to \infty$ 이므로 $\sin z$는 유계가 아니다.

(ii) $0 < \theta < \pi$일 때, $0 < \sin\theta < 1$이므로 $-r < -r\sin\theta < 0, 0 < r\sin\theta < r$이다. 이때, $|\sin z| \geqq \dfrac{1}{2}(e^{r\sin\theta} - e^{-r\sin\theta})$이고, $r \to \infty$일 때, $\dfrac{1}{2}(e^{r\sin\theta} - e^{-r\sin\theta}) \to \infty$ 이므로 $\sin z$는 유계가 아니다.

(2) $\cos z = \dfrac{e^{iz} + e^{-iz}}{2} = \dfrac{e^{-r\sin\theta + ir\cos\theta} + e^{r\sin\theta - ir\cos\theta}}{2}$ 이고,

$|\cos z| \geqq |e^{-r\sin\theta} - e^{r\sin\theta}|$ 이다. (1)에서와 같은 방법으로 하면, $\cos z$는 유계가 아님을 알 수 있다.

(b) $y_0 < r\sin\theta < y_1$이고 $|\sin z| \leqq \dfrac{1}{2}(e^{-r\sin\theta} + e^{r\sin\theta}) < \dfrac{1}{2}(e^{-y_0} + e^{y_1})$ 이므로, $\sin z$는 유계이다.

문제 1.4 (a) $z=x+yi$에 대하여 $|e^z|=e^x$이다. $|z|=r\geq|x|$이므로, $-r\leq x\leq r$이다. 그러므로 $e^{-r}\leq|e^z|\leq e^r$이 성립한다.

(b) $|e^{z^n}|=e^{Rez^n}$이다. $z=re^{i\theta}$로 놓으면, $z^n=r^ne^{in\theta}$이다. 이때 $Rez^n=r^n\cos n\theta$이다. 그러므로 $|Rez^n|\leq r^n$이다. $-r^n\leq Rez^n\leq r^n$이므로, $e^{-r^n}\leq|e^{z^n}|\leq e^{r^n}$이 성립한다.

문제 1.5 (a) $\sin^2 z+\cos^2 z=(\frac{e^{iz}-e^{-iz}}{2i})^2+(\frac{e^{iz}+e^{-zi}}{2})^2$

$$=-\frac{e^{2iz}-2+e^{-2iz}}{4}+\frac{e^{2iz}+2+e^{-2iz}}{4}=1$$

(b) $e^{iz_k}-e^{-iz_k}=2i\sin z_k,\ e^{iz_k}+e^{-iz_k}=2\cos z_k\ \ k=1,2$이므로,

$$e^{iz_k}=\cos z_k+i\sin z_k,\ e^{-iz_k}=\cos z_k-i\sin z_k$$

이다. 그러므로

$$\sin(z_1+z_2)=\frac{e^{i(z_1+z_2)}-e^{-i(z_1+z_2)}}{2i}$$

$$=\frac{e^{iz_1}e^{iz_2}-e^{-iz_1}e^{-iz_2}}{2i}$$

$$=\frac{(\cos z_1+i\sin z_1)(\cos z_2+i\sin z_2)-(\cos z_1-i\sin z_1)(\cos z_2-i\sin z_2)}{2i}$$

$$=\sin z_1\cos z_2+\cos z_1\sin z_2.$$

(c) $\cos(z_1+z_2)=\frac{e^{i(z_1+z_2)}+e^{-i(z_1+z_2)}}{2}=\frac{e^{iz_1}e^{iz_2}+e^{-iz_1}e^{-iz_2}}{2}$

$$=\frac{(\cos z_1+i\sin z_1)(\cos z_2+i\sin z_2)+(\cos z_1-i\sin z_1)(\cos z_2-i\sin z_2)}{2}$$

$$=\cos z_1\cos z_2-\sin z_1\sin z_2$$

문제 1.6 (a) $e^{1/z}=e^{\frac{x-yi}{x^2+y^2}}=e^{\frac{x}{x^2+y^2}}e^{-\frac{y}{x^2+y^2}i}$

$$Ree^{1/z}=e^{\frac{x}{x^2+y^2}}\cos(\frac{y}{x^2+y^2}),\ Ime^{1/z}=-e^{\frac{x}{x^2+y^2}}\sin(\frac{y}{x^2+y^2})$$

(b) $|e^{1/z}|=e^{\frac{x}{x^2+y^2}}\leq e^{\frac{|x|}{x^2+y^2}}\leq e^{1/|x|}\leq e^{1/\epsilon}$

문제 1.7 (a) $e^{i(z+2n\pi)}=e^{iz}, n\in\mathbb{Z}$ 이므로, e^{iz}는 주기가 2π인 주기함수이다.

(b) $e^{a(z+i2n\pi/a)}=e^{az}$이므로, e^{az}는 주기가 $\frac{2\pi}{a}$인 주기함수이다.

문제 1.8 $|e^z|=e^{Rez}$임을 유의하자.

(a) $|e^z+e^{z^2}| \leqq |e^z|+|e^{z^2}|=e^x+e^{x^2-y^2}$

(b) $|e^{iz}+e^{iz^2}| \leqq |e^{iz}|+|e^{iz^2}|=e^{-y}+e^{-2xy}$

(c) $\overline{e^{iz}}=\overline{e^{-y}e^{ix}}=e^{-y}(\cos x-i\sin x)=e^{-y}e^{-ix}=e^{-i(x-yi)}=e^{-i\bar{z}}$

$$\begin{aligned}|\sin z|^2+|\cos z|^2&=\sin z\cdot\overline{\sin z}+\cos z\cdot\overline{\cos z}\\&=\left(\frac{e^{iz}-e^{-iz}}{2i}\right)\cdot\left(\frac{e^{-i\bar{z}}-e^{i\bar{z}}}{-2i}\right)+\left(\frac{e^{iz}+e^{-iz}}{2}\right)\cdot\left(\frac{e^{-i\bar{z}}+e^{i\bar{z}}}{2}\right)\\&=\frac{1}{4}[-(e^{iz}-e^{-iz})\cdot(e^{i\bar{z}}-e^{-i\bar{z}})+(e^{iz}+e^{-iz})\cdot(e^{i\bar{z}}+e^{-i\bar{z}})]\\&=\frac{1}{2}(e^{iz}e^{-i\bar{z}}+e^{-iz}e^{i\bar{z}})\\&=\frac{1}{2}(e^{i(z-\bar{z})}+e^{-i(z-\bar{z})})\\&=\frac{1}{2}(e^{-2y}+e^{2y})\geqq 1\end{aligned}$$

문제 1.9 (a) $\cosh^2 z-\sinh^2 z=\left(\frac{e^z+e^{-z}}{2}\right)^2-\left(\frac{e^z-e^{-z}}{2}\right)^2=1$

(b) $e^{z_k}+e^{-z_k}=2\cosh z_k,\ e^{z_k}-e^{-z_k}=2\sinh z_k,\ k=1,2$이므로,

$$e^{z_k}=\cosh z_k+\sinh z_k, e^{-z_k}=\cosh z_k-\sinh z_k$$

이다. 그러므로

$$\begin{aligned}\sinh(z_1+z_2)&=\frac{1}{2}(e^{z_1+z_2}-e^{-(z_1+z_2)})=\frac{1}{2}(e^{z_1}e^{z_2}-e^{-z_1}e^{-z_2})\\&=\frac{1}{2}\{(\cosh z_1+\sinh z_1)(\cosh z_2+\sinh z_2)-(\cosh z_1-\sinh z_1)(\cosh z_2-\sinh z_2)\}\\&=\sinh z_1\cosh z_2+\cosh z_1\sinh z_2.\end{aligned}$$

(c) $$\begin{aligned}\cosh(z_1+z_2)&=\frac{1}{2}(e^{z_1+z_2}+e^{-(z_1+z_2)})\\&=\frac{1}{2}\{(\cosh z_1+\sinh z_1)(\cosh z_2+\sinh z_2)+(\cosh z_1-\sinh z_1)(\cosh z_2-\sinh z_2)\}\\&=\cosh z_1\cosh z_2+\sinh z_1\sinh z_2\end{aligned}$$

(d) $\sinh z = \frac{1}{2}\{e^x(\cos y + i\sin y) - e^{-x}(\cos y - i\sin y)\}$

$= \frac{1}{2}(e^x - e^{-x})\cos y + i\frac{1}{2}(e^x + e^{-x})\sin y$

$= \sinh x\cos y + i\cosh x\sin y$

(e) $\cosh z = \frac{1}{2}\{e^x(\cos y + i\sin y) + e^{-x}(\cos y - i\sin y)\}$

$= \frac{1}{2}(e^x + e^{-x})\cos y + i\frac{1}{2}(e^x - e^{-x})\sin y$

$= \cosh x\cos y + i\sinh x\sin y$

(f) $|\sinh z|^2 = \sinh^2 x\cos^2 y + \cosh^2 x\sin^2 y$

$= \sinh^2 x(1 - \sin^2 y) + \cosh^2 x\sin^2 y$

$= \sinh^2 x + \sin^2 y(\cosh^2 x - \sinh^2 x)$

$= \sinh^2 y + \sin^2 y$

(g) $|\cosh z|^2 = \cosh^2 x\cos^2 y + \sinh^2 x\sin^2 y$

$= \cosh^2 x\cos^2 y + \sinh^2 x(1 - \cos^2 y)$

$= \sinh^2 x + \cos^2 y$

문제 1.10 $\sinh z = -i\sin(iz), \cosh z = \cos(iz)$임을 유의하자. 4.1절의 문제 1.5에 의하여

$$\sin z = \sin x\cos(yi) + \cos x\sin(yi)$$
$$= \sin x\cosh y + i\cos x\sinh y$$

이다. $\cosh^2 y - \sinh^2 y = 1$이므로,

$$|\sin z|^2 = \sin^2 x\cosh^2 y + \cos^2 x\sinh^2 y$$
$$= \sin^2 x(1 + \sinh^2 y) + \cos^2 x\sinh^2 y$$
$$= \sin^2 x + \sinh^2 y.$$

(b) 4.1절의 문제 1.5에 의하여

$$\cos z = \cos x\cos(yi) - \sin x\sin(yi)$$
$$= \cos x\cosh y - i\sin x\sinh y$$

이다. 그러므로

$$|\cos z|^2 = \cos^2 x\cosh^2 y + \sin^2 x\sinh^2 y$$
$$= \cos^2 x(1 + \sinh^2 y) + \sin^2 x\sinh^2 y$$
$$= \cos^2 x + \sinh^2 y.$$

해답

문제 1.11 $\tanh(z+in\pi)=\frac{e^{z+in\pi}-e^{-z-in\pi}}{e^{z+in\pi}+e^{-z-in\pi}}=\frac{e^z-e^{-z}}{e^z+e^{-z}}=\tanh z, n\in\mathbb{Z}$ 이므로, $\tanh z=\frac{\sinh z}{\cosh z}$ 는 주기가 πi 인 주기함수이다.

문제 2.1 $w=e^z=u+vi=e^{x+yi}=e^x(\cos y+i\sin y)$

(a) $w=\frac{\sqrt{2}}{2}(1+i)e^x, -5\leq x\leq 5$. $u=\frac{\sqrt{2}}{2}e^x, v=\frac{\sqrt{2}}{2}e^x$ 이므로, 상은 직선 $v=u$, $\frac{\sqrt{2}}{2}e^{-5}\leq u\leq\frac{\sqrt{2}}{2}e^5$ 이다.

(b) $w=e^3(\cos y+i\sin y), -\frac{\pi}{2}<y<\frac{\pi}{2}$. 상은 중심이 원점이고 반지름이 e^3 인 우반원이다.

(c) $w=e^x(\cos y+i\sin y), -2<x<1, 0<y<\pi$ 이므로, 상은 다음과 같다.

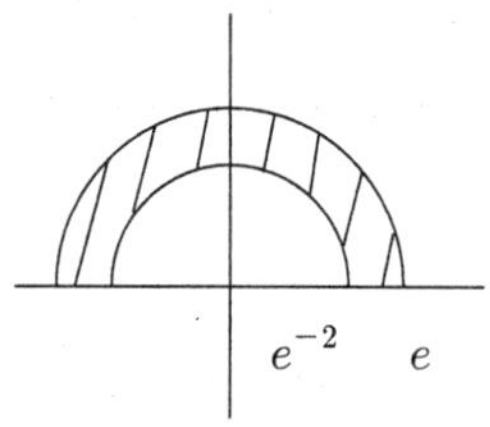

(d) $w=e^x(\cos y+i\sin y), x<1, -\frac{\pi}{3}<y<\frac{2\pi}{3}$ 이므로, $|w|=e^x, Argw=y$ $\lim_{x\to-\infty}e^x=0$ 이므로, 상은 다음과 같다.

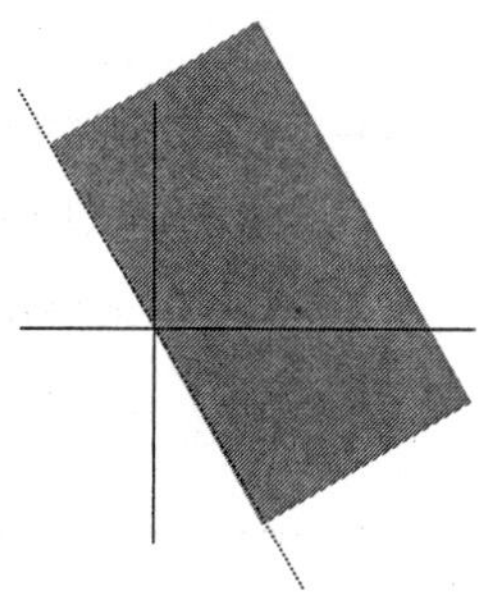

문제 2.2 (a) $w=e^{iz}=e^{i(x+yi)}=e^{-y}(\cos x+i\sin x)$, $|w|=e^{-y}, Argw=x$

$\lim_{y\to\infty}e^{-y}=0$, $\lim_{y\to 0}e^{-y}=1$. 상은 다음과 같다.

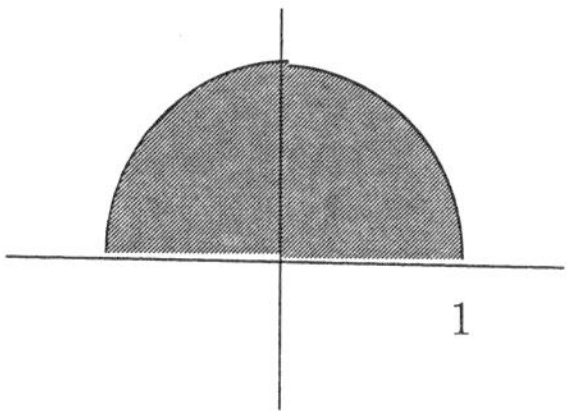

(b) $w = ie^{iz} = ie^{-y+ix} = e^{-y}(\cos\frac{\pi}{2} + i\sin\frac{\pi}{2})(\cos x + i\sin x)$

$= e^{-y}(\cos(x+\frac{\pi}{2}) + i\sin(x+\frac{\pi}{2}))$,

$|w| = e^{-y}, Arg w = x + \frac{\pi}{2}$, $\frac{\pi}{2} < Arg w < \frac{3\pi}{2}$

$\lim_{y\to\infty} e^{-y} = 0$, $\lim_{y\to 0} e^{-y} = 1$.

상은 다음과 같다.

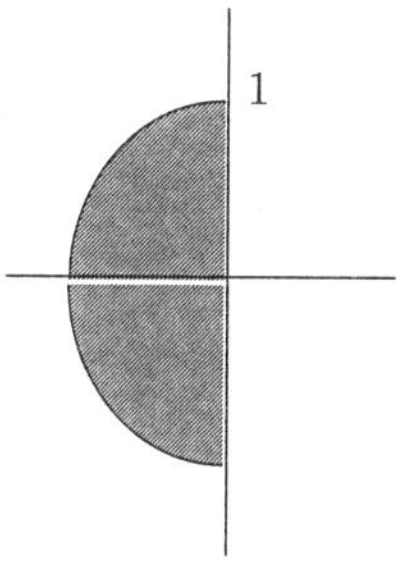

(c) $w = ie^{-iz} = e^{y}(\cos\frac{\pi}{2} + i\sin\frac{\pi}{2})(\cos(-x) + i\sin(-x))$

$= e^{y}(\cos(\frac{\pi}{2} - x) + i\sin(\frac{\pi}{2} - x))$,

$|w| = e^{y}, Arg w = \frac{\pi}{2} - x$. $-\pi \leqq -x \leqq 0$이므로, $-\frac{\pi}{2} \leqq Arg w \leqq \frac{\pi}{2}$이다. $y \geqq 0$이므로, $|w| = e^{y} \geqq 1$이다. 그러므로 상은 다음과 같다.

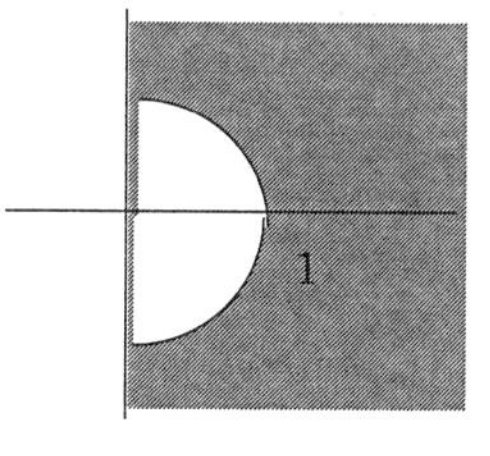

문제 2.3 $w = u + vi = e^{z} = e^{x}(\cos y + i\sin y)$. $|w| = e^{x}, Arg w = y$이다. $|z|^2 = x^2 + y^2 \leqq 1$

해답

이므로, $-1 \leq x \leq 1, -1 \leq y \leq 1$이다. 그러므로

$$e^{-1} \leq |w| \leq e, -1 \leq Argw \leq 1$$

이다. 그러므로 원판 $|z| \leq 1$의 상은 고리 $\frac{1}{e} \leq |w| \leq e$에 포함에 포함된다.

문제 2.4 $w = \cos z = \frac{1}{2}(e^{iz} + e^{-iz})$이므로, $|w| \leq \frac{1}{2}(e^x + e^{-x})(-1 \leq x \leq 1)$이다. 따라서 상은 $|w| \leq (e^2+1)/2e$에 포함된다. $w = \sin z = \frac{1}{2i}(e^{iz} - e^{-iz})$이므로,

$$|w| \leq \frac{1}{2}(e^x + e^{-x})(-1 \leq x \leq 1)$$

이다. 따라서 상은 $|w| \leq (e^2+1)/2e$에 포함된다.

문제 2.5 $w = u + vi = \cos z = \frac{1}{2}(e^{iz} + e^{-iz})$, $u = \frac{1}{2}(e^{-y} + e^y)\cos x, v = \frac{1}{2}(e^{-y} - e^y)\sin x$

(a) $u = 0, v = \frac{1}{2}(e^{-y} - e^y), y \geq 0$이므로, 상은 양이 아닌 허수축이다.

(b) $u = \frac{1}{2}(e^5 + e^{-5})\cos x, v = \frac{1}{2}(e^5 - e^{-5})\sin x$이므로, 상은

$$\left(\frac{u}{\frac{1}{2}(e^5 + e^{-5})}\right)^2 + \left(\frac{v}{\frac{1}{2}(e^5 - e^{-5})}\right)^2 = 1,$$

$$\frac{\sqrt{2}}{4}(e^5 + e^{-5}) < u \leq \frac{1}{2}(e^5 + e^{-5}), \quad -\frac{\sqrt{2}}{4}(e^5 - e^{-5}) < v < \frac{\sqrt{2}}{4}(e^5 - e^{-5})$$

이다.

(c) 상은 타원

$$\left(\frac{u}{\frac{1}{2}(e^2 + e^{-2})}\right)^2 + \left(\frac{v}{\frac{1}{2}(e^2 - e^{-2})}\right)^2 = 1$$

의 내부이다.

(d) $u = \frac{1}{2}(e^{-y} + e^y)\cos x, v = \frac{1}{2}(e^{-y} - e^y)\sin x$, $-\frac{\pi}{2} < x < \frac{\pi}{4}, y > 0$. 만일 $x = 0$이면, 상은 $u > 1$이다. 만일 $x \neq 0$이면, 상은 $\left(\frac{u}{\cos x}\right)^2 - \left(\frac{v}{\sin x}\right)^2 = 1$이다.

문제 3.1 (a) $\log(1-i)=\ln|1-i|+i\arg(1-i)$

$$=\frac{1}{2}\ln 2+i(-\frac{\pi}{4}+2k\pi), k\in\mathbb{Z}$$

(b) $\log(3-2i)=\ln|3-2i|+i\arg(3-2i)=\frac{1}{2}\ln 13+i\tan^{-1}(\frac{-2}{3})$

(c) $\log(x+yi)=\ln|x+yi|+i\arg(x+yi)=\frac{1}{2}\ln(x^2+y^2)+i\tan^{-1}\frac{y}{x}$

문제 3.2 $Logz_i=\ln|z_i|+iArgz_i, -\pi<Argz_i\leqq\pi, i=1,2$

$$Logz_1z_2=\ln|z_1z_2|+iArgz_1z_2$$

$$-2\pi<Argz_1+Argz_2\leqq 2\pi$$

(i) $-\pi<Argz_1+Argz_2\leqq\pi$일 때 $Logz_1z_2=Logz_1+Logz_2$이다.

$z_1=1+i, z=1-i$일 때 $Logz_1=\frac{1}{2}\ln 2+\frac{\pi}{4}i, Logz_2=\frac{1}{2}\ln 2-\frac{\pi}{4}i$이다.

그러나 $Logz_1z_2=Log2=\ln 2$이다.

그러므로 $Logz_1z_2=Logz_1+Logz_2$이다.

(ii) $\pi<Argz_1+Argz_2\leqq 3\pi$일 때 $Logz_1z_2=Logz_1+Logz_2-2\pi i$이다.

$z_1=z_2=\dfrac{-1+\sqrt{3}i}{2}$일 때, $Argz_1=Argz_2=\dfrac{2\pi}{3}$이고,

$Argz_1z_2=Arg(\dfrac{-1-\sqrt{3}i}{2})=-\dfrac{2\pi}{3}$이다.

그러므로 $Logz_1z_2=Logz_1+Logz_2-2\pi i$이다.

(iii) $-3\pi<Argz_1+Argz_2\leqq-\pi$일 때 $Logz_1z_2=Logz_1+Logz_2+2\pi i$이다.

$z_1=z_2=\dfrac{-1-\sqrt{3}i}{2}$일 때, $Argz_1=Argz_2=-\dfrac{2\pi}{3}$이고,

$Argz_1z_2=Arg(\dfrac{-1+\sqrt{3}i}{2})=\dfrac{2\pi}{3}$이다.

그러므로 $Logz_1z_2=Logz_1+Logz_2+2\pi i$이다.

문제 3.3 $Logz=\ln|z|+iArgz, -\pi<Argz\leqq\pi$.

$$|Logz|=\sqrt{(\ln|z|)^2+(Argz)^2}\geqq|\ln|z||\geqq\ln|z|$$

이다. 삼각부등식에 의하여

$$|Logz|\leqq|\ln|z||+|Argz|$$

이다.

문제 3.4 $Logf(z) = u + vi = \ln|f(z)| + iArgf(z), -\pi < Argf(z) \leq \pi$. 반직선 $Argf(z) = \theta$는 직선 $v = \theta$로 전사되므로, $Argf(z) = ImLogf(z)$이다.

문제 3.5 (a) $w = Logiz = \ln|iz| + iArgiz = \ln|z| + iArgiz, -\pi < Argiz \leq \pi$

(i) 만일 $z = x_0 > 0$이면, $iz = x_0 i$의 편각은 $\frac{\pi}{2}$이므로, $Logix_0 = \ln x_0 + \frac{\pi}{2}i$이다. 만일 $z = x_0 < 0$이면, $iz = ix_0$의 편각은 $-\frac{\pi}{2}$이므로, $Logix_0 = \ln|x_0| - \frac{\pi}{2}i$이다.

(ii) 만일 $z = y_0 i, y_0 > 0$이면, $iz = -y_0 < 0$의 편각은 π이므로, $Logiy_0 = \ln y_0 + \pi i$이다. 만일 $z = y_0 i, y_0 < 0$이면, $iz = -y_0 > 0$의 편각은 0이므로, $Logiy_0 = \ln|y_0|$이다.

(b) $w = Log(-iz) + 1 = \ln|z| + 1 + iArg(-iz)$

(i) 만일 $z = x_0 > 0$이면, $-iz = -x_0 i$의 편각은 $-\frac{\pi}{2}$이므로, $Log(-ix_0) = \ln x_0 - \frac{\pi}{2}i$이다. 따라서 $Log(-ix_0) + 1 = \ln x_0 + 1 - \frac{\pi}{2}i$이다. 만일 $z = x_0 < 0$이면, $-iz = -ix_0$의 편각은 $\frac{\pi}{2}$이므로, $Log(-ix_0) = \ln|x_0| + \frac{\pi}{2}i$이다. 따라서 $Log(-ix_0) + 1 = \ln x_0 + 1 + \frac{\pi}{2}i$이다.

(ii) 만일 $z = y_0 i, y_0 > 0$이면, $-iz = y_0 > 0$의 편각은 0이므로, $Log(-iy_0) + 1 = \ln y_0 + 1$이다. 만일 $z = y_0 i, y_0 < 0$이면, $-iz = y_0 < 0$의 편각은 π이므로, $Log(-iy_0) + 1 = \ln|y_0| + 1 + \pi i$이다.

(c) $w = Logz^2 = 2\ln|z| + iArgz^2$

(i) 만일 $z = x_0 > 0$이면, $z^2 = x_0^2 > 0$의 편각은 0이므로, $Logx_0^2 = 2\ln x_0$이다. 만일 $z = x_0 < 0$이면, $z^2 = x_0^2 > 0$의 편각은 0이므로, $Logx_0^2 = 2\ln|x_0|$이다.

(ii) 만일 $z = y_0 i, y_0 > 0$이면, $z^2 = -y_0^2 < 0$의 편각은 π이므로, $Log(iy_0)^2 = 2\ln y_0 + \pi i$이다. 만일 $z = y_0 i, y_0 < 0$이면, $z^2 = -y_0^2 < 0$의 편각은 π이므로, $Log(iy_0)^2 = 2\ln|y_0| + \pi i$이다.

문제 4.1 (a) $5^i = e^{i\log 5} = e^{i(\ln|5| + 2k\pi i)} = e^{-2k\pi}(\cos(\ln 5) + i\sin(\ln 5)), k \in \mathbb{Z}$

(b) $(\pi i)^e = e^{e(\ln\pi + (\pi/2 + 2k\pi)i)} = \pi^e(\cos e(\pi/2 + 2k\pi) + i\sin e(\pi/2 + 2k\pi)), k \in \mathbb{Z}$

(c) $(2^i)^i = e^{i\log 2^i} = e^{i\log e^{i\log 2}} = e^{i\log e^{i\ln 2 - 2k\pi}} = e^{i\log(e^{-2k\pi}e^{i\ln 2})} = e^{-2k\pi i - (\ln 2 + 2n\pi)}$

$= e^{-(\ln 2 + 2n\pi)}(\cos(2k\pi) - i\sin(2k\pi)), k, n \in \mathbb{Z}$

(d) $\log(1+i)^{\pi i} = \log e^{\pi i \log(1+i)} = \log e^{\pi i(\ln\sqrt{2}+i(\pi/4+2k\pi))}$

$$= \log[e^{\pi i \ln\sqrt{2}} e^{-\pi(\pi/4+2k\pi)}]$$

$$= -\pi(\pi/4+2k\pi) + i(\pi \ln\sqrt{2} + 2n\pi), k,n \in Z$$

$$\pi i \log(1+i) = \pi i(\ln\sqrt{2} + i(\pi/4+2k\pi)) = -\pi(\pi/4+2k\pi) + \pi i \ln\sqrt{2}, k \in \mathbb{Z}$$

문제 4.2 $\alpha = a_1 + b_1 i, \beta = a_2 + b_2 i$라 놓으면, $\alpha\beta = (a_1a_2 - b_1b_2) + (a_1b_2 + a_2b_1)i$.

$$z^{\alpha\beta} = e^{\alpha\beta \log z} = e^{\alpha\beta(\ln|z| + i\arg z)}$$
$$= e^{\{(a_1a_2-b_1b_2)+i(a_1b_2+a_2b_1)\}(\ln|z|+i\arg z)}$$
$$= \exp[\{(a_1a_2-b_1b_2)\ln|z| - (a_1b_2+a_2b_1)\arg z\}$$
$$+ i\{(a_1b_2+a_2b_1)\ln|z| + (a_1a_2-b_1b_2)\arg z\}]$$

$$z^{\alpha} = e^{\alpha \log z} = e^{(a_1+b_1 i)(\ln|z|+i\arg z)}, \ |z^{\alpha}| = e^{a_1\ln|z| - b_1\arg z}$$
$$\arg z^{\alpha} = b_1 \ln|z| + a_1 \arg z + 2n\pi, n \in \mathbb{Z},$$

$$(z^{\alpha})^{\beta} = e^{\beta \log z^{\alpha}} = e^{\beta(\ln|z^{\alpha}| + i\arg z^{\alpha})}$$
$$= e^{(a_2+b_2 i)\{(a_1\ln|z| - b_1\arg z) + i(b_1\ln|z| + a_1\arg z + 2n\pi)\}}$$
$$= \exp[(a_1a_2-b_1b_2)\ln|z| - (a_1b_2+a_2b_1)\arg z$$
$$+ i\{(a_1b_2+a_2b_1)\ln|z| + (a_1a_2-b_1b_2)\arg z\}$$
$$-2n\pi b_2 + 2n\pi a_2 i]$$

이므로, $z^{\alpha\beta}$의 모든 값은 $(z^{\alpha})^{\beta}$의 값이다. 그러나 그 역은 성립하지 않는다. $(z^{\alpha})^{\beta} = z^{\alpha\beta}$가 성립하기 위한 필요충분조건은 $\beta \in \mathbb{Z}$이다.

문제 4.3 (a) $x^x = e^{x\log x} = e^{x(\ln|x| + i\arg x)}$

$$= \exp[x(\ln|x| + i\begin{cases} 2n\pi, & x>0 \\ 2(n+1)\pi, & x<0 \end{cases}], \ n \in \mathbb{Z}$$

$$Re x^x = \begin{cases} x^x \cos(2n\pi x), & x>0 \\ (-x)^x \cos(2(n+1)\pi x), & x<0 \end{cases}$$
$$Im x^x = \begin{cases} x^x \sin(2n\pi x), & x>0 \\ (-x)^x \sin(2(n+1)\pi x), & x<0 \end{cases}$$

(b) $(iy)^{iy} = e^{iy\log(iy)} = e^{iy(\ln|y| + i\arg(iy))} = e^{-y\arg(iy)\ln|y| + iy\ln|y|}$

$$Re(iy)^{iy} = \begin{cases} e^{-y(2n\pi+\frac{\pi}{2})}\cos(y\ln y), & y>0 \\ e^{-y(2n\pi-\frac{\pi}{2})}\cos(y\ln(-y)), & y<0 \end{cases}$$

$$Im(iy)^{iy} = \begin{cases} e^{-y(2n\pi+\frac{\pi}{2})}\sin(y\ln y), & y>0 \\ e^{-y(2n\pi-\frac{\pi}{2})}\sin(y\ln(-y)), & y<0 \end{cases}$$

(c) $z^z = e^{z\log z} = e^{z(\ln|z|+i\arg z)} = e^{(x+yi)(\ln|z|+i\arg z)}$

$$= \exp[x\ln|z| - y\arg z + i(y\ln|z| + x\arg z)]$$

$$Re z^z = \exp[Re z\cdot\ln|z| - Im z\cdot\arg z]\cdot\cos(Im z\cdot\ln|z| + Re z\cdot\arg z)$$

$$Im z^z = \exp[Re z\cdot\ln|z| - Im z\cdot\arg z]\cdot\sin(Im z\cdot\ln|z| + Re z\cdot\arg z)$$

문제 4.4 (a) $w = z^{1/n} = e^{\frac{1}{n}\log z} = e^{\frac{1}{n}(\ln|z|+i\arg z)} = e^{\frac{1}{n}(\ln r+i\arg z)}$

$$= r^{1/n}(\cos(\frac{1}{n}\arg z) + i\sin(\frac{1}{n}\arg z)),\quad |w| = r^{1/n}$$

(b) $w = z^{2/3} = e^{\frac{2}{3}(\ln|z|+i\arg z)} = e^{\frac{2}{3}(\ln r+i\arg z)} = r^{2/3}(\cos(\frac{2}{3}\arg z) + i\sin(\frac{2}{3}\arg z))$,

$|w| = r^{2/3}$

문제 4.5 (a) $w = \tan^{-1}z \Leftrightarrow \tan w = z$

$$\frac{e^{iw}-e^{-iw}}{2i} / \frac{e^{iw}+e^{-iw}}{2} = z,\ e^{iw}-e^{-iw} = zi(e^{iw}+e^{-iw})$$

$$(1-iz)(e^{iw})^2 = (1+iz),\ e^{iw} = (\frac{1+iz}{1-iz})^{1/2}, iw = \frac{1}{2}\log\frac{1+iz}{1-iz}.$$

$$w = \tan^{-1}z = \frac{1}{2i}\log\frac{1+iz}{1-iz}$$

(b) $w = \cot^{-1}z \Leftrightarrow \cot w = z$

$$\frac{e^{iw}+e^{-iw}}{2} / \frac{e^{iw}-e^{-iw}}{2i} = z,\ e^{iw}+e^{-iw} = -iz(e^{iw}-e^{-iw})$$

$$(1+iz)(e^{iw})^2 = -(1-iz),\ i(z-i)(e^{iw})^2 = i(z+i)$$

$$e^{iw} = (\frac{z+i}{z-i})^{1/2}, iw = \frac{1}{2}\log\frac{z+i}{z-i}.$$

$$w = \cot^{-1}z = \frac{1}{2i}\log\frac{z+i}{z-i}$$

(c) $\sec^{-1}z = w \Leftrightarrow z = \sec w = 1/\cos w = 2/(e^{iw}+e^{-iw})$

$$z(e^{iw})^2 - 2e^{iw} + z = 0, e^{iw} = \frac{1+(1-z^2)^{1/2}}{z}.$$

$$w = \sec^{-1}z = \frac{1}{i}\log\frac{1+(1-z^2)^{1/2}}{z}$$

(d) $\mathrm{cosec}^{-1}z = w \Leftrightarrow z = \mathrm{cosec}\,w = 1/\sin w = 2i/(e^{iw}-e^{-iw})$

$$z(e^{iw})^2 - 2ie^{iw} - z = 0, e^{iw} = \frac{1+(z^2-1)^{1/2}}{z}.$$

$$w = \mathrm{cosec}^{-1}z = \frac{1}{i}\log\frac{1+(z^2-1)^{1/2}}{z}$$

문제 4.6 (a) $\sin^{-1}\frac{1}{2} = z \Leftrightarrow \frac{1}{2} = \sin z = \frac{e^{iz}-e^{-iz}}{2i}.$

$$(e^{iz})^2 - ie^{iz} - 1 = 0,\ e^{iz} = \frac{i+3^{1/2}}{2}$$

$$z = -i\log\left(\frac{i+3^{1/2}}{2}\right)$$

(b) $\cos^{-1}\frac{1}{\sqrt{2}} = z \Leftrightarrow \frac{1}{\sqrt{2}} = \cos z = \frac{e^{iz}+e^{-iz}}{2}.$

$$(e^{iz})^2 - \sqrt{2}e^{iz} + 1 = 0, e^{iz} = \frac{\sqrt{2}+(-2)^{1/2}}{2}$$

$$z = -i\log\frac{\sqrt{2}+(-2)^{1/2}}{2}$$

(c) $\tan^{-1}(1+i) = z \Leftrightarrow 1+i = \tan z = \frac{e^{iz}+e^{-iz}}{2}/\frac{e^{iz}-e^{-iz}}{2i}.$

$$(-1+i)(e^{iz}-e^{-iz}) = e^{iz}+e^{-iz}, (2-i)(e^{iz})^2 = -i, (e^{iz})^2 = -\frac{i}{2-i} = \frac{1-2i}{5}$$

$$z = -\frac{i}{2}\log\frac{1-2i}{5}$$

(d) $\sec^{-1}i = z \Leftrightarrow i = \sec z = 2/(e^{iz}+e^{-iz}).$

$$i(e^{iz})^2 - 2e^{iz} + i = 0, e^{iz} = \frac{1+2^{1/2}}{i}$$

$$z = -i\log\frac{1+2^{1/2}}{i}$$

제 5 장

문제 1.1 (a) $f(x,y)=\dfrac{x^2y^2}{x^4+y^4}$은 원점에서 불연속이다.

$$\lim_{y\to0}\lim_{x\to0}f(x,y)=0,\ \lim_{x\to0}\lim_{y\to0}f(x,y)=0,\ \lim_{x\to0}f(x,mx)=\frac{m^2}{1+m^4}$$

(b) $f(x,y)=\dfrac{x^2y^2}{(x^2+y^2)^2}$는 원점에서 불연속이다.

$$\lim_{y\to0}\lim_{x\to0}f(x,y)=0,\ \lim_{x\to0}\lim_{y\to0}f(x,y)=0,\ \lim_{x\to0}f(x,mx)=\frac{m^2}{(1+m^2)^2}$$

(c) $f(x,y)=\dfrac{x^3y^2}{x^2+y^2}$는 원점에서 연속이다.

$$\frac{|x|x^2y^2}{x^2+y^2}\le\frac{(x^2+y^2)^{1/2}\frac{1}{4}(x^2+y^2)^2}{x^2+y^2}=\frac{1}{4}(x^2+y^2)^{3/2}$$

이므로 짜내기 정리에 의하여 $\displaystyle\lim_{(x,y)\to(0,0)}f(x,y)=0=f(0,0)$이다.

(d) $f(x,y)=\dfrac{x+ye^{-x^2}}{1+y^2}$는 원점에서 연속이다.

$$\frac{|x+ye^{-x^2}|}{1+y^2}\le\frac{|x|+|y|}{1+y^2}\le|x|+|y|\le\sqrt{2}(x^2+y^2)^{1/2}$$

이므로 짜내기 정리에 의하여 $\displaystyle\lim_{(x,y)\to(0,0)}f(x,y)=0=f(0,0)$이다.

(e) $f(x,y)=\dfrac{(x+y^2)^2}{x^2+y^2}$는 원점에서 불연속이다.

$$\lim_{y\to0}\lim_{x\to0}f(x,y)=0,\ \lim_{x\to0}\lim_{y\to0}f(x,y)=1$$

문제 1.2 (a) $f(z)=\bar{z}^2=x^2-y^2-2xyi$. $u=x^2-y^2,\ v=-2xy$

$$2x=u_x=v_y=-2x$$
$$-2y=u_y=-v_x=2y$$

주어진 함수가 코시-리만 방정식을 만족하기 위한 필요충분조건은 $z=0$이다.

$$\lim_{h\to0}\frac{\overline{h}^2}{h}=0 \Leftrightarrow \lim_{h\to0}\left|\frac{\overline{h}^2}{h}\right|=\lim_{h\to0}|h|=0$$

이므로

$$f'(0)=\lim_{h\to0}\frac{f(0+h)-f(0)}{h}=\lim_{h\to0}\frac{\overline{h}^2}{h}=0$$

이다. 따라서 주어진 함수는 원점에서만 미분가능하다.

(b) $f(z)=x^2-y^2$. $u=x^2-y^2, v=0$.

$$u_x=2x,\ v_y=0$$
$$u_y=-2y, -v_x=0.$$

주어진 함수가 코시-리만 방정식을 만족하기 위한 필요충분조건은 $z=0$이다.

$$f(z)=Rez^2.\ \lim_{z\to0}\frac{Rez^2}{z}=0 \Leftrightarrow \lim_{z\to0}\left|\frac{Rez^2}{z}\right| \le \lim_{z\to0}|z|=0$$

이므로

$$f'(0)=\lim_{z\to0}\frac{f(0+z)-f(0)}{z}=\lim_{z\to0}\frac{Rez^2}{z}=0$$

이다. 따라서 주어진 함수는 원점에서만 미분가능하다.

(c) $f(z)=2xyi$. $u=0,\ v=2xy$.

$$u_x=0, v_y=2x$$
$$v_x=2y, u_y=0.$$

주어진 함수가 코시-리만 방정식을 만족하기 위한 필요충분조건은 $z=0$이다.

$$f(z)=iImz^2,\ \lim_{z\to0}\frac{iImz^2}{z}=0 \Leftrightarrow \lim_{z\to0}\left|\frac{iImz^2}{z}\right| \le \lim_{z\to0}|z|=0$$

이므로

$$f'(0)=\lim_{z\to0}\frac{f(0+z)-f(0)}{z}=\lim_{z\to0}\frac{iImz^2}{z}=0$$

해답

이다. 따라서 주어진 함수는 원점에서만 미분가능하다.

(d) $f(z)=x^2-y^2+2xy$. $u=x^2$, $v=xy$.

$$u_x=2x, v_y=2x$$
$$v_x=2y, u_y=-2y.$$

주어진 함수가 코시-리만 방정식을 만족하기 위한 필요충분조건은 $z\in\mathbb{C}$이다. $f(z)=z^2$이므로, 주어진 함수는 복소평면 전체에서 미분가능하다.

(e) $f(z)=zRez=x^2+xyi$. $u=x^2, v=xy$.

$$u_x=2x,\ v_y=x$$
$$u_y=0,\ -v_x=-y.$$

주어진 함수가 코시-리만방정식을 만족하기 위한 필요충분조건은 $z=0$이다.

$$\lim_{z\to 0}Rez=0\Leftrightarrow\lim_{z\to 0}|Rez|\leq\lim_{z\to 0}|z|=0$$

이므로

$$f'(0)=\lim_{z\to 0}\frac{f(0+z)-f(0)}{z}=\lim_{z\to 0}\frac{zRez}{z}=\lim_{z\to 0}Rez=0$$

이다. 따라서 주어진 함수는 원점에서만 미분가능이다.

(f) $f(z)=z|z|=x(x^2+y^2)^{1/2}+y(x^2+y^2)^{1/2}i$. $u=x(x^2+y^2)^{1/2}$, $v=y(x^2+y^2)^{1/2}$.

$$u_x=(x^2+y^2)^{1/2}+x^2(x^2+y^2)^{-1/2},\ v_y=(x^2+y^2)^{1/2}+y^2(x^2+y^2)^{-1/2}$$
$$u_y=xy(x^2+y^2)^{-1/2},\ -v_x=-xy(x^2+y^2)^{-1/2}$$

주어진 함수가 코시-리만 방정식을 만족하기 위한 필요충분조건은 $z=0$이다.

$$f'(0)=\lim_{z\to 0}\frac{f(0+z)-f(0)}{z}=\lim_{z\to 0}\frac{z|z|}{z}=\lim_{z\to 0}|z|=0$$

이므로 주어진 함수는 원점에서만 미분가능이다.

문제 1.3 $f(z)$는 점 z_0에서 연속이므로, 임의의 $\epsilon>0$에 대하여 $\delta>0$가 존재하여 $|z-z_0|<\delta$일 때 $|\overline{f(z)}-\overline{f(z_0)}|=|f(z)-f(z_0)|<\epsilon$이 성립한다. 따라서 $\overline{f(z)}$는 점 z_0에서 연속이다. $f(z)=z$는 원점에서 미분가능하다. 그러나 $\overline{f(z)}=\bar{z}$는 원점에서 미분불가능하다.

문제 1.4 (a) $f(z)=\begin{cases}\dfrac{|x|^n+y^2}{\sqrt{x^{2n}+y^2}}, & (x,y)\neq(0,0)\\ 0, & (x,y)=(0,0)\end{cases}$

$$\lim_{x\to0}\frac{|x|^n+m^2x^{2k}}{\sqrt{x^{2n}+m^2x^{2k}}}=\lim_{x\to0}\frac{|x|^k(|x|^{n-k}+m^2|x|^k)}{|x|^k\sqrt{x^{2(n-k)}+m^2}}$$

$$=\lim_{x\to0}\frac{|x|^{n-k}+m^2|x|^k}{\sqrt{x^{2(n-k)}+m^2}}=0,\ k=0,1,2,\ldots,n-1$$

$$\lim_{x\to0}\frac{|x|^n+m^2x^{2n}}{\sqrt{x^{2n}+m^2x^{2n}}}=\lim_{x\to0}\frac{|x|^n(1+m^2|x|^n)}{|x|^n\sqrt{1+m^2}}$$

$$=\lim_{x\to0}\frac{1+m^2|x|^n}{\sqrt{1+m^2}}=\frac{1}{\sqrt{1+m^2}}\neq0$$

(b) $f(z)=\dfrac{x^2+y^2}{x+y^2}$.

$$\lim_{x\to0}\frac{x^2+m^2x^{2n}}{x+m^2x^{2n}}=\lim_{x\to0}\frac{x^2(1+mx^{2(n-1)})}{x(1+m^2x^{2n-1})}=0,\ n=1,2,\ldots.$$

$$\lim_{y\to0}\lim_{x\to0}\frac{x^2+y^2}{x+y^2}=1,\ \lim_{x\to0}\lim_{y\to0}\frac{x^2+y^2}{x+y^2}=0$$

이므로 $\lim_{z\to0}f(z)$는 존재하지 않는다.

문제 1.5 $f(z)=u+vi$는 미분가능이므로, 코시-리만 방정식 $u_x=v_y, u_y=-v_x$를 만족한다. 또한, $f'(z)=u_x+v_xi=-i(u_y+v_yi)$이다. 따라서

$$|f'(z)|^2=u_x^2+v_x^2=u_x^2+u_y^2=u_xv_y-u_yv_x$$

이 성립함을 알 수 있다.

문제 1.6 $g(x)=f(x,y_0)$라 놓으면, g는 x_0에서 미분가능이므로, g는 x_0에서 연속이다. 즉,

$$\lim_{x\to x_0}f(x,y_0)=\lim_{x\to x_0}g(x)=g(x_0)=f(x_0,y_0)$$

이다. 마찬가지로, $h(y)=f(x_0,y)$라 놓으면, h는 y_0에서 미분가능이므로, h는 y_0에서 연속이다. 즉,

$$\lim_{y \to y_0} f(x_0, y) = \lim_{y \to y_0} h(y) = h(y_0) = f(x_0, y_0)$$

이다.

f_x, f_y는 유계라고 하자. 평균값의 정리에 의하여 다음을 얻는다.

$$\begin{aligned} f(x,y) - f(x_0,y_0) &= f(x,y) - f(x_0,y) + f(x_0,y) - f(x_0,y_0) \\ &= f_x(\xi,y)(x-x_0) + f_y(x_0,\eta)(y-y_0) \end{aligned}$$

여기서, $x_0 < \xi < x$ 또는 $x_0 > \xi > x$, $y_0 < \eta < y$ 또는 $y_0 > \eta > y$이다. 이때

$$\lim_{(x,y)\to(x_0,y_0)} [f(x,y) - f(x_0,y_0)] = \lim_{(x,y)\to(x_0,y_0)} [f_x(\xi,y)(x-x_0) + f_y(x_0,\eta)(y-y_0)] = 0$$

이므로 $\lim_{(x,y)\to(x_0,y_0)} f(x,y) = f(x_0,y_0)$이다. 즉, f는 (x_0,y_0)에서 연속이다.

문제 2.1 (a) $u = x + ay,\ v = -(bx + cy)$.

$$1 = u_x = v_y = -c$$
$$a = u_y = -v_x = b.$$

$$a = b, c = -1.$$

(b) $u = x^2 - y^2, v = cxy$.

$$2ax = u_x = v_y = cx$$
$$-2by = u_y = -v_x = -cy.$$

$$a = b = c/2.$$

(c) $u = e^x \cos ay + c, v = e^x \sin(y+b)$.

$$e^x \cos ay = u_x = v_y = e^x \cos(y+b)$$
$$-ae^x \sin ay = u_y = -v_x = -e^x \sin(y+b)$$

이므로, $\cos ay = \cos(y+b), a\sin ay = \sin(y+b)$이다. $\cos ay, \sin ay$의 주기는 $\dfrac{2\pi}{a}$이고 $\cos(y+b), \sin(y+b)$의 주기는 2π이므로, $a=1$이다. 따라서 $\cos y = \cos(y+b)$, $\sin y = \sin(y+b)$이다. 그러므로 $b = 2k\pi, k \in \mathbb{Z}$이다. 이때 c는 임의의 실수이다.

(d) $u = a(x^2+y^2)+c,\ v = bxy.$

$$2ax = u_x = v_y = bx$$
$$2ay = u_y = -v_x = -by.$$

$$a = b = 0, c \in \mathbb{R}.$$

문제 2.2 (a) $f(z)$는 원점을 제외한 모든 z에 대하여 해석적이므로, $f(z) = u(x,y)+iv(x,y)$에 대하여 u,v는 원점이 아닌 모든 점 (x,y)에서 코시-리만 방정식을 만족한다. $0 = f(0) = u(0,0)+iv(0,0)$이므로, $u(0,0) = 0, v(0,0) = 0$이다. $0 \neq h \in \mathbb{R}$에 대하여 $e^{-\frac{1}{h^2}} = f(h+i0) = u(h,0)+iv(h,0)$이므로, $u(h,0) = e^{-\frac{1}{h^4}}, v(h,0) = 0$이다. 그러므로

$$u_x(0,0) = \lim_{h\to 0}\frac{u(0+h,0)-u(0,0)}{h} = \lim_{h\to 0}\frac{u(h,0)}{h} = \lim_{h\to 0}\frac{e^{-\frac{1}{h^4}}}{h}$$
$$= \lim_{t\to\infty}\frac{t}{e^{t^4}} = 0$$

이다. $0 \neq k \in \mathbb{R}$에 대하여 $e^{-\frac{1}{k^4}} = f(0+ik) = u(0,k)+iv(0,k)$이므로, $u(0,k) = e^{-\frac{1}{k^4}}$, $v(0,k) = 0$이다. 그러므로

$$v_y(0,0) = \lim_{k\to 0}\frac{v(0,0+k)-v(0,0)}{k} = \lim_{k\to 0}\frac{v(0,k)}{k} = 0$$

이다. 따라서 $u_x(0,0) = v_y(0,0)$이다. 또한,

$$v_x(0,0) = \lim_{h\to 0}\frac{v(0+h,0)-v(0,0)}{h} = \lim_{h\to 0}\frac{v(h,0)}{h} = \lim_{h\to 0}\frac{e^{-\frac{1}{h^4}}}{h}$$
$$= \lim_{t\to\infty}\frac{t}{e^{t^4}} = 0$$

$$u_y(0,0) = \lim_{k\to 0}\frac{u(0,0+k)-u(0,0)}{k} = \lim_{k\to 0}\frac{u(0,k)}{k} = \lim_{k\to 0}\frac{e^{-\frac{1}{k^4}}}{k}$$
$$= \lim_{t\to\infty}\frac{t}{e^{t^4}} = 0$$

이므로, $v_x(0,0)=-u_y(0,0)$이다. 그러므로 $f(z)$는 복소평면의 모든 점에서 코시-리만 방정식을 만족한다.

(b) $z\neq 0$일 때, $f'(z)=\frac{4}{z^5}e^{-\frac{1}{z^4}}$이므로, $f(z)$는 원점을 제외한 복소평면의 모든 점에서 해석적이다.

(c) $\lim\limits_{x\to 0}f(x)=0$이고 $\lim\limits_{x\to 0}f((1+i)x)=\lim\limits_{x\to 0}e^{-1/(2i)^2x^4}=\lim\limits_{x\to 0}e^{1/4x^4}=\infty$이므로, $\lim\limits_{z\to 0}f(z)$는 존재하지 않는다. 따라서 $f(z)$는 $z=0$에서 연속이 아니다.

문제 2.3 (a) $(f(z)+g(z))'=f'(z)+g'(z)$이므로, $f(z)+g(z)$는 정함수이다.

(b) $(f(z)g(z))'=f'(z)g(z)+f(z)g'(z)$이므로, $f(z)g(z)$는 정함수이다.

(c) $(f(g(z))'=f'(g(z))g'(z)$이므로, $f(g(z))$는 정함수이다.

문제 2.4 $(\Leftarrow)$ $f(z)$와 $g(z)$는 점 z_0에서 해석적이므로, $g(z)$는 점 z_0에서 연속이다. 따라서 충분히 작은 z_0의 근방 N이 존재하여 모든 $z\in N$에 대하여 $g(z)\neq 0$이고 그 근방에서 $f(z)$와 $g(z)$는 미분가능이다. 그러므로 $\frac{f(z)}{g(z)}$는 그 근방에서 미분가능이므로 $\frac{f(z)}{g(z)}$는 점 z_0에서 해석적이다.

$(\Rightarrow)$ $\frac{f(z)}{g(z)}$는 z_0에서 해석적이라 하자. 그러면 z_0의 어떤 근방에서 $\frac{f(z)}{g(z)}$는 미분가능하다. 그러므로 $\frac{f(z)}{g(z)}$는 z_0에서 연속이다. 즉, $\lim\limits_{z\to z_0}\frac{f(z)}{g(z)}=\frac{f(z_0)}{g(z_0)}$. 그러므로 $g(z_0)\neq 0$이다.

문제 2.5 $f(0)=a_0=f^{(0)}(0)$.

$$f'(z)=a_1+2a_2z+\cdots+na_nz^{n-1},\ f'(0)=a_1$$
$$f''(z)=2\cdot 1a_2+3\cdot 2a_3z+\cdots+n(n-1)a_nz^{n-1},\ f''(0)=2!a_2$$
$$\cdots\cdots$$
$$f^{(k)}(0)=k!a_k, k=0,1,2,\ldots,n.$$

문제 2.6 $(\Rightarrow)$ $g(z)=Ref(z)$는 z_0에서 해석적이라 하자. 그러면
$g(z)=Reg(z)=Ref(z), Img(z)=0$은 z_0의 어떤 근방에서 코시-리만 방정식을 만족한다. 즉,

$$(Reg(z))_x=(ImReg(z))_y=0$$

$$0=(Img(z))_x=-(Reg(z))_y$$

이다. 그러므로 $g(z)$는 z_0의 어떤 근방에서 상수이다.

($\Leftarrow$) $g(z)$는 z_0의 어떤 근방에서 상수라고 하자. 그러면 그 근방에서 $g'(z)=0$이다. 그러므로 $g(z)$는 z_0에서 해석적이다.

문제 2.7 $f(z)$는 z에서 미분가능하므로, $f'(z)=\lim_{h\to 0}\dfrac{f(z+h)-f(z)}{h}$가 존재한다. $f'(z)=\dfrac{\partial f}{\partial x}=-i\dfrac{\partial f}{\partial y}$이므로, u,v의 1계 편도함수들은 z에서 존재한다.

문제 2.8 (a) $f(z)=u(x,y)+iv(x,y)$이라 놓으면, 코시-리만방정식 $u_x=v_y, v_x=-u_y$를 만족한다. 이때, $x=r\cos\theta, y=r\sin\theta$라 놓으면,

$$r=(x^2+y^2)^{1/2}, \theta=\tan^{-1}\frac{y}{x}$$

이므로

$$r_x=\frac{x}{r}, r_y=\frac{y}{r}$$

$$\theta_x=-\frac{y}{r^2}, \theta_y=\frac{x}{r^2}$$

이고 $u_r=\frac{1}{r}v_\theta, v_r=-\frac{1}{r}u_\theta$이다. $f'(z)=\dfrac{\partial f}{\partial x}=-i\dfrac{\partial f}{\partial y}$이므로, 다음을 얻는다.

$$\begin{aligned}\frac{\partial f}{\partial x}&=\frac{\partial f}{\partial r}\cdot\frac{\partial r}{\partial x}+\frac{\partial f}{\partial \theta}\cdot\frac{\partial \theta}{\partial x}=\frac{\partial f}{\partial r}\cdot\cos\theta+\frac{\partial f}{\partial \theta}\cdot(-\frac{1}{r}\sin\theta)\\&=\frac{\partial f}{\partial r}\cdot\cos\theta+[-rv_r+iru_r](-\frac{1}{r}\sin\theta)\\&=\frac{\partial f}{\partial r}\cdot\cos\theta+[v_r-iu_r]\cdot\sin\theta\\&=u_r(\cos\theta-i\sin\theta)+v_r(i\cos\theta+\sin\theta)\\&=(u_r+iv_r)(\cos\theta-i\sin\theta)=\frac{\partial f}{\partial r}\cdot e^{-i\theta},\end{aligned}$$

$$\begin{aligned}\frac{\partial f}{\partial y}&=\frac{\partial f}{\partial r}\cdot\frac{\partial r}{\partial y}+\frac{\partial f}{\partial \theta}\cdot\frac{\partial \theta}{\partial y}=\frac{\partial f}{\partial r}\cdot\sin\theta+\frac{\partial f}{\partial \theta}\cdot\frac{1}{r}\cos\theta\\&=[\frac{1}{r}v_\theta-i\frac{1}{r}u_\theta]\sin\theta+\frac{\partial f}{\partial \theta}\cdot\frac{1}{r}\cos\theta\end{aligned}$$

$$
\begin{aligned}
&= \frac{1}{r}[u_\theta(-i\sin\theta+\cos\theta)+v_\theta(\sin\theta+i\cos\theta)] \\
&= \frac{1}{r}[u_\theta(-i\sin\theta+\cos\theta)+iv_\theta(-i\sin\theta+\cos\theta)] \\
&= \frac{1}{r}(\cos\theta-i\sin\theta)\frac{\partial f}{\partial\theta} \\
&= \frac{1}{r(\cos\theta+i\sin\theta)}\frac{\partial f}{\partial\theta} \\
&= \frac{1}{z}\frac{\partial f}{\partial\theta}.
\end{aligned}
$$

따라서 $f'(z)=e^{-i\theta}\frac{\partial f}{\partial r}=\frac{1}{iz}\frac{\partial f}{\partial\theta}$ 이다.

(b) $f_r=\frac{1}{ir}f_\theta$이므로, $f_x\cdot x_r+f_y\cdot y_r=\frac{1}{ir}(f_x\cdot x_\theta+f_y\cdot y_\theta)$이다.

$$
\begin{aligned}
f_x\cos\theta+f_y\sin\theta &= \frac{1}{ir}[f_x\cdot(-r\sin\theta)+f_y\cdot(r\cos\theta)] \\
f_x\cos\theta+f_y\sin\theta &= [if_x\cdot\sin\theta-if_y\cdot\cos\theta] \\
(f_x+if_y)\cos\theta-i(f_x+if_y)\sin\theta &= 0 \\
(f_x+if_y)(\cos\theta-i\sin\theta) &= 0
\end{aligned}
$$

이므로, $f_x=-if_y$를 얻는다. $u_x+iv_y=v_y-iu_x$이므로 $u_x=v_y, v_y=-u_x$이다. 그러므로 $f(z)=u+iv$는 코시-리만 방정식을 만족한다. 그러므로 $f(z)$는 $D-\{0\}$에서 해석적이다.

(c) $z=re^{i\theta}$라 놓으면, $f(z)=r^ne^{in\theta}$이다. (a)에 의하여

$$
\begin{aligned}
f'(z) &= nr^{n-1}e^{-i\theta}e^{in\theta} \\
&= nr^{n-1}e^{i(n-1)\theta}=nz^{n-1}.
\end{aligned}
$$

문제 2.9 (a) $\lim_{z\to0}\frac{e^z-1}{3z}=\frac{1}{3}$

(b) $\lim_{z\to0}\frac{z^2}{|z|}=0$

(c) $\lim_{z\to0}\frac{2\sin z}{e^z-1}=2$

(d) $\lim_{z\to0}z\sin\frac{1}{z}$은 존재하지 않는다. 왜냐하면, $\lim_{x=z\to0}z\sin\frac{1}{z}=\lim_{x\to0}x\sin\frac{1}{x}=0$이다. 그러나 $\lim_{y\to0_+}ye^{1/y}$은 존재하지 않으므로, $y>0$에 대하여

$$\lim_{yi=z\to 0} z\sin\frac{1}{z}=\lim_{y\to 0_+} yi\sin\frac{1}{yi}=\lim_{y\to 0_+} y\sinh\frac{1}{y}$$
$$=\lim_{y\to 0_+}\frac{y(e^{1/y}-e^{-1/y})}{2}$$

은 존재하지 않는다. 따라서 $\lim_{z\to 0} z\sin\frac{1}{z}$ 은 존재하지 않는다.

문제 3.1 $f_x(0,0)=\lim_{h\to 0}\frac{f(h,0)-f(0,0)}{h}=0$, $f_x(0,k)=\lim_{h\to 0}\frac{f(h,k)-f(0,k)}{h}=-k$

이므로 $f_{xy}(0,0)=\lim_{k\to 0}\frac{f_x(0,k)-f_x(0,0)}{k}=-1$ 이다. 한편,

$$f_y(0,0)=\lim_{k\to 0}\frac{f(0,k)-f(0,0)}{k}=0,\ f_y(h,0)=\lim_{k\to 0}\frac{f(h,k)-f(h,0)}{k}=h$$

이므로, $f_{yx}(0,0)=\lim_{h\to 0}\frac{f_y(h,0)-f_y(0,0)}{h}=1$ 이다. 그러므로 $f_{xy}(0,0)\neq f_{yx}(0,0)$ 이다.

문제 3.2 (a) 분명히 $u(x,y)$는 조화함수이다.

$$u_x=a=v_y, u_y=b=-v_x$$

이므로, $v=ay+C(x)$ 이다. 이때 $v_x=C'(x)=-b, C(x)=-bx+C_1$ 이므로, $v=-bx+ay+C_1$ 이다.

(b) $u_x=\frac{-2xy}{(x^2+y^2)^2}$

$$u_{xx}=\frac{(x^2+y^2)^2(-2y)+2xy4x(x^2+y^2)}{(x^2+y^2)^4}=\frac{(x^2+y^2)(-2y)+8x^2y}{(x^2+y^2)^3}$$

$$u_y=\frac{(x^2+y^2)-2y^2}{(x^2+y^2)^2},$$

$$u_{yy}=\frac{(x^2+y^2)^2(-2y)-(x^2-y^2)4y(x^2+y^2)}{(x^2+y^2)^4}=\frac{(x^2+y^2)(-2y)-(x^2-y^2)4y}{(x^2+y^2)^3}$$

이므로, $u_{xx}+u_{yy}=0$ 이다.

$$u_x=\frac{-2xy}{(x^2+y^2)^2}=v_y,\ u_y=\frac{x^2-y^2}{(x^2+y^2)^2}=-v_x$$

해답

이므로, $v=\frac{x}{x^2+y^2}+C(x)$이다. 이때 $v_x=\frac{y^2-x^2}{(x^2+y^2)^2}+C'(x)$, $C'(x)=0$,

$C(x)=C_1$이므로 $v=\frac{x}{x^2+y^2}+C_1$이다.

(c) $u_x=3x^2-3y^2, u_{xx}=6x$

$u_y=-6xy,\ u_{yy}=-6x$

이므로, $u_{xx}+u_{yy}=0$이다.

$$u_x=3x^2-3y^2=v_y, u_y=-6xy=-v_x$$

이므로, $v=3x^2y-y^3+C(x), v_x=6xy+C'(x)=6xy, C'(x)=0$, $C(x)=C_1$이다. 그러므로 $v=3x^2y-y^3+C_1$이다.

(d) $u=Argz=\tan^{-1}\frac{y}{x}$, $-\pi<Argz<\pi$

$$u_x=-\frac{\frac{y}{x^2}}{1+(\frac{y}{x})^2}=-\frac{y}{x^2+y^2},\ u_{xx}=\frac{2xy}{(x^2+y^2)^2}$$

$$u_y=\frac{\frac{1}{x}}{1+(\frac{y}{x})^2}=\frac{x}{x^2+y^2},\ u_{yy}=-\frac{2xy}{(x^2+y^2)^2}$$

이므로, $u_{xx}+u_{yy}=0$이다.

$$v_y=-\frac{y}{x^2+y^2}=u_x,\ -v_x=\frac{x}{x^2+y^2}=u_y$$

이므로, $v=-\frac{1}{2}\ln(x^2+y^2)+C(x), v_x=-\frac{x}{x^2+y^2}+C'(x)$, $C(x)=C_1$이다. 그러므로 $v=-\frac{1}{2}\ln(x^2+y^2)+C_1$이다.

(e) $u_x=e^{x^2-y^2}(2x\cos 2xy-2y\sin 2xy)$,

$u_{xx}=e^{x^2-y^2}(4x^2\cos 2xy-4xy\sin 2xy+2\cos 2xy-4xy\sin 2xy-4y^2\cos 2xy)$

$u_y=e^{x^2-y^2}(-2y\cos 2xy-2x\sin 2xy)$,

$u_{yy}=e^{x^2-y^2}(4y^2\cos 2xy+4xy\sin 2xy-2\cos 2xy+4xy\sin 2xy-4x^2\cos 2xy)$

이므로, $u_{xx}+u_{yy}=0$이다.

$$v_y = e^{x^2-y^2}(2x\cos 2xy - 2y\sin 2xy) = u_x$$
$$-v_x = e^{x^2-y^2}(-2y\cos 2xy - 2x\sin 2xy) = u_y$$

이다. 부분적분법에 의하여

$$\int e^{x^2-y^2} 2x\cos 2xy dy = e^{x^2-y^2}\sin 2xy - \int (-2y)e^{x^2-y^2}\sin 2xy dy$$

이므로, $v = e^{x^2-y^2}\sin 2xy + C(x)$이다. 이때

$$v_x = e^{x^2-y^2}(2x\sin 2xy + 2y\cos 2xy) + C'(x) = e^{x^2-y^2}(2y\cos 2xy + 2x\sin 2xy)$$

이므로, $C'(x) = 0$, $C(x) = C_1$이다. 그러므로 $v = e^{x^2-y^2}\sin 2xy + C_1$이다.

문제 3.3 $u_x = 2axy + y$, $u_{xx} = 2ay$, $u_y = ax^2 - 3y^2 + x$, $u_{yy} = -6y$.

$$u_{xx} + u_{yy} = 2ay - 6y = 0$$

이어야 하므로, $a = 3$이다.

$$v_y = 6xy + y = u_x,\ -v_x = 3x^2 - 3y^2 + x = y_y$$

이므로, $v = 3xy^2 + \frac{1}{2}y^2 + C(x), v_x = 3y^2 + C'(x) = -3x^2 + 3y^2 + x$이다. 그러므로 $C(x) = -x^3 + \frac{1}{2}x^2 + C_1$이다. 따라서 $v = 3xy^2 + \frac{1}{2}y^2 - x^3 + \frac{1}{2}x^2 + C$이다.

문제 3.4 $u(x,y) = x^2$은 조화함수가 아니다. $f(z) = x^2 + iv(x,y)$가 해석적인 면분에서 $Ref(z)$가 상수이므로, 그곳에서 $f(z)$는 상수함수이다. 그러므로 그곳에서 $v(x,y)$는 상수함수이다.

문제 3.5 $\frac{\partial^2 u_i}{\partial x^2}(x_0,y_0) + \frac{\partial^2 u_i}{\partial y^2}(x_0,y_0) = 0, i = 1,2$이므로,

$$\frac{\partial^2(au_1 + bu_2)}{\partial x^2}(x_0,y_0) + \frac{\partial^2(au_1 + bu_2)}{\partial y^2}(x_0,y_0)$$
$$= a[\frac{\partial^2 u_1}{\partial x^2}(x_0,y_0) + \frac{\partial^2 u_1}{\partial y^2}(x_0,y_0)] + b[\frac{\partial^2 u_2}{\partial x^2}(x_0,y_0) + \frac{\partial^2 u_2}{\partial y^2}(x_0,y_0)] = 0$$

이다.

정답

문제 3.6 $u_{xx}+u_{yy}=0, v_{xx}+v_{yy}=0$이고, $u_x=v_y, v_x=-u_y$이다.

$$(uv)_x=u_xv+uv_x, (uv)_{xx}=u_{xx}v+2u_xv_x+uv_{xx}=u_{xx}v-2u_yv_y+uv_{xx}$$
$$(uv)_y=u_yv+uv_y, (uv)_{yy}=u_{yy}v+2u_yv_y+uv_{yy}$$

이므로, $(uv)_{xx}+(uv)_{yy}=(u_{xx}+v_{xx})v+(u_{yy}+v_{yy})u=0$이다.

문제 3.7 $f'(z)=\frac{\partial f}{\partial x}=-i\frac{\partial f}{\partial y}$임을 유의하자. $f''(z)=\frac{d}{dz}(f'(z))=\frac{\partial}{\partial x}(\frac{\partial f}{\partial x})=\frac{\partial^2 f}{\partial x^2}$이므로,

수학적 귀납법에 의하여 $f^{(n)}(z)=\frac{\partial^n f}{\partial x^n}$을 얻는다. 마찬가지로,

$$f''(z)=\frac{d}{dz}(f'(z))=-i\frac{\partial}{\partial y}(-i\frac{\partial f}{\partial y})=(-i)^2\frac{\partial^2 f}{\partial y^2}$$

이므로, 수학적 귀납법에 의하여 $f^{(n)}(z)=(-i)^n\frac{\partial^n f}{\partial y^n}$을 얻는다.

문제 3.8 (a) $z=\cos w=\frac{e^{iw}+e^{-iw}}{2}$, $(e^{iw})^2-2ze^{iw}+1=0$이므로, $e^{iw}=z+(z^2-1)^{1/2}$이다. 그러므로 $\cos^{-1}z=w=-i\log(z+(z^2-1)^{1/2})$이다. 따라서

$$\frac{d}{dz}(\cos^{-1}z)=\frac{-i(1+z(z^2-1)^{-1/2})}{z+(z^2-1)^{1/2}}=-\frac{i}{(z^2-1)^{1/2}}=-\frac{1}{(1-z^2)^{1/2}}$$

이다.

(b) $z=\tan w=\frac{\sin w}{\cos w}=\frac{e^{iw}-e^{-iw}}{i(e^{iw}+e^{-iw})}$, $(iz-1)(e^{iw})^2+iz+1=0$, $e^{iw}=(\frac{1+iz}{1-iz})^{1/2}$이므로, $\tan^{-1}z=w=-i\log(\frac{1+iz}{1-iz})^{1/2}$이다. 따라서

$$\frac{d}{dz}\tan^{-1}z=-i(\frac{1+iz}{1-iz})^{-1/2}\frac{1}{2}(\frac{1+iz}{1-iz})^{-1/2}\frac{i(1-iz)+i(1+iz)}{(1-iz)^2}=\frac{1}{1+z^2}$$

이다.

(c) $z=\sec w=\frac{2}{e^{iw}+e^{-iw}}$, $z(e^{iw})^2-2e^{iw}+z=0$, $e^{iw}=\frac{1+(1-z^2)^{1/2}}{z}$이므로,

$\sec^{-1}z=-i\log\frac{1+(1-z^2)^{1/2}}{z}$이다. 따라서

$$\frac{d}{dz}\sec^{-1}z = -i\frac{z}{1+(1-z^2)^{1/2}}\cdot\left[\frac{z\{-z(1-z^2)^{-1/2}\}-\{1+(1-z^2)^{1/2}\}}{z^2}\right]$$
$$= -i\frac{z}{1+(1-z^2)^{1/2}}\cdot\left[\frac{-z^2-\{(1-z^2)^{1/2}+1-z^2\}}{z^2(1-z^2)^{1/2}}\right]$$
$$= i\frac{z}{1+(1-z^2)^{1/2}}\cdot\left[\frac{1+(1-z^2)^{1/2}}{z^2(1-z^2)^{1/2}}\right]$$
$$= i\cdot\frac{1}{z(1-z^2)^{1/2}}$$
$$= \frac{1}{z(z^2-1)^{1/2}}.$$

문제 3.9 $u_{xx}+u_{yy}=0$. $x=r\cos\theta, y=r\sin\theta$, $r=\sqrt{x^2+y^2}, \theta=\tan^{-1}\frac{y}{x}$.

$$r_x=\frac{x}{r}, r_y=\frac{y}{r},\ r_{xx}=\frac{y^2}{r^3},\ r_{yy}=\frac{x^2}{r^3}, \theta_x=-\frac{y}{r^2}, \theta_y=\frac{x}{r^2},\ \theta_{xx}=\frac{2xy}{r^4},\ \theta_{yy}=-\frac{2xy}{r^4}.$$

$$u_x=u_r r_x+u_\theta\theta_x=u_r\frac{x}{r}-u_\theta\frac{y}{r^2},$$
$$u_{xx}=r_x(u_{rr}r_x+u_{r\theta}\theta_x)+u_r r_{xx}+\theta_x(u_{\theta r}r_x+u_{\theta\theta}\theta_x)+u_\theta\theta_{xx}$$
$$u_y=u_r r_y+u_\theta\theta_y=u_r\frac{y}{r}+u_\theta\frac{x}{r^2},$$
$$u_{yy}=r_y(u_{rr}r_y+u_{r\theta}\theta_y)+u_r r_{yy}+\theta_y(u_{\theta r}r_y+u_{\theta\theta}\theta_y)+u_\theta\theta_{yy}.$$

그러므로

$$0=u_{xx}+u_{yy}=r_x(u_{rr}r_x+u_{r\theta}\theta_x)+u_r r_{xx}+\theta_x(u_{\theta r}r_x+u_{\theta\theta}\theta_x)+u_\theta\theta_{xx}$$
$$+r_y(u_{rr}r_y+u_{r\theta}\theta_y)+u_r r_{yy}+\theta_y(u_{\theta r}r_y+u_{\theta\theta}\theta_y)+u_\theta\theta_{yy}$$

이다. 따라서

$$u_{rr}(r_x^2+r_y^2)+2u_{r\theta}(r_x\theta_x+r_y\theta_y)+u_r(r_{xx}+r_{yy})+u_{\theta\theta}(\theta_x^2+\theta_y^2)+u_\theta(\theta_{xx}+\theta_{yy})=0$$

이다.

$$r_x=\frac{x}{r}, r_y=\frac{y}{r},\ r_{xx}=\frac{y^2}{r^3},\ r_{yy}=\frac{x^2}{r^3}, \theta_x=-\frac{y}{r^2}, \theta_y=\frac{x}{r^2},\ \theta_{xx}=\frac{2xy}{r^4},\ \theta_{yy}=-\frac{2xy}{r^4}$$

이므로, $u_{rr}+\frac{1}{r}u_r+\frac{1}{r^2}u_{\theta\theta}=0$, $ru_{rr}+u_r+\frac{1}{r}u_{\theta\theta}=0$이다. 그러므로

$$\frac{\partial}{\partial r}(r\frac{\partial u}{\partial r})+\frac{1}{r}\frac{\partial^2 u}{\partial\theta^2}=0$$

을 얻는다.

제6장

문제 1.1 ($\Rightarrow$) $|\alpha_n|, |\beta_n| \leqq |a_n|$ 이므로, 비교판정법에 의하여 $\sum_{n=1}^{\infty}|\alpha_n|$ 과 $\sum_{n=1}^{\infty}|\beta_n|$ 은 수렴한다.

($\Leftarrow$) $|a_n| \leqq |\alpha_n|+|\beta_n|$ 이므로, 비교판정법에 의하여 $\sum_{n=1}^{\infty}|a_n|$ 은 수렴한다.

문제 1.2 만일 $a_k=\frac{1}{k}$이면,

$$\begin{aligned} s_{2^{n+1}}-s_{2^n} &= \frac{1}{2^n+1}+\frac{1}{2^n+2}+\frac{1}{2^n+3}+\cdots+\frac{1}{2^n+2^n} \\ &> \frac{1}{2^n+2^n}+\frac{1}{2^n+2^n}+\cdots+\frac{1}{2^n+2^n}=2^n\cdot\frac{1}{2^{n+1}}=\frac{1}{2} \end{aligned}$$

이다. 만일 $a_k=\frac{(-1)^{k+1}}{k}$이면, $\sum_{n=1}^{\infty}a_n$은 교대급수이므로, 교대급수판정법에 의하여 $\sum_{n=1}^{\infty}a_n$은 수렴한다. $\sum_{n=1}^{\infty}a_n=s$라고 하자. 그러면 $|s_n-s| \leqq |a_{n+1}|$ 임을 유의하자. 따라서

$$\begin{aligned} |s_{n+p}-s_n| &= |(s_{n+p}-s)+(s-s_n)| \\ &\leqq |s_{n+p}-s|+|s-s_n| \\ &\leqq \frac{1}{n+p+1}+\frac{1}{n+1}<\frac{1}{n}+\frac{1}{n}=\frac{2}{n} \end{aligned}$$

을 얻는다.

문제 1.3 (a) 임의의 자연수 n에 대하여 자연수 p가 존재하여 $\sum_{k=n+1}^{n+p} \frac{a_k}{r_k} > \frac{1}{2}$임을 보이면 된다. $\{r_n\}$은 감소수열이므로,

$$\sum_{k=n+1}^{n+p} \frac{a_k}{r_k} \geq \frac{\sum_{k=n+1}^{n+p} a_k}{r_{n+1}} = \frac{r_{n+1} - r_{n+p+1}}{r_{n+1}} = 1 - \frac{r_{n+p+1}}{r_{n+1}}$$

이다. $\{r_n\}$은 감소수열이므로, 자연수 p가 존재하여 $r_{n+p+1} < \frac{1}{2} r_{n+1}$이다. 그러므로 $\sum_{k=n+1}^{n+p} \frac{a_k}{r_k} > \frac{1}{2}$이다.

(b) $\sqrt{r_{n+1}} < \sqrt{r_n}$이므로,

$$\frac{a_n}{\sqrt{r_n}} = \frac{r_n - r_{n+1}}{\sqrt{r_n}} = \frac{(\sqrt{r_n} + \sqrt{r_{n+1}})(\sqrt{r_n} - \sqrt{r_{n+1}})}{\sqrt{r_n}} < 2(\sqrt{r_n} - \sqrt{r_{n+1}})$$

이다. $s_n = \sum_{k=1}^{n} a_k$, $\lim_{n\to\infty} s_n = s$라 놓으면, $r_1 = s$이고 $r_{n+1} = s - s_n$이므로, $\lim_{n\to\infty} r_{n+1} = 0$이다. 따라서

$$\sum_{n=1}^{\infty} (\sqrt{r_n} - \sqrt{r_{n+1}}) = \lim_{n\to\infty} \sum_{k=1}^{n} (\sqrt{r_k} - \sqrt{r_{k+1}}) = \lim_{n\to\infty} (\sqrt{r_1} - \sqrt{r_{n+1}}) = \sqrt{s}$$

이다. 그러므로 비교판정법에 의하여 $\sum_{n=1}^{\infty} \frac{a_n}{\sqrt{r_n}}$은 수렴한다.

문제 1.4 $A' \subset A$임을 보이면 된다. $a \in A'$라고 하자. $\epsilon > 0$이라 하자. 그러면 a의 $\epsilon/2$-근방 $N_{\epsilon/2}(a)$에 대하여 $A \cap (N_{\epsilon/2}(a) - \{a\}) \neq \varnothing$이다. $\alpha \in A \cap (N_{\epsilon/2}(a) - \{a\})$라고 하자. 즉, $0 < |\alpha - a| < \epsilon/2, \alpha \in A$. $\alpha \in A$이므로, α로 수렴하는 부분복소수열 $\{a_{n_k}\}$가 존재한다. 그러므로 충분히 큰 모든 n_k에 대하여 $|a_{n_k} - \alpha| < \epsilon/2$이다. 따라서

$$|a_{n_k} - a| \leq |a_{n_k} - \alpha| + |\alpha - a| < \epsilon.$$

이것은 $a_{n_k} \to a$를 의미한다. 그러므로 $a \in A$이다.

해답

문제 1.5 $\lim_{n\to\infty} a_n = 0 \Leftrightarrow \lim_{n\to\infty}|a_n| = 0$ 임을 유의하자.

($\Rightarrow$) $\lim_{n\to\infty}|a_n| = 0$이므로, $\{|a_n|\}$의 모든 부분수열도 0으로 수렴한다. 따라서 $\limsup_{n\to\infty}|a_n| = \liminf_{n\to\infty}|a_n| = 0$이다.

($\Leftarrow$) $\limsup_{n\to\infty}|a_n| = \liminf_{n\to\infty}|a_n| = 0$이므로, 수렴하는 모든 부분복소수열의 극한 0이다. 만일 $\{a_n\}$이 수렴하지 않는다면, 서로 다른 극한을 갖는 두 부분복소수열이 존재한다. 이것은 모순이다. 그러므로 $\{a_n\}$은 수렴한다. $\{a_n\}$도 일종의 부분복소수열이므로, $\lim_{n\to\infty} a_n = 0$이다.

문제 1.6 (a) $\limsup_{n\to\infty} a_n < \limsup_{n\to\infty} b_n$라고 가정하자. $a = \limsup_{n\to\infty} a_n, b = \limsup_{n\to\infty} b_n$로 놓자. 그러면 l로 수렴하는 부분복소수열 $\{b_{n_k}\}$가 존재하여 $a < l \leqq b$이다. $\lim_{k\to\infty}(b_{n_k} - a) = l - a > 0$이므로 자연수 N_1이 존재하여 $n_k \geqq k > N_1$일 때 $b_{n_k} > a$이다. $a = \limsup_{n\to\infty} a_n$이므로, 수렴하는 모든 부분복소수열 $\{a_{n_t}\}$이 극한 l'은 a보다 크지 않다. 그러므로 $b_{n_k} > a \geqq l' = \lim_{t\to\infty} a_{n_t}$이다. 따라서 $\lim_{t\to\infty}(a_{n_t} - b_{n_k}) = l' - b_{n_k} < 0$이다. 그러므로 자연수 N_2가 존재하여 $n_t \geqq t > N_2$일 때 $a_{n_t} < b_{n_k}$이다. $N = \max\{N_1, N_2\}$로 놓자. 이때 $n_k \geqq k > N$일 때 $a_{n_k} < b_{n_k}$이다. 이것은 모순이다. 그러므로 $\limsup_{n\to\infty} a_n \geqq \limsup_{n\to\infty} b_n$이다.

(b) $\liminf_{n\to\infty} a_n < \liminf_{n\to\infty} b_n$라고 가정하자. $a = \liminf_{n\to\infty} a_n, b = \liminf_{n\to\infty} b_n$로 놓자. 그러면 l로 수렴하는 부분복소수열 $\{a_{n_k}\}$가 존재하여 $a \leqq l < b$이다. $\lim_{k\to\infty}(a_{n_k} - b) = l - b < 0$이므로 자연수 N_1이 존재하여 $n_k \geqq k > N_1$일 때 $a_{n_k} < b$이다. $b = \limsup_{n\to\infty} b_n$이므로, 수렴하는 모든 부분복소수열 $\{b_{n_t}\}$이 극한 l'은 b보다 작지 않다. 그러므로 $a_{n_k} < b \leqq l' = \lim_{t\to\infty} b_{n_t}$이다. 따라서 $\lim_{t\to\infty}(b_{n_t} - a_{n_k}) = l' - a_{n_k} > 0$이다. 그러므로 자연수 N_2가 존재하여 $n_t \geqq t > N_2$일 때 $b_{n_t} > a_{n_k}$이다. $N = \max\{N_1, N_2\}$로 놓자. 이때 $n_k \geqq k > N$일 때 $b_{n_k} > a_{n_k}$이다. 이것은 모순이다. 그러므로 $\liminf_{n\to\infty} a_n \geqq \liminf_{n\to\infty} b_n$이다.

문제 1.7 (a) 각 자연수 n에 대하여 $j \geqq n$일 때 $a_j \leqq \sup_{k \geqq n} a_n, b_j \leqq \sup_{k \geqq n} b_k$이다. 그러므로 $a_j b_j \leqq \sup_{k \geqq n} a_k \cdot \sup_{k \geqq n} b_k$이다. 따라서 $\sup_{j \geqq n} a_j b_j \leqq \sup_{k \geqq n} a_k \cdot \sup_{k \geqq n} b_k$이다. 이때, $n \to \infty$를 취하면, $\limsup_{n\to\infty} a_n b_n \leqq \limsup_{n\to\infty} a_n \cdot \limsup_{n\to\infty} b_n$을 얻는다.

(b) 각 자연수 n에 대하여 $j \geq n$일 때 $\inf_{k \geq n} a_k \leq a_j$, $\inf_{k \geq n} b_k \leq b_j$이다. 그러므로 $\inf_{k \geq n} a_k \cdot \inf_{k \geq n} b_k \leq a_j b_j$이다. 따라서 $\inf_{k \geq n} a_k \cdot \inf_{k \geq n} b_k \leq \inf_{j \geq n} a_j b_j$이다. 이때, $n \to \infty$를 취하면, $\liminf_{n\to\infty} a_n \cdot \liminf_{n\to\infty} b_n \leq \liminf_{n\to\infty} a_n b_n$을 얻는다.

문제 1.8 각 자연수 n에 대하여 $j \geq n$일 때 $a_j + b_j \leq \sup_{k \geq n}(a_k + b_k)$이고 $\inf_{k \geq n} b_k \leq b_j$이므로 $a_j + \inf_{k \geq n} b_k \leq \sup_{k \geq n}(a_k + b_k)$가 성립한다. 그러므로

$$\sup_{j \geq n} a_j + \inf_{k \geq n} b_k \leq \sup_{k \geq n}(a_k + b_k)$$

가 성립함을 알 수 있다. 이때, $n \to \infty$를 취하면,

$$\limsup_{n\to\infty} a_n + \liminf_{n\to\infty} b_n \leq \limsup_{n\to\infty}(a_n + b_n)$$

이 성립한다. 또한 각 자연수 n에 대하여 $j \geq n$일 때 $\inf_{k \geq n}(a_k + b_k) \leq a_j + b_j$, $a_j \leq \sup_{k \geq n} a_k$이므로 $\inf_{k \geq n}(a_k + b_k) \leq \sup_{k \geq n} a_k + b_j$가 성립한다. 그러므로

$$\inf_{k \geq n}(a_k + b_k) \leq \sup_{k \geq n} a_k + \inf_{j \geq n} b_j$$

가 성립함을 알 수 있다. 이때, $n \to \infty$를 취하면,

$$\liminf_{n\to\infty}(a_n + b_n) \leq \limsup_{n\to\infty} a_n + \liminf_{n\to\infty} b_n$$

이 성립한다. $\lim_{n\to\infty}(a_n + b_n)$이 존재하므로

$$\liminf_{n\to\infty}(a_n + b_n) = \limsup_{n\to\infty}(a_n + b_n) = \lim_{n\to\infty}(a_n + b_n)$$

이다. 따라서

$$\lim_{n\to\infty}(a_n + b_n) = \limsup_{n\to\infty} a_n + \liminf_{n\to\infty} b_n$$

이 성립한다.

문제 1.9 $b_n = -a_n$이라 놓으면, $a_n + b_n = 0$이므로 6.1절의 문제 1.8에 의하여

$$0 = \lim_{n\to\infty}(a_n + b_n) = \liminf_{n\to\infty} a_n + \limsup_{n\to\infty} b_n$$

이 성립함을 알 수 있다. 그러므로 $\liminf_{n\to\infty} a_n = -\limsup_{n\to\infty}(-a_n)$이 성립한다.

문제 1.10 $\lim\limits_{n\to\infty} a_n = a \Leftrightarrow \limsup\limits_{n\to\infty} a_n = \liminf\limits_{n\to\infty} a_n = a$임을 유의하자.

(a) 각 자연수 n에 대하여 $j \geqq n$일 때 $a_j + b_j \leqq \sup\limits_{k \geqq n}(a_k + b_k)$이므로,

$$\sup_{j \geqq n} a_j + \sup_{j \geqq n} b_j \leqq \sup_{k \geqq n}(a_k + b_k)$$

이다. 이때 $n \to \infty$를 취하면,

$$\lim_{n\to\infty} a_n + \limsup_{n\to\infty} b_n \leqq \limsup_{n\to\infty}(a_n + b_n)$$

이다. 역으로, 각각의 자연수 n에 대하여 $j \geqq n$일 때 $b_j \leqq \sup\limits_{k \geqq n} b_k$이다. 이때 $a_j + b_j \leqq a_j + \sup\limits_{k \geqq n} b_k$이다. 그러므로 $a_j + b_j \leqq \sup\limits_{k \geqq n} a_k + \sup\limits_{k \geqq n} b_k$이다. 따라서

$$\sup_{j \geqq n}(a_j + b_j) \leqq \sup_{k \geqq n} a_k + \sup_{k \geqq n} b_k$$

이다. 이때 $n \to \infty$를 취하면, $\limsup\limits_{n\to\infty}(a_n + b_n) \leqq \limsup\limits_{n\to\infty} a_n + \limsup\limits_{n\to\infty} b_n$이다.

(b) 각 자연수 n에 대하여 $j \geqq n$일 때 $\inf\limits_{k \geqq n}(a_k + b_k) \leqq a_j + b_j$이므로,

$$\inf_{k \geqq n}(a_k + b_k) \leqq \inf_{j \geqq n} a_j + \inf_{j \geqq n} b_j$$

이다. 이때 $n \to \infty$를 취하면,

$$\liminf_{n\to\infty}(a_n + b_n) \leqq \lim_{n\to\infty} a_n + \liminf_{n\to\infty} b_n$$

이다. 역으로, 각 자연수 n에 대하여 $j \geqq n$일 때 $\inf\limits_{k \geqq n} b_k \leqq b_j$이다. 이때 $a_j + \inf\limits_{k \geqq n} b_k \leqq a_j + b_j$이다. 그러므로 $a_j + \inf\limits_{k \geqq n} b_k \leqq \inf\limits_{k \geqq n}(a_k + b_k)$이다. 따라서

$$\inf_{j \geqq n} a_j + \inf_{k \geqq n} b_k \leqq \inf_{k \geqq n}(a_k + b_k)$$

이다. 이때 $n \to \infty$를 취하면, $\lim\limits_{n\to\infty} a_n + \liminf\limits_{n\to\infty} a_n \leqq \liminf\limits_{n\to\infty}(a_n + b_n)$이다.

(c) 만일 $\limsup\limits_{n\to\infty} b_n = \infty$이면, $\{a_n\}$은 유계이고, $\{b_n\}$은 위로 유계가 아니므로, $\{a_n b_n\}$도 위로 유계가 아니다. 그러므로 $\limsup\limits_{n\to\infty} a_n b_n = \infty$이다. 따라서 등식이 성립한다. 만일 $\limsup\limits_{n\to\infty} b_n = -\infty$이면, 유한개를 제외한 b_n은 주어진 임의의 실수보다 작다. $\{a_n\}$은 유계이므로, 유한개를 제외한 $a_n b_n$도 주어진 임의의 실수보다 작다. 따라서 $\limsup\limits_{n\to\infty} a_n b_n = -\infty$이다. 그러므로 이 경우에도 등식이 성립한다. $-\infty < \limsup\limits_{n\to\infty} b_n$

$< \infty$라고 하자.

각 자연수 n에 대하여 $j \geq n$일 때, $a_j b_j \leq \sup_{k \geq n} a_k b_k$이다. $\{a_n\}$은 수렴하므로, $\{a_n\}$은 유계이다. 그러므로 $a_j \cdot \sup_{k \geq n} b_k \leq \sup_{k \geq n} a_k b_k$이다. 따라서

$$\sup_{j \geq n} a_j \cdot \sup_{k \geq n} b_k \leq \sup_{k \geq n} a_k b_k$$

를 얻는다. 이때 $n \to \infty$를 취하면,

$$\lim_{n\to\infty} a_n \cdot \limsup_{n\to\infty} b_n \leq \limsup_{n\to\infty} a_n b_n$$

이다. 역으로, $\limsup_{n\to\infty} a_n b_n = c$라고 하자. 그러면 임의의 $\epsilon > 0$에 대하여 l로 수렴하는 부분수열 $\{a_{n_k} b_{n_k}\}$가 존재하여 $c - \epsilon < l \leq c$이다. 이때 $\lim_{k\to\infty}(a_{n_k} b_{n_k} - c + \epsilon) = l - c + \epsilon > 0$이므로, 자연수 N이 존재하여 $n_k \geq k > N$일 때 $a_{n_k} b_{n_k} > c - \epsilon$이다. $\limsup_{n\to\infty} b_n = b$라고 하자. 그러면 $\lim_{k\to\infty} b_{n_k} = b' \leq b$이다. 이때 $k \to \infty$를 취하면, $ab \geq ab' \geq c - \epsilon$이다. $\epsilon > 0$은 임의이므로, $ab \geq c$이다. 그러므로 $\limsup_{n\to\infty} a_n b_n \leq \lim_{n\to\infty} a_n \cdot \limsup_{n\to\infty} a_n b_n$을 얻는다. 따라서 $\limsup_{n\to\infty} a_n b_n = \lim_{n\to\infty} a_n \cdot \limsup_{n\to\infty} b_n$이 성립한다.

(d) (c)에서 b_n 대신에 $-b_n$을 대입하면,

$$-\limsup_{n\to\infty}(a_n b_n) = \lim_{n\to\infty} a_n \cdot (-\limsup_{n\to\infty}(-b_n))$$

이므로, 6.1절의 문제 1.10에 의하여 $\liminf_{n\to\infty} a_n b_n = \lim_{n\to\infty} a_n \cdot \liminf_{n\to\infty} b_n$이 성립한다.

문제 1.11 ($\Rightarrow$) (i) $\limsup_{n\to\infty} a_n = \inf_{n\in\mathbb{N}}\left(\sup_{k \geq n} a_k\right) = L < \infty$라고 하자. $b_n = \sup_{k \geq n} a_k$라 놓으면, $\{b_n\}$은 감소수열임을 유의하자. 임의의 $\epsilon > 0$에 대하여 자연수 N이 존재하여

$$L \leq b_N = \sup_{k \geq N} a_k < L + \epsilon$$

이 성립한다. $\{b_n\}$은 감소수열이므로, 모든 $n \geq N$에 대하여 $b_n \leq b_N < L + \epsilon$이다. 따라서 모든 $k \geq n$에 대하여 $a_k \leq \sup_{j \geq n} a_j$이므로, $a_k < L + \epsilon$이 성립한다.

(ii) $L \leq b_n$이고, $b_n = \sup_{k \geq n} a_k$이므로, $k \geq n$인 자연수 k가 존재하여 $b_n - \epsilon <$

해답

$a_k \leqq b_n$이 성립한다. 따라서 $L-\epsilon < a_k$가 성립한다.

(⇐) $\lim_{n\to\infty}\left(\sup_{k\geqq n} a_k\right)=L$, 즉 임의의 $\epsilon>0$에 대하여 자연수 N이 존재하여 $n \geqq N$일 때 $\left|\sup_{k\geqq n} a_k - L\right| < \epsilon$이 성립함을 보이면 된다. (i)에 의하여 임의의 $\epsilon>0$에 대하여 자연수 N이 존재하여 $n\geqq N$일 때 모든 $k\geqq n$에 대하여 $a_k < L+\epsilon$이므로, $a_k \leqq \sup_{j\geqq n} a_j < L+\epsilon$이 성립한다. 또한, (ii)에 의하여 각 자연수 n에 대하여 $k\geqq n$인 자연수 k가 존재하여 $a_k > L-\epsilon$이 성립하므로,

$$L-\epsilon < a_k \leqq \sup_{j\geqq n} a_j < L+\epsilon$$

이 성립한다. 즉, $\left|\sup_{k\geqq n} a_k - L\right| < \epsilon$. 이것은 $\lim_{n\to\infty}\left(\sup_{k\geqq n} a_k\right)=L$을 의미한다.

문제 1.12 (⇒) (i) $\liminf_{n\to\infty} a_n = \sup_{n\in\mathbb{N}}\left(\inf_{k\geqq n} a_k\right)=L<\infty$라고 하자. $b_n = \inf_{k\geqq n} a_k$라 놓으면, $\{b_n\}$은 증가수열임을 유의하자. 임의의 $\epsilon>0$에 대하여 자연수 N이 존재하여

$$L-\epsilon < b_N = \inf_{k\geqq N} a_k \leqq L$$

이 성립한다. $\{b_n\}$은 증가수열이므로, 모든 $n\geqq N$에 대하여 $L-\epsilon<b_N\leqq b_n$이다. 따라서 모든 $k\geqq n$에 대하여 $\inf_{j\geqq n} a_j \leqq a_k$이므로, $L-\epsilon<a_k$가 성립한다.

(ii) $b_n \leqq L$이고, $b_n = \inf_{k\geqq n} b_k$이므로, $k\geqq n$인 자연수 k가 존재하여 $b_n < a_k \leqq b_n+\epsilon$이 성립한다. 따라서 $a_k<L+\epsilon$이 성립한다.

(⇐) $\lim_{n\to\infty}\left(\inf_{k\geqq n} a_k\right)=L$, 즉 임의의 $\epsilon>0$에 대하여 자연수 N이 존재하여 $n\geqq N$일 때 $\left|\underset{k\geqq n}{\infty}\ a_k - L\right|<\epsilon$이 성립함을 보이면 된다. (i)에 의하여 임의의 $\epsilon>0$에 대하여 자연수 N이 존재하여 $n\geqq N$일 때 모든 $k\geqq n$에 대해 $L-\epsilon<a_k$이므로, $L-\epsilon<\inf_{j\geqq n} a_j \leqq a_k$가 성립한다. 또한, (ii)에 의하여 각 자연수 n에 대하여 $k\geqq n$인 자연수 k가 존재하여 $a_k<L+\epsilon$이 성립하므로,

$$L-\epsilon < \inf_{j\geqq n} a_j \leqq a_k < L+\epsilon$$

이 성립한다. 즉, $\left|\inf_{k\geqq n} a_k - L\right| < \epsilon$. 이것은 $\lim_{n\to\infty}\left(\inf_{k\geqq n} a_k\right)=L$을 의미한다.

문제 1.13 (a) $L<1$이므로, $L<\beta<1$을 만족하는 β가 존재한다. 이때 6.1절의 문제 1.12에 의하

여 자연수 N이 존재하여 $n \geqq N$일 때 $\left|\frac{a_{n+1}}{a_n}\right| < \beta$가 성립한다. 따라서

$$|a_{N+1}| < \beta |a_N|$$
$$|a_{N+2}| < \beta |a_{N+1}| < \beta^2 |a_N|$$
$$\cdots\cdots$$
$$|a_{N+p}| < \beta^p |a_N| .$$

즉, $n \geqq N$에 대하여

$$|a_n| < |a_N| \beta^{n-N} = |a_N| \beta^{-N} \cdot \beta^n$$

이 성립한다. 따라서 비교판정법에 의하여 $\sum_{n=1}^{\infty} a_n$은 절대수렴한다.

(b) $L > 1$이므로, $1 < \beta < L$을 만족하는 β가 존재한다. 이때 6.1절의 문제 1.12에 의하여 자연수 N이 존재하여 $n \geqq N$일 때 $\beta < \left|\frac{a_{n+1}}{a_n}\right|$이 성립한다. 따라서

$$\beta |a_N| < |a_{N+1}|$$
$$\beta^2 |a_N| < \beta |a_{N+1}| < |a_{N+2}|$$
$$\cdots\cdots$$
$$\beta^p |a_N| < |a_{N+p}|$$

즉, $n \geqq N$에 대하여

$$\beta^n \cdot \beta^{-N} |a_N| = \beta^{n-N} |a_N| < |a_n|$$

이 성립한다. $0 \neq \lim_{n\to\infty} \beta^n \cdot \beta^{-N} |a_N| \leqq \lim_{n\to\infty} |a_n|$이므로, $\lim_{n\to\infty} a_n \neq 0$이다. 따라서 발산판정법에 의하여 $\sum_{n=1}^{\infty} a_n$은 발산한다.

문제 1.14 $\limsup_{n\to\infty} a_n^{1/n} \leqq \limsup_{n\to\infty} \frac{a_{n+1}}{a_n}$을 보이기 위하여, $\limsup_{n\to\infty} \frac{a_{n+1}}{a_n} = \alpha$로 놓자. 만일 $\alpha = +\infty$이라면 증명할 것이 없다. $\alpha < \infty$라고 하자. 이때 $\beta > \alpha$인 임의의 β를 잡자. 그러면 자연수 N이 존재하여 $n \geqq N$일 때

해답

$$\frac{a_{n+1}}{a_n} \leqq \sup_{n \geqq N} \frac{a_{n+1}}{a_n} < \beta$$

이 성립한다. 특히, $p > 0$에 대하여

$$a_{N+k+1} \leqq a_{N+k},\ k = 0,1,2,\ldots,p-1.$$

이 부등식들을 곱하면, 다음을 얻는다.

$$a_{N+p} \leqq \beta^p a_N,$$
$$a_n \leqq a_N \beta^{-N} \beta^n \,(n \geqq N)$$

그러므로 $a_n^{1/n} \leqq (a_N \beta^{-N})^{1/n} \beta$을 얻는다. 따라서

$$\limsup_{n\to\infty} a_n^{1/n} \leqq \limsup_{n\to\infty} (a_N \beta^{-N})^{1/n} \beta = \beta$$

이다. 이때, $\beta \to \alpha$를 취하면, $\limsup_{n\to\infty} a_n^{1/n} \leqq \alpha$를 얻는다. 즉,

$$\limsup_{n\to\infty} a_n^{1/n} \leqq \limsup_{n\to\infty} \frac{a_{n+1}}{a_n}.$$

$\liminf_{n\to\infty} \frac{a_{n+1}}{a_n} \leqq \liminf_{n\to\infty} a_n^{1/n}$을 보이기 위하여, $\liminf_{n\to\infty} \frac{a_{n+1}}{a_n} = \alpha$로 놓자. 만일 $\alpha = -\infty$이라면, 증명할 것이 없다. $\alpha > -\infty$라고 하자. 이때 $\beta < \alpha$인 임의의 β를 잡자. 그러면 자연수 N이 존재하여 $n \geqq N$일 때

$$\beta \leqq \inf_{n \geqq N} \frac{a_{n+1}}{a_n} \leqq \frac{a_{n+1}}{a_n}$$

이 성립한다. 특히, $p > 0$에 대하여

$$a_{N+k+1} \geqq \beta a_{N+k}, k = 0,1,2,\ldots,p-1\ .$$

이 부등식들을 곱하면, 다음을 얻는다.

$$a_{N+p} \geqq \beta^p a_N,$$
$$a_n \geqq a_N \beta^{-N} \beta^n \,(n \geqq N)$$

그러므로 $a_n^{1/n} \geqq (a_N \beta^{-N})^{1/n} \beta$이다. 따라서

$$\liminf_{n\to\infty} |a_n|^{1/n} \geq \liminf_{n\to\infty}(a_N\beta^{-N})^{1/n}\beta = \beta$$

이다. 이때, $\beta\to\alpha$를 취하면, $\liminf_{n\to\infty} a_n^{1/n} \geq \alpha$를 얻는다. 즉,

$$\liminf_{n\to\infty}\frac{a_{n+1}}{a_n} \leq \liminf_{n\to\infty} a_n^{1/n}.$$

문제 1.15 (i) $n=2k-1$일 때, $\frac{a_{n+1}}{a_n}=\frac{1}{3^k}/\frac{1}{2^k}=(\frac{2}{3})^k$이고, $\sqrt[n]{a_n}=(\frac{1}{2^k})^{1/(2k-1)}=\frac{1}{2^{k/(2k-1)}}$이다.

(ii) $n=2k$일 때, $\frac{a_{n+1}}{a_n}=\frac{1}{2^{k+1}}/\frac{1}{3^k}=\frac{1}{2}\cdot(\frac{3}{2})^k$이고, $\sqrt[n]{a_n}=(\frac{1}{3^k})^{1/2k}=\frac{1}{3^{1/2}}$이다.

그러므로 $\liminf_{n\to\infty}\frac{a_{n+1}}{a_n}=\lim_{k\to\infty}(\frac{2}{3})^k=0$이고, $\limsup_{n\to\infty}\frac{a_{n+1}}{a_n}=\lim_{k\to\infty}\frac{1}{2}(\frac{3}{2})^k=\infty$이다.

또한, $\liminf_{n\to\infty}\sqrt[n]{a_n}=\frac{1}{\sqrt{3}}$이고, $\limsup_{n\to\infty}\sqrt[n]{a_n}=\lim_{k\to\infty}\frac{1}{2^{k/(2k-1)}}=\frac{1}{\sqrt{2}}$이다.

$\limsup_{n\to\infty} a_n^{1/n}=\frac{1}{\sqrt{2}}<1$이므로, 주어진 급수는 수렴한다.

문제 2.1 $(\Rightarrow)$ $\{f_n(z)\}$는 E에서 함수 $f(z)=u(x,y)+iv(x,y)$로 평등수렴한다고 하자. 그러면 임의의 $\epsilon>0$에 대하여 자연수 $N=N(\epsilon)$이 존재하여 $n\geq N$일 때, 모든 $z\in E$에 대하여 $|f_n(z)-f(z)|<\epsilon$이 성립한다. 이때,

$$|u_n(z)-u(z)| \leq |f_n(z)-f(z)| = |(u_n(z)-u(z))+i(v_n(z)-v(z))|$$
$$|v_n(z)-v(z)| \leq |f_n(z)-f(z)| = |(u_n(z)-u(z))+i(v_n(z)-v(z))|$$

이므로, 결과가 나온다.

$(\Leftarrow)$ $\{u_n(z)\}$, $\{v_n(z)\}$는 각각 E에서 $u(z)$, $v(z)$로 평등수렴한다고 하자. 그러면 임의의 $\epsilon>0$에 대하여 자연수 $N_i=N_i(\epsilon), i=1,2$가 존재하여 $n>N_i$일 때 모든 $z\in E$에 대하여

$$|u_n(z)-u(z)|<\frac{\epsilon}{2},\quad |v_n(z)-v(z)|<\frac{\epsilon}{2}$$

가 성립한다.

$$\begin{aligned}|f_n(z)-f(z)| &= |(u_n(z)-u(z))+i(v_n(z)-v(z))|\\ &\leq |u_n(z)-u(z)|+|v_n(z)-v(z)|\end{aligned}$$

해답

이므로, $N=\max\{N_1, N_2\}$로 놓으면, $n>N$일 때, 모든 $z\in E$에 대하여

$$|f_n(z)-f(z)|<\frac{\epsilon}{2}+\frac{\epsilon}{2}=\epsilon$$

이 성립한다. 그러므로 $\{f_n(z)\}$는 E에서 $f(z)$로 평등수렴한다.

문제 2.2 (a) $\{f_n(z)\}$는 E에서 $f(z)$로 평등수렴하므로, 임의의 $\epsilon>0$에 대하여 자연수 $N_1=N_1(\epsilon)$이 존재하여 $n>N_1$일 때 모든 $z\in E$에 대하여 $|f_n(z)-f(z)|<\frac{\epsilon}{2}$이 성립한다. 또한, $g_n(z)$는 E에서 $g(z)$로 평등수렴하므로, 임의의 $\epsilon>0$에 대하여 자연수 $N_2=N_2(\epsilon)$이 존재하여 $n>N_2$일 때 모든 $z\in E$에 대하여 $|g_n(z)-g(z)|<\frac{\epsilon}{2}$이 성립한다. 따라서 $N=\max\{N_1, N_2\}$이라 놓으면 $n>N$일 때, 모든 $z\in E$에 대하여

$$\begin{aligned}|(f_n(z)+g_n(z))-(f(z)+g(z))| &\leq |f_n(z)-f(z)|+|g_n(z)-g(z)|\\ &<\frac{\epsilon}{2}+\frac{\epsilon}{2}=\epsilon\end{aligned}$$

이 성립한다. 그러므로 $\{f_n(z)+g_n(z)\}$는 E에서 $f(z)+g(z)$로 평등수렴한다.

(b) $f_n(z)$, $g_n(z)$는 유계이므로, 어떤 $M>0$에 대하여 $|f_n(z)|\leq M$, $|g_n(z)|\leq M$이다. $\{f_n(z)\}$는 E에서 $f(z)$로 평등수렴하므로, 임의의 $\epsilon=1$에 대하여 자연수 N_1이 존재하여 $n>N_1$일 때 모든 $z\in E$에 대하여 $|f_n(z)-f(z)|<1$이 성립한다. 이때,

$$||f_n(z)|-|f(z)||\leq|f_n(z)-f(z)|<1$$

이므로, 모든 $z\in E$에 대하여 $|f(z)|<|f_n(z)|+1\leq M+1=M_1$이 성립한다. $\{f_n(z)\}$는 E에서 $f(z)$로 평등수렴하므로, 임의의 $\epsilon>0$에 대하여 자연수 $N_2=N_2(\epsilon)$이 존재하여 $n>N_2$일 때, 모든 $z\in E$에 대하여 $|f_n(z)-f(z)|<\frac{\epsilon}{2M}$이 성립한다. 또한, $\{g_n(z)\}$는 E에서 $g(z)$로 평등수렴하므로, 임의의 $\epsilon>0$에 대하여 자연수 $N_3=N_3(\epsilon)$이 존재하여 $n>N_3$일 때, 모든 $z\in E$에 대하여 $|g_n(z)-g(z)|<\frac{\epsilon}{2M_1}$이 성립한다. 따라서 $N=\max\{N_1, N_2, N_3\}$이라 놓으면 $n>N$일 때, 모든 $z\in E$에 대하여

$$\begin{aligned} |f_n(z)g_n(z)-f(z)g(z)| &= |(f_n(z)-f(z))g_n(z)+f(z)(g_n(z)-g(z))| \\ &\leq |f_n(z)-f(z)|\,|g_n(z)|+|f(z)|\,|g_n(z)-g(z)| \\ &\leq M|f_n(z)-f(z)|+M_1|g_n(z)-g(z)| \\ &\leq M\cdot\frac{\epsilon}{2M}+M_1\cdot\frac{\epsilon}{2M_1}<\epsilon \end{aligned}$$

이 성립한다. 그러므로 $f_n(z)g_n(z)$는 E에서 $f(z)g(z)$로 평등수렴한다.

문제 2.3 (a) $f_n(z)-f(z)=0$이므로, $\{f_n(z)\}$는 분명히 E에서 $f(z)$로 평등수렴한다. 또한, $\sup_{z\in E}|g_n(z)|=\dfrac{1}{n}\to 0$ 이므로, $\{g_n(z)\}$는 E에서 0으로 평등수렴한다.

(b) 각 $z_0\in E$에 대하여 $f_n(z_0)g_n(z_0)=\dfrac{f(z_0)}{n}\to 0$ 이므로 $\{f_n(z)g_n(z)\}$는 E에서 점별수렴한다. $\{f_n(z)g_n(z)\}$는 E에서 0으로 평등수렴한다고 가정하자. 그러면 $\epsilon=1$에 대하여 자연수 $N=N(\epsilon)$이 존재하여 $n>N$일 때 모든 $z\in E$에 대하여 $|f_n(z)g_n(z)|=\dfrac{|f(z)|}{n}<1$이 성립한다. 이때 $n=N+1$을 취하자. 그러면 모든 $z\in E$에 대하여 $|f(z)|<N+1$이다. 따라서 $f(z)$는 E에서 유계이다. 이것은 모순이다. 그러므로 $\{f_n(z)g_n(z)\}$는 E에서 평등수렴하지 않는다.

문제 2.4 $E=\{z_1,z_2,\dots,z_k\}$라고 하자.

($\Rightarrow$) 자명하다.

($\Leftarrow$) $\{f_n(z)\}$는 E에서 $f(z)$로 점별수렴한다고 가정하자. 이때, 각 $z_i\in E$와 임의의 $\epsilon>0$에 대하여 자연수 $N_i=N_i(z_i,\epsilon)$가 존재하여 $n\geq N_i$일 때 $|f_n(z_i)-f(z_i)|<\epsilon$이 성립한다. $N=\max\{N_1,N_2,\dots,N_k\}$라 놓으면, $n>N$일 때 모든 $z\in E$에 대하여 $|f_n(z)-f(z)|<\epsilon$이 성립한다. 그러므로 $\{f_n(z)\}$는 E에서 $f(z)$로 평등수렴한다.

문제 2.5 $\{f_n(z)\}$는 E에서 $f(z)$로 평등수렴하므로, 임의의 $\epsilon>0$에 대하여 자연수 $N=N(\epsilon)$이 존재하여 $n>N$일 때 모든 $z\in E$에 대하여 $|f_n(z)-f(z)|<\dfrac{\epsilon}{3}$이 성립한다. 이때, $f_n(z)$는 $z_0\in E$에서 연속이므로, $\delta>0$이 존재하여 $|z-z_0|<\delta, z\in E$일 때

$$|f_n(z)-f_n(z_0)|<\frac{\epsilon}{3}$$

이 성립한다. 따라서 충분히 큰 n과 임의의 $\epsilon>0$에 대하여 $\delta>0$이 존재하여 $|z-z_0|<\delta, z\in E$일 때

$$|f(z)-f(z_0)| \leq |f(z)-f_n(z)| + |f_n(z)-f_n(z_0)| + |f_n(z_0)-f(z_0)|$$
$$< \frac{\epsilon}{3}+\frac{\epsilon}{3}+\frac{\epsilon}{3}=\epsilon$$

이 성립한다. 그러므로 $f(z)$는 z_0에서 연속이다.

문제 2.6 임의의 $\epsilon>0$에 대하여 $\delta=\delta(\epsilon)>0$이 존재하여 $|z_1-z_2|<\delta, z_1, z_2 \in E$일 때 $|f(z_1)-f(z_2)|<\epsilon$이 성립한다는 것을 보이면 된다. 각 $f_n(z)$는 K에서 평등연속이므로, 임의의 $\epsilon>0$에 대하여 $\delta=\delta(\epsilon)>0$이 존재하여 $|z_1-z_2|<\delta, z_1, z_2 \in K$일 때

$$|f_n(z_1)-f_n(z_2)| < \frac{\epsilon}{3}$$

이 성립한다. 또한, $f_n(z)$는 긴밀집합 K에서 $f(z)$로 평등수렴하므로, 자연수 $N=N(\epsilon)$이 존재하여 $n>N$일 때 모든 $z \in K$에 대하여 $|f_n(z)-f(z)|<\frac{\epsilon}{3}$이 성립한다. 따라서

$$|f(z_1)-f(z_2)| \leq |f(z_1)-f_n(z_1)| + |f_n(z_1)-f_n(z_2)| + |f_n(z_2)-f(z_2)|$$
$$< \frac{\epsilon}{3}+\frac{\epsilon}{3}+\frac{\epsilon}{3}=\epsilon.$$

그러므로 $f(z)$는 K에서 평등연속이다.

각 $f_n(z)$는 K에서 평등연속이라는 조건 때문에 가정에서 K가 긴밀집합이라는 조건은 생략해도 좋다. 그러나 만일 가정에서 각 $f_n(z)$는 K에서 평등연속이 아니라 연속이라면, K가 긴밀집합이라는 조건은 필요하다.

문제 2.7 $\sum_{n=1}^{\infty} f_n(z)$는 E에서 평등수렴하므로, $S_n(z)=\sum_{k=1}^{n} f_k(z)$는 E에서 $S(z)$로 평등수렴한다. 즉, $\sup_{z\in E}|S_n(z)-S(z)| \to 0$.

$$0 \leq |f_n(z)| = |S_n(z)-S_{n-1}(z)| \leq |S_n(z)-S(z)| + |S(z)-S_{n-1}(z)|$$

이므로,

$$0 \leq \sup_{z\in E}|f_n(z)| \leq \sup_{z\in E}|S_n(z)-S(z)| + \sup_{z\in E}|S(z)-S_{n-1}(z)|$$

이다. 그러므로 짜내기 정리에 의하여 $\sup_{z\in E}|f_n(z)| \to 0$ 이다. 그러므로 $\{f_n(z)\}$는 E에서 0으로 평등수렴한다.

$f_n(z) = \dfrac{1}{n}, z \in E$는 0으로 평등수렴하지만, $\sum_{n=1}^{\infty} f_n(z) = \sum_{n=1}^{\infty} \dfrac{1}{n}$은 발산한다. 그러므로 역은 성립하지 않는다.

문제 2.8 $z=1$일 때 $\sum_{n=1}^{\infty}(-1)^n \dfrac{z^n}{n}$는 절대수렴하지 않는다.

$\sum_{n=1}^{\infty}(-1)^n \dfrac{z^n}{n}$가 E에서 평등수렴함을 보이기 위하여 임의의 $\epsilon > 0$에 대하여 자연수 $N = N(\epsilon)$이 존재하여 $n > N$일 때 모든 $z \in E$에 대하여

$$\left| \sum_{k=n+1}^{n+p} (-1)^k \frac{z^k}{k} \right| < \epsilon, \ (p = 1, 2, \cdots)$$

이 성립함을 보이면 된다. 즉, $n \to \infty$일 때, $\sup_{z \in E} \left| \sum_{k=n+1}^{n+p} (-1)^k \dfrac{z^k}{k} \right| \to 0,\ p = 1, 2, \ldots$.

p는 고정시키자.

$$\left| \sum_{k=n+1}^{n+p} (-1)^k \frac{z^k}{k} \right| \leq \frac{|z|^{n+1} + |z|^{n+2} + \cdots + |z|^{n+p}}{n+1}$$

이므로, $0 \leq \sup_{z \in E} \left| \sum_{k=n+1}^{n+p} (-1)^k \dfrac{z^k}{k} \right| \leq \dfrac{p}{n+1} \to 0$이다. 그러므로 짜내기 정리에 의하여 $\sup_{z \in E} \left| \sum_{k=n+1}^{n+p} (-1)^k \dfrac{z^k}{k} \right| \to 0,\ p = 1, 2, \ldots$이다.

문제 2.9 (a) $\left\{ \dfrac{z}{z^2+n^2} \right\}$은 $\mathbb{C} - \{\pm ni \mid n \in \mathbb{N}\}$에서 0으로 점별수렴한다.

$$0 \leq \left| \frac{z}{z^2+n^2} \right| \leq \frac{|z|}{\left| |z|^2 - n^2 \right|} \leq \frac{1}{\left| |z| - n \right|}$$

이므로, 함수열 $\dfrac{z}{z^2+n^2}$이 정의되어 있는 임의의 유계인 닫힌집합(긴밀집합)에서 0으로 평등수렴한다.

(b) $Re z \geq \epsilon > 0$일 때 0으로 평등수렴하고, $Re z > 0$일 때 0으로 점별수렴한다.

$|ze^{-nz}| = |z| e^{-nRe z}$이므로, $\{ze^{-nz}\}$은 $Re z > 0$에서 0으로 점별수렴한다.

$$|z| e^{-nRe z} \leq (|Re z| + |Im z|) e^{-nRe z}$$

이므로, $\{ze^{-nz}\}$은 $Rez \geqq \epsilon > 0$에서 0으로 평등수렴한다.

(c) $\left| \dfrac{e^{nz}}{n} \right| = \dfrac{e^{nRez}}{n}$ 이므로, $\{\dfrac{e^{nz}}{n}\}$은 $Rez \leqq 0$에서 0으로 점별수렴하고 평등수렴한다.

$$0 \leqq \sup_{Rez \leqq 0} \left| \frac{e^{nz}}{n} \right| = \sup_{Rez \leqq 0} \frac{e^{nRez}}{n} \leqq \frac{1}{n} \to 0$$

이므로, $\{\dfrac{e^{nz}}{n}\}$은 $Rez \leqq 0$에서 0으로 평등수렴한다.

(d) (i) $\{\dfrac{1}{1+z^n}\}$은 $|z| \leqq r < 1$에서 1로 평등수렴한다.

$$\sup_{|z| \leqq r<1} \left| \frac{1}{1+z^n} - 1 \right| \leqq \sup_{|z| \leqq r<1} \frac{|z|^n}{1-|z|^n} \leqq \frac{r^n}{1-r^n} \to 0$$

(ii) $\{\dfrac{1}{1+z^n}\}$은 $|z| < 1$에서 1로 점별수렴한다.

$$\left| \frac{1}{1+z^n} - 1 \right| \leqq \frac{|z|^n}{1-|z|^n} \to 0$$

(iii) $\{\dfrac{1}{1+z^n}\}$은 $|z| \geqq R > 1$에서 0으로 평등수렴

$$\sup_{|z| \geqq R>1} \left| \frac{1}{1+z^n} \right| \leqq \sup_{|z| \geqq R>1} \frac{1}{|z|^n - 1} \leqq \frac{1}{R^n - 1} \to 0$$

(iv) $\{\dfrac{1}{1+z^n}\}$은 $|z| > 1$에서 0으로 점별수렴한다.

$$\left| \frac{1}{1+z^n} \right| \leqq \frac{1}{|z|^n - 1} \to 0$$

(v) $z=1$일 때, $\{\dfrac{1}{1+z^n}\}$은 $\dfrac{1}{2}$로 수렴한다.

문제 2.10 (a) $\left| \dfrac{z^n}{z^{2n}+1} \right| \leqq \dfrac{|z|^n}{1-|z|^{2n}} \leqq \dfrac{r^n}{1-r^{2n}} = M_n$.

$$\lim_{n\to\infty} \frac{M_{n+1}}{M_n} = \lim_{n\to\infty} \frac{r^{n+1}}{1-r^{2n+2}} \Big/ \frac{r^n}{1-r^{2n}} = \lim_{n\to\infty} \frac{r(1-r^{2n})}{1-r^{2n+2}} = r < 1$$

이므로, 비율판정법에 의하여 $\sum_{n=1}^{\infty} M_n$은 수렴한다. 그러므로 M-판정법에 의하여 주어진 급수는 평등수렴한다.

(b) $\left|\frac{1}{(z^2-1)^n}\right| \leqq \frac{1}{(|z|^2-1)^n} \leqq \frac{1}{(r^2-1)^n}$.

비율판정법에 의하여 $\sum_{n=1}^{\infty} \frac{1}{(r^2-1)^n}$은 수렴하므로, M-판정법에 의해서 주어진 급수는 평등수렴한다.

(c) $\left|\frac{1}{(z^2-1)^n}\right| \leqq \frac{1}{(|z|^2-1)^n} \leqq \frac{1}{((Rez)^2-1)^n} \leqq \frac{1}{3^n}$.

$\sum_{n=1}^{\infty} \frac{1}{3^n}$은 수렴하므로, M-판정법에 의하여 주어진 급수는 평등수렴한다.

(d) $\sup_{\epsilon \leqq Rez \leqq R} \left|\frac{z^2+1}{n^{z+1}}\right| \leqq \sup_{\epsilon \leqq Rez \leqq R} \frac{1+|z|^2}{n^{Rez+1}} \leqq \frac{1+R^2}{n^{\epsilon+1}}$.

$\sum_{n=1}^{\infty} \frac{1+R^2}{n^{\epsilon+1}}$는 수렴하므로($p$-급수), M-판정법에 의하여 주어진 급수는 평등수렴한다.

(e) $\sup_{Rez \geqq \epsilon > 0} \left|\frac{z-1}{z+1}\right| = r < 1$이므로 $\left|\frac{z-1}{z+1}\right|^n \leqq r^n$이다. 따라서 M-판정법에 의하여 주어진 급수는 평등수렴한다.

문제 2.11 (a) $|z| < 1$에서 $|(1-z)z^n| \leqq 2|z|^n$이고 $\sum_{n=1}^{\infty} |z|^n$은 수렴하므로, 비교판정법에 의하여 $|z| < 1$에서 절대수렴한다. $|z| \leqq r(<1)$에서 $|(1-z)z^n| \leqq (1+r)r^n$이고 $\sum_{n=1}^{\infty}(1+r)r^n$은 수렴하므로, M-판정법에 의하여 주어진 급수는 $|z| \leqq r < 1$에서 평등수렴한다.

(b) $|z^2+1| > 1$에서 $\left|\frac{1}{1+z^2}\right| < 1$이므로,

$$\sum_{n=1}^{\infty} \left|\frac{z^2}{(1+z^2)^n}\right| = |z|^2 \sum_{n=1}^{\infty} \left|\frac{1}{1+z^2}\right|^n$$

은 수렴한다. 따라서 주어진 급수는 $|z^2+1| > 1$에서 절대수렴한다. $|z^2+1| \geqq R(>1)$에서 $\left|\frac{1}{1+z^2}\right| \leqq \frac{1}{R} < 1$이고 $\sum_{n=1}^{\infty}(\frac{1}{R})^n$은 수렴하므로, M-판정법에 의하여 주어진 급수는 $|z^2+1| \geqq R(>1)$에서 평등수렴한다.

(c) $\left|\frac{2z}{n^2-z^2}\right| \leqq \frac{2|z|}{|n^2-|z|^2|}$이고, 극한비교판정법에 의하여 $\sum_{n=1}^{\infty} \frac{2|z|}{|n^2-|z|^2|}$

해답

는 $z\neq\pm n, n\in\mathbb{N}$ 인 곳에서 수렴하므로, 비교판정법에 의하여 주어진 급수는 $z\neq\pm n, n\in\mathbb{N}$ 인 곳에서 절대수렴한다. 주어진 급수는 정수들이 중심인 원판을 제외한 평면의 유계부분집합에서 평등수렴한다.

(d) $|z|>1$에서 $\dfrac{1}{|1+z^n|}\leq\dfrac{1}{|z|^n-1}$이고, $\sum_{n=1}^{\infty}\dfrac{1}{|z|^n-1}$은 비율판정법에 의하여 수렴하므로, 비교판정법에 의하여 주어진 급수는 $|z|>1$에서 절대수렴한다. $|z|\geq R(>1)$에서 $\dfrac{1}{|1+z^n|}\leq\dfrac{1}{|z|^n-1}\leq\dfrac{1}{R^n-1}$이고, $\sum_{n=1}^{\infty}\dfrac{1}{R^n-1}$은 비율판정법에 의하여 수렴하므로, M-판정법에 의하여 주어진 급수는 $|z|\geq R(>1)$에서 평등수렴한다.

(e) 거듭제곱근판정법에 의하여 주어진 급수는 $|z|>1$에서 절대수렴하고, $|z|\geq R(>1)$에서 $\dfrac{1}{n|z|^n}\leq\dfrac{1}{nR^n}$이므로, 거듭제곱근판정법에 의하여 $\sum_{n=1}^{\infty}\dfrac{1}{nR^n}$은 수렴한다. 그러므로 M-판정법에 의하여 주어진 급수는 $|z|\geq R(>1)$에서 평등수렴한다.

문제 3.1 $R=\dfrac{1}{\limsup_{n\to\infty}|a_n|^{1/n}}$.

함수열 $\{a_nz^n\}$은 $|z|>R$에서 유계라고 가정하자. 그러면 $M>0$이 존재하여 $|a_n||z|^n\leq M$이다. 이때 $|a_n|^{1/n}|z|<M^{1/n}$이므로,

$$\limsup_{n\to\infty}|a_n|^{1/n}|z|\leq\limsup_{n\to\infty}M^{1/n}=1$$

$$|z|\leq\frac{1}{\limsup_{n\to\infty}|a_n|^{1/n}}=R$$

이다. 이것은 모순이다.

문제 3.2 (a) $\sum_{n=1}^{\infty}a_nz_1^n$은 수렴하므로 $\sum_{n=1}^{\infty}a_nz^n$은 $|z|<|z_1|=|z_2|$에서 수렴한다. 또한, $\sum_{n=1}^{\infty}a_nz_2^n$은 발산하므로, $\sum_{n=1}^{\infty}a_nz^n$은 $|z|>|z_2|=|z_1|$에서 발산한다. 그러므로 $\sum_{n=1}^{\infty}a_nz^n$의 수렴반경은 $R=|z_1|=|z_2|$이다.

(b) 급수 $\sum_{n=1}^{\infty}a_nz^n$은 $z=1$에서 수렴하므로 원판 $|z|<1$에서 (절대)수렴한다. 또한,

$\sum_{n=1}^{\infty} |a_n||z|^n$은 $z=1$에서 발산하므로 $\sum_{n=1}^{\infty} a_n z^n$은 $|z|>1$에서 발산한다. 왜냐하면, 만일 $\sum_{n=1}^{\infty} a_n z_0^n$이 $|z_0|>1$일 때 수렴한다면, $\sum_{n=1}^{\infty} a_n z^n$은 $|z|<|z_0|$에서 절대수렴하므로, $\sum_{n=1}^{\infty} |a_n|$은 수렴하게 된다. 이것은 가정에 모순이다. 그러므로 $\sum_{n=1}^{\infty} a_n z^n$의 수렴반경은 $R=1$이다.

문제 3.3 $R=\dfrac{1}{\limsup_{n\to\infty} |a_n|^{1/n}} \geq 1$, 즉 $\limsup_{n\to\infty} |a_n|^{1/n} \leq 1$임을 보이자.

$|a_0| \geq |a_1| \geq |a_2| \geq \cdots \geq 0$이므로, $|a_n| \leq |a_0|$이다. 그러므로

$$\limsup_{n\to\infty} |a_n|^{1/n} \leq \limsup_{n\to\infty} |a_0|^{1/n} = \lim_{n\to\infty} |a_0|^{1/n} = 1$$

을 얻는다.

문제 3.4 $\sum_{n=1}^{\infty} a_n z^n$은 점 $z_0 \in \mathbb{C}$에서 발산한다고 가정하자. 그러면 그 급수는 $|z|>|z_0|$에서 발산한다. E는 유계가 아니므로, $z_k \in E(|z_k|>|z_0|)$가 존재한다. 이것은 모순이다.

문제 3.5 $\{a_n\}$은 정수의 수열이므로, 충분히 큰 모든 자연수 n에 대하여 $|a_n|=0$이거나 $|a_n| \geq 1$이다. 그러므로 $\limsup_{n\to\infty} |a_n|^{1/n}=0$이거나 $\limsup_{n\to\infty} |a_n|^{1/n} \geq 1$이다. 따라서 주어진 급수는 정함수(다항식)이거나 수렴반경이 $R=\dfrac{1}{\limsup_{n\to\infty} |a_n|^{1/n}} \leq 1$이다.

문제 3.6 6.3절의 정리 3.4에 의하여 $\sum_{n=0}^{\infty} a_n z^n$는 $|z| \leq r(<R)$에서 평등수렴하므로, $\sum_{n=0}^{\infty} a_n z^n$는 수렴원 $|z|=R$의 내부의 모든 긴밀부분집합에서 평등수렴한다.

문제 3.7 6.2절의 문제 2.15에 의하여

$$\liminf_{n\to\infty} \left|\frac{a_{n+1}}{a_n}\right| \leq \liminf_{n\to\infty} |a_n|^{1/n} \leq \limsup_{n\to\infty} |a_n|^{1/n} \leq \limsup_{n\to\infty} \left|\frac{a_{n+1}}{a_n}\right|$$

이다.

$$\lim_{n\to\infty} \left| \frac{a_{n+1}}{a_n} \right| = \frac{1}{R} = \liminf_{n\to\infty} \left| \frac{a_{n+1}}{a_n} \right| = \limsup_{n\to\infty} \left| \frac{a_{n+1}}{a_n} \right|$$

이므로 $\liminf_{n\to\infty} |a_n|^{1/n} = \limsup_{n\to\infty} |a_n|^{1/n} = \frac{1}{R}$이다. 따라서 $R = \frac{1}{\limsup_{n\to\infty} |a_n|^{1/n}}$

이다.

문제 3.8 $\limsup_{n\to\infty} |a_n|^{1/n} = \frac{1}{R}$이므로, 충분히 작은 임의의 $\epsilon > 0$에 대하여 l로 수렴하는 $\{|a_n|^{1/n}\}$의 부분수열 $\{|a_{n_k}|^{1/n_k}\}$가 존재하여 $0 < \frac{1}{R} - \epsilon < l \leqq \frac{1}{R}$이다.

$$\frac{1}{l} = \lim_{k\to\infty} |a_{n_k}|^{-1/n_k}$$

이므로, $\liminf_{n\to\infty} |a_n|^{-n} \leqq \frac{1}{l} \leqq \limsup_{n\to\infty} |a_n|^{-n}$이다. 그러므로

$$\frac{1}{R} - \epsilon < l \leqq \frac{1}{\liminf_{n\to\infty} |a_n|^{-n}} \leqq \frac{1}{R}$$

이다. $\epsilon > 0$은 임의이므로, $\frac{1}{R} = \frac{1}{\liminf_{n\to\infty} |a_n|^{-n}}$이다. 그러므로 $R = \limsup_{n\to\infty} |a_n|^{-n}$

이다.

문제 3.9 $\limsup_{n\to\infty} (\frac{n^k}{n^{\ln n}})^{1/n} = \lim_{n\to\infty} (n^{1/n})^k \cdot \limsup_{n\to\infty} n^{-\frac{\ln n}{n}}$

$$= \lim_{n\to\infty} \exp(-\frac{(\ln n)^2}{n}) = \exp(\lim_{n\to\infty}(-\frac{2\ln n}{n}))$$

$$= \exp(\lim_{n\to\infty}(-\frac{2}{n})) = 1$$

이므로, $R = 1$이다.

문제 3.10 (a) $\limsup_{n\to\infty} \left| \frac{n^k}{a^n} \right|^{1/n} = \frac{1}{|a|}$이므로, $R = |a|$이다.

(b) $\sum_{n=1}^{\infty} n^k z^n$의 수렴반경은 1이고 $\sum_{n=1}^{\infty} a^n z^n$의 수렴반경은 $\frac{1}{|a|}$이다. 그러므로

(i) $|a|>1$일 때, 주어진 급수의 수렴반경은 $\frac{1}{|a|}$이다.

(ii) $|a|\leqq 1$일 때, 주어진 급수의 수렴반경은 1이다.

(c) $\sum_{n=1}^{\infty}\frac{i^n}{n}z^n$의 수렴반경은 1이고 $\sum_{n=1}^{\infty}\frac{1}{n}z^n$의 수렴반경은 1이므로 주어진 급수의 수렴반경은 1이다.

(d) $\limsup_{n\to\infty}((1+\frac{1}{n})^{n^2})^{1/n}=\limsup_{n\to\infty}(1+\frac{1}{n})^n=e$이므로, 수렴반경은 $R=\frac{1}{e}$이다.

(e) $\sum_{n=1}^{\infty}\frac{n^2+5n+3i^n}{2n+1}(z-2)^n$

$$\lim_{n\to\infty}(\frac{n^2+5n}{2n+1})^{1/n}=\lim_{n\to\infty}\exp(\frac{1}{n}\ln\frac{n^2+5n}{2n+1})$$
$$=\exp(\lim_{n\to\infty}(\frac{2n+1}{n^2+5n})\cdot\frac{2n(2n+1)-2(n^2+5n)}{(2n+1)^2})=1$$

이므로, $\sum_{n=1}^{\infty}\frac{n^2+5n}{2n+1}(z-2)^n$의 수렴반경은 1이고,

$$\lim_{n\to\infty}(\frac{1}{2n+1})^{-1/n}=\lim_{n\to\infty}\exp(-\frac{1}{n}\ln\frac{1}{2n+1})=\exp(\lim_{n\to\infty}\frac{2}{2n+1})=1$$

이므로, $\sum_{n=1}^{\infty}\frac{i^n}{2n+1}(z-2)^n$의수렴반경은 1이다. 그러므로 주어진 급수의 수렴반경은 1이다.

문제 3.11 (a) $\lim_{n\to\infty}|\frac{z^{2n}}{4^n n^k}|^{1/n}=\frac{|z|^2}{4}$이므로, 주어진 급수는 $\frac{|z|^2}{4}<1$에서 수렴하고 $\frac{|z|^2}{4}>1$에서 발산한다. 그러므로 수렴반경은 2이다.

(b) $\lim_{n\to\infty}|\frac{3^n}{n^2+4n}z^{2n}|^{1/n}=\lim_{n\to\infty}\frac{3}{(n^2+4n)^{1/n}}|z|^2=3|z|^2$이므로, 주어진 급수는 $3|z|^2<1$에서 수렴하고 $3|z|^2>1$에서 발산한다. 그러므로 수렴반경은 $R=\frac{1}{\sqrt{3}}$이다.

(c) $\limsup_{n\to\infty}(\frac{|z^n|}{2^{n^2}})^{1/n}=0$이므로, 수렴반경은 $R=\infty$이다.

(d) $\lim_{n\to\infty}|\frac{z^{n^2}}{2^n}|^{1/n}=\lim_{n\to\infty}\frac{|z|^n}{2}=\begin{cases}0, & |z|<1\\ \infty, & |z|>1\end{cases}$이므로, 수렴반경은 $R=1$이다.

(e) $\lim_{n\to\infty}\left(\frac{2^n+3^n}{4^n+5^n}\right)^{1/n}=\lim_{n\to\infty}\frac{3}{5}\left(\frac{(2/3)^n+1}{(4/5)^n+1}\right)^{1/n}=\frac{3}{5}\lim_{n\to\infty}\exp\left(\frac{1}{n}\ln\left(\frac{(2/3)^n+1}{(4/5)^n+1}\right)\right)=\frac{3}{5}$

이므로, 수렴반경은 $R=\frac{5}{3}$이다.

문제 3.12 $T_n=\sum_{k=1}^{n}a_kb_k$라 놓으면, $\{T_n\}$은 코시수열임을 보이면 충분하다. 즉, 임의의 $\epsilon>0$에 대하여 자연수 N이 존재하여 $m>n\geqq N$일 때, $|T_m-T_n|=|\sum_{k=n}^{m}a_kb_k|<\epsilon$이 성립함을 보이면 된다. $|s_n|\leqq M$이라 하자. $\{b_n\}$은 0으로 수렴하는 감소수열이므로, 임의의 $\epsilon>0$에 대하여 자연수 N이 존재하여 $n\geqq N$일 때, $|b_n|=b_n<\frac{\epsilon}{2M}$이 성립한다.

$$
\begin{aligned}
\sum_{k=n}^{m}a_kb_k&=\sum_{k=n}^{m}(s_k-s_{k-1})b_k\\
&=\sum_{k=n}^{m}s_kb_k-\sum_{k=n}^{m}s_{k-1}b_k\\
&=\sum_{k=n}^{m}s_k(b_k-b_{k+1})+\sum_{k=n}^{m}s_kb_{k+1}-\sum_{k=n}^{m}s_{k-1}b_k\\
&=\sum_{k=n}^{m}s_k(b_k-b_{k+1})+s_mb_{m+1}-s_{n-1}b_n
\end{aligned}
$$

이므로, 임의의 $\epsilon>0$에 대하여 자연수 N이 존재하여 $m>n\geqq N$일 때,

$$
\begin{aligned}
\left|\sum_{k=n}^{m}a_kb_k\right|&\leqq\sum_{k=n}^{m}|s_k||b_k-b_{k+1}|+|s_n||b_{m+1}|+|s_{n-1}|b_n|\\
&\leqq M\left[\sum_{k=n}^{m}(b_k-b_{k+1})+b_{m+1}+b_n\right]\\
&=M[(b_n-b_{n+1})+(b_{n+1}-b_{n+2})+\cdots+(b_m-b_{m+1})+b_{m+1}+b_n]\\
&=2b_nM\\
&<2M\cdot\frac{\epsilon}{2M}=\epsilon
\end{aligned}
$$

이 성립한다.

문제 3.13 (a) 6.3절의 문제 3.12에서 $a_n=z^n$, $b_n=\frac{1}{n}$이라 놓으면, $|z|=1, z\neq1$에 대하여

$$|s_n| = |\sum_{k=1}^{n} z^k| = |\frac{z(1-z^n)}{1-z}| \leq \frac{2}{|1-z|}$$

이므로, $\{S_n(z)\}$는 유계이다. 그러므로 $\sum_{n=1}^{\infty}\frac{z^n}{n}$은 $|z|=1, z\neq 1$에서 수렴한다.

(b) $\frac{z}{z_1}=w$라 놓으면, (a)에 의하여 $\sum_{n=1}^{\infty}\frac{1}{n}w^n$은 $w=1$(즉, $z=z_1$)을 제외한 단위원 $|w|=1$(즉, $|z|=|z_1|=1$) 위의 모든 곳에서 수렴한다.

(c) (b)에 의하여 $\sum_{n=1}^{\infty}\frac{1}{n}(\frac{z}{z_k})^n (k=1,2,\ldots,p)$ 는 각 $z=z_k$을 제외한 단위원 $|z|=1$ 위의 모든 곳에서 수렴하므로,

$$\sum_{n=1}^{\infty}\frac{1}{n}(\frac{1}{z_1^n}+\cdots+\frac{1}{z_p^n})z^n = \sum_{n=1}^{\infty}\frac{1}{n}(\frac{z}{z_1})^n+\cdots+\sum_{n=1}^{\infty}\frac{1}{n}(\frac{z}{z_p})^n$$

은 $z_1, z_2, \ldots, z_p$를 제외한 단위원 $|z|=1$ 위의 모든 곳에서 수렴한다.

문제 3.14 $P'(z)=3z^2+3z-2$, $P''(z)=6z+3$, $P'''(z)=6$.

(a) $P(1)=3$, $P'(1)=4, P''(1)=9, P'''(1)=6$이므로,

$$P(z)=P(1)+\frac{P'(1)}{1!}(z-1)+\frac{P''(1)}{2!}(z-1)^2+\frac{P'''(1)}{3!}(z-1)^3$$
$$=3+4(z-1)+\frac{9}{2}(z-1)^2+(z-1)^3.$$

(b) $P(-2)=9, P'(-2)=4, P''(-2)=-9, P'''(-2)=6$이므로,

$$P(z)=P(-2)+\frac{P'(-2)}{1!}(z+2)+\frac{P''(-2)}{2!}(z+2)^2+\frac{P'''(-2)}{3!}(z+2)^3$$
$$=9+4(z+2)-\frac{9}{2}(z+2)^2+(z+2)^3.$$

(c) $P(i)=-2-3i, P'(i)=-5+3i, P''(i)=3+6i, P'''(i)=6$이므로,

$$P(z)=P(i)+\frac{P'(i)}{1!}(z-i)+\frac{P''(i)}{2!}(z-i)^2+\frac{P'''(i)}{3!}(z-i)^3$$
$$=-2-3i+(-5+3i)(z-i)+\frac{1}{2}(3+6i)(z-i)^2+(z-i)^3.$$

문제 4.1 (a) $\sum_{n=0}^{\infty}a_n b_n z^n$ 의 수렴반경은 R이라 하자. 그러면 $R=\frac{1}{\limsup_{n\to\infty}|a_n b_n|^{1/n}}$이다.

$$\limsup_{n\to\infty} |a_n b_n|^{1/n} \leq \limsup_{n\to\infty} |a_n|^{1/n} \cdot \limsup_{n\to\infty} |b_n|^{1/n}$$

이므로, 다음을 얻는다.

$$R = \frac{1}{\limsup_{n\to\infty} |a_n b_n|^{1/n}} \geq R_1 R_2$$

(b) $\sum_{n=1}^{\infty} \frac{a_n}{b_n} z^n$의 수렴반경은 $R = \liminf_{n\to\infty} \left|\frac{a_n}{b_n}\right|^{-1/n} = \sup_{n\in\mathbb{N}}\left(\inf_{k\geq n} \left|\frac{a_n}{b_n}\right|^{-1/n}\right)$임을 유의하자. 그러면 임의의 $\epsilon > 0$에 대하여 자연수 $N = N(\epsilon)$이 존재하여

$$R - \epsilon < \inf_{k\geq N} \left|\frac{a_k}{b_k}\right|^{-1/k} \leq R$$

이다. 그러므로 $k \geq N$일 때, $R - \epsilon < \left|\frac{a_k}{b_k}\right|^{-1/k}$이다. 따라서

$$(R-\epsilon)|b_k|^{-1/k} \leq |a_k|^{-1/k}$$

이다. 따라서 $(R-\epsilon)\inf_{k\geq N} |b_k|^{-1/k} \leq \inf_{k\geq N} |a_k|^{-1/k}$이다. $\epsilon > 0$은 임의이므로,

$$R \cdot \sup_{n\in\mathbb{N}}\left(\inf_{k\geq n} |b_k|^{-1/k}\right) \leq \sup_{n\in\mathbb{N}}\left(\inf_{k\geq n} |a_k|^{-1/k}\right)$$

이다. 즉, $R \leq \frac{R_1}{R_2}$.

문제 4.2 (a) $\limsup_{n\to\infty}(|a_n| n^k)^{1/n} = \limsup_{n\to\infty} |a_n|^{1/n}$이므로, 수렴반경은 R이다.

(b) $\limsup_{n\to\infty}\left(\frac{|a_n|}{n^k}\right)^{1/n} = \limsup_{n\to\infty} |a_n|^{1/n}$이므로, 수렴반경은 R이다.

(c) $\limsup_{n\to\infty}(|a_n|^k)^{1/n} = (\limsup_{n\to\infty} |a_n|^{1/n})^k$이므로, 수렴반경은 R^k이다.

(d) $$\limsup_{n\to\infty}\left(\frac{|a_n|}{n!}\right)^{1/n} \leq \limsup_{n\to\infty}\left(\frac{|a_n|}{(n/2)^{n/2}}\right)^{1/n}$$
$$= \limsup_{n\to\infty} |a_n|^{1/n} \cdot \lim_{n\to\infty} (n/2)^{-1/2} = 0$$

이므로, 수렴반경은 ∞이다.

(e) $\limsup_{n\to\infty}|a_n n!|^{1/n} \geq \limsup_{n\to\infty}|a_n|^{1/n}(n/2)^{1/2}$

$$=\limsup_{n\to\infty}|a_n|^{1/n}\cdot\lim_{n\to\infty}(n/2)^{1/2}=\infty$$

이므로, 수렴반경은 0이다.

문제 4.3 (1) 만일 $a_n\equiv 1$이면, $\sum_{n=0}^{\infty} z^n$의 수렴반경은 $R=1$이다. 이때, $\sum_{n=1}^{\infty} z^{kn}, k\in\mathbb{N}$과 $\sum_{n=1}^{\infty} z^{n^2}$의 수렴반경은 1이다.

(2) 만일 $a_n=2^n$이면, $\sum_{n=0}^{\infty} a_n z^n$의 수렴반경은 $R=\frac{1}{2}$이다.

$$\limsup_{n\to\infty}|2^n z^{kn}|^{1/n}=2|z|^k<1$$

일 때 $\sum_{n=0}^{\infty} a_n z^{kn}, k>1$은 수렴하고,

$$\limsup_{n\to\infty}|2^n z^{kn}|^{1/n}=2|z|^k>1$$

일 때 $\sum_{n=0}^{\infty} a_n z^{kn}, k>1$은 발산하므로, $\sum_{n=0}^{\infty} a_n z^{kn}, k>1$의 수렴반경은 $\frac{1}{2^{1/k}}$이다.

$$\limsup_{n\to\infty}|2^n z^{n^2}|^{1/n}=2\limsup_{n\to\infty}|z|^n$$

이므로, $\sum_{n=0}^{\infty} a_n z^{n^2}$은 $|z|<1$일 때 수렴하고 $|z|>1$일 때 발산한다. 그러므로 $\sum_{n=0}^{\infty} a_n z^{n^2}$의 수렴반경은 1이다.

문제 4.4 (a) $f(z)=\sum_{n=0}^{\infty}\frac{f^{(n)}(a)}{n!}(z-a)^n$라고 하자. 그러면

$$\limsup_{n\to\infty}\left|\frac{f^{(n)}(a)}{n!}\right|^{1/n}\leq\limsup_{n\to\infty}M^{1/n}\cdot\lim_{n\to\infty}(n/2)^{-1/2}=0$$

이므로, 수렴반경은 $R=\infty$ 이다. 따라서 주어진 함수는 정함수이다.

(b) $\limsup_{n\to\infty}\left|\frac{f^{(n)}(a)}{n!}\right|^{1/n}\leq\limsup_{n\to\infty}(n^k)^{1/n}\cdot\lim_{n\to\infty}(n/2)^{-1/2}=0$

이므로, 수렴반경은 $R=\infty$ 이다. 따라서 주어진 함수는 정함수이다.

문제 4.5 $f(z)=\frac{1}{1-z}=\sum_{n=0}^{\infty}z^n$, $|z|<1$을 생각하자. 그러면

$$f'(z)=\frac{1}{(1-z)^2}=\sum_{n=1}^{\infty}nz^{n-1}$$

$$zf'(z)=\frac{z}{(1-z)^2}=\sum_{n=1}^{\infty}nz^n$$

이고, $\frac{(1-z)^2+2z(1-z)}{(1-z)^4}=\frac{z+1}{(1-z)^3}=\sum_{n=1}^{\infty}n^2z^{n-1}$이므로, $\frac{z^2+z}{(1-z)^3}=\sum_{n=1}^{\infty}n^2z^n$이다.

(a) $z=\frac{1}{3}$일 때, $\sum_{n=1}^{\infty}\frac{n}{3^n}=\frac{3}{4}$, $\sum_{n=1}^{\infty}\frac{n^2}{3^n}=\frac{3}{2}$이므로, $\sum_{n=1}^{\infty}\frac{n^2+2n-1}{3^n}=\frac{3}{2}+\frac{3}{2}-\frac{1}{2}=\frac{5}{2}$ 이다.

(b) $z=\frac{1}{2}$일 때, $\sum_{n=1}^{\infty}\frac{n}{2^n}=2, \sum_{n=1}^{\infty}\frac{n}{3^n}=\frac{3}{4}$이므로,

$$\sum_{n=2}^{\infty}\frac{n(3^n-2^n)}{6^n}=\sum_{n=1}^{\infty}\frac{n(3^n-2^n)}{6^n}-\frac{1}{6}=2-\frac{3}{4}-\frac{1}{6}=\frac{13}{12}.$$

(c) $z=\frac{1}{1+i}$일 때, $\sum_{n=1}^{\infty}\frac{n}{(1+i)^n}=\frac{\frac{1}{1+i}}{(1-\frac{1}{1+i})^2}=-1-i$이므로, $\sum_{n=1}^{\infty}\frac{5in}{(1+i)^n}=5-5i$

이다.

문제 4.6 $f(z)=\sum_{n=0}^{\infty}a_nz^n$이라 하자.

(a) ($\Rightarrow$) $f(z)$는 기함수라고 하자. 즉, $f(-z)=-f(z)$. 그러면

$$f(-z)=\sum_{n=0}^{\infty}(-1)^na_nz^n\equiv\sum_{n=0}^{\infty}(-a_n)z^n=-f(z)$$

이므로, 모든 n에 대하여 $(-1)^na_n=-a_n$이다. n은 짝수일 때 $a_n=-a_n$이므로, $a_{2n}=0$이다.

($\Leftarrow$) $f(z)=\sum_{n=0}^{\infty}a_{2n+1}z^{2n+1}$이라 하자. 그러면 분명히 $f(-z)=-f(z)$이다.

(b) ($\Rightarrow$) $f(z)$는 우함수라고 하자. 즉, $f(-z)=f(z)$. 그러면

$$f(-z)=\sum_{n=0}^{\infty}(-1)^n a_n z^n \equiv \sum_{n=0}^{\infty} a_n z^n = f(z)$$

이므로, 모든 n에 대하여 $(-1)^n a_n = a_n$이다. n은 홀수일 때 $-a_n = a_n$이므로, $a_{2n+1}=0$이다.

($\Leftarrow$) $f(z)=\sum_{n=0}^{\infty} a_{2n}z^{2n}$이라 하자. 그러면 분명히 $f(-z)=f(z)$이다.

(c) $f(z)$는 우함수라고 하자. 그러면 (b)에 의하여 $f(z)=\sum_{n=0}^{\infty} a_{2n}z^{2n}$이다. 이때 $f'(z)=\sum_{n=0}^{\infty} 2na_{2n}z^{2n-1}$이다. 그러므로 (a)에 의하여 $f'(z)$는 기함수이다. $f(z)$는 기함수라고 하자. 그러면 (a)에 의하여 $f(z)=\sum_{n=0}^{\infty} a_{2n+1}z^{2n+1}$이다. 이때 $f'(z)=\sum_{n=0}^{\infty}(2n+1)a_{2n}z^{2n}$이다. 그러므로 (b)에 의하여 $f'(z)$는 우함수이다.

문제 4.7 $f(z)=\sum_{n=0}^{\infty} a_n z^n = a_0 + a_1 z + \sum_{n=2}^{\infty} a_n z^n$

$$\begin{aligned}
&= a_0 + a_1 z + \sum_{n=2}^{\infty}(-Aa_{n-1}+Ba_{n-2})z^n \\
&= a_0 + a_1 z - \sum_{n=2}^{\infty} Aa_{n-1}z^n - \sum_{n=2}^{\infty} Ba_{n-2}z^n \\
&= a_0 + a_1 z - Az\sum_{n=2}^{\infty} a_{n-1}z^{n-1} - Bz^2\sum_{n=2}^{\infty} a_{n-2}z^{n-2} \\
&= a_0 + a_1 z - Az(f(z)-a_0) - Bz^2 f(z).
\end{aligned}$$

그러므로 $\sum_{n=0}^{\infty} a_n z^n = f(z) = \dfrac{a_0+(a_1+a_0A)z}{1+Az+Bz^2}$이다.

$Bz^2+Az+1=0$의 근은 $z=\dfrac{-A\pm\sqrt{A^2-4B}}{2B}$이므로, 주어진 급수의 수렴반경은 다음과 같다.

$$R=\min\left\{ \left|\frac{-A+\sqrt{A^2-4B}}{2B}\right|, \left|\frac{-A-\sqrt{A^2-4B}}{2B}\right| \right\}$$

문제 4.8 만일 $n=0,1$이면, 자명하다.

$$f(z)=\sum_{n=0}^{\infty}a_nz^n=z+\sum_{n=0}^{\infty}a_{n+2}z^{n+2}=z+\sum_{n=0}^{\infty}(a_{n+1}+a_n)z^{n+2}$$
$$=z+\sum_{n=0}^{\infty}a_{n+1}z^{n+2}+\sum_{n=0}^{\infty}a_nz^{n+2}=z+z\sum_{n=0}^{\infty}a_{n+1}z^{n+1}+z^2\sum_{n=0}^{\infty}a_nz^n$$
$$=z+zf(z)+z^2f(z)$$

이므로, $\sum_{n=0}^{\infty}a_nz^n=f(z)=\dfrac{z}{1-z-z^2}$ 이다. 이때 $\sum_{n=0}^{\infty}a_nz^n$의 수렴반경 R은 $1-z-z^2=0$의 근들의 절댓값 중 작은 것이므로, $R=\dfrac{\sqrt{5}-1}{2}$ 이다. 그러므로

$$\limsup_{n\to\infty}|a_n|^{1/n}=\frac{2}{\sqrt{5}-1}=\inf_{n\in\mathbb{N}}\Big(\sup_{k\geq n}|a_k|^{1/k}\Big).$$

따라서 임의의 $\epsilon>0$에 대하여 자연수 N이 존재하여 $\sup_{k\geq N}|a_k|^{1/k}<\dfrac{2}{\sqrt{5}-1}+\epsilon$이 성립한다. 그러므로 $k\geq N$일 때, $|a_k|^{1/k}<\dfrac{2}{\sqrt{5}-1}+\epsilon$이다. $\{a_n\}, a_n\geq 0$ 는 증가수열이므로, 모든 자연수 n에 대하여 $a_n^{1/n}<\dfrac{2}{\sqrt{5}-1}+\epsilon$이다. $\epsilon>0$은 임의이므로 $a_n^{1/n}\leq\dfrac{2}{\sqrt{5}-1}$, 즉 $a_n\leq(\dfrac{2}{\sqrt{5}-1})^n$이다.

문제 4.9 $f(z)=\dfrac{1}{a-b}[\dfrac{1}{z-a}-\dfrac{1}{z-b}]$.

$$\frac{1}{z-a}=\frac{1}{(z-c)-(a-c)}=\frac{1}{a-c}\cdot\frac{1}{\frac{z-c}{a-c}-1}$$
$$=\frac{1}{c-a}\cdot\frac{1}{1-\frac{z-c}{a-c}}$$
$$=\frac{1}{c-a}\sum_{n=0}^{\infty}(\frac{z-c}{a-c})^n=-\sum_{n=0}^{\infty}\frac{1}{(a-c)^{n+1}}\cdot(z-c)^n.$$

여기서 $|z-c|<|a-c|$ 이다. 마찬가지로, $|z-c|<|b-c|$ 일 때

$$\frac{1}{z-b}=-\sum_{n=0}^{\infty}\frac{1}{(b-c)^{n+1}}\cdot(z-c)^n$$

이다. 그러므로 $|z-c|<R=\min\{|a-c|,|b-c|\}$일 때

$$f(z)=\frac{1}{a-b}\sum_{n=0}^{\infty}[\frac{1}{(b-c)^{n+1}}-\frac{1}{(a-c)^{n+1}}](z-c)^n.$$

제7장

문제 1.1 $x=a\cos t, y=b\sin t$라 놓으면, $\frac{x^2}{a^2}+\frac{y^2}{b^2}=1$을 얻는다. 그러므로 주어진 곡선은 타원이다.

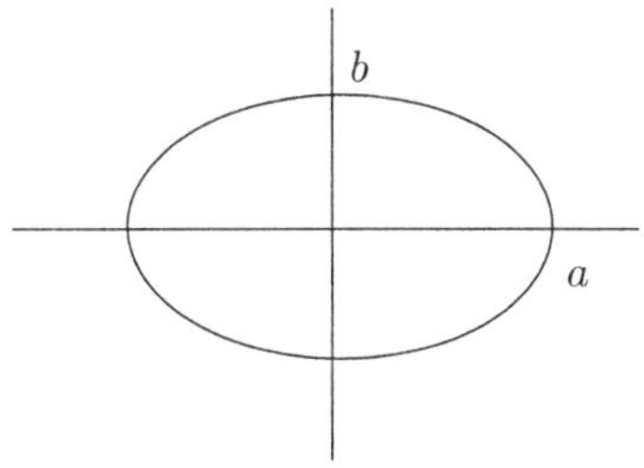

문제 1.2 $t=\tan\frac{\theta}{2}$이라 놓으면, $\frac{1-t^2}{1+t^2}=\frac{1-\tan^2\frac{\theta}{2}}{1+\tan^2\frac{\theta}{2}}=\cos\theta$, $\frac{2t}{1+t^2}=\frac{2\tan\frac{\theta}{2}}{1+\tan^2\frac{\theta}{2}}=\sin\theta$이고

$t=\tan\frac{\theta}{2}=\frac{\sin\frac{\theta}{2}}{\cos\frac{\theta}{2}}=\frac{2\sin\frac{\theta}{2}\cos\frac{\theta}{2}}{2\cos^2\frac{\theta}{2}}=\frac{\sin\theta}{1+\cos\theta}=\frac{y}{1+x}$이므로, $\theta\neq\pi(x\neq-1)$이어야 한다. 주어진 곡선을 극좌표에 관한 매개곡선으로 나타내면, $z(\theta)=\cos\theta+i\sin\theta$ $(0\leq\theta\leq 2\pi,\ \theta\neq\pi)$이다. 따라서 만일 $R<\infty$이면, 주어진 곡선은 점 $(-1,0)$을 제외한 단위원이고, 만일 $R\to\infty$이면, 단위원이다.

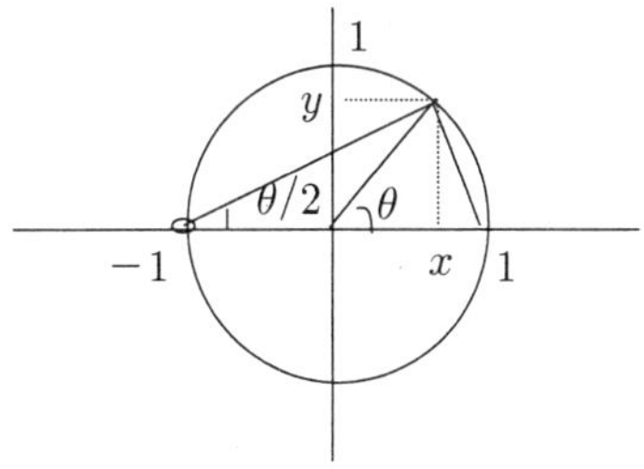

문제 1.3 (a) $C: z(t)=t+i(-2t+1), 0\leq t\leq 1$

(b) $C: z(t)=t+3i(t-1), 1\leq t\leq 2$

(c) $C: z(t) = \begin{cases} z_1(t) = t - i, -1 \leqq t \leqq 1 \\ z_2(t) = 1 + it, -1 \leqq t \leqq 1 \\ z_3(t) = -t + i, -1 \leqq t \leqq 1 \\ z_4(t) = -1 - it, -1 \leqq t \leqq 1 \end{cases}$

(d) $C: z(t) = 1 + 2\cos t + 2i\sin t, -\frac{\pi}{2} \leqq t \leqq \frac{\pi}{2}$

문제 1.4 $C: z(t) = t + i(2t^2 - 3), -1 \leqq t \leqq 2$

문제 1.5 (a) $z(t) = 2e^{it}, 0 \leqq t \leqq 2\pi$

(b) $z(t) = \frac{1}{2}\cos t + i\sin t, 0 \leqq t \leqq 2\pi$

(c) $z(t) = 3\cos t + i(-1 + 3\sin t), 0 \leqq t \leqq 2\pi$

문제 1.6 (a) $\int_C \bar{z}dz = \int_{-\pi}^{\pi} e^{-it} \cdot ie^{it}dt = 2\pi i$

(b) $\int_C \bar{z}dz = \int_{-\pi}^{\pi} e^{-2it} \cdot 2ie^{2it}dt = 4\pi i$

(c) $\int_C \bar{z}dz = \int_{-\pi}^{\pi} (e^{-it} - 1) \cdot ie^{it}dt = 2\pi i$

(d) $\int_C \bar{z}dz = \int_0^2 (t - it) \cdot (1+i)dt = 4$

(e) $\int_C \bar{z}dz = \int_0^{\pi} (5e^{-it} + 3) \cdot 5ie^{it}dt = 25\pi i - 30$

문제 1.7 (a) $\int_C z^2 dz = \int_{-\pi}^{\pi} e^{2it} \cdot ie^{it}dt = 0$

(b) $\int_C \frac{1}{z}dz = \int_{-\pi}^{\pi} e^{-it} \cdot ie^{it}dt = 2\pi i$

(c) $\int_C \frac{1}{z^2}dz = \int_{-\pi}^{\pi} e^{-2it} \cdot ie^{it}dt = 0$

(d) $\int_C [2\bar{z} - i(z + \frac{1}{z})]dz = \int_{-\pi}^{\pi} [2e^{-it} - i(e^{it} + e^{-it})] \cdot ie^{it}dt = 2\pi(2i+1)$

문제 2.1 구간 $[0,1]$의 분할 $P = \{0 = t_0 < t_1 < \cdots < t_n = 1\}$에 대하여

$$s(P) = \sum_{k=1}^{n} |z(t_k) - z(t_{k-1})|$$

이라 하자. 구간 [0,1]의 분할 P를

$$0<\frac{1}{(N-1)\pi}<\frac{1}{(N-2)\pi}<\cdots<\frac{1}{2\pi}<\frac{1}{\pi}<1$$

이라 하자.

$$\begin{aligned}
s(P) &= \left|\frac{1}{(N-1)\pi}(\cos(N-1)\pi+i\sin(N-1)\pi)\right| \\
&+\left|\frac{1}{(N-2)\pi}\cos(N-2)\pi-\frac{1}{(N-1)\pi}\cos(N-1)\pi\right. \\
&\qquad\left.+i\left(\frac{1}{(N-2)\pi}\sin(N-2)\pi-\frac{1}{(N-1)\pi}\sin(N-1)\pi\right)\right| \\
&+\cdots+\left|\frac{1}{\pi}\cos\pi-\frac{1}{2\pi}\cos2\pi+i\left(\frac{1}{\pi}\sin\pi-\frac{1}{2\pi}\sin2\pi\right)\right| \\
&+\left|\cos1-\frac{1}{\pi}\cos\pi+i\left(\sin1-\frac{1}{\pi}\sin\pi\right)\right| \\
&=\frac{1}{(N-1)\pi}+\left|\frac{1}{(N-2)\pi}\cos(N-2)\pi-\frac{1}{(N-1)\pi}\cos(N-1)\pi\right| \\
&\qquad+\cdots+\left|\frac{1}{\pi}\cos\pi-\frac{1}{2\pi}\cos2\pi\right|+\left|\cos1-\frac{1}{\pi}\cos\pi+i\sin1\right| \\
&\geq\left|\frac{1}{(N-2)\pi}\cos(N-2)\pi-\frac{1}{(N-1)\pi}\cos(N-1)\pi\right| \\
&\qquad+\cdots+\left|\frac{1}{\pi}\cos\pi-\frac{1}{2\pi}\cos2\pi\right| \\
&=\sum_{n=1}^{N-2}\left|\frac{1}{n\pi}\cos n\pi-\frac{1}{n+1}\cos(n+1)\pi\right| \\
&=\sum_{n=1}^{N-2}\left|(-1)^n\frac{1}{n\pi}-(-1)^{n+1}\frac{1}{(n+1)\pi}\right| \\
&=\sum_{n=1}^{N-2}\left|\frac{1}{n\pi}+\frac{1}{(n+1)\pi}\right|\geq\frac{2}{\pi}\sum_{n=1}^{N-2}\frac{1}{n+1}.
\end{aligned}$$

$\lim_{N\to\infty}\sum_{n=1}^{N-2}\frac{1}{n+1}=\infty$이다. $N\to\infty$일 때, $s(P)\to\infty$이므로, 곡선의 길이는 유한이 아니다. 그러므로 주어진 곡선은 구장가능곡선이 아니다.

문제 2.2 (a) $\left|\int_{|z|=1}\frac{1}{3+5z^2}dz\right|\leq\int_{|z|=1}\frac{1}{5|z|^2-3}|dz|=\int_{|z|=1}\frac{1}{2}|dz|=\pi$

(b) $\left|\int_{|z|=1}\frac{2z+1}{5+z^2}dz\right|\leq\int_{|z|=1}\frac{2|z|+1}{5-|z|^2}|dz|=\int_{|z|=1}\frac{3}{4}|dz|=\frac{3\pi}{2}$

해답

문제 2.3 $L=\int_{-\pi}^{\pi}|z'(t)|dt=\int_{-\pi}^{\pi}6dt=12\pi$

문제 2.4 (a) $C: z(t)=t+it(0\leq t\leq 1)$

$$\int_C xdz=\int_0^1 t\cdot(1+i)dt=\frac{1}{2}(1+i)$$

$$\int_C ydz=\int_0^1 t\cdot(1+i)dt=\frac{1}{2}(1+i)$$

$$\int_C \bar{z}dz=\int_0^1(t-it)\cdot(1+i)dt=1$$

$$\int_C zdz=\int_0^1(t+it)\cdot(1+i)dt=i$$

$$\int_C |z|dz=\int_0^1\sqrt{2}t\cdot(1+i)dt=\frac{1}{\sqrt{2}}(1+i)$$

$$\int_C z|dz|=\int_0^1(t+it)\cdot\sqrt{2}dt=\frac{1}{\sqrt{2}}(1+i)$$

$$\int_C |z||dz|=\int_0^1\sqrt{2}t\cdot\sqrt{2}dt=1$$

(b) $C: z(t)=t-it(0\leq t\leq 1)$

$$\int_C xdz=\int_0^1 t\cdot(1-i)dt=\frac{1}{2}(1-i)$$

$$\int_C ydz=\int_0^1(-t)\cdot(1-i)dt=-\frac{1}{2}(1-i)$$

$$\int_C \bar{z}dz=\int_0^1(t+it)\cdot(1-i)dt=1$$

$$\int_C zdz=\int_0^1(t-it)\cdot(1-i)dt=-i$$

$$\int_C |z|dz=\int_0^1\sqrt{2}t\cdot(1-i)dt=\frac{1}{\sqrt{2}}(1-i)$$

$$\int_C z|dz|=\int_0^1(t-it)\cdot\sqrt{2}dt=\frac{1}{\sqrt{2}}(1-i)$$

$$\int_C |z||dz|=\int_0^1\sqrt{2}t\cdot\sqrt{2}dt=1$$

(c) $C: z(t)=\cos t+i\sin t(=e^{it})(0\leq t\leq 2\pi)$

$$\int_C xdz = \int_0^{2\pi} \cos t \cdot (-\sin t + i\cos t)dt$$

$$= \int_0^{2\pi} \frac{e^{it}+e^{-it}}{2} \cdot ie^{it}dt = \frac{1}{2}i\int_0^{2\pi}(e^{2it}+1)dt$$

$$= \frac{1}{2}i(\frac{1}{2i}e^{2it} \mid_0^{2\pi} + 2\pi) = \pi i$$

$$\int_C ydz = \int_0^{2\pi} \sin t \cdot ie^{it}dt = \int_0^{2\pi} \frac{e^{it}-e^{-it}}{2i} \cdot ie^{it}dt$$

$$= \frac{1}{2}\int_0^{2\pi}(e^{2it}-1)dt = \frac{1}{2}(\frac{1}{2i}e^{2it} \mid_0^{2\pi} - 2\pi) = -\pi$$

$$\int_C \bar{z}dz = \int_0^{2\pi} e^{-it} \cdot ie^{it}dt = 2\pi i$$

$$\int_C zdz = \int_0^{2\pi} e^{it} \cdot ie^{it}dt = \frac{1}{2}e^{2it} \mid_0^{2\pi} = 0$$

$$\int_C |z|dz = \int_0^{2\pi} 1 \cdot ie^{it}dt = e^{it} \mid_0^{2\pi} = 0$$

$$\int_C z|dz| = \int_0^{2\pi} e^{it} \cdot 1dt = 0$$

$$\int_C |z||dz| = \int_0^{2\pi} 1 \cdot 1dt = 2\pi$$

문제 2.5 $C: z(t) = \begin{cases} z_1(t) = t-i, -1 \leqq t \leqq 1 \\ z_2(t) = 1+it, -1 \leqq t \leqq 1 \\ z_3(t) = -t+i, -1 \leqq t \leqq 1 \\ z_4(t) = -1-it, -1 \leqq t \leqq 1 \end{cases}$

$$\int_C \frac{1}{z}dz = \int_{-1}^1 \frac{1}{t-i}dt + \int_{-1}^1 \frac{1}{1+it} \cdot idt + \int_{-1}^1 \frac{1}{-t+i} \cdot (-1)dt + \int_{-1}^1 \frac{1}{-1-it} \cdot (-i)dt$$

$$= 2\int_{-1}^1 (\frac{1}{t-i} + \frac{i}{1+it})dt$$

$$= 4\int_{-1}^1 \frac{t+i}{1+t^2}dt$$

$$= 8i\int_0^1 \frac{1}{1+t^2}dt = 8i\tan^{-1}t \mid_0^1 = 2\pi i$$

문제 2.6 (a) $\int_C e^z dz = e^z \mid_0^{2+2i} = e^{2+2i} - 1$

(b) $\int_C (e^z + z + 1)dz = [e^z + \frac{1}{2}z^2 + z]_{-1+i}^{1-i}$

$$= e^{1-i} - e^{-1+i} + \frac{1}{2}[(1-i)^2 - (-1+i)^2] + (1-i+1-i)$$
$$= e(\cos 1 - i\sin 1) - e^{-1}(\cos 1 + i\sin 1) + 2(1-i)$$
$$= (e - e^{-1})\cos 1 - i(e + e^{-1})\sin 1 + 2(1-i)$$

(c) $\int_C \cos z dz = \sin z \mid_0^{1+i} = \sin(1+i) = \frac{1}{2i}[e^{-1+i} - e^{1-i}]$

문제 2.7 $C_1 : z = t \ (-2 \leqq t \leqq -1)$

$-C_2 : z = e^{it} \ (0 \leqq t \leqq 2\pi)$

$C_3 : z = t(1 \leqq t \leqq 2)$

$C_4 : z = 2e^{it}(0 \leqq t \leqq 2\pi)$.

$$C = C_1 + C_2 + C_3 + C_4$$

이므로, 주어진 복소적분 $\int_C \frac{z}{\bar{z}} dz$의 값은 다음과 같다.

$$\int_C \frac{z}{\bar{z}} dz = \int_{C_1} \frac{z}{\bar{z}} dz + \int_{C_2} \frac{z}{\bar{z}} dz + \int_{C_3} \frac{z}{\bar{z}} dz + \int_{C_4} \frac{z}{\bar{z}} dz$$
$$= \int_{C_1} \frac{z}{\bar{z}} dz - \int_{-C_2} \frac{z}{\bar{z}} dz + \int_{C_3} \frac{z}{\bar{z}} dz + \int_{C_4} \frac{z}{\bar{z}} dz$$
$$= \int_{-2}^{-1} dt - \int_0^{2\pi} \frac{e^{it}}{e^{-it}} ie^{it} dt + \int_1^2 dt + \int_0^{2\pi} \frac{2e^{it}}{2e^{-it}} 2ie^{it} dt$$
$$= 2 + i\int_0^{2\pi} e^{3it} dt = \frac{4}{3}$$

문제 3.1 (a) $C: \begin{cases} x = 2\cos t \\ y = 2\sin t \end{cases}, \ 0 \leqq t \leqq \frac{\pi}{2}$

$$\int_C xydx + (x^2 + y^2)dy = \int_0^{\pi/2} [4\cos t \sin t \cdot (-2\sin t) + 4 \cdot 2\cos t]dt$$
$$= 8\int_0^{\pi/2} \cos^3 t dt = \frac{16}{3}$$

(b) $\int_C x^2 ydx + (2x+1)y^2 dy = \int\int_R (2y^2 - x^2) dA$

$$= \int_1^2 \int_{-1}^0 (2y^2 - x^2) dy dx$$
$$= \int_1^2 [\frac{2}{3}y^3 - x^2 y]_{-1}^0 dx$$

$$= \int_1^2 (\frac{2}{3} - x^2) dx = [\frac{2}{3}x - \frac{1}{3}x^3]_1^2 = -\frac{5}{3}$$

(c) $\int_C y^2 dx + x^2 dy = \int_0^{2\pi} [a^2 \sin^6 t \cdot (-3a\cos^2 t \sin t) + a^2 \cos^6 t \cdot 3a \sin^2 t \cos t] dt$

$$= 3a^3 \int_0^{2\pi} [-\sin^7 t \cos^2 t + \cos^7 t \sin^2 t] dt$$

$$= 3a^3 \int_0^{2\pi} [-\sin^7 t + \sin^9 t + \cos^7 t - \cos^9 t] dt$$

$$= 3a^3 \int_{-\pi}^{\pi} [-\sin^7 \theta + \sin^9 \theta - \cos^7 \theta + \cos^9 \theta] d\theta$$

$$= 6a^3 \int_0^{\pi} [-\cos^7 \theta + \cos^9 \theta] d\theta$$

$$= 6a^3 \int_{-\pi/2}^{\pi/2} [-\sin^7 u + \sin^9 u] du = 0$$

(d) $C: \begin{cases} x = r\cos t \\ y = r\sin t \end{cases}, 0 \leq t \leq 2\pi$

$$\int_C \frac{xy^2}{x^2+y^2} dy = r \int_0^{2\pi} \cos t \sin^2 t \cdot r\cos t dt$$

$$= r^2 \int_0^{2\pi} \cos^2 t \sin^2 t dt = \frac{r^2}{4} \int_0^{2\pi} \sin^2 2t dt$$

$$= \frac{r^2}{8} \int_0^{2\pi} (1 - \cos 4t) dt = \frac{r^2}{8} [t - \frac{1}{4} \sin 4t]_0^{2\pi} = \frac{\pi r^2}{4}$$

(e) $C: \begin{cases} x = t \\ y = t^2 \end{cases}, -2 \leq t \leq 2$

$$\int_C (x^2 + xy) dy = \int_{-2}^{2} (t^2 + t^3) \cdot 2t dt = 4 \int_0^2 t^4 dt = \frac{128}{5}$$

문제 3.2 그린 정리에 의하여 다음을 알 수 있다.

$$\frac{1}{2} \int_C x dy - y dx = \frac{1}{2} \int \int_R (1+1) dA = S.$$

$$-\int_C y dz = -\int_C y dx + iy dy = -\int_C y dx - i \int_C y dy$$

$$= \int \int_R (0+1) dA + i \int \int_R (0-0) dA = \int \int_R dA = S.$$

$$-i \int_C x dz = -i \int_C x dx + ix dy = i \int \int_R (0+0) dA + \int \int_R (1-0) dA = \int \int_R dA = S.$$

$$-\frac{i}{2}\int_C \bar{z}dz = -\frac{i}{2}\int_C (x-iy)(dx+idy)$$
$$= -\frac{i}{2}\int_C xdx+ydy+\frac{1}{2}\int_C xdy-ydx$$
$$= -\frac{i}{2}\int\int_R (0-0)dA+\frac{1}{2}\int\int_R (1+1)dA$$
$$= \int\int_R dA = S.$$

문제 3.3 코시정리에 의하여

$$0=\int_{|z|=1} e^z dz = \int_{-\pi}^{\pi} e^{e^{i\theta}} ie^{i\theta}d\theta = i\int_{-\pi}^{\pi} e^{\cos\theta+i\sin\theta}(\cos\theta+i\sin\theta)d\theta$$
$$= i\int_{-\pi}^{\pi} e^{\cos\theta}(\cos(\sin\theta)+i\sin(\sin\theta))(\cos\theta+i\sin\theta)d\theta$$
$$= i\int_{-\pi}^{\pi} e^{\cos\theta}(\cos(\theta+\sin\theta)+i\sin(\theta+\sin\theta))d\theta$$

이므로, $\int_{-\pi}^{\pi} e^{\cos\theta}\cos(\theta+\sin\theta)d\theta = \int_{-\pi}^{\pi} e^{\cos\theta}\sin(\theta+\sin\theta)d\theta = 0$이다.

문제 3.4 (a) $\int_{-\pi i}^{\pi i} e^z dz = e^{\pi i} - e^{-\pi i} = 0$

(b) $\int_0^{\pi+i} e^{iz}dz = \frac{1}{i}[e^{iz}]_0^{\pi+i} = \frac{1}{i}[e^{\pi i-1}-1] = i(1+e^{-1})$

(c) $\int_{1-i}^{2+i}(z^2+3z-2)dz = [\frac{1}{3}z^3+\frac{3}{2}z^2-2z]_{1-i}^{1+i}$

$$= \frac{1}{3}[(2+i)^3-(1-i)^3]+\frac{3}{2}[(2+i)^2-(1-i)^2]-2[(2+i)-(1-i)]$$

문제 4.1 $\int_{|z-z_0|=r}(z-z_0)^n dz = \begin{cases} 0, & n\neq -1 \\ 2\pi i, & n=-1 \end{cases}$ 임을 유의하자. 그리고 코시정리를 생각하자.

$$\int_C \frac{1}{1+z^2}dz = \frac{1}{2i}\int_C [\frac{1}{z-i}-\frac{1}{z+i}]dz = \frac{1}{2i}\int_C \frac{1}{z-i}dz - \frac{1}{2i}\int_C \frac{1}{z+i}dz$$

(a) π (b) $-\pi$ (c) 0 (d) 0

문제 4.2 $\int_C \frac{e^z}{z}dz = \int_C \frac{1}{z}(1+z+\frac{1}{2!}z^2+\cdots)dz = \int_C (\frac{1}{z}+1+\frac{1}{2!}z+\frac{1}{3!}z^2+\cdots)dz$

(a) $2\pi i$ (b) 0 (c) $2\pi i$

문제 4.3 $\int_C \frac{1}{z}dz = \log z_1 - \log z_0$

참고문헌

1. Rudin, W.: Real and Complex Analysis, Mc Graw Hill, 1974.
2. Redheffer, L.: Complex Variables, Holden Day, 1970.
3. Silverman, H.: Houghto Mifflin Com., 1975.

찾아보기

| ㅅ |

| ㅇ |

| ㅈ |

| ㅊ |

| ㅋ |

| ㅌ |

| ㅍ |

| ㅎ |

| 기타 |

교원 임용고사를 대비하기 위한
수학이론과 문제풀이 시리즈 6

복소해석학 1

지은이 김광회
펴낸이 조경희
펴낸곳 경문사
펴낸날 2015년 2월 20일 1판 1쇄
등 록 1979년 11월 9일 제313-1979-23호
주 소 121-818, 서울특별시 마포구 와우산로 174
전 화 (02)332-2004 팩스 (02)336-5193
이메일 kyungmoon@kyungmoon.com

값 20,000원

ISBN 978-89-6105-917-6